LE PALAIS

DE L'INDUSTRIE UNIVERSELLE

OUVRAGE

DESCRIPTIF OU ANALYTIQUE DES PRODUITS LES PLUS
REMARQUABLES

DE

L'EXPOSITION DE 1855

DÉDIÉ

A L'INDUSTRIE, AU COMMERCE ET AUX ARTS.

PAR

HENRI BOUDIN.

PREMIÈRE ÉDITION.

PARIS

EN VENTE CHEZ L'AUTEUR, RUE VIVIENNE, 53,

ET CHEZ TOUS LES LIBRAIRES DE LA CAPITALE, DE LA PROVINCE
ET DE L'ÉTRANGER.

DÉPOT

Chez MM. Susse frères, place de la Bourse et dans divers magasins du même genre.

Contraste insuffisant des couvertures
supérieure et inférieure

A la suite de l'ouvrage descriptif des produits exposés est un guide pour MM. les étrangers. Ils y trouveront un choix des meilleures maisons de détail en tous genres.

Paris. — Imprimerie mécanique d'Ad. Delcambre, 15, rue Breda.

LE PALAIS

DE L'INDUSTRIE UNIVERSELLE.

Paris. — Imprimerie mécanique d'Ad. DELCAMBRE et Cie, rue Breda, 13.

LE PALAIS

DE L'INDUSTRIE UNIVERSELLE

OUVRAGE

DESCRIPTIF OU ANALYTIQUE DES PRODUITS LES PLUS
REMARQUABLES

DE

L'EXPOSITION DE 1855

DÉDIÉ

A L'INDUSTRIE, AU COMMERCE ET AUX ARTS.

PAR

HENRI BOUDIN.

PREMIÈRE ÉDITION.

PARIS

EN VENTE CHEZ L'AUTEUR, RUE VIVIENNE, 53,
ET CHEZ TOUS LES LIBRAIRES DE LA CAPITALE, DE LA PROVINCE
ET DE L'ÉTRANGER.

DÉPOT

Chez MM. Susse frères, place de la Bourse et dans divers magasins du même genre.

DÉDICACE.

Notre œuvre n'a rien de monumental; mais cette dédicace, digne des plus beaux frontispices, la protège de l'éclat même dont elle brille... A cette triple et glorieuse alliance! à cette Trinité, à la fois visible et symbolique, évoquée par la plus noble inspiration, comme une émanation de la grâce souve-raine, comme un heureux présage de l'Union des peuples!

Encourager, par l'exemple des grandes renommées, l'essor des Arts et de l'Industrie; esquisser, à larges traits, l'histoire de chacune de ces branches de l'activité humaine, en dire la vie présente, l'avenir, et les ressources... infinies comme le progrès lui-même; insister sur les grandes découvertes, qui honoren l'humanité, établir, entre tous une rivalité salutaire, en montrant la palme au bout de la carrière; élever l'âme enfin, en lui rappelant le noble but de ses efforts, telle est la mission féconde à laquelle s'est voué l'humble et patient fon-dateur de cet ouvrage.

Les œuvres d'art n'illustrent pas toutes nos colonnes; mais chaque fois que l'occasion s'en est offerte, c'est l'étincelle divine, la pensée revêtue de l'une des formes du sentiment, que nous avons demandée au marbre ou à la toile. C'est à l'émotion que son œuvre fait naître, que nous avons jugé l'artiste et mesuré notre encens... La seule vue d'une tête de Raphaël, disait Voltaire, en apprend plus que tous les livres sur la peinture...

L'Industrie, cette science aux mille ressources, par laquelle nous approprions à notre usage, en les transformant, toutes les matières premières que nous offre la nature, nous a inspiré d'heureux rapprochements... Comment classer, en effet, ces bronzes parisiens, où circule la vie, ces statuettes animées, qui semblent sorties d'Herculanum ou de Portici, ces modèles créateurs, chefs-d'œuvre d'art et de goût, conçus sous l'inspiration des monuments de l'antique? Quelle place assigner à ces somptueux tapis, dignes du pinceau des plus grands maîtres, à ces cachemires français, où la finesse et la solidité des tissus le disputent à la richesse des dessins? Et pour sortir du cercle étroit de la nationalité, quel tribut d'éloges à payer à ce magnifique ensemble de produits, sanctuaire de goût et de génie, où les Arts, le Commerce et l'Industrie sacrifient à *l'harmonie universelle* !

LE PALAIS DE L'INDUSTRIE.

BISSON, VOUZELLE et Cie.

AUX VILLES DE FRANCE.

Rue Vivienne, 51 *et* 53, *et rue de Richelieu*, 104 *et* 106.

SOIERIES, HAUTES NOUVEAUTÉS.

Paris et Londres! les deux grands centres de la civilisation, et le foyer européen d'où rayonnent à la fois les idées, les flottes et les armées, destinées à refouler la barbarie dans ses déserts! Que d'intimes rapprochements, et pourtant quels profonds contrastes entre ces deux nobles peuples, entre les deux illustres cités qui en sont respectivement l'âme et le cœur!.. A l'une, tout ce qui brille par la solidité, — des docks majestueux couverts de marchandises; des forêts de bâtiments, chargés des produits des deux mondes; pour entrepôts, des monuments; l'association commerciale à la hauteur d'une puissance politique, et pour levier, le crédit privé qui la vivifie. A l'autre, l'impétuosité qui entraîne, l'initiative et la fougue des idées, les conceptions hardies, généreuses, le sceptre éternel du goût et de l'élégance! Dans la paix comme dans la guerre, sur le champ de bataille comme au sein des comices industriels, dans les arts, dans la littérature même (*sauf quelques exceptions, car les grands hommes n'ont pas de patrie*), on retrouve les traits profondément caractéristiques du génie de ces deux grandes nations.

Tous ces contrastes, source d'harmonie, entre peuples comme entre individus, et dont l'étude aurait un puissant intérêt d'actualité, se manifestent jusque dans la structure des habitations; à Londres tout uniformité et tristesse, il faut le dire; à Paris, tout élégance et variété. Ils éclatent bien mieux encore dans l'*apparence* de ces célèbres magasins, dont chaque grande ville aime à s'enorgueillir; et qui, de temps immémorial, ont le privilège d'attirer la foule et de donner le ton à l'aristocratie élégante.

Tout près de l'église *Saint-Paul*, dont l'architecture magistrale rappelle les majestueuses proportions de *Saint-Pierre de Rome*, et le dôme lancé dans les airs par le génie de *Michel-Ange*, presque au centre de cette antique *cité*, aux murailles sombres comme le moyen âge; aux physionomies graves comme le génie commercial de l'Angleterre, l'habitant de Londres montre avec orgueil le vaste établissement d'*Everington*. Façade grandiose, et digne d'une grande capitale! Mais à l'intérieur un calme impassible, un silence à peine troublé par le bruit sourd et méthodique de quelques pas

sur d'épais tapis; des châles du plus grand prix, et quelques somptueuses étoffes; en un mot, des richesses incalculables; mais selon nos idées françaises, rien dans l'étalage, qui soit en harmonie avec la gracieuse élégance, essence même des hautes nouveautés.

Combien nos modes françaises, et les principaux sanctuaires, élevés à leur gloire, sont loin de cette austérité! Au centre du quartier le plus élégant et le plus animé de tout Paris, près des boulevards, glorieuse et bouillante artère, à laquelle aucune capitale du monde n'a rien de comparable, à quelques pas du Palais-Royal, de la Bourse et des Panoramas, célébrés par la plume de nos romanciers, s'étendent de monumentales galeries, dont la majestueuse simplicité se déploie de la rue Vivienne à la rue Richelieu, sur une superficie de plus de 4,000 mètres. Ce sont les *Villes de France*, qui sont à Paris ce qu'*Everington* est à Londres; ou plutôt, c'est tout un monde, avec son flot d'animation, ses rues, ses places publiques et ses visiteurs. Quelle verve, quel entrain, et surtout quel tact plein de distinction, parmi ces intelligents vendeurs, qui ont à se plier aux exigences de toutes les parties du globe! Quelles savantes combinaisons administratives pour diriger un tel mouvement, et quels prodiges de goût, pour avoir fait de ces divers départements, autant de *créations*, auxquelles président ces deux inséparables sœurs, l'*élégance* et la *simplicité*!

Nous donnons à nos lecteurs, en tête de cet article, une vue de ces splendides magasins. Un aperçu des principaux objets, dus à la fabrication de la maison; ou exclusivement fabriqués pour elle, achèvera de les édifier sur son importance.

Au premier rang, le châle français, dans toute la splendeur de ses incomparables dessins; brochés à galeries de toutes couleurs, à palmettes de toutes nuances, rayés carrés, kabyles et écossais tout laine, mérinos et cachemires noirs, barèges, cachemires d'Ecosse, fantaisie, nouveauté, richesse, et par-dessus tout, le cachemire français, dont la lutte avec celui des Indes fera ailleurs l'objet de nos plus sérieuses investigations.

Un inépuisable assortiment de cachemires des Indes, larges et *carrés*; des crêpes de Chine unis, brodés, blancs, de couleurs et jardinières; des soieries qui réalisent tout ce que le gros de Naples, les satins à la reine, les broderies de Chine, les velours d'Afrique et des Indes, les moires antiques et façonnées, ont de plus riche et de plus merveilleux; des confections pour dames et enfants, dont un spécimen lithographié, à la disposition des amateurs, peut seul donner une idée; des mérinos et lainages de toutes espèces; des mousselines, auprès desquelles celles de Dacca pâliraient; des indiennes perses, des velours d'Utrecht, des damas et des tapis de table, à orner les appartements les plus patriciens; une lingerie confectionnée, où sont représentés tous les besoins, tous les âges, et tous les genres de luxe. Tabourets, descentes de lit, foyers, tapis d'Aubusson, écossais et jaspés, ganterie, mercerie, ombrelles, tout ce qui touche enfin de près ou de loin à la *nouveauté*, se trouve réuni dans ces vastes magasins.

Comment s'étonner de la vogue dont ils jouissent, quand de tels éléments de succès viennent se joindre au charme des dispositions architecturales, quand les chefs habiles, qui les administrent, ont eu pour règle constante d'offrir à leur acheteurs *du beau à bon marché*, et non *du commerce à bas prix*.

Nous aimons encore à découvrir dans ce magnifique établissement, l'une des causes qui ont acquis aux *nouveautés françaises* une si juste célébrité, et une incontestable supériorité sur l'Angleterre, comme sur le reste du monde entier. C'est l'intelligence infinie avec laquelle elles se façonnent d'après le goût de chaque peuple. *Au Prater*, à l'*Augarten*, de même qu'à *St-James* et au *Hyde-Park*, nos plus tendres nuances se marient au type de ces blondes et rêveuses natures, qui semblent l'idéal de la femme. L'Espagne achète nos feutres, nos rubans et nos tulles, dont la grâce et les brillantes combinaisons entrent, à merveille, dans la composition de ses costumes castillans. Le sud de l'Amérique, Cuba, le Mexique, le Pérou, attendent impatiemment nos dentelles, richement *ornées d'or et d'argent*, nos étoffes *splendidement lamées*, pour obéir à la fantaisie des femmes de ces contrées. Aussi les plus violentes commotions qui ont soulevé l'Europe et le monde, et porté les plus rudes atteintes au commerce, ont-elles échoué contre nos articles de nouveautés. Bravant la mitraille, traversant tous les obstacles, la mode s'est assise en souriant dans les salons les plus *rébarbatifs*. Heureuses les *Villes de France*, qui contribuent si puissamment, pour leur part, à nous garder intact ce beau fleuron de notre couronne industrielle.

COMPAGNIE DES INDES ORIENTALES.

La première impression que l'on éprouve au sein de ce... musée, allions-nous dire, est un sentiment de profond étonnement. On y respire comme une émanation des temps qui ne sont plus, et, à part les tissus moëlleux du Thibet, qui ne frappent pas tout d'abord les regards, toutes ces étoffes, frangées d'or et d'argent, tous ces somptueux brocarts, où se combinent les bases étincelantes du luxe oriental, semblent appartenir à l'ère merveilleuse d'Haroun-al-Raschid (l'illustre contemporain de notre grand Charlemagne) et sortir du coffret d'ébène de quelque génie persan. On a peine à se figurer que ce soient là des œuvres d'une industrie contemporaine; mais notre mission doit se borner à envisager la production indigène dans ses rapports avec l'action bienfaisante du génie anglais, et nous ne saurions mieux faire, pour la remplir dignement, que de conduire le lecteur au sein même de l'Exposition indo-britannique.

En rompant l'ordre de ces cases, d'une structure si élégante, nos regards vont chercher tout d'abord, dans la vitrine numéro 2, un assortiment de cachemires de prix. Ces splendides tissus semblent, en effet, d'une incomparable beauté. Mais, hélas ! comment en apprécier l'ensemble, par le petit nombre d'entre eux, dont les plis soyeux ont été ouverts? Comment surtout vider cette noble et loyale querelle, entre les merveilles de goût du cachemire français et la beauté plus facile des duvets indiens? Nous regrettons, qu'en entassant ainsi richesses sur richesses, on ait

privé l'admiration française du tribut qu'elle eût aimé à payer, même à une industrie rivale. Deux châles, du prix de vingt-cinq mille francs chacun, sont attendus de la province de Cachemire. Peut-être, avant la fin de l'Exposition, pourrons-nous dire à nos lecteurs ce que nous en pensons.

Cette même vitrine renferme un remarquable choix d'articles d'ivoire, curieusement ouvragés; emblèmes (pour la plupart) de la religion des Hindous.

Dans cette riche province, si remarquable par sa végétation prodigieuse, par ses essences de rose, les plus recherchées qui soient au monde, et sa fabrication de châles presque sans rivale, nous passons au district de Dacca, arrosé par le Gange. Nous voudrions décrire ces somptueuses mousselines, les plus belles de l'Inde, qui se déploient (sous la case n° 1) avec tout l'art si exquis de la haute nouveauté parisienne ; ces reflets et ces teintes, d'une vivacité admirable, et ces ornements indigènes, dont la legèreté rappelle l'aile transparente des plus brillants insectes; — ces riches dessins, ces broderies d'or et d'argent, tous ces beaux tissus enfin, dont le prix varie de 25 à 500 fr.... Mais comment s'arrêter en détail devant des collections, qui embrassent les produits manufacturés d'une population de cent cinquante millions d'âmes, c'est-à-dire Calcutta, Madras et Bombay; les Etats de Bajpootana, les gorges de Malaca, Singapore, Kydrabad, enfin les plus riches contrées de l'Indoustan et les manufactures de la Péninsule occidentale de l'Inde ?

Bénarès, centre de la religion des Brames, sollicite notre attention; et, c'est là, comme nous e disions sur une première impression que nous retrouvons l'empreinte si profondément originale du génie indien. Sous les cases numéros 3 et 4, destinées aux produits de cette résidence, on remarque des vêtements portés par les souverains de l'Inde, et dont la richesse réalise, pour ainsi dire, les merveilles décrites dans les *Mille et une Nuits*. On y admire encore les robes de cachemire aux magnifiques broderies, étalées auprès des superbes brocarts de Bénarès...

Montre n° 5 ; c'est la dernière de la rangée. On peut dire qu'elle renferme un assortiment varié de tous les articles de luxe que produit l'industrie de l'Inde, châles, kincobs, brocarts, soieries, y sont entassés en profusion et disposés avec un goût tout particulier, capable d'en faire ressortir tous les avantages. Parmi les articles qui s'y trouvent étalés, nous appelons surtout l'attention des visiteurs sur une pièce de mousseline, fabriquée à Bundlecund avec une espèce de coton indigène, particulière à ce district. Elle est garnie d'une large bordure d'or ; sa dimension est de 9 mètres, et l'on en porte le prix à 2,500 francs.

Nous arrivons maintenant au pavillon indien, élevé presque au centre du département de l'Inde. Sans parler des décorations extérieures, nous dirons que l'intérieur présente un coup d'œil qui vous laisse une impression durable. Les côtés du pavillon, ainsi que le plancher, sont couverts de tapis de velours de la plus grande beauté et de la plus éclatante richesse ; la broderie d'or en est vraiment superbe. Un de ces tapis vient de Madras ; mais les autres sont de Bénarès et de Delby, et surpassent de beaucoup pour la beauté ceux qui ont figuré à l'Exposition de Londres en 1851. Au sommet sont suspendus les insignes de la royauté, particuliers aux princes du pays, et une symétrie tout artistique semble avoir présidé à la disposition et au mélange des différentes couleurs. A l'angle Ouest du pavillon se trouve un fauteuil d'apparat, recouvert d'un magnifique tapis de velours vert, enrichi de délicieuses broderies d'or et d'argent, avec une étoile éblouissante au milieu. A l'Est, est placé un siège en ébène, et au-dessous deux tabourets dans le même goût. Un échiquier, posé au centre, avec un jeu d'échecs, complète le groupe. Rien de plus admirable que la main-d'œuvre et le fini de ces six objets. L'échiquier, le siège et les tabourets, sont en ébène, richement décoré de moulures en ivoire du meilleur goût et d'un travail achevé. Les franges sont en elles-mêmes un véritable chef-d'œuvre.

Ces articles sont estimés environ 8,000 francs. Ils sortent des célèbres ateliers de moulure de Béchampore au Bengale et ont été fabriqués par des natifs de l'endroit ; aussi peut-on avec raison les classer parmi les chefs-d'œuvre de la collection de l'Inde. Le reste du pavillon est rempli d'incrustations d'émaux, en forme de tables, faites par les *Parsis* de Bombay, et d'un travail admirable. On y voit aussi une variété de turbans, tels que les portent les rois Indiens, de hookals ou pipes à tabac, de choevries ou chasse-mouches en ivoire, et autres articles de prix. Nous évaluons le contenu de ce pavillon à au moins 200,000 fr.

Nous voici maintenant au *Shamianah* ou à la tente indienne.

Elle se compose d'un tapis de velours, richement brodé d'or, étendu et soutenu par quatre piliers de bois peint. Dessous est déployé sur le plancher un tapis cramoisi brodé en argent; sur lequel est étalé un long coussin avec deux oreillers, pour qu'on puisse se reposer dessus. C'est sous de semblables tentes que les princes Indiens tiennent les *Durbars* ou leurs levers, entourés de tous les grand officiers de l'Etat. Au fond on voit le parasol d'argent, l'éventail brodé d'or et d'argent, destinés au souverain, tandis que le hookat, cet objet de luxe indispensable, est sur le tapis à la portée du prince Indien, ainsi que le choevrie; et sur le tapis de repos est étendue une natte faite tout entière d'ivoire avec une bordure d'or entrelacé. L'ensemble de cette tente est d'un aspect tout à fait imposant. Elle a été faite, dans tous ses détails, à Moresshedabad.

A l'extrémité Est du département se trouvent les montres renfermant la bijouterie. La première à l'angle Nord-Est mérite une attention toute particulière. Au sommet, dans l'intérieur, est suspendu un bouclier d'argent massif, représentant les principaux dieux et les principales déesses des Hindous; comme objet d'art, ce n'est pas un ouvrage sans mérite. Au-dessous, sont placés un grand nombre de chaines, de coupes, d'anneaux et de boites en or pur et garnis de rubis. Ce sont des présents offerts par Sa Majesté le Roi d'Ava au Gouverneur général; mais, d'après les règles établies, ils sont la propriété de la compagnie des Indes. Il n'y a rien dans leur fabrication qui puisse les faire classer parmi des articles de même nature de fabrication européenne; mais ils n'en sont pas moins des objets remarquables de curiosité; et nous ne pensons pas qu'on en ait jamais encore vu de pareils en Europe. Sur les tablettes au-dessous est étalée la bijouterie de l'Inde, d'une richesse incomparable. Elle consiste surtout en bracelets, en anneaux, en ornements de coiffure, en broches et autres parures de diamants, de rubis, d'émeraudes et de perles, comme en portent les chefs Indiens. Une paire de bracelets; chaque bracelet composé de quatre rangs de belles perles; l'agrafe ornée d'une superbe grosse émeraude entourée de diamants de la plus belle eau, est digne de toute l'attention des visiteurs. Deux colliers de perles et d'émeraudes d'une très-grande dimension et des bracelets garnis de perles et de diamants se font remarquer par leur éclat, et les ornements en émail des Etats de Pertabghur, sont d'un genre tout à fait à part.

Il est très-difficile de donner une description complète de ces bijoux; mais dans la collection exposée, les visiteurs trouveront toutes les formes, tous les genres particuliers à l'Inde. Les objets renfermés dans cette montre sont estimés d'une valeur totale de 300.000 fr. et viennent pour la plupart, nous-a-t-on dit, du Bengale.

En sortant d'examiner les riches objets dont nous venons de parler, que les visiteurs veuillent bien jeter un regard autour d'eux. Leurs yeux s'arrêteront sur le superbe ameublement de Bombay, tout orné de si belles moulures: ce sont des canapés, des tables, des chaises et des jardinières, dus à la main habile d'ouvriers Parsis. La forme en est des plus élégantes; et cependant, à en juger par les étiquettes attachées à chaque article, les prix en sont excessivement modiques. Des harnais, à l'usage des indigènes, se font remarquer par la richesse des broderies. Observez aussi ces objets faits en moelle, de modèles si variés et si bien travaillés; et entr'autres, cette jeune bayadère qui danse devant un Rajat. A l'angle sud, quelles sont ces deux figures accouplées? Elles viennent du Birman, et représentent Gudhama, l'idole des Birmans, et par derrière, cette lampe en plumes de paon? C'est là lampe sacrée des Hindous.

Au coté sud du aozar sont exposées les différentes armes dont se servent les naturels de l'Inde, collection des plus variées d'épées, de poignards, de boucliers, de haches de bataille, de couteaux, en un mot d'armes de toutes les formes imaginables, armes du Thibet, du Punjab, du Népaul, de Baypootana, de Sevalior, du Scinde, de Madras, de Mahratta, de Bombay, de Guzerat, du Birman, de Siam et de Bornéo. Elles sont toutes de la meilleure trempe et, en général, d'une fabrication de luxe.

Les façades nord et sud du département de l'Inde sont bordées d'une double rangée de bazars d'un style grotesque dans le genre indien, où sont étalées des sculptures en marbre représentant des ustensiles de table, des jouets et autres objets d'usage domestique. Nous y remarquons surtout deux grands plats faits avec une sorte d'albâtre rouge et transparent. A côté se trouvent des ornements en corne et en bois; puis un assortiment varié de boîtes de toute espèce, en ivoire, en corne, en laque, en sandal, —ces dernières surtout moulées avec soin. Des jouets et des modèles de figures et de voitures, remplissent les compartiments qui suivent, tandis qu'en face, se trouvent des paniers de fantaisie faits en *khuskaus*, espèce d'herbe odorante particulière à certains districts de l'Inde. Vous y voyez aussi en profusion de bracelets de verre, tels qu'en portent les femmes hindoues des castes inférieures, une immense variété d'éventails, de feuilles de palmier, puis des draps et des tapis ordinaires. Les fenêtres de côté de ce bazar sont ornées de treillages indiens, ciselures en pierre tendre, d'une espèce particulière qui se trouve dans les vastes carrières de la division de Bénarès. Près de ce bazar, il y en a un autre d'une plus petite dimension, qui renferme une collection des vêtements des diverses castes riches, et principalement du Bengale; mais ce sont de simples objets de curiosité. Dans le bazar vis-à-vis ou au Sud, on trouve un assortiment d'instruments de musique, provenant du Népaul, du haut et du bas Bengale, de Madras et du Birman. La plupart ont des formes tout à fait originales, bien que quelques-uns ressemblent à ceux dont on se sert en Europe. Nous pouvons citer comme extrêmement curieux une espèce d'harmonica tout entier en bois, n'ayant que les tables d'harmonie garnies de métal; une lyre en forme de bateau et un gros joug. Il ne manque pas non plus de tamtams ou tambours, cet instrument favori de tous les Indiens. En face, c'est un modèle de la *barque d'apparat* du roi d'Ava, accompagné de plusieurs autres modèles d'embarcations, en usage dans ce royaume. Puis, vient un monceau d'armes; lances, fusils à mèches et à pistons, pistolets, épées, etc., de toutes les parties de l'Inde ; qui à ce qu'il paraît, n'ont pas encore été mises en ordre. Parmi ces diverses armes, nous avons été surpris de trouver un *révolver* (fusil à ressort tournant) évidemment d'une fabrication ancienne : ce qui ferait croire que ce genre d'armes, d'invention récente en Europe, était connu bien longtemps auparavant dans l'Inde. Le reste du bazar n'est pas encore achevé.

Nous prions les visiteurs, parvenus à cette partie de la section de l'Inde, de regarder attentivement le plafond fixé dans la toiture du bazar de manière à pouvoir être vu d'en bas. C'est la représentation exacte du modèle de plafond adopté dans les maisons des gens riches du Bengale. On ne saurait trop en admirer la richesse et le mélange des couleurs. Deux grillages ou ciselures en une espèce de grès, fixés dans le mur du bazar, en complètent la décoration.

Dans la partie sud-est du Palais, tout juste au dessus du département de l'Inde, sont suspendus un certain nombre de tapis pour planchers, qui malheureusement sont placés trop haut pour pouvoir être examinés de près. Cependant avec un lorgnon on peut distinguer la beauté de leur tissu, l'alliance charmante de leurs nuances, et nous en avons surtout remarqué deux qui ont tout l'aspect du velours. Ces tapis ont été fabriqués à Mirzapen, à Gorruckpen et à Bénarès, dans le Bengale ; mais ceux qui ressemblent au velours viennent, nous avons lieu de le croire, de la Présidence de Madras. Ces tapis, si justement admirés en Europe, possèdent deux avantages spéciaux : ils durent longtemps et le prix n'en est pas élevé.

Jusqu'à présent nous n'avons parlé que des objets qui frappent plus particulièrement l'œil des visiteurs, mais nous devons dire aussi que le département de l'Inde en renferme d'autres, qui ne sauraient manquer d'être fort instructifs pour un observateur plus profond ; nous engageons les personnes qui en ont le temps et que ce sujet intéresse, d'examiner les différents spécimens, les pièces explicatives des procédés de fabrication en usage dans plusieurs des principales fabriques du Bengale. Nous commencerons par parler de la laque en écailles, et de la laque à teindre. Une boîte, vitrée avec soin, et exposée dans le bazar du nord-est, fait voir du premier coup d'œil toute la manière d'employer cette substance. Elle renferme l'insecte, connu sous le nom de *coccus-lacca*, tel qu'on le trouve dans les immenses forêts d'Assam, et pour donner à l'observateur une idée plus nette de sa forme, on a joint au premier casier de la boîte un dessin colorié qui représente l'insecte mille fois plus gros que nature. Dans le second on voit la concrétion telle qu'on la recueille sur les branches des arbres, et les deux autres compartiments attenants renferment de la laque en grains et de la laque en bâton ; la première est la substance qui après avoir été bouillie, fournit la teinture, tandis qu'avec le reste on fait la laque en écailles.

Avec un morceau de drap qui fait voir la couleur qu'on obtient avec la teinture, et dans le casier à côté se trouve la laque en écaille avec la cire à cacheter et une série d'ornements que l'on en a composés. La démonstration est complète, et doit être d'un grand secours pour les sociétés scientifiques de Paris.

Dans l'autre bazar, au sud-est

de l'édifice, nous trouvons deux autres pièces explicatives qui méritent aussi une mention particulière; ce sont celles qui sont relatives à la fabrication de la soie et à la fabrication des célèbres châles de cachemire. La première de ces fabrications est démontrée à l'aide de trois boîtes séparées. L'une fait connaître à l'observateur que quatre espèces différentes de vers produisent la soie au Bengale : 1º le *Satiornia milytta*, qui donne la soie *Tusser*, et se nourrit du *Terminalia Catappa* et du *Zizyphus-Jujuba*; 2º le *Bombyx Satiornia munga*, qui se nourrit des mêmes plantes que le précédent; 3º le *Phylæna Cynthia*, qui se nourrit du *Ricinus communis* ou Palma Christi; et 4º le *Bombyx Mori*, qui mange les feuilles de mûrier. Malheureusement la dernière case est vide; mais les trois autres contiennent les œufs, les chenilles, les cocons dont le papillon est sorti, le papillon lui-même, et la plante dont il se nourrit. Dans les divisions inférieures sont indiquées les différentes phases de la fabrication, depuis la soie grége en cocon jusqu'à l'étoffe de soie achevée. Les deux boîtes à droite et à gauche renferment des échantillons de diverses espèces de soie du Bengale et du Punjab. On ne saurait fournir une démonstration plus complète ni plus méthodique.

La boîte qui suit nous donne quelque idée de la fabrication des châles cachemires. D'abord voici la laine telle qu'on vient de la retirer de dessus la chèvre du Thibet; puis viennent plusieurs espèces de laines triées et de laines lavées; enfin le fil qu'on en fait.— Ici ce sont toutes les différentes soies employées pour broder les châles.—En dernier lieu, le châle lui-même entièrement fait. La seule chose qui manque pour compléter cette démonstration, c'est un modèle indiquant la manière de tisser l'étoffe; mais nous pensons que l'on attend cette pièce importante.

Pour peu qu'on songe qu'il n'y a encore d'exposé que la moitié à peu près de la collection de l'Inde, on peut se faire une idée de ce que ce sera, quand la collection sera complète. Il n'est pas douteux que cette partie de l'Exposition ne fournisse ample matière à l'observation, et bien que sous plus d'un rapport beaucoup de fabricants indiens n'atteignent pas encore à la perfection européenne, cependant ils présentent certains articles qui jusqu'à ce jour ont déjoué toute l'habileté des artistes de l'Europe. Le plus grand attrait, toutefois, consiste dans la nouveauté; et, sous ce rapport, l'Inde peut prétendre à plus qu'une simple part.

L'ensemble de la collection aujourd'hui composée est distribué et disposé avec beaucoup de goût, et dans un genre fort bien approprié au pays d'où elle vient; d'un autre côté, ce qui augmente encore l'intérêt dont elle est l'objet, c'est la manière dont les visiteurs y sont accueillis par un délégué spécial à qui le gouvernement de l'Inde a confié sa collection; ce délégué a l'obligeance de fournir aux curieux toutes les explications qu'on lui demande, et il répond dans presque toutes les langues qu'on parle sous le continent.

Quant à nous, nous ne saurions nous abstenir de remercier M. Dourban pour l'obligeance qu'il a mise à nous expliquer les divers articles sur lesquels nous avons porté notre attention.

FANTAISIES — BRONZES — TABLEAUX

PAPETERIE — PENDULES CANDELABRES — ENCADREMENT

SUSSE frères, place de la Bourse, 31, et rue de la Bourse, 2, à Paris.

Bronzes d'art.

L'Apollon du Belvédère et le groupe de Laocoon, fondus par les soins du Primatice — le Persée de Benvenuto, coulé d'un seul jet, témoignent des nobles travaux de la renaissance et de la régénération du bronze au XVIe siècle. Mais c'est à tort que les explorateurs de cette époque, si féconde, en reportent toute la gloire à l'Italie. Le siècle de Léon X et les Médicis!... Telle est la toute-puissance de cette invocation historique, qu'elle symbolise, à elle seule, la littérature et les arts échappés aux ravages de la Grèce. *Le Pérugin*, *Raphaël*, *Michel-Ange* (noms harmonieux que l'on aime à redire), l'*Arioste* et *le Tasse*, dans la poésie — n'ont pas peu contribué à généraliser cette impression... Mais, à cause des merveilles et du prestige de ce ciel d'élite, fallait-il dénier aux autres contrées de l'Occident, la part qui leur revient dans ce mouvement artistique?

François 1er, recevant à Fontainebleau le dernier soupir de *Léonard de Vinci*, et, s'écriant au milieu des courtisans étonnés de sa douleur : « Je peux faire, quand il me plaît, des seigneurs tels que vous ;... il n'y a que Dieu qui puisse faire un homme tel que celui qui se meurt!... » Non-seulement ce grand maître de l'école Florentine, mais encore le Primatice, André del Sarto, Salviati, attirés à la cour de ce souverain, et, donnant l'impulsion à la statuaire et à la peinture nationales — Jean-Goujon, Germain Pilon et Philibert Delorme, se révélant au monde intellectuel et surpassant bientôt leurs modèles ; — enfin les arts négligés à Rome, après la mort de Léon X, trouvant un généreux asile en France — n'est-ce pas autant qu'il en faut pour immortaliser un règne, plus que n'ont fait

les combats de *géants* de Céri-
soles et de Marignan, et, pour
proclamer que notre *roi-cheva-
lier*, vivante incarnation de son
pays, a partagé, avec l'illustre
pontife du Vatican, la gloire d'a-
voir fait refleurir en Europe le culte
du beau ou la *splendeur du bon?*

On a beaucoup médit de la Renaissance. Avec elle, dit-on, l'art
cessa d'être symbolique et chrétien pour revenir aux traditions
de l'art païen; l'étude de la forme
se substitua à celle de la pensée,
le sensualisme au spiritualisme.
Pour nous, pauvres sceptiques que
nous sommes, nous ne croyons
pas à l'art *matérialiste*. Nous admirons, comme tout le monde,
ces magnifiques cathédrales, qui
font aujourd'hui l'étonnement des
générations et des peuples; nous
admettons même que l'œuvre ar-
chitectonique d'une nation, pour
être *sensée*, doit répondre à son
culte et à sa foi, mais nous trouvons quelque chose d'aussi divin,
d'aussi *spiritualiste*, dans une
œuvre de Phidias ou de Praxitèle,
dans une noble tête de Jupiter
Olympien, respirant la toute-puissance et la majesté, que dans les
plus mystérieux symboles du
moyen âge.

Benvenuto Cellini et ses émules,
en développant au milieu de nous
le goût de ces bronzes animés,
qui répondent aux plus nobles aspirations de l'âme, n'ont pas semé
sur une terre ingrate. Sous les
divers règnes, que nous traver-
sons sans nous y arrêter — au
siècle de Louis XIV, dont l'éclat
efface ceux de Périclès, d'Auguste et de Léon X — au temps
de Louis XV, où les bizarreries
de la Chine et les ornements en
bois dorés répondent aux mœurs
fardées de l'époque—on retrouve,
notamment dans la dorure au

mat inventée sous ce dernier règne, une tendance à faire du
bronze un objet de luxe. Les précieuses découvertes des ruines
d'Herculanum et de Pompéïa,
l'étude des statues de bronze les
plus célèbres de l'antiquité, le
jeune Satyre endormi, l'Hercule
du Capitole, le Septime Sévère
du palais Barberini, l'influence
plus immédiate des David, des
Gérard et des Girodet, ramenèrent
le goût de l'antique dans les arts
et dans les ameublements.

Trépieds, patères, flambeaux et
candélabres, nous imitons tout
aujourd'hui des Grecs et des Romains. Mais, depuis que le bronze
est réellement devenu une conquête de l'industrie parisienne
— ce qu'il faut admirer, c'est
moins l'avantage de pouvoir multiplier, par le moulage et la fonte,
les chefs d'œuvre, dont le marbre
n'offrirait que des copies plus ou
moins bien exécutées; c'est bien
moins encore cette reproduction
parfaite que le modèle créateur,
la pensée première du fabricant,
l'œuvre d'art ou de goût, conçue
sous l'inspiration des monuments
des maîtres — et qui se manifestent dans la plupart de ces créations *animées*, et ont fait dire
que les ateliers de bronze de Paris sont sans rivaux dans le
monde.

Marcher au premier rang d'une
telle production — mériter d'être
cité au nombre de ces intelli-
gences d'élite, qui lui impriment
chaque jour un progrès, en épu-
rant et en fixant le goût national
doit suffire à l'ambition de tout
une carrière industrielle. MM. Süs-
se frères se sont acquis cette
gloire aussi solide que brillante.
Créateurs eux-mêmes des modèles les plus gracieux, proprié-
taires-éditeurs, non-seulement des

réductions des antiques par le procédé *Sauvage*, mais encore de presque toutes les œuvres de nos célébrités contemporaines — Pradier, Cumberworth de Nieuwerkerke, Mélingue, etc., ils ont donné à leur *galerie de bronze* ce cachet finement artistique, que l'on admire au sein des musées princiers de l'Italie.

Les chefs-d'œuvre qu'ils en ont tirés pour l'Exposition universelle, n'ont pas besoin de commentaires...

En première ligne, le *Génie de la Chasse*, par Debay, groupe de trois pieds de haut, respirant l'énergie par tous les pores, et cette noble passion qu'on retrouve chez tous les peuples — passion de solitude et de liberté, qui arrache *l'homme* aux langueurs morales, et lui fait dédaigner... jusqu'à la calomnie, cette hideuse *Céléno*, qui *noircit* tout ce qu'elle ne *brûle* pas! Les bas-reliefs assyriens ou babyloniens n'ont rien qui symbolise à ce point l'attrait du danger, l'adresse, la force, et la supériorité du chasseur sur le reste de la création. On nous dit que les deux premières épreuves en ont été achetées par la reine d'Angleterre et par l'empereur Napoléon. Cette communauté de sentiments, à propos d'une telle œuvre, était dans l'ordre des choses.

L'enfant au Cygne, par Pradier, œuvre inédite de ce maître, et réalisant, comme sa *Coquille*, tout ce que la nature a de plus gracieux dans ses harmonies.

Sapho, dans une attitude méditative — le front incliné — et laissant épars autour d'elle les attributs des arts, dans lesquels elle brillait à Lesbos. On sent encore la tendre contemporaine de *Phaon*, et les vers brûlants de

passion qui devaient sortir de cette âme ardente, mais ce n'est plus l'expression libre et enthousiaste des mouvements de l'âme. C'est la poésie lyrique, prenant le caractère élégiaque, et racontant les souffrances de l'âme repliée sur elle-même.

Diane, de Gabie — *Vénus, de Milo* — réduction de l'antique par le procédé *Sauvage*; — cette dernière divinité, rappelant le bel éloge dont Ovide honore le talent d'Apelle:

Si venerem... nusquam pinxisset Apelles,
Mersa sub aequoreis illa lateret aquis.

Deux groupes d'enfants, se disputant une corbeille de fleurs. Une garniture de cheminée ou le premier pas de Bacchus, par Pradier; la leçon de flûte, par Coinchon; des lampes, style chinois, une cheminée en bronze doré et une collection de statuettes, par Mélingue, Pradier, Marochetti.

Le buste de Napoléon III — *grandeur nature* — trop souvent remarqué dans sa calme et énergique ressemblance, pour que nous ayons à insister sur l'œuvre du comte de Nieuwerkerke.

Parmi les beaux produits de la maison Susse, nous avons encore admiré à l'Exposition ou dans ses galeries de la place de la Bourse, un groupe d'une pureté classique — la *mère des Gracques*, avec ses deux enfants. — Dans la noble grâce de ces formes, dans l'harmonie qui règne entre cette sollicitude pensive de la mère et le grave enjouement des deux frères, on pressent déjà les disciples brillants de la civilisation grecque. Tibérius, victime de son amour pour le peuple, périssant avec trois cents des siens; et Caïus, s'écriant au milieu du sénat: « Lors même que vous me tueriez, vous n'arracheriez pas de vos flancs le fer que j'y ai enfoncé. »

Nous nous rappelons aussi une adorable Phrygné — des lutteurs antiques, réunissant la grâce et la souplesse des mouvements à la vigueur des muscles — Hébé et Jupiter ; puis, au milieu de tous ces groupes pleins de vie, un magnifique vase de porcelaine de Sèvres, monté et garni en bronze doré — évalué soixante mille francs en fabrique — et coté par MM. Susse, au prix réduit de trente mille francs !... Ce spécimen unique de l'art céramique, en France, laisse bien loin derrière lui toutes les poteries étrusques et les chinoiseries si ridiculement prônées.

On a souvent parlé de la papeterie fine de la maison Susse, de ses encadrements, de miniatures et de tableaux, de ses articles de maroquinerie, de peinture et de dessins; mais, sans dédaigner ces productions, si légitimement en vogue — c'est au sein de ses galeries de tableaux, où brillent les œuvres les plus estimées de nos peintres modernes — parmi ces beaux modèles, exécutés sous l'inspiration immédiate de ses chefs, que nous voudrions souvent retremper notre plume, pour remplir dignement la tâche qui nous est dévolue.

DEBEAUVOYS (docteur), à Seiches (Maine-et-Loire).

Assoupissement des Abeilles

Réjouissez-vous, agriculteurs et poètes! la diligente ouvrière, emblème d'ordre et d'harmonie, qui pétrissait pour vous ses trésors, est enfin soustraite à sa cruelle destinée...

Naître avec le printemps, mourir avec les roses,
Sur l'aile du zéphir nager dans un ciel pur,
. . . .

Tel est du papillon le destin

enchanté. Mais pour l'abeille, active et laborieuse, quelle autre mission plus féconde, scellée du plus triste martyre ! A peine sortie de sa chrysalide, elle secoue la poudre de ses ailes, s'envole, comme un souffle, sur le nectaire des fleurs, et, modèle de sagesse, d'abnégation et de travail, *butine* pour la *république* qui l'a vue naître. On a décrit ses travaux intérieurs,—mais qui de nous, au milieu des mille bruits de la vie, n'aime à se rappeler ces aimables surprises de la campagne, ces essaims bourdonnants, sortant du creux d'un rocher, ou balancés, en grappe frémissante, à la cime de quelque arbre.... ces milliers de *travailleuses*, vouées à la chasteté, obéissant à la reine de leur choix, seule douée de fécondité ; butinant sur les fleurs qu'elles préfèrent, rentrant, sortant, travaillant sans cesse, leurs frêles petites pattes chargées des richesses qu'elles pétrissent, et sur l'ordre de leur souveraine, chassant, à coups de dards, les mâles ou bourdons, devenus inutiles quand elle a reproduit ! Qui n'a aussi admiré, au fond de quelque bois, ces *maisonnettes* souterraines, qu'elles tapissent, comme un sanctuaire, avec les feuilles les plus gracieuses ou les plus jolies fleurs!... Frappés de tant d'art et de poésie, les anciens les avaient consacrées a Apollon. Ce furent les abeilles du mont Ida qui nourrirent Jupiter; et Horace en fait la devise du littérateur « *studiosa florum.* » Mais qu'importe tout cet encens, brûlé sur l'Hymète ou sur le mont Hybla, si la carrière de nos pauvres *amies des fleurs* doit se clore par un bûcher! Le symbole des ingrats, c'est l'homme, dit le serpent. Que devrait dire l'abeille, à laquelle il vient ravir, avec la vie, les trésors qu'elle amasse avec tant de peines et d'intelligence!..

Mais la science, sœur de l'agriculture, et source du bon en toutes choses, a résolu cet intéressant problème. Depuis cent cinquante ans, des ruches nouvelles étaient prônées, adoptées et bientôt abandonnées. M. *de Beauvoys*, dont les beaux travaux d'*agriculture* ont été honorés de vingt médailles par les jurys agricoles de France et d'Angleterre, en a recherché et trouvé la cause dans la fureur des abeilles, qui s'opposent constamment, et avec la plus brave énergie, au dépouillement de leurs magasins. Pour les calmer, on se sert de la fumée de linge, de foin, de coques de noix; mais l'état de bruissement, dans lequel on les met, les fait rester sur les rayons, et au moment de la taille en compromet un grand nombre. En Crimée, dit-on, les Tartares emploient un champignon monstrueux, dont la vapeur vénéneuse produit une prompte asphyxie. C'est le licoperdon *horrendum*, ainsi qualifié, de ce que de loin, et au fond des forêts où il croît, il ressemble à un musulman accroupi, coiffe de son turban, et produit une impression de terreur.. M. de Beauvoys, profitant de quelques observations de ses prédécesseurs, a cherché à dompter complétement les abeilles sans les détruire. Le lycoperdon *giganteum*, l'éther et le chloroforme, lui ont admirablement réussi, mais il lui fallait quelque chose de plus simple, qui se trouvât partout et à vil prix. Il est parvenu à trouver dans le nitrate de potasse (sel de nitre) cette substance si désirée. Huit à quinze grammes, pilés très-menu, où dissous dans

de l'eau, dont on imbibe une poignée de filasse, suffisent pour endormir trente à quarante mille abeilles, les faire tomber sur le tablier, et permettre de tailler la ruche sans gants ni masque.

Ce procédé, vraiment merveilleux, doit prendre date de 1855. Il est tout à fait français et ne peut nous être disputé par aucune autre nation. M. de Beauvoys, qui, depuis de longues années, fait connaître ses ruches pour lesquelles il n'a pris aucun brevet, a communiqué sa découverte au public avec le plus grand désintéressement. Pour mieux la faire connaître, il a établi un rucher dans un jardin de l'avenue Montaigne, où nous l'avons vu procéder à l'anesthésie de ses abeilles. Rien de plus intéressant que de voir ces bruyants et actifs hyménoptères replier peu à peu leurs ailes membraneuses, s'assoupir, tomber, et au bout d'une demi-heure environ, s'éveiller, et secouer cette léthargie, pour reprendre leurs fonctions. Dans cette opération il se dégage, par la combustion du sel de nitre, de l'acide carbonique, un peu d'azote et d'oxyde de carbone; très-peu toutefois de ces derniers gaz, car s'ils dominaient, ils tueraient les abeilles, tellement ils sont méphitiques; tandis que l'acide carbonique ne leur fait aucun mal. Au surplus, M. de Beauvoys s'est assuré de l'innocuité de son procédé, en les y soumettant jusqu'à vingt fois dans la même année et souvent deux fois par jour.

Parmi les instruments aratoires, où nous les avons retrouvés à l'Exposition, nous avons encore remarqué, sous le n° 1er de ces appareils, la *ruche du naturaliste*, grande et belle ruche plate, ne permettant aux abeilles de construire qu'un seul rayon, dont les deux faces se trouvent ainsi exposées aux regards des curieux, qui peuvent se rendre témoins de tous leurs travaux, sans courir le moindre danger. Cette ruche, conseillée par Hubert et par Charles Bonnet, était tombée dans l'oubli. M. de Beauvoys l'a refaite de la manière la plus avantageuse, montée sur une large caisse qui sert de ventilateur, et même de *réfectoire*, si l'on peut parler ainsi, où les abeilles viennent prendre dans les mauvais temps, ou pendant les expériences qui nécessitent leur captivité, les aliments dont elles ont besoin. Leur entrée et leur sortie se font par la partie supérieure, ce qui permet à l'observateur d'examiner longtemps les abeilles sans en être attaqué. Comme cette ruche ne leur permet pas de s'agglomérer en assez grand nombre pour supporter les froids de l'hiver, l'*apiculteur* de Maine-et-Loire en a divisé la hauteur par des cadres, de manière à pouvoir les enlever, ainsi que les rayons, aux approches de cette saison qu'il leur fait passer dans une autre de ses ruches. Les bois, qui servent de point d'appui aux vitres, sont fendus dans toute leur longueur, et lorsque le naturaliste veut assister à l'essaimage artificiel, à l'élection d'une abeille à la dignité de reine, il lui suffit de séparer cette ruche en deux parties latérales, à l'aide de lames de fer-blanc.

Sous le n° 2, nous voyons une ruche ronde, dont la partie supérieure est recouverte de listeaux, auxquels sont fixés des cerceaux en osier, qui soutiennent les cadres trop lourds. Cette ruche, dont M. de Beauvoys a présenté le premier modèle en 1849, et que l'on voit au *Conservatoire des arts et métiers*, présente l'importante modification d'une ouverture pratiquée du haut en bas, sur le côté, pour ôter le premier cadre; sans quoi il serait impossible d'enlever les autres. Ce qu'il y a de curieux, c'est que cette ouverture n'est que momentanée, et que le pourtour reste, afin que les listeaux chargés conservent un point d'appui, et la ruche sa solidité. L'entrée des abeilles se fait par la partie inférieure. C'est la ruche grecque modifiée.

Le n° 3 est la ruche à cadres verticaux, qui permet de remplir, en apiculture, le programme le plus étendu et le plus exigeant que l'on puisse imposer à cette science. Ainsi, elle n'est pas d'une capacité absolue, elle peut se rétrécir pour les essaims faibles et s'agrandir pour les forts. Chaque cadre, chargé d'un rayon, parfaitement isolé, peut s'enlever, et être visité à ses deux faces; ce qui permet de détruire les fausses teignes, dont les abeilles ne peuvent se défaire qu'à grands frais, et le plus souvent pas du tout; de voir s'il y a un essaim possible, et par conséquent, d'en provoquer la formation, ou de l'empêcher, si l'on n'en a pas besoin; enfin, de s'assurer s'il y a des provisions en quantité suffisante, pour que l'on puisse se permettre d'en prendre sans nuire à l'essaim; et la forme de cette ruche remonte à la plus haute antiquité. Elle est conçue sur le modèle de celles de *Columelle*, qui vivait au temps de Virgile, et elle ressemble à une petite maisonnette, dont la face en briquetage ne doit pas laisser que de produire un effet pittoresque dans les parcs et dans les jardins anglais. Les entrées et sorties des abeilles sont au bas des quatre faces, ce qui permet à l'air de se renouveler facilement, et aux *travailleurs* d'aller aux champs avec aisance, et de rentrer promptement, au moment du danger. Des trappes les ferment à volonté, soit pour les voyages, soit pour s'opposer au pillage. On doit, autant que possible, pendant les premiers jours du printemps et pendant tout l'automne n'en tenir ouvertes que celles exposées au Sud-Est, et les laisser au contraire toutes ouvertes pendant l'été et l'hiver. Le tablier, sur lequel cette ruche est établie, présente une ouverture qu se ferme pendant l'été par une plaque de fer-blanc trouée, et qui sert, en hiver, à l'écoulement des vapeurs qui moisiraient les rayons. Un trou existe à un des angles de ce tablier, pour y passer un piton à vis, qui doit aider à supporter la ruche à 33 centimètres du sol. Sur la partie supérieure, on remarque une boîte en fer-blanc, séparée dans son tiers inférieur par un diaphragme en toile métallique très-serrée. Elle couvre une ouverture suffisamment large pour permettre aux abeilles de passer, et de venir prendre les aliments, dont on remplit cette boîte, quand elles en ont besoin. Cette manière de penser donne l'assurance à l'apiculteur qu'aucun de leurs ennemis ne pourra partager avec elles.

Le nº 4 présente la même ruche en verre, remplie de rayons, pour la faire mieux comprendre.

Nº 6. *Mellificateur.* C'est une boîte fermée par un châssis vitré, séparée dans sa longueur et dans sa largeur par un canevas, sur lequel les rayons chargés de miel sont placés et exposés au soleil. Le miel et la cire passent en même temps. Si la saison est froide, on met un four de campagne.

Nº 7. Instrument décrit dans *Columel*, et dont on se sert pour couper les cires que l'on veut enlever des vieilles ruches.

Nº 8. Cire obtenue par les procédés de M. Debeauvoys.

Nº 9. Miel. . . . .

Nº 10. Collection d'abeilles femelles, ouvrières, et mâles, de toutes sortes, et de rayons avec des cellules pour chacune d'elles.

Nº 11. Abeilles artificielles, exécutées par M. le docteur Auzoux.

Nº 12. Cocons de fausses teignes.

Le temps et l'espace nous obligent à nous arrêter ici. Nous passerons, aussitôt que nous le pourrons, dans notre seconde édition sans doute à l'examen des autres appareils de *mellificature*. Nous pouvons toutefois attester, dès à présent, que cette branche de l'économie rurale, qui n'avait pas figuré à nos expositions avant M. de Beauvoys, offre cette année un ensemble des plus complets et du plus haut intérêt.

OSMONT, boulevart des Italiens, 85, et boulevart Beaumarchais, 85, à Paris.
Meubles en laque.
Tel critique, à propos des produits de l'Inde, remonte à *Para-Brahma*, à *Vichnou*, à *Chiva*, et grave comme l'histoire, nous montre le monde... à dos d'éléphant. Tel autre, plus érudit encore, laisse là, de dépit, porcelaines et laques, pour parler *Hoang-Ho*, fleuve jaune, — *Fou Hi-Foë*, fondateur du Céleste Empire, et *Tatchoung*, musique consacrée aux grands hommes. Dieu nous garde, cher lecteur, de ce luxe d'érudition de *Yao*, centenaire, — de *Thun-Yeou-Yu*, son vertueux gendre, et de la *Cangue*,

mercuriale *un peu vive*, infligée aux mandarins prolixes !

« *Ici l'on fait des meubles antiques dans le goût le plus moderne.* »

Cette naïve enseigne d'un bon ébéniste contemporain dit assez le goût de la France pour les *antiquités;* en fait d'art, voulons-nous dire. Nous passerons donc, si l'on veut bien, sur les peaux de bêtes, qui couvraient les murs des premiers Gaulois, nos ancêtres,—sur les joncs tressés, qui leur succédèrent et les étoffes qui remplacèrent les nattes.

Le Primatice Germain Pilon, Jean Goujon, ou la *Renaissance,* voilà la date vraiment intéressante pour nous.

A partir de cette époque, nos meubles et nos vases ne le cèdent en rien à l'Orient. Aux lames d'or, incrustées de diamants, nous opposons les agates et le jaspe, enrichis de pierres précieuses et de perles fines. Nos tentures couvertes de fleurs ou de figures d'animaux, et relevées en bosses, dorées, argentées, ou nuancées des plus belles couleurs, humilient Rome et la Grèce ; et ce Sybarite, qui fit broder, nous dit l'histoire, une tapisserie représentant les six grandes divinités du paganisme...

Au commencement de ce siècle, nous retrouvons, comme pour les *bronzes d'art,* le goût de l'antique, ramené dans l'ameublement par l'école de David. La Restauration, avec son romantisme, est venue enter, sur cette mode, quelques traditions du moyen âge. Mais on l'a remarqué avec raison, le commerce des vieux meubles est loin d'avoir nui à l'ébénisterie. Depuis vingt ans, le goût des ameublements s'est enrichi et épuré au delà de toute expression. L'acajou, le houx, l'if, et surtout le noyer, se sont pliés, sous les formes les plus sveltes et les plus gracieuses, aux besoins de la petite propriété, Et sous le rapport du luxe, nos incrustations en tous genres, nos vives couleurs et nos riches vernis, ont surpassé, non-seulement toutes les traditions anciennes, mais encore les laques chinois si renommés.

La *maison Osmont* offre la preuve la plus brillante de cette double supériorité. Ses élégants produits, où l'érable d'Amérique, le bois de citronnier, le calliatour, marient leurs plus belles nuances, peuvent se décrire en peu de mots: variété dans les bois exotiques, richesse des dessins, dureté et finesse du grain, exécution manuelle sans rivale. Quant aux *laques* proprement dits... mais à tout seigneur, tout honneur; à l'écrivain de mérite ce qui lui appartient, et aux supériorités industrielles, l'encens dont elles sont dignes.

« Etablie depuis trente ans, et connue pour les progrès qu'elle a su réaliser dans cette spécialité, la maison Osmont,—dit l'une des revues les plus en vogue de la capitale,—a voulu prouver que le laque n'était pas fait pour rester éternellement une fantaisie luxueuse, qu'il pouvait prêter les agréments de ses peintures, la variété de ses reliefs, s'accommoder enfin à tous les meubles usuels; elle a établi des meubles en laque de toutes natures, lits, armoires à glace, commodes, tables de toilette, bureaux, consoles,... et elle les a faits assez solides pour soutenir la comparaison avec les articles analogues produits par les meilleurs ateliers de l'industrie parisienne. Aucun des styles de laque connus n'est étranger à la maison Osmont, le genre chinois, le japonais, le genre chinois sur fond poli poudre d'or, le genre Coromandel, l'application de fleurs riches, de fleurs de nacre, de paysages de toute espèce, de sujets de peinture, avec ou sans reliefs de nacre. Les modèles comportent les formes de toutes les époques, les styles renaissance, Louis XIV, Louis XV, le genre gothique, l'imitation Boule, les sculptures et les ciselures les plus fouillées, les peintures copiées d'après les originaux des plus grands maîtres, ou d'après les tableaux qu'il convient au client de choisir. Mais c'est surtout dans la réparation des vieux meubles de laque, réparation qu'elle exécute avec le plus grand succès, qu'elle réussit à mettre les divers styles en harmonie avec les meubles primitifs. La maison Osmont a déjà dans le passé des titres qui la recommandent à l'attention des gens de goût: médaille d'expert, médaille de bronze, médaille d'argent en 1844, rappel de médaille d'argent en 1849; elle espère, à bon droit, en acquérir de nouveaux, dans un avenir très-prochain, par son exposition de 1855, qui consiste dans les produits suivants :

Un lit à fleurs avec ornements rocailles, une armoire à glace avec application de nacre, une toilette et un fauteuil style Louis XV, à fleurs, une jardinière à fleurs riches, style renaissance, des chaises de nouveaux modèles, et un paravent style chinois...»

La réputation d'élégance et de grâce des meubles en laque est plus que scellée par ces beaux produits. Rien de plus flatteur, de plus séduisant pour l'œil que cette variété de dessins et de couleurs dont le vernis relève si heureusement l'éclat, tout en fondant ensemble leurs nuances diverses. Soit qu'elles empruntent des reliefs brillants à la nacre, qu'elles se décorent d'arabesques, et reproduisent des fleurs et des paysages, soit qu'elles s'encadrent dans l'or ou qu'elles imitent les ornements chinois, ces charmantes créations de la *maison Osmont* ont un incomparable cachet de distinction artistique.

C'est bien le choix le plus rare et le plus exquis de ces œuvres de goût et d'harmonie, qui ont fait dire depuis longtemps que l'industrie des meubles est presque exclusivement parisienne, et qui à l'exemple de nos bronzes et de nos nouveautés, trônent, sans conteste, dans les salons les plus aristocratiques de l'Europe.

BESQUEUT (Jules), fondeur à Trédion (Morbihan.)

Fontes brutes, fontes moulées, pièces de fonte ayant servi à la construction du Palais de l'Industrie. Médailles de bronze en 1844 et 1849.

Le but de M. Besqueut en exposant ses produits, est de donner une idée de la marche progressive de son industrie dans le Morbihan.

Par ses échantillons de fonte de première fusion, il prouve en effet que ses fontes sont au moins égales, sinon supérieures aux fontes anglaises de première qualité, et qu'elles peuvent supporter des épreuves *à outrance*. Leur supériorité est si évidente, qu'elles ne se dénaturent presque pas à la seconde fusion, elles restent douces et tenaces et peuvent, par conséquent, remplacer avantageusement les fontes anglaises dans tous les travaux de fonderies et de constructions de machines.

La marine qui a fait usage de ces fontes pour des travaux exécutés au port de Rochefort, a obtenu des résultats admirables.

Enfin ses échantillons de fonte moulée, prouvent qu'elles peuvent rivaliser avec les produits des fabriques qui ont la prétention de faire le mieux en France.

Nous devons ajouter que M. Besqueut a fourni une partie des fontes moulées nécessaires pour l'érection du Palais de l'Industrie à Paris, et que ses fontes ont été regardées comme des meilleures, parmi celles qui ont été fournies pour ce monument.

Nous terminerons en disant qu'en 1840, lorsque M. Besqueut prit la direction des usines qu'il exploite, ces usines, au dire de M. Berthier, professeur à l'Ecole des mines de Paris, produisaient les *plus mauvaises fontes de France*, tandis qu'aujourd'hui nous sommes convaincus que ces produits peuvent être considérés comme les meilleurs en France.

GUIBERT fils aîné, constructeur de navires à Nantes (Loire-Inférieure.)

Vaste établissement pour constructions en bois et fer.

Les deux navires transatlantiques en fer, le *Jacquard* et l'*Arago*, du port de 2,500 tonneaux, d'une puissance de 700 chevaux et affrétés par le gouvernement, sont sortis de cet établissement. Le vapeur *Paris et Londres*, faisant les voyages de Paris à Londres, et avec un si grand succès, les porteurs maritimes faisant le service de Rouen à Bordeaux, et la Compagnie Picou, sont également sortis des chantiers de M. Guibert. La Compagnie Bazin et Léon Gay de Marseille vient de faire des commandes importantes à cet établissement.

Le yacht qui est à l'Exposition, est un nouveau système de construction, réunissant les avantages du fer, en évitant les inconvénients qu'il présente dans les mers chaudes; en effet, la solidité et la légèreté des constructions de fer, la rigidité de ce genre de construction si nécessaire dans les bâtiments de grande longueur, et surtout ceux mus par la vapeur, la difficulté de se procurer de gros bois dont la rareté se fait de plus en plus sentir, font adopter le fer de préférence pour la construction des navires du commerce; mais un inconvénient a lieu dans les mers chaudes principalement. L'oxydation est prompte, et les coquillages, que l'on nomme *Cravan*, s'attachent, ou mieux, s'imprègnent sur les carènes en fer, et augmentent considérablement la résistance à la mer, ce qui rend les bâtiments presque innavigables après un certain temps de navigation; il faut donc visiter souvent leur carène, et les débarrasser de cet inconvénient grave, et souvent l'on est dans l'impossibilité de le faire.

Il y a en outre l'impossibilité de se servir des constructions en fer pour bâtiments de guerre, l'expérience ayant prouvé que le fer est très-facilement percé par le projectile lancé contre lui, à moins qu'il n'ait une épaisseur telle que c'est inapplicable à la navigation rapide; c'est pour obvier à ces inconvénients que M. Guibert a réuni les avantages du fer, en faisant ce yacht dont tout l'intérieur est en fer, et l'extérieur en bois et doublé en cuivre, présentant ainsi les avantages suivants:

Solidité, légèreté, rigidité, double garantie d'étanche, le navire étant rivé à l'intérieur; comme bâtiment de fer ordinaire, bordé, calfaté, et doublé en cuivre à l'extérieur comme un bâtiment en bois ordinaire. Ces deux combinaisons ont permis de déduire les dimensions d'épaisseur des deux matières qui le composent, et rendent la légèreté presque égale à celle d'un bâtiment en fer.

BATTA DE LORENZI (Gio), à Vicence (roy. Lombard–Vénitien).

Nouvel orgue expressif, phonochromique ou fonocromique.

L'âme qui fuit la musique est pleine de fiel et de perfidie!... En formulant cet aphorisme lyrique, madame de Staël voyait encore *Corinne* au Capitole, improvisant sous le regard d'*Oswald*, — et puisant, dans un auditoire enthousiaste et sympathique, tel que l'Italie seule en produit, de ces soudaines inspirations, qui sont pour l'âme ce que les plus brillants météores sont aux yeux : sillons de flamme, — étincelles divines, — éclairant l'infini et parlant d'immortalité! Mais à côté de ces rayonnantes créations du génie, combien de simples et nobles cœurs de femme, qui n'ont jamais connu ce degré de lyrisme, ont aussi leur harmonie pleine de charme! Quel poëme en action, que ce gracieux enfant, jouant parmi les fleurs, — oiseau, fleur, et papillon lui-même, courant, volant, s'épanouissant sur l'herbe, — puis à l'heure de replier ses ailes, bercé par une tendre psalmodie, qui trouve le secret de sa petite âme, s'endormant en souriant à sa mère, pour rêver de parfum, de lumière et d'azur! Et pour changer de cadre, sans sortir de la réalité, que d'hommes énergiquement trempés, capables de tous les héroïsmes et de tous les dévouements, demeurent insensibles, hélas! aux plus savantes combinaisons des sons..., aux plus ardentes querelles de tous les *Gluckistes* et *Piccinistes* de l'univers! Témoin ces braves natures de marins, — vrais enfants dans leurs foyers, ne connaissant de l'art... que leur intérieur, et semblables au géant de la fable, se transformant, tout à coup, sur leur élément, — grandissant au milieu des écueils de l'océan, — et s'identifiant, à l'heure du péril, avec les plus majestueuses harmonies de la nature.

Comme la poésie, la musique est un peu partout. Elle a son écho dans l'héroïsme, dans la joie, dans la douleur; mais comme l'art en général, elle existe avant les règles, — elle est, avant tout, la *pensée*, revêtue de l'une des *formes* du sentiment. L'âme qui ne trouverait en elle-même aucune de ces vibrations, serait en effet ce que la peint l'illustre chantre de *Corinne*!.. Les peuples dans leur enfance s'adoucissaient à la voix d'*Orphée* et de *Linus*. Les Spartiates eux-mêmes à qui Lycurgue avait interdit les arts de luxe, s'enflammaient au *chœur des vieillards*, dont Amyot nous a reproduit la mâle et rude poésie...

C'est à cette source d'inspiration, — au sein même de la nature, — dans ses manifestations les plus spontanées, dans ses instincts les plus généreux, — que les plus grands maîtres ont puisé leurs chefs-d'œuvre, — *Beethoven*, ses immortelles symphonies, — *Haydn*, sa *Création*, sublime page de *Milton*, où fermentent les éléments, où l'Euphrate et le Tigre, fleuves encore innommés, entendent pour la première fois les mille bruits de la vie, — où l'homme et la femme, doués de justice et d'immortalité, prennent possession du monde soumis à leur empire. Boyeldieu, Rossini, ont d'admirables accents; mais leurs chants des montagnes, — qui feraient encore jeter sabre et giberne *par-dessus le bord*, et braver mille morts, pour revoir la patrie, — la Suisse et l'Ecosse, dans leurs traditions les plus populaires, — voilà ce qui entraîne les masses, et ce qui vit le mieux dans leurs souvenirs. Les Bretons quitteraient tout pour l'*an-ini-coz;* chant doux et monotone, où se retrouvent leur génie national, l'harmonie plaintive de leurs rivages, et jusqu'au murmure de ses grottes druidiques et de ces sombres forêts, où l'ombre de *Velléda* semble encore gémir. Mélancolie profonde, empreinte d'un irrésistible attrait, et dont la grève sonore de Saint-Malo apporte l'écho à la tombe de Châteaubriand avec le bruit de ces flots, que sa muse a immortalisés!

Sentiment indéfinissable, comme le monde de souvenirs, de regrets et de pensées, qu'éveillent en nous l'harmonie des cloches, et les accents de ce divin instrument, dont le mécanisme a quelque chose de mystérieux en rapport avec les symboles chrétiens, avec les plus secrètes aspirations de l'âme!

Harmonie *complète*, aux ordres de l'artiste qui sait en manier le clavier, l'*orgue*, si nos souvenirs sont fidèles, a fait son apparition en France sous Pépin le Bref, dans l'église de Sainte-Corneille à Compiègne. Au xve siècle nous trouvons *Bartholomeo Ateynati*, et son fils *Graziadio*, enrichissant l'Italie de quatorze cents de ces instruments... Mais déposant le masque d'érudition, qui pèse à notre paresse, à notre besoin d'expansion peut-être, nous en laissons là l'historique pour revenir au domaine de l'*expression* et à l'orgue de M. Batta de Lorenzi...

Jamais *harmonium* plus suave ou *voix* plus nuancée n'avait frappé notre oreille. Nous l'avons entendu préluder par un motif de *Lucie*, et nous doutons que le gosier faible de *Julia Grisi* elle-même, ni celle d'aucun ténor, puissent surpasser en limpidité, en douceur pénétrante, les notes si pures que produit ce clavier... Que dire de l'expression profonde et vraie, avec laquelle il rend la *dernière pensée* de *Weber*, — mélodie qui, à la destinée près des deux *poëtes*, rappelle les adieux à la vie de *Gilbert*, — rhythme plein de mélancolie, qu'il est impossible d'oublier, — pour peu qu'on l'ait entendu, une fois en sa jeunesse, au milieu des joies évanouies du foyer!...

Jusqu'à présent, l'*orgue expressif* permettait à l'exécutant d'augmenter ou de diminuer à volonté, et graduellement, l'intensité des sons... En 1827, M. *Erard* mit à l'Exposition un orgue qui présentait, à cet égard, un ensemble de qualités jugées parfaites. Mais alors, comme aujourd'hui, l'artiste, le poëte, l'*inspiré*, subissait une force invisible, et dans cette lutte, qu'il ne dominait pas toujours, perdait infailliblement une partie de ses ressources...

Au lieu de commander à l'instrument, de lui communiquer son âme, il en recevait l'harmonie toute faite. L'*Expression* dépendait de la vigueur d'un soufflet, du sang-froid, quelquefois même de la force physique de l'exécutant, et au milieu de ces préoccupations matérielles, l'inspiration s'évanouissait. Grâce au génie artistique de M. Batta de Lorenzi, ces inconvénients n'existent plus. Il n'a pas voulu que le *prince des instruments* (comme il l'appelle dans un légitime enthousiasme) le cédât plus longtemps à tous les autres; il a consacré ses veilles à la manière de lui donner de l'*expression*, de l'*enrichir de cette propriété*, et ce problème insoluble, cet écueil invincible, il l'a résolu et bravé avec un indicible bonheur. Aujourd'hui c'est en lui-même que l'organiste doit puiser la source de l'harmonie; c'est son âme tout entière, qui, sans entrave ni préoccupation, court sur le clavier et s'impose à l'instrument. Poëte, improvisateur, il exprime spontanément tout ce qu'il sent, depuis les passions les plus fougueuses jusqu'aux plus tendres sentiments.

La méthode de l'orgue *fonocromique* est en effet diamétralement opposée à celle des orgues dites expressives à *anches libres*. Tandis que ces dernières exigent une pression, ou plus forte ou moindre que les soufflets, et qu'elles en ressentent les diverses expressions sur tout le clavier indistinctement, l'instrument italien fait dépendre son expression de l'abaissement plus ou moins prononcé des touches. La propriété principale de cet orgue est précisément celle de donner aux sons *colorité*, l'harmonie du coloris, ou la mise de voix à la pression de la touche, d'où sa qualification un peu hellénique... Le clavier agit sur trois points. En abaissant la touche légèrement et jusqu'au premier point, on a une note délicate et *piana*, et en l'abaissant totalement, on a une augmentation de *son*, qui va toujours en se renforçant par gradation (*con filatura*), à mesure que l'on appuye sur le clavier.

Ce nouvel orgue, dont nous voudrions pouvoir décrire tous les moyens d'expression, tels que le tremblement, ou battement de voix, croissant et décroissant à mesure de la pression d'une pédale, exige toutefois une exécution toute particulière. Il faut que l'organiste se *rende* compte de tous les effets qu'il peut produire, et qu'il s'exerce sur la manière de les obtenir. Mais s'il sent avec force, s'il est doué du feu sacré de l'inspiration, il parviendra à exprimer, jusqu'au plus haut degré de l'*extatique*, les sentiments et les passions dont son âme est remplie. C'est ce que M. *Batta de Lorenzi* prouve chaque jour à l'auditoire qui se presse autour de lui, pour entendre ses brillantes et suaves improvisations, reflet d'une âme noble et bonne comme la physionomie de l'artiste, comme la vie, qu'il a consacrée tout entière au culte de son art.

AURAND et **WEILZ**, à Mulnheim (Prusse). Armes blanches.

Bien peu d'expositions au Palais de l'Industrie présentent l'aspect grandiose et saisissant qu'offre la magnifique panoplie envoyée par MM. Aurand et Weilz. Ces aciers façonnés en armes destructrices et qui chatoient aux rayons du soleil, sont si beaux qu'on oublie la mission qu'ils ont à remplir pour n'admirer que leur fini, leur élégance, leur forme, leur trempe.

Ces casques, les uns polis et nus, les autres historiés, ces cuirasses, taillées pour des poitrines de géants, ces piques, effilées et brillantes, ces grands sabres, droits et recourbés, flexibles comme un fleuret Solingen, remuent les fibres du cœur. En regardant ces sabres et ces lames d'épées si fines, aux montures élégantes et puissantes à la fois, on sent qu'ils *vont bien à la main*. Devant cette admirable exposition, à laquelle tous nos fabricants rendent la justice qui lui est due, nous avons vu les yeux de plus d'un vieux soldat s'animer. La Prusse doit être fière d'être si dignement représentée aux grandes assises de l'Industrie universelle.

THONNERIEUX (Et.), fabricant de chaussures pour dames, boulevard Montmartre, 15, à Paris.

Parmi nos fabricants de chaussures qui se sont fait remarquer à l'Exposition par le bon goût et par l'élégance de leurs produits, nous avons admiré la grande variété de ceux de la maison Thonnerieux. Tous les genres de chaussures y sont représentés; bottines hongroises à talons dorés, souliers chinois, mules et pantoufles brodées soie, or et perles, bottines formant le bas de soie brodé et le soulier de bal, bottines de ville boutonnées, élastiques ou lacées fortes ou légères, tout y est élégant, chaussure de luxe comme chaussure ordinaire. Nous nous abstiendrons de faire l'éloge de cette maison qui s'est montrée digne de sa réputation et du choix qu'on en avait fait pour figurer dans la vitrine d'honneur de l'industrie parisienne.

BRUGNON, fabricant de limes, à Charmes, près de Laon (Aisne). Limes d'acier fondu.

Les limes anglaises jouissent en France d'une réputation qui, certes, n'est pas imméritée; mais, nous devons le dire, nos limes de fabrication nationale ne le leur cèdent en quoi que ce soit. Nous sommes singulièrement portés à déprécier nos produits au profit de l'industrie étrangère. Nous paierons à Londres vingt francs ce que nous pourrions trouver pour dix à Paris. Cet engouement pour les productions du dehors commence à disparaître. Nous nous rendons au raisonnement et à l'évidence.

Nous avons proclamé, et nous proclamons encore, pour notre part, l'excellence des limes anglaises, mais nous prétendons que les limes d'un grand nombre de nos fabricants, et, parmi ceux-là, de M. Brugnon, des premiers, acceptent la comparaison, et jettent l'indécision dans l'esprit du juge qui doit décider de quel côté penche la balance.

CESTER fils, distillateur-liquoriste, à Troyes (Aube).

Les liqueurs de toute nature, et généralement les produits obtenus par la distillation des alcools, sont maintenant d'un usage tellement journalier et leur emploi peut influer d'une manière si grave sur la santé des consommateurs, que l'attention du public s'est naturellement portée sur leur mode de fabrication.

Les médecins ordonnent souvent l'usage des alcools, — tant dans l'état des maladies que dans l'état de santé; — mais ils exigent impérieusement dans leur préparation certaines règles hygiéniques que tous les distillateurs, dont les connaissances chimiques ne sont point assez étendues, ne peuvent pas toujours suivre. D'un autre côté, la sophistication, dont on s'est tant préoccupé depuis quelques années, a jeté une grande perturbation dans cette branche importante de notre industrie.

M. Cester fils, dont les eaux-de-vie et les liqueurs ont été dégustées par les plus habiles et les plus fins gourmets, est sans contredit l'un des distillateurs dont les produits soient à l'abri de tout reproche et leur usage ne peut être que salutaire.

Notre devoir est de signaler cette maison, dont l'honorabilité lui assure depuis longtemps une nombreuse clientèle.

ROSSEL BAUTTE, bijoutier, à Genève (Suisse).

Si l'horlogerie genevoise est appréciée sous tous les rapports et considérée comme sans rivale, la bijouterie de Genève n'a pas moins de renommée. Dans les élégants bijoux de M. Rossel-Bautte, la richesse, le fini de l'exécution, le bon choix et la belle qualité des matières, le bon goût, la pureté des formes et des dessins, marchent sur la même ligne et réunissent les suffrages des connaisseurs et des gens du monde. Le développement que prend chaque jour cette honorable maison (où l'on trouve l'assortiment le plus complet d'articles de tous genres et de toute nature depuis les prix les plus modiques jusqu'aux prix plus élevés), l'importance de ses affaires lui permettent de coter ses bijoux à un prix d'un bon marché incroyable. Toutes les commandes y sont exécutées avec le plus grand soin et l'on est tenu de n'en prendre livraison qu'autant qu'elles satisfont entièrement à la demande adressée. C'est en opérant de cette sorte qu'une maison se fonde sur une base solide et que l'honorabilité commerciale, se mariant à la supériorité de la fabrication assure un succès aussi glorieux que durable.

LANDENWETSCH, fabricant de limes, à Nogent (Haute-Marne.)

M. Landenwetsch de Nogent s'est fait dans la fabrication des limes une réputation, que confirment et justifient pleinement la qualité des aciers qu'il emploie et le fini du travail.

Ce sont les fabricants consciencieux comme M. Landenwetsh qui ont fait cesser la prévention injuste qui existait contre les limes françaises, et ce, à force de perfectionnements journaliers, de progrès incessants. Leurs énergiques et patriotiques efforts ont été couronnés du plus complet succès, et non contents de lutter avec la concurrence étrangère par la beauté et la qualité hors ligne de leurs produits, ils veulent par la modération de leurs prix obtenir une juste préférence. Dans le grand champ-clos de l'Industrie universelle, M. Landenwetsch ne passera pas inaperçu, car la supériorité reelle et bien marquée n'est jamais accueillie avec indifférence, quelle que soit la branche industrielle où on la rencontre.

MARTIN (Eugène), fabricant d'horlogerie, rue de l'Abreuvoir, à Besançon.

Le Palais de l'Industrie universelle renferme les plus beaux produits de l'horlogerie du monde entier; la Suisse, ce pays où cette branche de l'Industrie est parvenue à son apogée de perfection, est forcée de reconnaître que ses rivales ne marchent pas bien loin en arrière d'elle. Besançon est une ville où l'horlogerie est traitée sur le même pied qu'à

Genève. Entre Besançon et cette dernière cité, une lutte sourde est commencée depuis longtemps. Le Palais de l'Industrie est la lice où les lutteurs vont essayer leurs forces au grand jour. Parmi ceux qui descendent avec confiance dans l'arène et dont la confiance est justifiée par la beauté hors ligne de leurs produits, nous nous faisons un devoir de citer M. Martin Eugène.

PETER (Jean), armurier, place Taconnerie, 84, à Genève (Suisse.)

La ville de Genève, qui se recommande plus habituellement par son horlogerie dont la réputation est presque universellement connue, se fait aussi remarquer par ses fabriques d'armes à feu.

Celle de M. Peter Jean, dont nous avons été à même d'admirer les fusils de chasse, promet une concurrence sérieuse à tout ce que peuvent donner en ce genre, les produits les plus estimés de Liége, de Paris et de Saint-Étienne, qui jusqu'à ce jour semblaient devoir monopoliser ce genre d'industrie.

Les fusils de chasse de M. Peter Jean, sont entre les mains d'un connaisseur l'objet de son admiration et de sa convoitise. En effet à l'élégance de la forme, à la richesse des ornements, à la justesse de leur portée, ils joignent encore une solidité à toute épreuve, qualité si indispensable aux armes à feu. Aussi les amateurs de cynégétique devront-ils s'adresser à lui pour avoir un fusil sur les précisions duquel ils puissent compter, et les hommes du monde pour obtenir de ces armes qui font si bel effet dans une panoplie.

MANGEANT, fabricant d'instruments de musique, 34, galerie de l'Argue, Lyon (Rhône).

L'éducation se complétant aujourd'hui indispensablement de connaissances musicales, qui autrefois n'existaient pas, la fabrication des instruments de musique a donc pris un large développement.

Mais se procurer un bon instrument n'est pas aussi aisé qu'on pourrait le penser. Il appartient seulement à quelques fabricants, véritables artistes eux-mêmes, d'apporter tout le soin nécessaire à la confection de ces harmonieux interprètes de l'art. Sous le rapport de la sonorité, de leur puissance, de leur justesse, et de la qualité de leur matière première, les instruments sortis de la fabrique de M. Mangeant, ne laissent rien à désirer.

Aussi les artistes s'empressent-ils de féliciter ce fabricant émérite, et de lui donner un témoignage éclatant de sympathie par les nombreuses commandes qui lui sont adressées quotidiennement.

VAN BALTHOVEN, fabricant de meubles, rue du Faubourg-Saint-Antoine, 28 *bis* et 38, Paris.

Médailles d'argent en 1839, 1844, 1849, et médailles de prix à l'Exposition universelle de Londres.

Au milieu de tous ces meubles si gracieux et si beaux, qu'on ne sait sur lesquels fixer ses regards, dignes représentants de notre industrie parisienne, et qui, de tout temps, ont eu la faveur d'être recherchés avec autant d'empressement à l'étranger, qu'ils le sont chez nous; nous avons remarqué les superbes meubles sortant de, magasins de M. Van Balthoven qui nous ont semblé comme le *nec plus ultra* de tout ce que l'ébénisterie moderne peut inventer de plus élégant. Sa table mécanique à jeu, pour laquelle il a obtenu un brevet d'invention, sa bibliothèque en ébène d'un genre tout nouveau, et particulièrement une magnifique armoire à glace en bois de rose avec moulures en palissandre, assurent à M. Van Balthoven, les félicitations de tous ceux qui, comme nous, sauront apprécier la bonne qualité et l'élégance de tout ce qui sort de sa maison.

FOIRET, fabricant de flint et crown-glass pour l'optique et disques de toute dimension, rue Saint-Fargeau, à Belville (Seine).

L'exposition si remarquable de M. Foiret se compose d'un bloc de flint-glass pesant trois cents kilogrammes; de disques de flint et crown-glass de toutes dimensions, jusqu'à cinquante centimètres de diamètre pour astronomie, photographie, etc. C'est M. Foiret qui a fourni l'objectif de vingt-cinq centimètres de diamètre exposé au Palais de l'Industrie par MM. Lerebours et Secretan, opticiens de S. M. l'Empereur.

Crown-glass est, comme chacun le sait, un mot anglais qui signifie *verre de couronne*, ou plutôt verre royal. Ce verre a une grande analogie avec le verre de Bohême, et a, comme lui, la chaux et la potasse pour base. Il sert généralement de verre à vitre.

Le crown-glass diffère du flint glass en ce que ce dernier est un cristal et que sa pâte renferme un oxyde de plomb; ces deux mots anglais *flint*, (caillou, *silex*) *glass* disent assez que c'est à cette nation qu'est due la priorité de cette découverte et la supériorité bien connue de nos voisins dans ce genre de fabrication.

Cependant telle est la puissance de l'industrie française que quelques-uns de nos fabricants et M. Foiret en tête ont su donner un tel essor à la fabrication du flint et du crown, que depuis quelque temps les Anglais et les Allemands même qui ont une si haute réputation pour la beauté et la bonté de leurs objectifs, sont devenus nos tributaires et tirent de nos fabriques le flint et le crown-glass.

Combiné avec le flint, le crown-glass doit être d'une limpidité parfaite, incolore, exempt de bulles, de stries, de nodules. Ce n'est qu'à cette condition qu'il est apte à corriger la différente réfrangibilité des rayons lumineux.

La dispersion du crown-glass, c'est-à-dire la longueur du spectre coloré qu'il produit, n'est que les deux tiers de la dispersion qui a lieu dans le flint-glass, c'est sur la découverte de cette propriété faite à Londres par un Français nommé Dolland, qu'est basée la fabrication des objectifs achromatiques.

Ces quelques lignes doivent donner une idée de la difficulté que rencontre un fabricant de crown et de flint-glass et quels éloges sont dus à ceux qui comme M. Foiret, font arriver leur industrie à un si haut degré de perfection.

M. Foiret monte toutes sortes de verre pour l'optique. Nous ne saurions recommander assez chaleureusement cet intelligent fabricant dont l'honorabilité commerciale est si bien établie et dont l'habile fabricat on lui a valu en même temps qu'une nombreuse clientèle, l'assentiment et l'approbation de nos savants.

ISAAC fils, fabricant de rubans à Bâle (Suisse.)

Les rubans qui jouent un rôle si important dans la toilette des dames, doivent, pour obtenir une vogue soutenue, être non-seulement de première qualité comme tissu et d'une grande solidité de nuances, il faut encore que le bon goût du fabricant se révèle dans la variété, la richesse des dispositions et dans le cachet particulier toujours inhérent aux produits véritablement supérieurs. La rubannerie de Saint-Etienne dont la réputation européenne est en tout point méritée, a fort à faire pour rester en première ligne vis-à-vis des efforts journaliers que font les fabricants de rubans suisses, à la tête desquels s'est depuis longtemps placé M. Isaac fils, de Bâle. Cet intelligent industriel ne laisse sortir de ses ateliers rien qui ne soit irréprochable et les admirables produits qu'il a envoyés au Palais de l'Industrie universelle ne sont autres que ceux qu'il livre journellement à sa riche clientèle.

AUBERTIN, brevet d'invention, mécanicien, rue de Paris, 129, Belleville (Seine).

La mécanique, cette science si difficile, si ardue, qui demande tant de soins, de connaissances spéciales, et un travail d'une précision si parfaite, est bien dignement représentée au Palais de l'Exposition.

Dans cette section importante, l'esprit et l'attention des nombreux visiteurs sont incessamment attirés par l'attraction d'une invincible curiosité.

La mécanique est sans contredit l'un des plus intéressants progrès qui se soient accomplis et prouve victorieusement la puissance de l'homme sur la matière dont il a fait sa vassale et qu'il met à son service, épargnant ainsi aux bras un travail long et pénible, qui laisse à l'intelligence des loisirs qu'elle peut utiliser pour le bien de tous.

Sans énumérer tout ce que la science est parvenue à accomplir dans ce genre, et applicable à toutes les industries, arrêtons-nous aux services que sont appelées à rendre à la passementerie, cette branche commerciale importante, les ingénieuses mécaniques de M. Aubertin.

La première doit servir à la fabrication du cordon de montre, et à faire de la ganse. Elle a pour avantage, et celui-là est des plus appréciables, de donner un cordon d'une ténuité, d'un fini si parfaits, que la main la plus habile ne saurait faire qu'un objet cinq fois plus gros; en outre, comme la mécanique donne la facilité d'en filer douze à la foi, le producteur, au moyen d'une personne seule peut donc aisément obtenir un travail équivalant à la main-d'œuvre de quinze ouvriers, de là, économie de temps et d'argent, tout en obtenant des produits supérieurs.

Une seconde mécanique de cet honorable industriel, pour le dévidage des laines, soies et cotons, et généralement toute espèce de matière servant à la fabrication de la passementerie, mérite une attention particulière, en ce qu'au moyen de rouages, des plus habilement disposées, le conducteur, avec cette mécanique et celle dont plus haut nous avons fait la description, peut, en même temps, dévider la matière première, et faire le cordon ensemble.

Pour nous résumer, en voyant fonctionner les mécaniques dues aux connaissances pratiques de M. Aubertin, nous avons constaté leur immense supériorité, leur simplicité, et en vue des services qu'elles sont appelées à rendre, nous n'hésitons pas à dire que notre honorable compatriote a rendu à l'industrie de la passementerie, un service des plus réels, dont le jury, juste appréciateur du mérite, saura lui tenir compte. et qu'en tous cas la postérité, comme à l'immortel Jacquart, saura lui donner une belle place dans les fastes de la mécanique.

VIAULT ESTE, fabricant de chaussures, 17, rue de la Paix, Paris.

Il est indiscutable que la chaussure ne soit l'une des parties les plus importantes de la toilette, soit féminine, soit masculine. Une chaussure, faite avec goût, donne un cachet d'élégance et rehausse la toilette la moins recherchée, comme elle augmente encore la grâce du luxe des étoffes, dont elle est en quelque sorte le complément obligé.

La commission impériale a eu l'heureuse idée de réunir dans une seule galerie la chaussure de tous les genres depuis la plus humble, les sabots, jusqu'à celle du plus grand luxe, et nous avons pu constater que, dans cette dernière catégorie, la maison Viault Este, fournisseur breveté de S. M. l'Impératrice, et dont la réputation est depuis longtemps établie, s'était surpassée elle-même. Il suffit de visiter cette galerie pour se convaincre que nous n'exagérons rien en disant que la richesse des étoffes, le bon goût des ornements, l'élégance et la grâce des chaussures de cette maison, ne laissent rien à désirer et qu'aujourd'hui encore, comme aux Expositions précédentes, elle aura peu de rivales.

HOFFMANN (Henri). Chaussures pour dames, *maison Lapdque*, 27, boulevard des Capucines, Paris.

Tout ce que le goût, le luxe et le confortable peuvent enfanter, se trouve réuni dans la vitrine de M. Hoffmann. Souliers ou pantoufles de fantaisie, brodés et garnis en soie; mules, brodequins lassés ou à élastiques, à talons ordinaires, talons de bois appliqués et talons piqués.—Brodequins d'une coupe nouvelle sans couture sur le pied pour éviter toute grosseur sur les doigts et en même temps ne pas s'ouvrir ou se déchirer à cette place, comme le font souvent les bottines à guêtres:—Chaussures à liège, façon doubles semelles, préservatives de l'humidité, d'une légèreté et d'une solidité garantie. L'application du talon de bois aux chaussures est tout aussi gracieux et coûte moitié moins cher que le montage ordinaire.

Brodequins bas de soie, à élastiques, recouverts par le bas et garnis de fourrures, sans occasionner la moindre gêne, piqués au point de feston, façon cracovienne.—Brodequins de voyage, garnis en fourrure au dedans et cachant l'élastique au dehors.

Cette maison, recommandable sous tous les rapports, travaille spécialement sur commande; les articles qui garnissent ses magasins sont néanmoins aussi bien faits et aussi soignés que ceux livrés à sa nombreuse clientèle.

M. Hoffmann est à même de fournir pour l'exportation, mais dans des conditions exceptionnelles, c'est-à-dire que pas une maison de Paris ne saurait lui opposer une concurrence sérieuse pour la bonté de ses chaussures.

GARDISSAL, rue Racine, 9, à Paris.

Egraineuse.

Brevet d'ivention, de 15 ans s. g. d. g.

Cette machine, la plus perfectionnée de toutes celles qui ont été inventées jusqu'à ce jour, est composée de deux cylindres cannelés à distances égales de 0,005 millimètres, assez profonds pour contenir la grosseur d'un grain de blé ; ces cylindres sont placés horizontalement. Le premier, le plus fort, se nomme *tambour*, l'autre, *manchon*.

Une toile épaisse faisant autant de tours que ces cylindres sert à porter le froment avec l'aide d'ouvriers qui le tiennent présent sur ces deux rouleaux qui tournent en sens inverse et dont le frottement continu et égal égraine le froment sans écraser le moins du monde la paille.

Le grain tombe dans un réservoir et reçoit en tombant le souffle d'un ventilateur qui renvoie par conséquent la bulbe et laisse tomber dans un conduit tout le bon grain qui est reçu dans des sacs disposés à l'avance.

Cette machine, munie de tous ses accessoires, fonctionne à l'aide d'un seul cheval et de 3 ou 4 hommes, et peut égrainer dans une heure, cent gerbes de blé.

Elle est, à l'égard de toutes les machines à battre le blé comme 1 à 20, c'est-à-dire qu'elle fait vingt fois plus de besogne.

Cette utile et admirable invention, due au génie de M. Gardissal, est appelée à un succès immense; elle est exposée à l'annexe des produits de l'agriculture, où tous les amateurs admirent l'ingénieux mécanisme de ce simple appareil.

NISARD (Théodore), facteur et inventeur d'un nouveau système d'orgue *expressif-transpositeur*, rue des Dames, 112 et 127 à Batignolles, aux portes de Paris.

L'instrument que M. Nisard expose, mérite de fixer l'attention des *propagateurs de l'art musical:* c'est un petit orgue expressif, d'une construction nouvelle produisant des sons moelleux et dont le clavier tran.pose la *musique* et le *plain-chant* d'une manière distincte, sans préparation, sans tâtonnement et avec une prestesse qui étonne.

Cette invention, brevetée en France et en Belgique (s. g. d. g.) est applicable à toute espèce de pianos et d'orgues; il ne faut pas la confondre avec le vieux système de claviers compositeurs dont l'emploi nécessite beaucoup de calculs, de précautions et de lenteur.

L'inventeur qui est un de nos plus éminents écrivains sur la musique, a été longtemps organiste à Paris; il connaît donc par expérience les difficultés pratiques de l'art d'accompagner le chant religieux.

En venant en aide aux organistes ordinaires et à ceux que l'on veut former dans les églises rurales, il rend un immense service à la cause de la propagation de l'orgue et de la bonne exécution des mélodies liturgiques.

S'adresser chez l'inventeur à Batignolles, ou chez M. l'abbé *Villain*, rue du Rocher, 49, à Paris; ainsi qu'au Palais de l'Industrie, galerie supérieure du Sud près de l'Horloge centrale, où l'instrument est exposé.

FOULLEY, peintre décora

teur, 16, rue St-Claude au Marais, Paris.

La peinture de décoration jouit en ce moment d'une très-grande vogue que justifient les féeriques mirages qu'elle offre à nos yeux.

Aujourd'hui pas un établissement public, pas un hôtel particulier, qui n'ait sa peinture décorative, où le prisme des couleurs, la fantaisie des dessins, ne se marient en arabesques capricieuses avec l'or harmonieusement disposé. C'est beau, c'est grand, c'est riche, mais quelquefois, trop souvent même; le bon goût est sacrifié, parce que l'artiste a disparu sous le commerçant.

Nous ne saurions adresser à M. Foulley un reproche de cette nature, il sait son métier, et surtout il sait ce qu'il se doit à lui-même, aux personnes qui ont recours à son talent, et enfin, il est convaincu des exigences que lui impose l'art qu'il professe.

Nous avons vu ses travaux, aussi pouvons-nous affirmer qu'ils sont des plus remarquables que nous ayons eu à apprécier.

BOCH, frères et Cie aux Sept-Fontaines (grand-duché de Bade).

La mosaïque, produit de l'art byzantin et l'une de ses transformations, florissait au 15e siècle et Venise, principalement, contient dans la basilique de Santa Maria le chef-d'œuvre du fameux maître en ce genre, Brustolon.

L'art mosaïque, assez peu estimé dans ces temps reculés, se perdait, on le sait, et depuis quatre cents ans on cherchait à retrouver les procédés à l'aide desquels on obtenait ces merveilleuses incrustations, dont, à notre époque, les esprits plus éclairés savent apprécier la valeur.

Des hommes doués de qualités rares, de patience, d'amour de leur travail se sont longtemps occupés de ces recherches longues et difficultueuses. Bien des essais furent tentés, bien des expériences furent faites, qui n'amenèrent pas toujours le résultat attendu, mais enfin la puissance de l'homme, quoique bornée, est grande et un jour on entendit s'écrier : l'art mosaïque est retrouvé.

Parmi ces hommes dont nous parlons, MM. Boch frères doivent être cités et leur nom proclamé avec honneur. Leur dallage en mosaïque de terre cuite, carreaux de revêtement en faïence émaillée et peinte, dessus de table de porcelaine opaque décorée, tableaux avec encadrement de terre cuite, fac simile d'anciens sceaux enfin, leur exposition de vases, deux cerfs qui attirent l'attention générale, et les mille objets de fantaisie dont il serait trop long de faire l'énumération, sont autant de preuves de leurs efforts et des succès que les œuvres remarquables sorties de leurs ateliers, doivent avoir au grand concours du travail et de l'industrie.

HUTCHINSON, HENDERSON et Cie. Compagnie nationale de caoutchouc souple; usine à l'Anglée près Montargis; siège de la société à Paris, 112, rue Richelieu. Cette compagnie qui expose au Palais de l'Industrie dans le département de l'Amérique, a le privilège exclusif en France de ses procédés.

(Voir aux annonces.)

GACHE (aîné), à Nantes.

Machines marines à hélice.

Comme toutes les sciences physiques qui s'appuient sur le calcul et l'observation, la mécanique industrielle est une science toute moderne. C'est aux progrès rapides, qu'elle a faits depuis trente ans, qu'il faut attribuer les progrès non moins rapides que la navigation a faits depuis cette époque. Aussi, ne remonterons-nous, dans ce rapide aperçu, ni au périple du Carthaginois Hannon vers les côtes occidentales de l'Afrique, ni à l'immense révolution, opérée dans l'art nautique, par la découverte de la boussole et de l'astrolabe; il suffira, pour demeurer frappés d'admiration, de se reporter aux premières années de la Restauration, à cette époque où l'on ne possédait en France que huit ou dix bateaux à vapeur, tous affectés à la navigation fluviale. Quinze ans plus tard, la force des bâtiments s'était accrue avec l'habileté de nos constructeurs, et les usines françaises luttaient, souvent même avec avantage, contre les premiers établissements de l'Angleterre.

Un important problème restait à résoudre... Faire disparaître ces roues à aube, qui seraient brisées du premier choc, et qui, en encombrant le flanc du bâtiment, ne permettent pas de lui donner une batterie continue; substituer à la machine, logée en partie au-dessus de la flottaison, et qu'un seul boulet peut mettre hors d'usage, un moteur placé à l'arrière du bâtiment, à l'abri de toute atteinte... L'honneur de cette solution, ou son perfectionnement, du moins, revient en partie à l'industrie française. Les bateaux à hélice font aujourd'hui l'orgueil de nos principaux ports maritimes,

et, au nombre de nos plus habiles innovateurs, brille au premier rang M. Gache aîné, de Nantes.

Décrire les machines qu'il expose est l'éloge le plus digne de ses travaux:

Machines marines à hélice, à condensation et à connexion directe, de la puissance collective de cinquante-cinq chevaux.—Placées dans les façons à l'arrière du bâtiment, elles offrent, en laissant disponible la plus grande partie de la cale, l'avantage de réduire la longueur de l'arbre de l'hélice, et de diminuer dès lors les chances d'avaries que cette longueur entraîne, particulièrement sur les navires en bois. — Elles permettent de donner au tuyau de la cheminée, un peu en avant du mât d'artimon, une position qui ne gêne en aucune façon l'usage de la voilure, et elles rendent plus facile et plus sûre l'installation des cloisons étanches sur les bâtiments en fer.

La position de la pompe à air, en faisant disparaître la colonne d'eau du tuyau d'émission, supprime la pression de cette colonne sur le piston, et évite les chocs qui en résultent, surtout dans les machines à vitesse accélérée.

Cet appareil pèse, prêt à fonctionner, 22 tonneaux; il peut imprimer, à un bâtiment du port utile de 250 tonneaux, une vitesse de huit nœuds.

Machines sans condenseur, à hélice, de la puissance collective de vingt chevaux, destinées à la navigation fluviale et notamment à celle des canaux. — Elles présentent les avantages du précédent appareil, seulement, elles sont relativement plus légères, et la suppression de l'expansion, qui se fait à l'aide des robinets placés sous les boîtes aux tiroirs, permet de changer de marché et d'augmenter momentanément leur puissance avec promptitude et sûreté. Elles pèsent, prêtes à fonctionner, 8,000 kilogrammes ; elles peuvent donner une vitesse de sept kilomètres à l'heure à un bateau chargé de 150 tonnes.

F. BOTTY fils, fabricant de chapeaux de paille, 38, rue Esquermoise, Lille (Nord).

Grand choix de chapeaux de paille.

On remarque, parmi les échantillons exposés, les tresses suivantes ainsi numérotées :

1. Tresses à 7 bouts simples.
2. Tresses 9 bouts remaillés.
3. — 7 bouts simples.
4. — 15 bouts simples.
5. — 11 bouts doubles.
6. — 7 bouts doubles.
7. — 7 bouts simples.
8. — 7 bts. paille entière.

Toutes ces tresses sont faites à Glons, province de Liége (Belgique). Les chapeaux sont fabriqués à Lille.

JOREZ fils (Louis), Fossé-aux-Loups, 75, à Bruxelles (Belgique).

Manufacture royale de tapis de pied,—toiles cirées, taffetas gommés, cuirs tannés, corroyés et vernis, étoffes en caoutchouc, paletots et manteaux imperméables confectionnés.

Cette maison, déjà célèbre dans les fastes de l'industrie, expose un magnifique tapis de pied de 8 mètres de large sur 17 de long, et des vachettes vernies fendues à la mécanique. Ces produits, d'une incomparable beauté, sont dignes du passé dont elle se glorifie. Fondée en 1809, la manufacture royale de Bruxelles s'est élevée progressivement au rang qu'elle revendique à juste titre. A la fabrication de la toile cirée et du cuir

vernissé, elle joignait, dès 1820, la fabrication des grands tapis. A l'Exposition de Harlem, en 1825, la médaille d'or lui était décernée, et le jury s'exprimait ainsi à son égard :

« M. Jorez fils, de Bruxelles, a exposé un grand et bel assortiment de cuirs lacqués, lequel, pour la beauté, la solidité et le brillant, ne laisse plus rien à désirer. Le cuir lacqué que la Commission a sous les yeux maintient la bonne réputation que M. Jorez a obtenue dans cette branche d'industrie. Il nous a affranchis de toute concurrence étrangère. La Commission lui vote de la manière la plus honorable la médaille en or. »

A l'Exposition de 1835, ses articles perfectionnés obtiennent une médaille de vermeil.

« La maison de M. Jorez, dit le rapport du jury, compte vingt-sept années d'existence ; grâce aux efforts soutenus et aux études de celui qui la dirige, elle peut livrer aujourd'hui au commerce des produits qui rivalisent, pour le bon goût des dessins, pour la vivacité des couleurs et pour le prix, avec ceux qui nous viennent de France et d'Angleterre. Tel a été le jugement qu'a porté le public sur les magnifiques ouvrages qu'elle a exposés, et le jury se félicite d'être appelé à le confirmer.

« Il a décerné à M. Jorez la médaille de vermeil. »

En 1836, Sa Majesté le roi des Belges, consacrant ces beaux succès, l'autorise à donner à sa maison le titre de Manufacture royale.

A l'Exposition de 1841, le jury s'exprime encore ainsi à son égard:

« M. L. Jorez fils s'était déjà placé au premier rang à l'Exposition de 1835. Il s'est signalé depuis par de nouveaux progrès; des procédés mécaniques pour l'application des couleurs sur les toiles lui ont permis de réduire notablement le prix de vente de ces articles. Il exécute, dans ses ateliers, de grands tapis de pied, sans coutures, dans lesquels il peut découper, avec économie, toutes les grandeurs demandées par la consommation. Il en a exposé un orné de dessins, à huit couleurs, qui figurait, comme tout le bel assortiment d'objets envoyés par le même exposant, sous le n° 627. Les produits de cette manufacture, qui comprend aussi la préparation des cuirs, s'écoulent dans le royaume ou s'exportent. Le jury, très-satisfait de l'ensemble de la fabrication de M. Jorez fils, demande pour lui le rappel de la médaille de vermeil. Vers cette époque, la maison Jorez a fait placer dans ses ateliers un métier de 8 mètres de large pour tisser sa toile à tapis.

A l'Exposition de 1847, tous ses produits ont encore captivé le jury, qui lui a fait l'honneur de visiter sa fabrique et de lui décerner la médaille d'or en ces termes:

« *Toiles cirées.* — Sous ce titre, qui convient bien peu à la chose qu'il représente, on comprend la fabrication de tapis de pied, tapis de table, et des taffetas gommés. M. L. Jorez fils a exposé des tapis de pied d'une dimension remarquable, et sur lesquels sont disposées avec goût et intelligence plusieurs couleurs appliquées par des formes différentes; les toiles sur lesquelles sont appliquées ces couleurs ont jusqu'à 8 mètres de large, et sont tissées dans les ateliers de M. Jorez. Les taffetas gommés de cet exposant sont d'une très-bonne qualité; ceux qui doivent servir à des vêtements hygiéniques sont inodores. Les tapis en molleton vernissé sont revêtus de dessins

d'un très-bon goût. Tous ces objets sont fabriqués avec une intelligence qui en modère le prix. La fabrique de M. Jorez tanne aussi les cuirs destinés à recevoir le vernis pour la carrosserie, la cordonnerie et la chapellerie. Toutes ces branches réunies, le vaste local bien disposé, les grands appareils qui opèrent avec économie, font de la fabrique de tapis dont nous parlons un très-bel établissement qui est en voie de grands progrès.

« Le jury décerne à M. Jorez la médaille d'or. »

Encouragé par ces triomphes successifs, il monte, à cette époque, une fabrique pour tanner, corroyer et vernir le cuir, de sorte que, dès leur origine, tous ses articles sont entièrement manufacturés dans son établissement. Six métiers à tisser différentes largeurs de coton y fonctionnent également toute l'année.

Tous ses produits ont dignement figuré à l'Exposition universelle de Londres. Le jury lui a décerné une *prime* médaille pour ses beaux cuirs vernis et pour ses toiles cirées.

En 1852, il fait l'acquisition d'une mécanique mue par un manége, pour fendre en deux les peaux de vache, peaux de taureaux. En 1853, il envoie des toiles cirées, des taffetas gommés et des cuirs vernissés à l'Exposition universelle de New-Yorck, et le jury lui décerne une médaille de bronze. Enfin, en 1854, il ajoute une nouvelle branche d'industrie à son établissement, la fabrication des étoffes en caoutchouc. Deux mécaniques fonctionnent continuellement, et tous les paletots et manteaux, sur coton, Orléans et soie, qui sortent confectionnés de cette maison, se recommandent par leur bon goût.

FAURAX, fabricant de voitures, harnais et sellerie, 49, avenue de Saxe, Lyon.

Maison à Paris.

Un char-à-bancs de parc, suspendu sur ressorts elliptiques et à crosses renversées, essieux perfectionnés, sans bagues ni écrous (système breveté s. g. du g.)

Avant-train à coulisses sans lisoir. — Siége sur ferrures ciselées. — Intérieur en maroquin doré, peinture brun-glacé et or. — Accessoires, garnitures et détails entièrement nouveaux.

Ce char-à-bancs qui, par la richesse de la caisse, des sculptures et des ornements, rappelle les belles voitures de la cour de Louis XV, est certainement ce qui s'est fait de plus gracieux et de plus élégant dans ce genre.

LEFORT aîné, **JAREY** et Cⁱᵉ, rue Mauconseil, 12, à Paris.

Etoffes pour fleurs et feuillages.

Médaille de bronze en 1844, et première médaille à Londres. Rien de plus léger ni de plus vif que ces fines étoffes, qui, entre les doigts de l'artiste, se transforment en fleurs... naturelles allions-nous dire, et revêtent toutes les grâces et toutes les splendeurs de la nature. Le parfum seul y manque, et, à voir ces couleurs si fines, ce rose végétal si pur, ces feuillages qui n'attendent que la brise pour s'agiter, on serait tenté de nier le prestige.

Dès 1844, à l'Exposition française des produits de l'industrie, une médaille récompensait ces ingénieux travaux. Le jury international, près l'Exposition universelle de Londres, a également consacré, par une médaille de prix, le mérite artistique de ces apprêts. Son rapport contient ces lignes assurément très-flatteuses:

« La maison Lefort aîné est depui longtemps renommée, à juste titre, pour l'habile exécution et le bon marché des apprêts pour fleurs; ses affaires ont acquis une grande importance, et les produits qu'elle a exposés étaient remarquables. »

Ses articles de hautes nouveautés, ses papiers pour fleurs et feuillages, ses apprêts et ses couleurs pour fleurs et pour teintures rivalisent de grâce et de bon goût. Aussi, n'est-ce pas sans raison que sa fabrique de Sèvres est reconnue pour la plus importante de ce genre.

GAILLARD et Cⁱᵉ. Siége principal de la Société, 16, quai de la Baleine, Lyon (Rhône).

Tuileries étrusques de France.

M. Gaillard, gérant de cette Société, est l'inventeur de divers systèmes de tuiles plates à crochets, s'emboîtant parfaitement et pouvant être fixées à la charpente de manière à résister à la violence des vents. Les manipulations qu'il fait subir à la terre rendent ces tuiles inattaquables à l'eau ainsi qu'à la gelée; elles donnent néanmoins sur les tuiles ordinaires une grande économie, basée soit sur la disposition particulière et la légèreté de la charpente, soit sur la longue durée des toitures, qui, se trouvant à l'abri des gouttières et des animaux nuisibles, ne seront pas assujetties comme les anciens systèmes à de nombreuses réparations.

Deux de ces systèmes sont présentés à l'Exposition, mais l'exiguïté de l'emplacement accordé par la Commission n'ayant pas permis à l'exposant de présenter des échantillons de grandeur naturelle, il a établi deux toitures couvertes de tuiles de dimension réduite, mais donnant une idée parfaite de l'ensemble et de l'avantage de ces systèmes.

On remarquera en outre plusieurs échantillons de dalles enrichies de dessins incrustés et ineffaçables, ainsi que les briques creuses pour galandage, avantageuses par leur légèreté et rendant les appartements sourds et plus chauds.

Enfin, M. Gaillard vient de faire l'application d'un grand principe, celui de profiter de l'infusibilité du carbone privé d'air pour rendre réfractaires des briques ordinaires. Elles ont reçu de l'inventeur le nom de *briques tubo-carbonées*. Ce dernier produit est appelé à rendre d'importants services à l'industrie.

Les diverses découvertes de M. Gaillard sont protégées par brevets d'invention pour toute la France et ses colonies.

La Compagnie est en voie d'organiser, sur plusieurs points de la France, des succursales sur le même pied que l'usine *mère* établie à Feysin (Isère), près Lyon, qui fonctionne avec beaucoup de succès sous la direction de M. Gaillard ; néanmoins, elle traiterait pour la vente partielle de ses brevets pour diverses localités.

COURRIÈRE (Charles), filateur de coton, à Lille (Nord).

Vitrine renfermant des cotons retors 2 et 3 bouts écrus, pour tissus, et à coudre, des câbles supérieurs 6 et 9 fils pour lissure, des cotons teints, dits *fils de Perse*, employés généralement pour la fabrication des gants. Tous ces produits ne laissent rien à désirer sous le rapport du travail et de la matière. Cette vitrine se distingue surtout par une belle collection de cotons lustrés, noirs, blancs, et de toutes nuances. Cet article, dans beaucoup de cas, remplace avec avantage la soie, et en a toute la beauté. Du reste, M. Charles Courrière est un de ceux qui font supérieurement cet article, dont il conserve la spécialité.

BURDIN, fils aîné, fondeur, rue de Condé, 22 Lyon (Rhône).

Une cloche en fer garnie intérieurement d'une bélière mobile également en fer et dont il est inventeur. Cette bélière permet de tourner la cloche en tous sens ; ce qui fait que la durée en est augmentée presque indéfiniment sans qu'il en résulte aucun frais, le système de ferrures qui la retient suspendue pouvant en faciliter le revirement. L'axe du mouton de cette cloche, ainsi qu'on peut en juger, est porté sur deux systèmes de segment qui oscillent sur des grains d'orge conformes à ceux des romaines ; de cette manière, les frottements sont complétement supprimés, et la moindre force suffit pour la mettre en mouvement. C'est le seul système qui supprime toute espèce de frottement.

Les porte-mains attenant aux appareils sont mobiles et placés à une hauteur convenable au sonneur et à sa taille.

Ce n'est qu'à l'aide de ce système de montage oscillant, que l'on peut, si l'on veut, dresser la cloche sur gorge, tel qu'on le fait à Lyon, et dans tout le midi de la France.

BRAQUENIÉ, successeur de Demy-Doineau et Braquenié, 16, rue Vivienne, à Paris.

Tapis et ameublements.

C'est toujours le même succès et la même gloire, qu'ont si justement consacrés les médailles décernées à cette mai on, aux expositions de Paris, Londres et New-York. Les pampres, les fruits, les oiseaux, les figures allégoriques des quatre saisons, tout cela vit, brille et sourit, sur ces toiles d'un nouveau genre. Le coloris de nos maîtres n'a rien de plus éclatant ni de plus gracieux. En contemplant ces lignes si pures, ces paysages si vrais, ces conceptions à la fois si nobles et si simples, où les arts, les sciences et l'industrie mêlent leurs attributs aux beautés de la nature, on croirait que le génie d'un Lesueur a passé par là.

Décrire, comme il le faudrait, ces splendides panneaux de tapisserie, ces riches tentures, dignes du grand siècle qu'elles rappellent, serait peindre autant de chefs-d'œuvre. En voici la simple nomenclature :

1° 1 tapis velouté, genre de la savonnerie, dessin Louis XIV, de 8 mètres 50 sur 7.

2° 1 tapis pour le foyer, même style.

3° 1 tapis idem.

4° 1 tapis ras fin, dessin Louis XV, pampres, fruits, etc., 8 mètres 70.

5° 1 tapis de foyer, même style,

6° 1 tapis ras fin, dessin Louis XVI, ornements et fleurs, colombes, etc. 8 mètres 50.

7° 1 panneau tapisserie, paysage et fruits.

8° 1 tenture : quatre panneaux; figures représentant le Printemps, l'Été, l'Automne, l'Hiver.

9° 4 panneaux : attributs de l'agriculture, de l'industrie, des arts et des sciences.

10° 1 tapis de table Louis XV.

11° 1 tapis fond vert pour un canapé Louis XVI, médaillons, ornements et fleurs.

12° Tapisserie pour un écran Pompadour médaillon fond blanc, roses et rubans.

13° Tapisserie, *sans envers, brevetée* : Une bannière fond bleu au chiffre de la sainte Vierge.

14° id. id.

15° 1 écran à paysage.

16° 2 rideaux, style Louis XIII. Sous le rapport de l'exécution artistique, rien ne manque à ces brillants tableaux; mais ce qu'il est permis d'admirer autant peut-être, c'est le merveilleux procédé, à l'aide duquel M. Braquenié supprime l'envers des tapisseries. Grâce à son invention, les tapis de table, les rideaux, les tentures, éternisent leur fraîcheur, et doublent les jouissances de leur luxe.

ÉVRARD (E). fabricant de bonneterie, à Troyes, expose les objets suivants :

2 rouleaux de tricots en coton, de 20 à 25 mètres; 1 id. de soie blanche; 1 id. de fil d'Écosse blanc; 1 id. de fil d'Écosse rayé; 2 id. de coton fantaisie; 2 id. de flanelle.

Divers échantillons manchettes coton-laine, laine fantaisie, bas de toutes sortes, blancs et fantaisie, chaussettes dito, gilets de flanelle.

Cette fabrication se recommande par la beauté et la variété de ses produits, et plus encore par la modicité de leurs prix.

BÉRANGER et Cie. de Lyon— *Instruments de pesage.* — Médaille d'argent en 1844, d'or en 1849, grande médaille en 1851, croix d'honneur en 1853, médaille à l'Exposition de New-Yorck en 1854— premiers manufacturiers de France pour la balancerie moderne; 17 brevets d'invention ou de perfectionnements, et 7 approbations ministérielles pour 6 nouveaux instruments de pesage.

Pont à bascule pour peser les locomotives par chaque roue; autres systèmes perfectionnés, à pesage accéléré, pesant 6 ou 7 wagons ou voitures de toutes espèces par minute. Bascules portatives pour ateliers, gares ou stations.

Grand assortiment de balances-pendules pour le commerce et l'industrie, au gros et au détail; bascules pour poids publics ou octrois des communes. Des prix courants sont envoyés sur demandes.

MANUFACTURES

À Lyon,	À Marseille,
59, Cours Morand,	rue Béranger,
aux Brotteaux.	à la Madeleine.

MAISONS DE VENTE :

Lyon.	Paris.	Marseille.
87,	10,	8,
rue Centrale.	r. St.-Martin.	Place Royale.

CHARLOT fils, rue Montmorency, 5, à Paris.

Peintures sur émail.

Cette maison, fondée en 1829, a obtenu des mentions honorables aux expositions de 1844 et de 1849. Distinction assurément bien méritée, car les vernis vitreux, dont se sert M. Charlot, pour couvrir, par la fusion, la porcelaine, le verre et les métaux, acquièrent, sous son inspiration féconde, un degré de finesse artistique vraiment incomparable. Ils rappellent ces riches émaux de Venise, qui possèdent la faculté, si précieuse pour les peintres en émail, de subir plusieurs feux sans se décomposer. En admirant ces beaux vernis, transparents ou opaques, ces gracieuses coupes, colorées par la peinture, on s'écrierait volontiers :

« La fève de Moka, la feuille de Canton,
« Vont verser leur nectar dans l'émail du Japon. »

M. Charlot réunit dans ses magasins tout ce que ce genre de luxe offre de plus flatteur à la vue : peinture sur émail ivoire, —fleurs, feuilles, boules, mosaïques sur or pour la bijouterie, spécialité d'articles en émail pour boutons, — pièces de rapport pour monter en bronze, telles que corps de pendules, vases et autres. — Bonbonnières, coupes, coffres et fantaisies diverses pour étagères dans tous les genres anciens et modernes.

DELAFORGE, successeur de Gandais, Palais-Royal, 118, galerie de Valois.

Médailles de la Société d'encouragement et à l'exposition de 1845.

Orfévrerie, plaqué et argenterie.

Fabrique spéciale de tout ce qui a rapport au service de table, en orfévrerie au premier titre, en plaqué à ornements d'argent pur et en argenture galvanique.

Fondée en 1820 par M. Gandais, cette maison, dont les remarquables produits fixèrent tout d'abord l'attention du public, éveilla aussi celle du gouvernement, qui, reconnaissant en lui les capacités de l'artiste et du fabricant, dans toute l'acception du mot, le chargea d'une mission en Angleterre, afin d'y visiter les principales manufactures.

Il importa d'Angleterre l'usage du plaqué à bords d'argent et le premier l'appliqua. A dater de cette époque, cette profession, restée dans l'enfance, devint un art entre ses mains, sa réputation fut européenne, et, aux différentes expositions, les plus hautes distinctions lui furent successivement accordées. Chevalier de la Légion-d'Honneur et possesseur d'une assez belle fortune laborieusement acquise, il a cédé son établissement à M. Delaforge qui, d'employé chez lui et par conséquent parfaitement initié à cette industrie, devint son successeur.

Il justifie hautement sa confiance et continue avec beaucoup de succès cette œuvre si bien commencée.

Non-seulement il fabrique avec les modèles qui sont sa propriété, mais il se charge aussi du réassortiment de toutes pièces, faites ailleurs ou dans d'autres temps.

VAN SCHENDEL, 137, faubourg de Namur-les-Bruxelles (Belgique).

Tableaux à l'huile et dessins.

Le caractère distinctif de l'école flamande est le sentiment de la nature et de la vérité. Aux frères Van Eyck, aux peintres immortels de l'*Agneau mystique*, la gloire de l'avoir fondée, car c'est avec eux que l'art flamand s'est épanoui! Depuis Rubens jusqu'à Pierre Breughel, surnommé le Drôle, à cause de ses scènes naïves et familières, et qui alliait les compositions les plus légères aux chefs-d'œuvre du genre grave et religieux: sa *Danse du village* et son *Hameau de Flandres*, au *Christ portant sa croix* et au *Massacre des Innocents;* depuis Rembrandt jusqu'à nous, que de types, frappants d'originalité, sortis de cette école si féconde ! M. Van Schendel a conquis une place éminente au sein de cette brillante pléiade. Joignant la théorie à la pratique, le précepte à l'exemple, il offre cette année le plus parfait spécimen de ce talent à double face. Ses effets de lumière, son *Marché hollandais*, réunis à ses modèles de géométrie descriptive, à son plan

d'une roue hydraulique, inventée par l'exposant lui-même en 1840, résument à merveille cette empreinte si profondément originale du génie flamand. C'est bien le sentiment de la nature et de la vérité joint au calme de la réflexion et de la raison. Harmonie dans la couleur, élégance dans le dessin, tels sont les traits secondaires de ces remarquables toiles. Mais ce que l'on sent surtout en les admirant, c'est que l'artiste n'a pas puisé ses inspirations dans les œuvres mortes des hommes. Ses musées et ses galeries à lui, c'est la nature, source vivifiante, où l'âme récréée se réchauffe aux œuvres de la création.

BAUDON-PORCHEZ, mécanicien-constructeur, à Lille (Nord).

Médaille d'argent en 1849.

1° Un grand fourneau de cuisine,

Composé de sept fours, dont quatre à rôtir et trois autres fours et une étuve à température modérée, une chaudière à eau à l'intérieur, donnant 125 litres d'eau bouillante à l'heure, 2 autres chaudières à soupe; l'une contenant 125 litres et l'autre 175, chauffées simultanément ou alternativement, à 80 degrés en 30 minutes; un grand bain-marie avec ses tapettes et marmites; la table supérieure représentant une surface de 3 mètres carrés, met en ébullition autant de casseroles qu'elle peut en contenir.

Il est à remarquer que toutes les parties précitées sont chauffées par un seul foyer, d'une disposition tellement favorable à la production du calorique, que moyennant une dépense de 1 fr. 50 c. par jour on peut faire la cuisine pour trois à quatre cents personnes.

Cet appareil se complète par un rôtissoir placé à la gauche du fourneau, dont le foyer a les mêmes avantages de calorique et d'économie que le précédent.

La broche est mise en mouvement par les moyens connus, c'est-à-dire, par un volant qui commande la broche, et qui se trouve placé dans un récipient recevant le gaz et la fumée de l'appareil.

2º Une cheminée-meuble, style renaissance, à foyer hyperboliforme. Les combinaisons de cette cheminée sont tellement heureuses qu'elle développe par sa façade et par les rayons convergents de son foyer un calorique considérable, avec une économie de 100 p. 0/0 sur les foyers connus.

3º Une petite cheminée dite parisienne.

Cette cheminée est construite pour s'adapter dans le milieu des intérieurs rétrécis des cheminées de marbre en usage à Paris ; établie sur les combinaisons de la précédente, elle procure les mêmes avantages.

4º Un calorifère d'habitation.

Cet appareil est remarquable par son extrême simplicité et son développement de 10 mètres carrés de surface de chauffe, par son foyer portant à l'intérieur une enveloppe mobile de garantie, qui lui assure une très-longue durée sans être réparé, et par sa ventilation considérable, qui est de 700 mètres cubes d'air chauffé à 125º à l'heure, sans faire rougir l'appareil, et enfin, par l'extrême économie de sa consommation de combustible, qui n'est que de 2 kilogrammes de charbon à l'heure.

Le prix des appareils de chauffage et de cuisine est de 80 fr. et au-dessus, suivant les dimensions.

Ces spécimens, remarquables sous tous les rapports, ne donnent qu'une idée très-incomplète de ce que produit le vaste établissement de M. Baudon-Porchez, établi sur une surface de 3,000 mètres carrés et occupant 200 ouvriers.

La perfection des appareils de M. Baudon-Porchez lui a valu la préférence pour le chauffage des bâtiments de l'Etat. Aux ateliers de fonderie, de machines à vapeur et d'ornements de bâtiment, il a joint la construction des gares de chemins de fer, des appareils hydrauliques et de traction pour la voie.

Ses produits sont en grande réputation en France et à l'étranger. *Dépôt, boulevard de Strasbourg, 12, à Paris.*

BOSS (Christian), aux Brenets (Suisse).

Montre Savonnette en or.

Ce gracieux bijou est surtout remarquable par sa marche et par un échappement d'un nouveau système. Le travail de la montre, quoique très-simple, est fait dans les principes, et d'une fidélité à toute épreuve.

BILLAZ et **MAUMENÉE**, fabricants de cristaux à Lyon. Maison à Paris, rue des Petites Ecuries, 24.

Cristallerie.

Vaste établissement sur les bords du Rhône, près du chemin de fer de l'Océan à la Méditerranée.

Cristaux pour service de table très-variés de forme, d'une blancheur et d'une limpidité remarquables. Cristaux de toutes couleurs, variés de ton pourpre admirable, etc., etc. Grand assortiment de moulures en toutes espèces de pièces pour table et ornement de cheminée.

Cristaux d'éclairage en *tous genres* taillés et gravés. Spécialité

3.

pour les écrous et vis en cristal. Seuls possesseurs du droit de fabriquer et de vendre le conservateur hygiénique. Fournitures pour la Marine Impériale de *terres lenticulaires*, prismatiques et tubes de manomètres de toutes dimensions.

CHERMETTE-DUMAZ et fils aîné, 1, rue de la Préfecture, Lyon (Rhône).

Horlogers-Mécaniciens.

L'enrouleur-régulateur pour le tissage des mousselines a été d'abord appliqué à Tarare, il y a 43 ans ; il s'est depuis propagé à Lyon ainsi que presque dans toutes les villes de France et dans quelques-unes des principales fabriques de l'Etranger. La régularité et le fini des étoffes en rend chaque jour l'emploi le plus indispensable. Il a depuis plusieurs années ajouté à son œuvre de nouveaux régulateurs compensateurs réglés d'après le système métrique, pour lesquels il a obtenu des brevets et des additions de brevet. Ces régulateurs laissent la façure toujours à la même hauteur ; le réglage compensateur établit une réduction unique depuis le commencement de la pièce jusqu'à la fin, sans aucun changement dans le mécanisme ; ils se placent aussi avec avantage aux métiers mus par des forces métriques à tous les genres de métiers. Le métier que l'on verra à l'Exposition fonctionne avec deux genres de compensateurs.

CAUSSE et **GARIOT**, filateurs mouliniers de soie dans les Cévennes, 16, rue Désirée, Lyon

Grand établissement occupant environ 1,000 ouvriers. Leurs produits tant en organsins qu'en soie grège sont achetés par les premiers fabricants et destinés pour les plus riches étoffes : ils font des apprêts spéciaux pour les étoffes qui fatiguent beaucoup aux métiers.

D'ANDURAN, médecin et pharmacien, rue du Raisin, 1, à la Rochelle.

Spécifique contre les affections goutteuses et rhumatismales.

Au milieu des produits d'une intelligente industrie représentée si dignement à notre époque, quand la science vient demander une place, il faut lui accorder la plus favorable, surtout lorsqu'elle a travaillé au soulagement de l'humanité. A ces titres, nous ne saurions trop recommander l'utile et précieuse préparation du docteur d'Anduran de la Rochelle, chimiste savant et médecin expérimenté. Après de longues et studieuses recherches sur les affections goutteuses et rhumatismales qu'il a pour ainsi dire spécialisées, il est parvenu à préparer un vin, merveilleux spécifique contre cette douloureuse maladie. (Voir la *Gazette des hôpitaux* du 8 février dernier et les observations d'un grand nombre de médecins distingués.) Le dépôt général, chez l'auteur. — En gros chez M. Faure, droguiste, Paris. Détail chez M. Fleury, pharmacien, faubourg Saint-Denis, 118.

BROZ-BENOIT, Grande-Rue, 7, Besançon (Doubs.) Fabrique d'aiguilles de montres en tous genres.

Cette maison avantageusement connue depuis de longues années en Suisse, en France, en Angleterre et en Allemagne, pour la beauté de ses produits, assure MM. les marchands de fournitures et fabricants d'horlogerie qu'ils trouveront chez son propriétaire des aiguilles de montres en tous genres, en acier, en composition, en or et argent fins (garanties), en Lépine et ordinaires. Il se charge de les envoyer à destination sans aucune atteinte de rouille, ni sans les moindres taches. Il recommande ses aiguilles d'acier pour leur trempe douce et régulière.

La maison Droz-Benoît se charge de la commission et effectue les commandes dans le plus court délai.

COINT-BAVAROT frères, fabricants de peignes à tisser, rue des Capucins, 22, à Lyon (Rhône).

Les peignes de cette maison se distinguent tous par une grande solidité et une minutieuse régularité. Par des procédés nouveaux elle a réussi à établir des réductions de peignes qui paraissent incroyables. Aussi, on peut admirer à la loupe *deux peignes*, dont les dents, de pur acier, sont au nombre de 385 au pouce-de-roi soit 1420 au décimètre ; à l'un de ces peignes est encore passée la chaîne de l'étoffe fabriquée : qui peut le plus, peut le moins ; aussi n'est-il pas de peigne, soit pour moires, taffetas, satins, velours, pluches, gazes, mousselines, toiles métalliques, soit pour tout autre tissu, que cette maison ne traite supérieurement.

CASSE (Jean), manufacture de toiles de lin pour table, etc. Lille (Nord.)

Ces produits consistent en linge de table ouvré et damassé, tout fil, depuis les qualités les plus ordinaires jusqu'aux qualités les plus belles qui se soient jamais faites en ce genre de fabrication. Là se trouvent réunies à la richesse et à la nouveauté du dessin, la beauté et la finesse du tissu. On y remar-

que des groupes de fleurs, de fruits, d'ornements ; des chasses, des monuments ; mais ce qui attire surtout les regards, c'est un magnifique grand service de linge de table commissionné par la maison de l'Empereur et représentant ses armes.

ÉVALDRE (H). Peinture et vitrerie de bâtiments, vitraux d'église, Lille (Nord).

En jetant les yeux sur ces vitraux représentant différents personnages, on s'imagine aussitôt reconnaître la main habile d'un peintre ; il n'en est cependant pas ainsi : c'est bien un enclavement de filets de verres de couleur sur un fond de verre dépoli. On concevra facilement toutes les difficultés qu'a dû vaincre M. Evaldre, quand on se représente que le verre ne peut se couper qu'en ligne droite et que lorsqu'on rencontre un angle quelconque la coupe devient impossible ; il en est de même pour les ronds et les ovales. Il serait difficile de pouvoir énumérer la quantité de pièces contenues dans chaque panneau, chacune d'entr'elles ont offert à l'exécuteur des difficultés immenses ; elles sont reliées par des bandes de plomb finement laminées qui en constituent l'ensemble.

GRAND-JEAN (Henri), au Locle (Suisse), fabricant et marchand d'horlogerie.

Cette maison, déjà riche de la médaille d'honneur, qu'elle a conquise à l'exposition universelle de Londres en 1851, expose cette année, à Paris, 24 échantillons de la plus rare valeur comme exécution. Chaque objet se distingue par une forme aussi variée, aussi complexe et aussi finie, que l'art et la science peuvent le concevoir, et cependant ce n'est là qu'un faible aperçu des mille ressources de cet infatigable Protée. Enumérer avec soin les produits exposés, en donner la description la plus minutieuse, est la meilleure manière d'en laisser apprécier tout le mérite :

N° 2 de la Série.

1 Chronomètre de marine sur équilibre, boîte en palissandre, mouvement 30 lignes, à calotte 3/4 platine, fusée auxiliaire sur un calibre particulier du fabricant, barillet à 2 ressorts de son invention, échappement à ressort à frottement réduit, balancier compensé à vis, spiral sphérique réglé à diverses températures.

N° 10427 de la Série.

1 Chronomètre de marine sur équilibre, boîte en palissandre, mouvement 22 lignes, à calotte 3/4 platine, fusée auxiliaire sur un calibre particulier du fabricant, barillet à 2 ressorts de son invention, échappement à ressort à frottement réduit, balancier à masse, spiral sphérique réglé à diverses températures.

N° 7277 de la Série. Calibre 1.

1 Chronomètre de poche, savonnette or, mouvement 19 lignes 3/4 platine, fusée auxiliaire, calibre particulier du fabricant, échappement à ressort perfectionné, avec frottement réduit, balancier à masse, extra-soigné, poli partout, spiral sphérique réglé à températures et positions diverses.

N° 10279 de la Série. Calibre 42.

1 Chronomètre de Dame, savonnette or, avec portrait de l'impératrice et les armes de France, orné de joaillerie, mouvement 14 lignes 3/4 platine, fusée auxiliaire, échappement à ressort perfection-né, balancier à masse, spiral sphérique réglé à températures et positions diverses.

N° 4135 de la Série. Calibre 47.

1 Savonnette or à deux secondes, la grande seconde fixe et indépendante, par un seul rouage, inventée par M. Henri Grand Jean, calibre particulier du fabricant, échappement à ressort; que la grande seconde marche ou soit arrêtée, la marche est la même.

N° 9669 de la Série. Calibre 43.

1 Savonnette or, répétition, seconde indépendante, mouvement 19 lignes, échappement libre à ancre, levées visibles, balancier compensateur, spiral à coude donnant un bon résultat.

N° 9963 de la Série. Calibre 29.

1 Savonnnette or, répétition à minutes, mouvement 18 lignes, échappement libre à ancre, levées visibles, balancier compensateur, spiral à coude donnant un bon résultat.

N° 9066 de la Série. Calibre 27.

1 Savonnette or, fond et contours gravés, montre à pendule façon Cartel, mouvement 19 lignes à 2 platines, échappement Duplex marchant dans toutes les positions, calibre du fabricant.

N° 9063 de la Série. Calibre 31.

1 Savonnette or, montre à huit jours de marche, mouvement 18 lignes à 3 platines et 2 barillets, échappement libre à ancre, donnant un bon résultat, calibre du fabricant.

N° 10281 de la Série. Calibre 4.

1 Savonnette or, demi-chronomètre, mouvement 18 lignes 3/4 platine, fusée auxiliaire, échappe-

ment libre à ancre, roue et fourchette en or, balancier compensateur, spiral coudé donnant un
bon résultat, pouvant servir de
montre de précision comme intermédiaire entre les chronomètres,
calibre du fabricant.

Nº 8671 de la Série. Calibre 34.

1 Savonnette or à étui, soit à
double face, mouvement 18 lignes
à ponts, extra-plate, échappement
libre à ancre, levées visibles.

Nº 7418 de la Série. Calibre 33.

1 Savonnette or à étui, double
face, mouvement 11 lignes à ponts,
échappement à cylindre, 8 trous en
rubis, boîte au portrait de la reine
d'Angleterre, avec ornements en
joaillerie, calibre du fabricant.

Nº 7730 de la Série. Calibre 33.

1 Savonnette or à étui, soit à
double face, mouvement 11 lignes
à ponts, échappement à cylindre,
8 trous en rubis, boîte émaillée.

Nº 7986 de la Série. Calibre 18.

1 Savonnette or, cuvette or,
mouvement 18 lignes 3/4 platine,
échappement Duplex, 8 trous et
rouleau en rubis, calibre du fabricant.

Nº 7446 de la Série. Calibre 9.

1 Savonnette or, fonds gravés,
sujets en relief, mouvement 11
lignes 3/4 platine, à fusée, échappement à ancre, 13 joyaux.

Nº 10953 de la Série. Calibre 20.

1 Savonnette or, fonds guillochés,
mouvement 18 lignes 3/4 platine,
échappement à ancre, levées couvertes, 13 joyaux, ouvrage bon
ordinaire.

Nº 10954 de la Série. Calibre 21.

1 Savonnette argent, cuvette ar-

gent, la boîte et la cuvette dorées
partout, mouvement 18 lignes
3/4 platine, échappement à ancre,
13 joyaux, ouvrage bon courant,
calibre du fabricant.

Nº 5800 de la Série. Calibre 50.

1 Savonnette argent, plaquée,
fond émaillé, cuvette métal, étui,
mouvement 18 lignes à ponts,
échappement à cylindre, 8 trous
en rubis.

Nº 10955 de la Série. Calibre 50.

1 Savonnette argent, cuvette argent, mouvement 18 lignes 3/4
platine, échappement à ancre, 13
joyaux, ouvrage bon courant, calibre du fabricant.

Nº 10766 de la Série.

1 Mouvement 22 lignes en
blanc, marchant, chronomètre de
marine, fusée auxiliaire, barillet
nouveau système à 2 ressorts (inventé par M. Henri Grand-Jean),
échappement à ressort, roue et
ressort de dégagement en composition, pouvant marcher beaucoup
plus longtemps sans huile, calibre
du fabricant.

Nº 8751 de la Série. Calibre 1.

1 Mouvement en blanc, marchant, chronomètre de poche 19
lignes 3/4 platine, fusée auxiliaire,
échappement à ressort, roue et
ressort de dégagement en composition, pouvant marcher sans huile,
spiral sphérique ou à boudin.

Nº 10673 de la Série. Calibre 44.

1 Mouvement en blanc 18 lig.
3/4 platine, marchant, 1/2 chronomètre de poche, échappement
à bascule, spiral coudé, nouveau
calibre du fabricant.

Nº 10282 de la Série. Calibre 4.

1 Mouvement en blanc, 18

lignes, marchant, 1/2 chronomètre 3/4 platine, à fusée auxiliaire, tous les trous en pierre, échappement à ancre, fourchette en or, spiral sphérique, nouveau calibre du fabricant.

N° 10952 de la Série. Calibre 20.

1 Mouvement, 18 lignes, en blanc, marchant, 3/4 platine, échappement à ancre, 13 joyaux, fourchette et roue en composition, ainsi que la raquette et le coqueret pour éviter la rouille, et pouvant marcher beaucoup plus longtemps sans huile, nouveau système et calibre du fabricant.

Quant aux chronomètres de marine et aux chronomètres de poche, la marche diurne ne peut pas être indiquée, n'ayant pas d'observatoire à sa portée ; au reste, tout chronomètre ou montre d'observation qu'on laisse arrêter, en les remontant à nouveau, il faut un certain temps pour qu'ils reprennent leur marche régulière, et le plus souvent ils en prennent une nouvelle. Le chronomètre de marine n° 2, qui a été exposé à New-York, après deux ans de marche, à son retour les huiles étaient parfaitement conservées, et sa marche nullement altérée. On attribue ce résultat : 1° au nouveau système des deux ressorts qui travaillent avec beaucoup plus de régularité qu'un seul ; 2° au volume réduit du mécanisme dans toutes les parties, ce qui donne un résultat de beaucoup préférable, quant au balancier, au spiral, au frottement réduit, et particulièrement à la moindre résistance de l'air : l'essai que l'inventeur a fait d'un chronomètre de 14 lignes en est la preuve, car il a obtenu un fort bon résultat. Il désire que les 4 chronomètres, sous n° 2, 10427, 7277, 10279, soient soumis

à toutes les épreuves auxquelles les autres pièces de précision seront soumises quant au réglage.

FOX (J. F.), à la Moche, canton de St-Genis-Laval (Rhône).
Tuiles mécaniques.
Usine à vapeur occupant 200 ouvriers.

Expose :
(Brevetées). Tuiles en terre cuite à emboîtement.
Tuiles en verre, même système.
Mention honorable à l'exposition de Londres.
(Brevetées). Tuiles en terre cuite à double emboîtement.
Tuiles à emboîtement simple et double avec crochet au haut et au bas pour la solidité des toitures dans les localités sujettes aux grands vents.

FION (breveté), constructeur de machines pour la fabrication des soies, place du Péron, 1, Lyon (Rhône).
Eprouvette (nouveau système pour l'essai et le dévidage des soies, à tours comptés).
Les moyens employés jusqu'à ce jour n'offraient pas à MM. les filateurs et essayeurs des soies toutes les garanties désirables ; il leur manquait une machine à dévider qui pût leur donner, d'une manière positive et toujours égale, une longueur déterminée de fil pour la confection des flottes. Cette éprouvette est construite de manière que chaque flotte a son compteur particulier et marche isolément ; elle s'arrête seule instantanément au complément de 400 tours, sans en faire un de plus ni de moins. Si un fil casse, le guindre qui le porte s'arrête aussitôt, sans déranger pour cela le mouvement des autres qui continuent leur marche.

Construction de moulinages, machines à dévider, machines à rouler les étoffes et machines à doubler et à tordre les laines.

LESSERTOIS jeune, à Nogent (Haute-Marne). Appareils hydrauliques.

Ce nouvel appareil pour élever les eaux a cela de très-remarquable, qu'à volume égal, il peut fournir huit fois plus d'eau que les pompes ordinaires; il est sans réservoir d'air, à jet parfaitement continu, aspirant et foulant, à mouvement rotatif; mais aucune pièce du mécanisme ne se touche à l'intérieur; il est entièrement en métal, sans pistons ni clapets, et les seuls frottements qui existent sont sur deux pointes en acier; par conséquent, il n'y a point d'usure, point de réparations et point de perte de force motrice. Cet appareil doit s'employer dans les mines, les papeteries, les établissements de bains, les irrigations, sur les navires, dans les incendies, les grands épuisements, etc., etc. Il élève, sans se détériorer, les eaux chaudes ou chargées de graviers.

Suit un nouveau modèle de turbine dont les avantages sont : 1° de pouvoir se placer au milieu de l'usine même; 2° de donner environ 70 à 75 p. 0/0 de la force totale du courant; 3° d'utiliser toute la chute d'eau, quand même elle aurait 80 mètres de hauteur et sans jamais, dans aucun cas, perdre 1 millimètre de pression; 4° de pouvoir se placer verticale, horizontale ou oblique; 5° de simplifier le mécanisme des usines par la suppression des engrenages; 6° d'utiliser les plus petits cours d'eau, à peu de frais, tout en profitant de tout l'effet utile du courant; 7° de bien remarquer que la colonne d'eau inférieure à la turbine agit par aspiration. Une révolution complète dans les usines hydrauliques peut dès lors se faire pressentir, c'est la conviction de l'inventeur: il espère voir son nouveau moteur remplacer les anciens, car il possède et réunit les qualités suivantes : *simplicité, solidité, durée indéfinie, entretien nul.*

L'inventeur qui se fait breveter met ses brevets en vente.

GAUDARD (A.), corroyeur et fabricant de brides pour sabots, faubourg St.-Michel, sur la place, 8 bis, Dijon (Côte-d'Or).

Une carte assortie d'une partie de sortes de brides pour échantillons, dorées, argentées et autres, en tout semblables à celles qui sont livrées au commerce. Vastes ateliers, cuirs en tous genres.

Spécialité de brides.

GROS, r. du Refuge, 3, à Dijon (Côte-d'Or), inventeur de l'appareil servant à lever les malades sans les toucher (breveté s. g. d. g.).

Au moyen de cet appareil on peut, — sans découvrir le malade, — le soulever, faire son lit, lui donner le plat-bassin, le changer d'alaise et de drap de dessous ; soulever ses jambes ensemble ou séparément ; l'incliner sur l'un ou sur l'autre côté ; le lever, l'asseoir sur un fauteuil ou le déposer sur un canapé ; le mettre au bain, l'en retirer et le replacer sur son lit ; et tout cela très-aisément et sans secousse.

L'appareil sert pour toutes les tailles, pour les enfants comme pour les adultes ; il est avantageusement employé dans les maladies qui rendent douloureux les changements de position, telles que : fractures, amputations. paralysies, rhumatismes articulaires, escarres au sacrum, etc., etc.

Il est mis en pratique dans les hôpitaux de Paris : à Beaujon, à l'Hôtel-Dieu, à la Pitié, à Saint-Louis, à Saint-Antoine, à la Clinique, à la Riboissière, au Val-de-Grâce et au Gros-Caillou ; à l'hôpital civil et militaire de Montpellier ; à celui de la marine à Toulon ; à l'hôpital civil et militaire de Soissons ; aux hôpitaux civils et militaires de Strasbourg, de Nantes et d'Orléans ; au grand hôpital de Dijon ; à celui d'Auxonne, et sur plusieurs points de la France tant dans les hôpitaux que dans la pratique civile où l'on en est extrêmement satisfait.

Les dépôts de cet appareil sont : à Paris, chez M. Pouillon, bandagiste, *rue Montmartre, 62 ;* — à Lyon, chez M. Chavannon, orthopédiste, *rue de la Barre, 8* ; à Marseille, chez M. Silvy, orthopédiste, *rue de Grignan, 5* ; à Montpellier, chez MM. Lallement et Dazzette, *rue Argenterie, 11.*

Le prix de cet appareil est de 70 francs, non compris le tréteau dont le prix est de 20 francs.

LAVAISSIÈRE-BUISNEAU, successeur de **FARGE,** au *Jonc Phénomène,* passage des Panoramas, galerie Feydeau, 6, Paris.

Médaille d'argent en 1844, médaille de bronze à l'exposition de 1849.

Cette maison qui se recommande par les nombreux produits qu'elle fabrique pour la France et pour l'exportation, expose des échantillons dont la vue suffira pour donner une idée de la supériorité et du fini des articles qu'elle établit.

Parapluies et ombrelles depuis 15 francs la douzaine jusqu'à 1200 francs la pièce et au-dessus. Choix varié de cravaches et de fouets.

FROËLY, fabricant de limes en tous genres, à Besançon (Doubs).

Médaille d'honneur de l'académie de l'industrie française en 1853.

Médaille de prix à l'Exposition universelle de Londres.

Spécialité pour horlogers, bijoutiers, graveurs, armuriers et dentistes.

Extrait du rapport de M. Lepaul, sur la supériorité des limes Froëly, en séance générale de l'académie de l'industrie française, à l'Hôtel-de-Ville de Paris.

« Les limes Froëly sont d'une belle forme, d'une taille irréprochable et d'un bon usage. Cette opinion résulte des essais faits par mes ouvriers et par moi-même ; je puis certifier que les limes anglaises, si renommées, ne leur sont pas supérieures. »

Des limes inférieures ont été offertes au public ; un jugement rendu le 7 avril 1852 par le tribunal correctionnel de Besançon a atteint le contrefacteur.

GUIBAL (C.) et Comp., rue Vivienne, 40, Paris.

Emploi général du caoutchouc.

Cette maison créée par l'un des fondateurs de l'industrie du caoutchouc en France, qui a reçu à ce sujet la décoration de la Légion d'Honneur, est toujours restée à la tête de cette industrie.

Les tissus élastiques dont on fait les bretelles, jarretières, ceintures, etc. ; les tissus imperméables servant à confectionner les vêtements de toutes sortes ; les applications du caoutchouc vulcanisé à la fabrication des fils, rondelles, plaques, tuyaux, tissus pour cardes, toiles pour bateaux-pontons, etc., dont la mécanique, les arts, la marine, font un si grand usage ; les articles de chasse, de voyage, etc., forment autant d'industries séparées que cette maison traite avec une égale supériorité.

Elle a joint dernièrement à sa fabrication celle du caoutchouc durci remplaçant l'écaille et le buffle, et parmi les objets et appareils de tous genres auxquels elle applique le caoutchouc, on remarque des balles creuses, étrilles et brosses à divers usages, des planches à laver, un drap artificiel si convenable et si économique pour tentures, plusieurs systèmes de pompes à liquides et à gaz, etc.

GITON-ROUILLARD (Vve) **DAMOURETTE** aîné et Comp., à Nantes.

Fabrication de veaux cirés pour l'exportation. Trente mille douzaines de veaux cirés s'exportent tous les ans pour les diverses colonies; ce qui porte le chiffre de ces marchandises à plus de 2,200,000 fr.

La maison veuve Giton-Rouillard, Damourette aîné est l'une des premières maisons qui ont fondé cette industrie dans la ville de Nantes, en 1824.

JEAN (Eugène), fabricant de carreaux, à Sainte-Soulle, près La Rochelle (Charente-Inférieure.)

Pierre dure provenant de ses carrières, débitée à la scie de manière à en former des carreaux de toutes les formes, dimensions et épaisseurs, frises, entre-pieds et seuils.

La qualité de cette pierre est reconnue par tous ceux qui en ont fait l'emploi et notamment par l'architecte du département de la Charente-Inférieure dont le certificat suit:

« L'architecte soussigné, chargé « de divers travaux de restaura- « tion dans des maisons particu- « lières et des édifices publics, « certifie que des carrelages exé- « cutés en pierre du Treuil-Bernard « et de différentes épaisseurs, pro- « venant des carrières exploitées « par M. Eugène Jean, de Sainte- « Soulle, arrondissement de la « Rochelle, ont présenté de très- « bons résultats; il a reconnu que « les pierres sont pleines et d'un « grain très-serré, durcissant à « l'usage et présentant le poli du « marbre.

« Ces carrelages, qui peuvent « rivaliser avec le marbre, sont « d'excellente qualité et ont le « grand avantage d'être d'un prix « inférieur. »

Prix 9 fr. le mètre carré au choix de toutes formes jusqu'aux plus petites. — 11 fr. le mètre carré pour les entre-pieds de porte. — 12 fr. pour les seuils en les comptant sur trois faces. NOTA : Tous les joints sont faits à la scie.

BECQUET (H.), dentiste, rue des Granges, 41, à Besançon (Doubs).

La vitrine exposée par cet artiste contient un véritable cours de prothèse dentaire; il a, dans son travail, décomposé les pièces de manière à ce qu'on puisse se rendre compte de l'exécution d'une pièce dentaire artificielle depuis la mise en œuvre, jusqu'à son entière confection. On remarque en outre dans ce travail trois perfectionnements importants qui enrichissent l'art du dentiste :

1° Un talon en métal adapté aux dents artificielles et monté sur la racine des dents à pivot, imitant, à l'intérieur, la forme de la dent naturelle et devant conséquemment maintenir la prononciation à l'état normal, en même temps qu'il donne à la dent une solidité que l'auteur peut indéfiniment garantir.

2° Un dentier complet dont les porte-ressorts, au moyen d'un mécanisme ingénieux, jouent d'avant en arrière de manière à ce que la personne qui le porte puisse elle-même, sans difficulté, lui donner l'équilibre qui lui est propre.

3° Un dentier supérieur, fixé d'une manière immuable à une seule dent au moyen d'un double ressort mobile, mû par une vis et un écrou cachés dans l'intérieur de la pièce.

L'auteur y a entremêlé des dents naturelles et des dents faites de sa main; il a tellement copié la nature, il est entré dans des détails si déliés qu'un œil exercé ne peut en faire la différence.

Si, contre toute attente, ces produits, dont l'admission a été officiellement notifiée à l'exposant, ne figurent pas au Palais de l'Industrie, leur absence ne devra être attribuée qu'à la survenance d'obstacles, résultat naturel de la confusion inséparable d'une œuvre aussi colossale que l'Exposition universelle de 1855.

LAPAIX, luthier, rue Esquermoise, à Lille (Nord).

Il expose deux violons, un alto et un violoncelle. Le mode de construction de ces instruments repose sur des données expérimentales d'acoustique, qui ont été en partie présentées par M. KERBIS, dans un rapport très-étendu fait, en 1848, à la Société d'encouragement de Paris, laquelle a décerné à M. Lapaix une médaille d'argent de grand module.

Depuis, M. *Lapaix* s'est constamment appliqué à modifier et à perfectionner les procédés de construction qui appartiennent à ses instruments, et il est parvenu à leur donner toutes les qualités que l'on admire dans les anciens violons les plus estimés.

Déjà, en 1843, M. *Lapaix* était arrivé à d'excellents résultats, comme on en jugera par l'extrait suivant du rapport fait sur l'exposition de Saint-Omer.

« *La commission*, dit le rapporteur, s'est occupée du violon de M. Lapaix. Cet instrument, joué par le même exécutant, et successivement comparé sur toutes ses cordes avec un *stradivarius*, a produit une illusion telle, sous le rapport du volume et de la qualité du son, qu'il a été presque toujours impossible aux auditeurs placés dans une chambre voisine de le distinguer; et, si une supériorité a été parfois constatée, elle a toujours été en faveur du violon moderne. M. Lapaix a exposé, en outre, un *alto* et un *violoncelle*. L'examen de ces deux instruments a prouvé que cet habile luthier était sûr de lui-même, et que les données mathématiques et acoustiques, dont il faisait l'application, étaient si positives que, quels que soient la grandeur et le caractère de l'instrument, leur influence s'y faisait toujours apprécier. Le violoncelle, surtout, a appelé l'attention de la commission; cet instrument lui a paru posséder un timbre sonore et mélancolique, cachet essentiel du violoncelle; la chanterelle chante bien et facilement, les autres cordes sont graves, puissantes et surtout faciles à attaquer. On n'y rencontre pas de notes vicieuses et rebelles, avantage rare même dans les instruments d'auteurs renommés. »

En 1852, la Société des sciences de Lille a décerné une médaille à M. *Lapaix*. Voici l'extrait du rapport fait par la commission chargée d'examiner les instruments présentés.

« L'examen s'en est d'abord fait « comparativement avec un GUAR- « NERIUS et un André AMATI, puis « avec un excellent KLOZ.

« Pour éviter toute prévention à « l'égard de l'un ou de l'autre des « violons comparés, l'expérience a « été faite de telle sorte que votre « Commission entendait ces in- « struments sans les voir; et, à cet « effet, ils ont été joués dans un « salon voisin de celui qu'elle oc- « cupait. Chaque violon de maître « a été successivement mis en « comparaison avec les violons de « M. Lapaix, au moyen de coups « d'archet donnés alternative « ment, avec la même égalité de « force, sur chacun des deux « violons comparés, et en répé- « tant la même phrase musicale. « On a eu la précaution d'inter- « vertir et de varier, à l'insu de « votre Commission, l'ordre dans « lequel on les faisait entendre, « afin qu'elle fût amenée, s'il eût « été possible, à prendre le change. « Cette expérience a eu lieu en « trois séances et à des jours dif- « férents. Elle s'est répétée un « grand nombre de fois dans cha- « que séance, et toujours le vio- « lon que votre Commission dé- « signait comme surpassant les « autres par le brillant de son tim- « bre, par la puissance et l'égalité « des sons, par leur pureté et leur « moelleux, s'est trouvé être l'un « des violons de M. Lapaix. »

Nous terminerons cette courte notice en citant le passage suivant du rapport de M. KERRIS à la Société d'encouragement.

« Les instruments de M. Lapaix « sont dignes de fixer l'attention « de la Société d'une manière « toute particulière ; et nous

« croyons devoir mentionner ici « les éloges les plus flatteurs, « qu'ils ont déjà obtenus, et qui « sont consignés dans des certi- « ficats émanant d'un grand nom- « bre d'artistes éminents français « et étrangers, parmi lesquels nous « citerons les noms de MM. CH. DE « BERIOT, VIEUX-TEMS, ALLARD, « HAUMAN, L. MASSARD, SERVAIS « LÉONARD, SIVORI, DUBOIS, AL- « BERT, SEIGNE, AUGUSTE MAYER, « etc., etc. »

GLARDON-LEUBEL, fabricant d'émaux, 166, place du Port, Genève, Suisse.

No 1. Une captivité, 18 centimètres de hauteur sur 11 de largeur.

No 2. Copie d'après la gravure d'un tableau de Zuccarelli.

Cet éminent artiste a décoré de peintures en émail la plus grande partie des pièces d'horlogerie et de bijouterie exposées par les principaux fabricants de Genève.

CHUPIN et Cie, fabricants de coutellerie. galerie de l'Argue, 73, à Lyon (Rhône).

Cette maison, déjà honorée de médailles en 1853 et en 1854 pour ses instruments d'horticulture, expose cette année : 1o *rabot-Chupin* à régulateur dont la pince s'ajuste avec une précision mathématique sur les fers jaugés ou non métriquement ; 2o *pinces*, trempe diamant ; 3o *taille-pince*, nouvel instrument d'une grande précision ; 4o *pincettes* perfectionnées en acier fondu ; 5o *force* à raser et *force* à remonder ; 6o *égohine-Chupin* à dents incisives ; 7o *serpette* perfectionnée.

GROSCLAUDE, Charles-Henri (Raison sociale), Fleurier, canton de Neuchâtel (Suisse).

Une montre de longitude, 4 pièces de précision, secondes indépendantes, donnant toutes les exigences et les garanties des montres de cette catégorie: la sûreté de leur marche est incontestable; leur but est de servir aux observations pour courses de chevaux, chemins de fer et autres expériences scientifiques, avec plus d'avantages et de précision que les montres que l'on a faites précédemment.

1 chronomètre à renversement.
. M. Grosclaude expose comme producteur et inventeur. Fabrication d'horlogerie en tous genres et pour tous pays. Médaille à l'exposition de Londres. Il est membre de l'Académie Nationale manufacturière, commerciale et agricole de Paris.

PARIS-CORROYER, constructeur d'appareils de chauffage, rue Gresset, 13, et rue des Capucines, 6, Amiens (Somme).

Médaille d'argent de 1re classe en 1845.

(Breveté). —Torréfacteur à air.

L'ingénieuse construction de cet appareil le rend précieux aux chocolatiers, brasseurs, agriculteurs et surtout aux épiciers, cafetiers et aux administrations en général. Sa construction en fer et fonte, d'un volume et d'un poids variables, le rend propre à tous les grands et petits consommateurs. Appliqué à la torréfaction du café, il devient indispensable aux amateurs de cette bienfaisante liqueur; en effet, en même temps que l'appareil, d'une simplicité mécanique extrême, peut fonctionner, en un temps donné sans aucun danger de non-réussite, à l'aide d'une main même inhabile, il se prête au mélange de diverses espèces de cafés et en dégage les corps

étrangers toujours si nuisibles à la qualité du produit. Sa confection parfaitement close, en empêchant tout dégagement, procure une cuisson uniforme ainsi qu'un arome intact.—Quant au rendement il peut être une source de gros bénéfices pour les personnes qui en font un grand emploi.

La jouissance du brevet pourra être cédée soit par arrondissement, soit par département.

C. DÉTOUCHE, bté s. g. d. g., fournisseur de S. M. l'Empereur, rue St-Martin, 228 et 230, Paris.

Parmi les grandes industries de luxe celles de l'orfèvrerie, de la joaillerie, de la bijouterie et de l'horlogerie ont, sans contredit, tenu toujours le premier rang non-seulement en France, mais en Europe.

Des efforts constants, de grands sacrifices leur ont maintenu cette supériorité. Nos fabricants ont fait avec succès ce que l'on fait toujours dans un siècle de progrès, ils ont suivi les bonnes traditions de leurs devanciers, ils les ont perfectionnées, et ils ont soutenu et accru la bonne réputation qu'ils avaient à défendre.

Ce que l'art avait fait naître, l'esprit commercial le développa. Mais pour que la France conservât l'avantage, il nous a fallu des fabricants habiles luttant sans relâche, luttant avec succès et présentant aux fabriques étrangères la supériorité qui décourage la concurrence et qui la détruit. Tous les produits remarquables qu'on peut aller admirer chaque jour dans les magasins de M. C. Detouche, 228 et 230, rue St-Martin, témoignent de l'activité du zèle de cet industriel, de l'importance de sa maison et des services qu'il rend au commerce.

La part contributive de M. C. Detouche à l'Exposition universelle justifie, sous tous les rapports, les distinctions dont sa fabrication a été honorée. Rien de plus gracieux et de plus complet, au double point de vue de la conception et de l'exécution.

Dans les immenses magasins de M. Detouche, tout ce qui se rallie à la bijouterie, la joaillerie et l'horlogerie se rencontre à côté de riches et élégantes parures de mariage et de bal, à côté de surtouts avec pièces de milieu, de services de table des plus excellents modèles, de la vaisselle plate, de couverts de formes variant à l'infini. Voici des myriades de pendules et de montres de sa fabrique de Genève, des régulateurs, chronomètres, cadres-horloges pour salles à manger et vestibules, des horloges simplifiées pour ateliers, châteaux, hôtels, églises; voici des cartels, des boîtes à musique, des appareils uranographiques, des lustres, des candélabres, des torchères, des bronzes à formes exquises et les applications de l'électricité à l'horlogerie.

Là toutes les marchandises sont marquées en chiffres connus et leur poids est spécifié : le bénéfice est si minime que quelle que soit l'importance de l'achat, aucune remise n'est accordée.

Qu'à ce propos une observation nous soit permise.

Un produit isolé, fut-ce un chef-d'œuvre de patience et d'adresse, un modèle d'élégance et de richesse, s'il n'a été obtenu qu'à prix de travail ou d'argent, n'a par lui-même qu'une valeur industrielle toute d'admiration; mais il n'en est pas de même d'un produit satisfaisant à un besoin commun, dont la bonne fabrication assure le bon usage, dont le bas prix général se l'emploi : ce produit a une véritable valeur industrielle. La bonne qualité est une condition essentielle pour la vente, et la bonne qualité qu'exige le consommateur est celle qui résulte de l'emploi intelligent des matières, de la régularité de la fabrication, de la pureté des formes ou des dessins. Mais, de même que l'utilité est la mesure la plus vraie de la valeur réelle, de même aussi le prix est un des principaux éléments de la perfection. Ainsi la réduction dans les prix, lorsqu'elle n'est achetée par aucune altération de la qualité, constitue un progrès véritable, et ce progrès, en mettant la marchandise à la portée d'un plus grand nombre de consommateurs, est favorable au développement du travail par l'augmentation de production qui en est la conséquence. En effet, sans la connaissance exacte des prix, le mérite relatif des produits et leur véritable valeur commerciale ne peuvent jamais être sainement appréciés.

Somme toute, M. C. Detouche qui possède éminemment la pratique et la théorie de son état, jouit à juste titre d'une réputation incontestée et digne de la confiance la plus absolue ; et l'ampleur qu'il a su donner à son industrie le recommande tout spécialement à l'attention du jury de l'Exposition universelle.

DUPONT-POULET, filateur, Troyes (Aube).

1re série. Cotons en fusées de couleur, teints en laine mélangée à la carde et moulinés sur le mull-jenny en deux et trois fils.

2me et 3me série. Cotons moulinés fils d'Ecosse retors en deux fils, et cotons 1[2 chaine teints et filés dans son établissement en grand et petit; teint à façon ou à forfait.

KOHLER (Amédée) et fils, fabricants de chocolats, Lausanne (Suisse).

Vingt-cinq années d'un travail suivi, appliqué à la fabrication du chocolat, ont procuré à cette maison l'avantage de connaître et de mettre en usage les procédés les meilleurs pour arriver à la fabrication d'un produit parfait. L'emploi des matières premières les mieux choisies, leur mélange dans les proportions les mieux entendues, une pureté complète jointe à une propreté recherchée dans le travail, ont valu aux produits de ces Messieurs, l'approbation et la demande des consommateurs les plus difficiles, non-seulement de la Suisse, mais aussi de l'étranger (en France, en Allemagne et outre-mer). En sorte qu'ils ont obtenu et se sont assuré des débouchés permanents qui vont croissant d'année en année.

Leurs chocolats supérieurs aux autres sous tous les rapports essentiels, se recommandent moins peut-être par l'apparence et le brillant extérieur des plates; mais ces qualités qui s'obtiennent souvent aux dépens du goût, sont amplement compensées par la perfection du broyage, par la finesse et le moelleux que lui reconnaissent les amateurs les plus éclairés en pareille matière. Au surplus l'emploi de ce chocolat est reconnu comme très-avantageux sous le rapport hygiénique.

JARDEAUX-RAY (Mme) et **LEROY**, imprimeurs lithographes, Bar-sur-Aube.

Une planche chromo-lithographiée en vingt-sept couleurs, représentant le couronnement de la Vierge, reproduction d'une tapisserie du XVIe siècle, conservée au trésor de la cathédrale de Sens. Cette planche est extraite du portefeuille archéologique de la Champagne, publié en 50 livraisons, par M. Gaussen. Chaque livraison se compose de deux planches et d'une demi-feuille de texte. Prix 2 fr. 50 l'une. A Paris, chez M. Dideron, rue Hautefeuille, 13.

LAMBERT, négociant (méd. de bronze 1849), 29, rue Notre-Dame-de-Nazareth. *Usine*, 23, rue d'Angoulême, et 31, rue du Grand-Prieuré. *Fabrique* d'orfévrerie plaquée, spécialité de services de table, articles de limonadiers. *Fabrique spéciale* de plaques pour le daguerréotype. *Exportation*.

Expose cette année un surtout de table, à contours, très-remarquable, comme goût et comme exécution; et divers autres articles de table.

BROCARD-POPULUS, propriétaire des carrières de Celles et de Mareilly, à Langres (Hte-Marne).

Ancienne maison Faure-Gaucher et Populus-Faure, meules à aiguiser.

L'exploitation des carrières de Celles et Mareilly remonte à plusieurs siècles. Le chapitre de la cathédrale de Langres en a conservé le monopole jusqu'en 1784, époque à laquelle la famille de M. Brocard-Populus en est devenue propriétaire. Les meules de Mareilly, pierre dure, ont une réputation justement méritée. Elles sont supérieures pour la finesse et l'égalité du grain à celles des Vosges et de la Haute-Saône; elles servent aux taraudiers, aux corroyeurs et aux menuisiers, pour affûter les outils; pour ces deux dernières professions elles sont taillées en rouleaux et en grès carrés. Les meules tendres de Mareilly vendues par quelques maisons sous le nom de *Meules de Celles*, ne sont que d'une qualité secondaire. Les couteliers les emploient à défaut des premières; néanmoins elles ont plus de mordant que les meules de Provenchères qui conviennent plutôt pour le polissage.

Les meules de Celles à l'usage des couteliers, s'expédient dans toutes les parties du monde; leur réputation est aussi étendue qu'elle est ancienne : le grain fin et mordant de cette pierre lui donne une supériorité incontestable sur le grès à aiguiser de toutes les carrières connues jusqu'à ce jour. C'est avec ces meules que l'on fabrique les plus beaux produits de la coutellerie de Langres et de Nogent.

Quoique leur prix soit un peu plus élevé, à cause de la profondeur des carrières et de la rareté du terrain qui reste à exploiter, les ouvriers qui connaissent ces meules, trouvent un avantage immense à s'en servir; il y a pour eux économie de temps, elles abrègent l'ouvrage, et procurent de meilleurs résultats dans le travail.

S'adresser pour les renseignements à M. Guerre, coutelier à Langres, dont les ouvrages figurent d'une manière si honorable et si brillante à l'Exposition, et qui n'emploie dans ses ateliers que des meules provenant des carrières de M. L. Brocard-Populus de Langres.

LANFREY et **C. BAUD**, quai St-Antoine, 37, Lyon, et quai de l'Archevêché, 3.

Fabrique d'articles pour églises, en fonte de fer et en bronze.

Autels, chaires, fonts baptismaux, troncs, bénitiers, lutrins, pupitres, candélabres, Vierges, Chr st, Larrons, appuis de communion, croix de mission, chemins de croix, grilles de chapelles, etc.

LAVALLE (J.), docteur ès-sciences, Dijon (Côte-d'Or).

Histoire de la vigne et des grands vignobles de la Côte-d'Or. Ce livre renferme la description complète et aussi détaillée que possible de tous les climats produisant les grands vins de la Côte-d'Or. L'étranger y trouvera les indications les plus positives sur le nom des propriétaires de tous les grands crus, avec la quantité de vins récoltés dans chacun, sur leur valeur, etc.

Pour les climats hors ligne, tels que : Chambertin, Clos de Tart, Marigny, Vougeot, Romanée, Richebourg, St-Georges, Corton, Montrachet, etc., l'auteur a pu donner leur histoire d'après des documents authentiques, quelquefois depuis douze siècles. Une magnifique carte des grands vignobles de la Côte-d'Or et un superbe album représentant tous les principaux climats, sont joints à cet ouvrage mis en vente chez les principaux libraires de Dijon, et chez M. Dusacq, libraire, rue Jacob, 26, à Paris.

MARTOT, à Langres (Haute-Marne).

Exploitation de meules à aiguiser.

Marcilly, de temps immémorial, produit les meules dures à l'usage des taillandiers; *Celles* l'emporte sur les meules tendres dont se servent les couteliers. Ces deux villages, où règnent l'aisance et l'activité, ont conservé le monopole de cette production. Leurs carrières, qui s'exploitent depuis des siècles, sont renommées pour la supériorité de leurs produits, et elles doivent ce renom, non-seulement à la qualité de la matière première, mais encore à l'active direction qu'impriment à cette exploitation des hommes tels que M. Martot.

LEMESRE, frères, mécaniciens à Roubaix (Nord). Bobinoir mécanique.

Cette maison, déjà ancienne, compte parmi ses nombreux travaux des découvertes utiles. En 1814, elle construisit le tour parallèle; en 1834, elle eut sa part de progrès dans la révolution qui se fit dans les machines à filer la laine; ainsi, elle créa un nouveau système de supports et chapeaux à écartements différentiels; ce mode est toujours suivi et est généralement adopté.

Une combinaison manquait encore pour commander la révolution des cylindres; elle fut obtenue d'une manière simple et par des fractions indéfinies. Aujourd'hui cette maison s'occupe plus spécialement de bobinoirs; après des travaux longs et successifs elle parvint à créer un bobinoir mécanique, bobinant toute espèce de fil pour tissus de laine, coton, soie et fil de lin. C'est cette machine ingénieuse qu'ils ont présentée à l'Exposition universelle.

Ils construisent également des métiers à métrer les tissus.

MUSY et **GALTIER**, fabricants de velours, 13, rue des Deux-Angles, Lyon (Rhône).

Velours unis en largeur de 85-70 et 55 centimètres, nuances variées. La largeur de 55 centimètres représente par gradation les différentes qualités de velours

depuis le poil simple jusqu'au velours de Saxe. Ces produits se distinguent par la perfection de la fabrication, la régularité des tissus et la beauté des couleurs.

MESNIER (J.-Jacques), pharmacien, à La Rochelle (Charente-Inférieure), préparateur et possesseur de la poudre Duluc-Mesnier employée avec succès dans les toux, affections pulmonaires, bronchites, jetages, gourmes, et généralement dans toutes les maladies des voies respiratoires des animaux domestiques, a eu l'idée de créer et de répandre, à ses frais, ce produit composé de médicaments d'une grande pureté, qui, par leur prix élevé, n'avaient pu encore être mis à la portée de la médecine vétérinaire.

Les médicaments employés dans la médecine vétérinaire, toujours impurs ou de qualité tout à fait inférieure, sont souvent nuls dans leurs effets; ils ont été éliminés de ce produit et remplacés par des substances de choix.

A de telles conditions d'honorabilité et pénétré des avantages qui pouvaient en résulter pour son art, M. Duluc, vétérinaire distingué de Bordeaux, a bien voulu prêter le concours de son savoir et de son nom, et, grâce à des travaux incessants, ils sont arrivés à offrir un produit pur, actif et à bas prix.

MILON aîné, 98, rue Saint-Honoré, et 1, rue des Vieilles-Etuves, à Paris.

Bonneterie.

Par l'élégance qui la distingue, la bonneterie de France est sans rivale en Europe. Telle est, en résumé, l'opinion qu'exprimait le jury de l'Exposition universelle de Londres, en admirant les gracieux produits de cette maison. Médaille unique pour la bonneterie sur mesure, la récompense obtenue par M. Milon n'en est que plus significative. C'est qu'il est vrai, comme l'ont dit les membres de la commission royale d'Angleterre, que l'intelligence et le bon goût sont traditionnels dans sa famille… Les artistes de tous les pays reconnaissent que ses produits imitent merveilleusement la nature… Il invente les formes les plus rares, et la maille, qu'il gradue, est si admirablement perfectionnée, qu'elle prend pour ainsi dire l'empreinte du corps. Grâce aux ingénieuses inventions de M. Milon, la difformité revêt les formes de la statuaire… Que pourrait-on ajouter aux faits qui parlent si éloquemment en sa faveur, si ce n'est que les artistes de toutes les parties de l'Europe ne veulent plus que de ses produits, que New-York même a récompensé d'une médaille ses habiles travaux, et que l'Exposition universelle de Paris sera pour lui l'occasion d'un nouveau triomphe.

PENEAU (Joseph), à Nantes (Ville-en-Bois). Fabrique de conserves alimentaires.

Cette maison a pensé, avec raison, que les objets exposés devaient représenter fidèlement les produits livrés au commerce, c'est-à-dire, être pris au hasard dans ses magasins, et n'avoir subi aucune préparation spéciale, en vue de l'Exposition. Aussi les quelques articles, envoyés par elle, sont-ils la représentation exacte de ce qu'elle expédie, tous les jours, sur les marchés de toutes les parties du globe ; la qualité et le bon marché de ses produits lui ayant amené une nombreuse clientèle pour l'exportation. Ce qui ajoute encore à la bonne renommée de cette maison, à l'honorabilité dont elle jouit dans le commerce, c'est que tous ses produits sont livrés avec garantie de conservation.

MOREAU-MILLET, rue Bergère, 12, faubourg Saint-Pierre, Dijon (Côte-d'Or).
Invention nouvelle.
Torréfaction pneumatique et accélérée du café des Iles.
Système américain.
Perfectionnement par M. N. C. F. Moreau-Millet, Dijon (Côted'Or).

La qualité du café est naturellement aussi variable que les lieux de sa provenance, mais il faut reconnaître que le choix attentif des grains et la façon dont ils sont préparés doivent avoir une influence considérable sur la poudre livrée à la consommation.

Après de longs et dispendieux essais, M. Moreau-Millet a fini par trouver un moyen de torréfaction qui conserve au café toute sa saveur. Ayant appliqué son procédé à des matières d'une qualité supérieure, parfaitement saines, c'est donc ce produit, doué d'une délicatesse de goût que l'on rencontre trop rarement dans le commerce, qu'il offre aujourd'hui à tous ceux qui aiment à déguster un café réunissant toutes ces qualités.

Ce produit se vend par 1/2 et par 1/4 de kil. contenu dans une boîte ronde en fer-blanc, recouverte de papier vert-anglais. Pour prévenir la contrefaçon, le couvercle est scellé d'une bande de papier jaune revêtue de sa griffe, d'un cachet à la cire rouge aux initiales N. C. F. M. M., et portant en gros caractère : *Café moka en poudre*. Refuser comme contrefaçon toutes les boîtes qui se-

4

raient pas revêtues de ces divers signes.

Prix le 1/2 kilo 4 fr.

le 1/4 de kilo 2 fr.

S'adresser : à Dijon (Côte-d'Or), rue Bergère 12, faubourg Saint-Pierre; — à Paris, au dépôt central de la maison Sigant, 101, rue Quincampoix, ci-devant, rue de la Vieille-Monnaie, 23, fabrique de biscuits de Reims.

REYNIER cousins, et **DREVET**, soierie et nouveautés, 12, rue du Griffon, Lyon.

Châles, soie, grenadine et velours, écharpes, fichus, châtelaines, robes tissu mélangé, popeline, fil de chèvre, robes soie façonnée et disposition, robe foulard, robe gaze. Cette fabrique fait également les rubans de velours uni, le ruban gaze, le galon pour garnitures de robes en velours uni, à disposition et façonné, la peluche unie, à disposition et façonnée.

PEUGEOT (C.) et Cie, mécaniciens, Audincourt (Doubs).

Trois médailles d'argent en 1839, 1844, 1849, et une mention honorable à l'exposition de New-York, en 1853.

Construction des pièces détachées pour les machines de filature de toutes espèces de matières textiles, telles que cylindres cannelés, cylindres de pression, broches, plates-bandes, bouchons, crapaudines, sellettes, appareils de transmission par engrenages pour donner le mouvement de rotation aux broches, etc. Les 4 à 500 machines diverses dont se compose son matériel, sont aujourd'hui mises en mouvement par trois *turbines* du système *André, Kœchlin et Cie*, de Mulhouse, de chacune 60 chevaux ; aucun établissement de ce genre ne possède des moyens de production aussi puissants, avec un outillage aussi complet et aussi spécial, et qui permette d'établir à aussi bon marché et aussi bien tous les articles qui font l'objet de cette fabrication, dont la perfection constitue un des éléments principaux de la bonne filature.

Ces messieurs peuvent, à juste titre, se féliciter d'avoir rendu d'immenses services à la filature, d'autant plus qu'ils ont considérablement amélioré la construction des métiers à filer par diverses innovations pour lesquelles ils se sont fait breveter, et dont les principales consistent dans de nouveaux systèmes de plates-bandes, porte-collets et porte-crapaudines, dans un nouveau genre de sellettes pour pression, et dans une nouvelle transmission de mouvement par engrenages pour les broches des métiers de filature. Aussi, cet établissement a-t-il obtenu des récompenses à l'occasion de chacune des expositions auxquelles ils ont pris part.

SIMON frères et **GUILLET-BERTHIER**, fabricants de bas, Troyes (Aube).

Ils exposent des bas fil écru, blancs, de couleur, chinés, ainsi que des chaussettes blanches et écrues à revers et à côtes, le tout diminué sur métier circulaire, par procédé mécanique. Brevet de 15 ans, obtenu le 6 octobre 1852 ; supplément audit brevet pour les revers et perfectionnement.

MORITZ (William), à Neuchâtel (Suisse).

Tableau à l'huile.

La nature a son éloquence et sa poésie, cent fois plus saisissantes que la parole écrite. Prise sur le fait, elle charme, élève, ou saisit l'âme d'une douce émotion, selon les scènes que l'artiste fait revivre sous son pinceau. Le tableau de M. Moritz réunit, au plus haut degré, ce rare mérite du vrai à l'attrait d'une grâce simple et naïve; — c'est tout une idylle, une page détachée de Gessner ou de Florian. — Le paysage représente les Alpes, cette glorieuse nature, où la Providence a versé, à pleines mains, ses dons les plus beaux: sublimité des sites, simplicité de cœur des habitants. — Un jeune homme, un pâtre des environs du lac de Brienz, a conduit ses vaches sur la montagne, où elles paissent pendant la saison d'été. Une belle et gracieuse enfant, au regard limpide, au visage souriant, possède le cœur du pâtre. Revêtu de ses plus beaux habits, il vient à elle, un bol de crème à la main, et lui en fait hommage. Il n'est ni le plus beau garçon, ni le danseur le plus leste du village, mais par contre, il a de belles vaches, un grenier rempli de provisions, et par-dessus tout, une âme simple et aimante. C'est ce dernier avantage, que la belle enfant semble surtout apprécier; à l'expression de ses traits, à l'harmonie suave, qui règne entre ce gracieux paysage et les êtres naïfs qui l'animent. On *sent* qu'elle n'est pas insensible aux vœux du pâtre.

BÉCHARD, mécanicien-bandagiste, à Paris, 20, rue Richelieu.

Parmi les maisons spéciales d'orthopédie pour les déviations de la taille et des membres, celle de M. Béchard s'est acquis une légitime renommée. Honoré de plusieurs médailles d'argent aux expositions nationales de l'industrie de 1839, 1844 et 1849, pour plusieurs inventions et différents perfectionnements qu'il a introduits dans ses appareils, M. Béchard expose cette année divers genres de corsets redresseurs, plusieurs appareils pour jambes torses, pieds-bots, antylosés; nouvelles jambes et mains artificielles, plus légères et plus solides que celles employées jusqu'à ce jour et imitant parfaitement la nature; bandages de tous genres, d'un fini qui ne laisse rien à désirer, ceintures hypogastriques dont il est le premier modificateur. Deux ressorts à charnières à développement, adaptés à ces ceintures, leur donnent une grande souplesse et une parfaite solidité. D'ailleurs, les grandes quantités de ces articles, qui sortent de ses ateliers, d'après l'ordonnance des principaux chirurgiens et médecins de la capitale, en attestent suffisamment la supériorité.

PAREAU et Cie, à Montbéliard (Doubs).

Inventeurs et constructeurs de machines à pointes, à béquets et rivets, brevetés (s. g. d. g.) pour machines à emboutir destinées principalement à l'emboutissage des vis à bois, construisent tous outils employés dans ces diverses industries.

Clouterie mécanique perfectionnée.

Tréfilerie de fils de fer et fils d'acier.

Les machines à béquets exposées par cette maison se recommandent par leur simplicité, leur solidité, leur bonne exécution, la douceur de leur marche, l'économie dans les frais d'entretien; elles ne laissent rien à désirer sous le rapport de la perfection de leurs produits.

La carte d'échantillons de la maison Pareau et Cie justifie la réputation dont jouissent ses divers produits.

MARTEL (Aug. de), peintre sur vitraux. — Peinture sur verre. — Vitraux gothiques et modernes. —Saint-Quentin (Aisne).

S'inspirer des œuvres des grands maîtres, tout en cherchant à se créer un genre propre, — en invoquant sur tout ce sens intime, qui révèle le beau à toute âme d'élite, — telle est la voie féconde, que doit suivre un artiste vraiment digne de ce nom. M. de Martel l'a compris ; ses œuvres sont empreintes d'une originalité à la fois sobre et ardente, et les vitraux, qu'il expose, rappellent, sans les imiter, les merveilleuses peintures du moyen âge. — Il a franchement abordé et vaincu toutes les difficultés d'exécution. A l'essence grasse, qui détériore les émaux, il a substitué l'eau gommée des anciens maîtres de l'art. Grâce à ce procédé, ses vitraux conservent toute leur fraîcheur et leur transparence; ses couleurs adhèrent parfaitement au verre, elles résistent à l'action des dissolvants les plus énergiques, et traverseraient impunément les âges comme les beaux vitraux du XIIIe siècle.

SOLLIER (Hte), rue Saint-Dominique, à Lyon.

Cuirs à rasoirs.

Le système entièrement nouveau de cet exposant offre un tel degré de perfection, qu'on peut, sans crainte, le proclamer infaillible. Il se compose de deux pâtes distinctes, pour l'entretien des deux surfaces, d'après tous les modèles usités.

MALBEC (Adolphe), fabricant de meules, Passage des Favorites, n° 8, Vaugirard (Seine). Dépôt chez M. Youf, aux forges de Vulcain, Quai-aux-Fleurs.

Il est l'inventeur des meules et pierres artificielles pour aiguiser, tailler, redresser, polir les métaux et autres corps. Cette industrie qui date de 1842 a pris une très-grande extension. Déjà en 1844, le jury de l'exposition lui décerna une médaille d'argent et en 1849 un rappel de médaille.

En général tous les rapports constatent que la meule et la pierre artificielle se présentent sous toutes les formes, se plient à tous les usages, qu'elles se substituent à toutes les pierres, depuis la pierre à l'huile du grain le plus fin, jusqu'à la meule à émoudre de la plus forte dimension ; qu'elles ont un mordant auquel nul autre n'est comparable ; que leur durée, à volume égal, est double de la durée des autres corps qu'elles remplacent, en même temps que, par leur action, le travail avance beaucoup plus ; et comme leurs prix ne sont guère plus élevés que ceux des anciennes pierres ou meules naturelles, il en résulte un avantage double au moins pour l'ouvrier qui les emploie.

En résumé : uniformité dans le grain, mordant subtil et continu, homogénéité parfaite, absence de *toute poussière nuisible*, durée prolongée, prix de revient peu élevé, telles sont les propriétés bien constatées des pierres et des meules artificielles qui sont offertes au commerce.

SILVAN (Simon), bandagiste (breveté s. g. d. g.) à Lyon (Rhône). Fabrique, 28, rue Mercière. Détail et cabinet, 12, quai Saint-Antoine.

Les produits de cette maison se recommandent par leur belle et bonne confection et la modicité de leurs prix, ce qui leur donne une supériorité, à prix égal, sur ceux des autres fabricants.

Expédition et exportation.

MATHELIN frères, fabricants de pompes à double effet, place Saint-Bernard, à Dijon (Côte-d'Or).

Médaille d'or. Pompe à double effet.

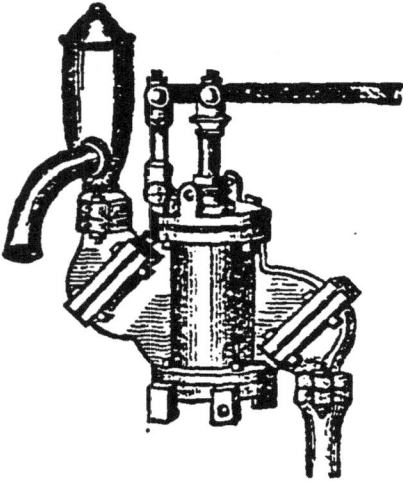

Cette pompe, d'un mécanisme excessivement simple, présente tous les avantages et toutes les garanties désirables : modicité du prix, — absence de toute soudure, — solidité, légèreté, forme élégante et d'un volume excessivement réduit; elle est garnie en cuivre intérieurement. L'un de ses plus grands avantages, et celui sur lequel nous appelons plus particulièrement l'attention, c'est de pouvoir, par un simple changement des soupapes et des godets, la changer de forme, la poser dans toutes les positions, et la fixer facilement, et avec la plus grande solidité dans les endroits les plus difficiles. La puissance de sa pression offre, par son application aux pompes à incendie, d'immenses avantages ; mais elle peut être appliquée également avec la plus grande facilité à tous les autres usages, pour la marine, les manufactures, les épuisements, les arrosages, l'agriculture, etc., etc. Cette pompe peut être placée à toutes les profondeurs et mise en action par toute espèce de moteur.

SAINT-PAUL et **ROSWAG**, boulevart des Filles-du-Calvaire, 11, à Paris.

Toiles métalliques.

Cette maison, fondée en 1802, a dignement figuré aux expositions de l'industrie, de 1819 à 1849. Des médailles de bronze et d'argent ont encouragé et récompensé ses heureux efforts. Admis les premiers au Conservatoire des Arts et Métiers par le jury des sciences et des arts, MM. Saint-Paul et Roswag se sont maintenus à la hauteur de cette distinction.

Ils exposent cette année des tissus en cuivre et en fer, un riche garde-feu estampé, des stores et des chassis de croisées en toiles de fer décorées, une touraille extra-forte perfectionnée pour les brasseries. — Il va sans dire qu'une maison de cette importance envoie en *province et à l'étranger.*

SANDOZ (Philippe) et fils, au Locle (Suisse).

3 chronomètres astronomiques.

On ne saurait voir, sans en admirer la savante structure, ces trois objets, d'invention aussi variée que profonde. Les personnes de l'art en saisiront tout le mérite du premier coup d'œil.

La maison Sandoz et fils trouvera des acquéreurs d'autant plus empressés, qu'elle offre de traiter avec eux pour l'entretien, et, au besoin, pour les réparations de ces magnifiques pièces.

Fabricants, inventeurs et producteurs, MM. Sandoz et fils tiennent en outre divers articles d'art et de nouveauté : horlogerie fine pour le commerce, répétitions de tous genres, montres à 2 tours d'heure et de seconde indépendante, soit : seconde indépendante entière au centre, avec ses fractions excentriques, — autres secondes trotteuses sur le cadran, symétriquement disposées en cinq parties.

PARIS, constructeur d'instruments aratoires, rue d'Isles, 115, faubourg Saint-Quentin (Aisne).

Médaille d'argent en 1834, de bronze en 1843, deux médailles en argent en 1845, deux autres médailles d'argent en 1852, une médaille d'or et une d'argent en 1853, autre médaille d'argent en 1854.

N° 1. Un brabant double en fer, avec rosettes adaptées aux coutres pour servir dans les trèfletières; elles se démontent à volonté; il pèse 145 kilog. 500 gr. à 1 fr. 30 le kilog. Le traîneau en fer, pour conduire le brabant double, pèse 37 kilog. 500 gr., à 1 fr. le kilog.

N° 2. Une herse en fer à bascule, ayant 9 dents avec pointes en acier, avec une petite herse mobile derrière qui sert pour diviser la terre; poids, 185 kilog.; prix, 1 fr. 20 c. le kilog.

THOMANN, fabricant de fournitures d'horlogerie, à Besançon (Doubs).

Écarissoirs en tous genres, chevilles de fusains en boîte, rouge à polir d'après les procédés anglais, manches de toute espèce pour limes, marteaux, ressorts de secrets pour savonnettes, ressorts de côté pour encliquetage, raquettes brutes et polies, aiguilles ordinaires, acier plat et composition, rubis percés, contre-pivots, limes en rubis. Tous ces articles sont fabriqués chez M. Thomann, avec un soin minutieux.

Expédition en province et à l'étranger.

MARTIN (Mle. Cpy.), rue Bourbon, 2, Lyon (Rhône), ex-fabricant d'instruments de chirurgie des hôpitaux civils et militaires de la ville de Lyon, et maître coutelier de père en fils depuis 50 ans, a obtenu un brevet d'invention pour la fabrication d'un rasoir à lame flexible et à dos cylindrique.

Ce genre de rasoir ne laisse rien à désirer sous le rapport de l'élégance non plus que sous celui de la qualité.

La lame exige si peu de matière qu'il a été possible d'employer à sa confection un acier d'une qualité supérieure à tout ce qui a été employé jusqu'ici à ce genre de fabrication. Trente années de travail, d'expériences et d'observations l'ont amené à la découverte d'une trempe toute particulière qui, tout en donnant à cet acier une très-grande dureté, ce qui constitue la vigueur du tranchant, lui conserve une constante douceur.

Cette trempe constitue donc une des causes principales de la supériorité du rasoir.

Les machines employées à la fabrication de ces rasoirs permettent au sieur Martin de réduire considérablement les prix de vente et de mettre à très-bon marché dans le commerce un rasoir qui doit être inévitablement recherché par tout le monde et particulièrement par ceux qui se rasent eux-mêmes.

FAVRE HEINRICH, fabric. d'horlogerie, Besançon (Doubs).

Une montre d'or 18 lignes, cuvettes or, échappement à ancre, ligne droite, spiral Breguet, 10 trous rubis, 6 contre-pivots portant le n° 3.907 au fond de la boîte et sur l'étiquette. Prix, 300 fr.

Six petites montres d'or, 13 lignes, cuvettes or, échappement à cylindre, 8 trous en rubis, portant les n°s 3,735 à 40. Prix, 100 fr. chacune.

Cinq montres d'or 18 lignes, cuvettes or, échappement à cylindre, 8 trous en rubis, portant les n°s 3,763 à 3,768. Prix, 120 fr. chaque.

FOUCHET, bandagiste-herniaire orthopédiste, place St-Martin, à Lille (Nord).

Dépôts à Paris, chez M. Desjardins, 209, rue du Faubourg-Saint Martin, et chez M Greenkase, 23, rue du Faubourg-Montmartre.

Pessaire à tige mobile et breveté s. g. d. g.

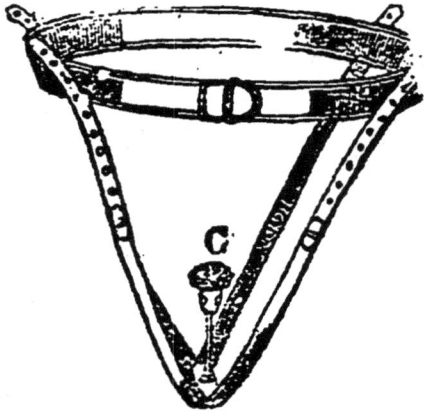

Le pessaire mobile, que l'inventeur offre au public, a de tels avantages sur les pessaires connus jusqu'à ce jour, qu'il suffit d'en indiquer quelques dispositions, pour lever tous les doutes. Ce nouvel appareil est composé d'une plaque, garnie d'une tige mobile surmontée d'une petite cloche percée en plusieurs endroits, et retenant une éponge ou pessaire en caoutchouc. Le tout est fixé par une bande de gomme vulcanisée, et s'adapte facilement à un léger ceinturon. L'ancien pessaire, par sa construction, ne pouvait s'enlever qu'avec effort et douleur, ou s'échappait avec facilité : celui-ci, au contraire, par son élasticité, a l'avantage de décomposer les mouvements qui peuvent être imprimés à l'extrémité de l'instrument qui sort du vagin, et rendre plus douce la pression que l'utérus exerce sur le pessaire, lors du resserrement de l'abdomen par les efforts. Le premier ne pouvait être appliqué que par les hommes de l'art; celui-ci permet au malade de s'en servir seul, et de le retirer tous les soirs pour le remettre au matin; on évite, par ce moyen, tout séjour de matières putrides, et le vagin se trouve débarrassé, pendant chaque nuit, de la présence d'un corps étranger, donnant lieu à de nombreux accidents. Ce pessaire n'exerce aucune pression sur les parties, il joue en quelque sorte au milieu d'elles sans les froisser, et ne fait que maintenir la matrice à une hauteur convenable; il ne peut jamais se renverser, ni tomber à terre. Toute personne, quelle que soit sa profession, peut en faire usage, sans nuire aux travaux auxquels elle a l'habitude de se livrer.

THIRY jeune, 9, rue Bergère, Paris. Dépôt des ouvrages Dubreuil et Collignon.

Echalassement des vignes, en fils de fer, clôtures, treillages, etc. — Système Collignon d'Ancy, breveté (s. g. d. g.) — 40 à 50 0/0 d'économie dans les premiers frais d'établissement. — Approuvé par

M. Dubreuil, mis en usage dans les jardins de Versailles et dans les grands vignobles de France.

Prix des *raidisseurs:*
Quand on achète le fil de fer 0 25
Quand on n'achète pas le fil de
  fer 0 35.

PENNEQUIN (Ch.-Joseph), fondeur de caractères d'imprimerie en tous genres à Ixelles-les-Bruxelles (Belgique).

Cette maison a obtenu à Bruxelles une médaille en vermeil, en 1835; une seconde, également en vermeil, en 1841, et une mention honorable en 1847. Elle n'a point exposé à Londres en 1851.

L'établissement fondé en 1825, dans de très-heureuses conditions, est devenu, depuis longtemps déjà, le plus important de la Belgique, dans son genre ; il est parfaitement distribué et occupe un très-grand nombre d'ouvriers.

La supériorité de ses produits, leur prix modique, la régularité irréprochable et les soins particuliers apportés dans l'exécution des ordres qui lui sont confiés, ont assuré à ce magnifique établissement un succès toujours croissant.

Les relations de cette maison avec les pays étrangers sont très-importantes, et acquièrent constamment de nouveaux développements.

Des *Specimens* de différentes sortes de caractères figurent à l'Exposition de l'industrie universelle à Paris.

AUCOC aîné (Louis), 6, rue de la Paix, Paris.

Orfévrerie et nécessaires de luxe.

Fondée en 1790, cette maison a obtenu des médailles d'argent à toutes les expositions de l'industrie, depuis 1802 jusqu'à l'ex-position universelle de Londres, en 1851, où une médaille de prix est venue ajouter une nouvelle consécration à sa vieille et solide renommée.

Fournisseur de S. M. l'empereur Napoléon et de S. M. la reine de la Grande-Bretagne, les chefs-d'œuvre de goût et d'élégance, que M. Aucoc expose cette année, justifient la haute faveur dont il se glorifie à bon droit.

Les amateurs du vrai luxe, de celui qui marie la grâce à la richesse, admireront, entre autres merveilles, une toilette argent repoussé, un grand nécessaire de toilette en vermeil, un coffre d'ébène incrusté, plusieurs nécessaires pour hommes et pour dames, et de nouveaux nécessaires sans cristaux formant la base d'un sac de nuit.

ROUBIEN (L.), fabricant de vernis, rue Port-Charlet, 41, Lyon (Rhône). Brevet d'invention (s. g. d. g.) du 27 mars 1855.

Ce produit remarquable est le résultat des recherches consciencieuses de l'un des plus habiles industriels de la ville de Lyon. Jusqu'à ce jour les peaux de moutons et les maroquins corroyés perdaient leur lustre en les lavant; par le procédé pour lequel M. L. Roubien a pris un brevet d'invention, elles gardent tout leur lustre et leur brillant et peuvent être lavées comme les vernis ; mais elles ont de plus cet avantage immense de ne point se fendiller, s'écailler ou se couper quand on les plie.

Souples comme un gant ces peaux ne laissent rien à désirer sous le rapport du brillant et de la fabrication, bien plus, les peaux grises des 2ᵐᵉ et 3ᵐᵉ choix et celles qui ont des *veines de sang,* deviennent aussi belles et aussi brillantes que celles de 1er choix ; c'est là, sans aucun doute, un des plus beaux résultats de ce procédé et le plus important pour tout le monde. La maison Roubien, très-connue sur la place de Lyon, fabrique également par les anciens procédés et l'on peut juger de la supériorité des nouveaux procédés sur les anciens au Palais de l'Industrie universelle où sont exposées des peaux travaillées d'après les deux procédés.

ROGEAT frères, mécaniciens-constructeurs, 15, rue d'Enghien, Lyon, et 50, quai de la Mégisserie, Paris.

La maison Rogeat frères vient de joindre aux nombreux articles d'appareils culinaires émaillés et de fourneaux économiques qui sortent de ses ateliers, la fabrication et la pose des fourneaux maçonnés, pour communautés, pensionnats, fabriques, restaurants, maisons bourgeoises, etc., etc.

Ces fourneaux à façade de fonte émaillée, d'une grande propreté, sont garantis pour leur bonne marche et leur solidité. (Modèles de toutes dimensions).

Pièces en fonte émaillées pour construction, éviers, urinoirs syphons, cônes et cuvettes pour lieux d'aisance, intérieurs ou cadres de cheminées et chenets rumfort. Baignoires en fonte émaillée pour établissements médicinaux et autres. Plaques en fonte émaillée pour noms de rues et numérotage des maisons vendues avec garantie.

Articles exposés, construits en fonte émaillée et ornés de peintures comme les vases de porcelaine :

1 Calorifère pour brûler du coke.

1 Cheminée foyer mobile pour brûler tous les combustibles.

1 Grille à bascule pour placer sous les cheminées.

1 Cheminée à rideaux pour brûler tous les combustibles.

1 Fourneau de cuisine pour brûler la houille.

1 Cadre à rideaux avec chenets Rumfort, pour placer sous les cheminées.

1 Baignoire en fonte émaillée en blanc.

Marie **SCHÜZ**, rue Chapon, 16, Paris.

Pièces détachées pour filature et tissages en fer émaillé.

Ces pièces, d'un genre entièrement nouveau, pour lesquelles M. Marie Schüz est brevetée, réunissent tous les avantages : 1° elles sont solides comme fer, et inaltérables par la couche de verre qui les entoure; 2° elles évitent la rupture des fils ou des mèches ; 3° elles permettent aux étoffes de se montrer à l'œil, sans nœuds et sans manque dans le tissage ; 4° elles évitent aussi la perte considérable du temps qu'il faut pour rattacher les fils rompus et nettoyer les pièces par le grattage, qui les détériore toujours, avantages immenses, qui jusqu'à ce jour n'ont été obtenus que par ces pièces, et dont bon nombre de filateurs ont déjà fait l'expérience décisive.

Elle fabrique également des garnitures pour bourses, bijouterie d'acier en tous genres.

MELINAND, mécanicien, 128, quai Jemmapes, à Paris.

Le nouveau modèle de machine à vapeur, dont M. Melinand est inventeur, réunit l'élégance à la solidité. Il peut se réduire à la moitié de sa force, par une détente d'une combinaison aussi ingénieuse que nouvelle. Le tiroir, tournant sur lui-même, ne craint rien des atteintes du temps. En raison du peu d'espace qu'elle occupe, et de l'habile façon dont les pièces sont resserrées en elles-mêmes, cette machine peut trouver place dans tout appartement.

M. Melinand construit, à prix réduit, toutes sortes de machines, quelle qu'en soit la force, et en garantit la marche. Il en possède une pour modèle, de la force de trois chevaux, à vendre au prix de 1,000 fr., moitié comptant, moitié à six mois. Cette *pièce modèle* fournit la preuve la plus irrécusable du mérite qui distingue M. Melinand, à la fois comme artiste et comme mécanicien.

CHAUFOUR (Mathieu) et Cie. 216, grande rue à la Chapelle-St-Denis.

Coussinet graisseur.

Ce nouveau genre de coussinet, garni de cylindres munis de tubes intermédiaires, et se graissant régulièrement avec une grande économie d'huile, fait disparaître la presque totalité des frottements. Il s'applique aux transmissions-voitures-locomotives, et à la mécanique en général, sans déranger ni altérer la forme des tourillons, en remplaçant la friction par le contact des cylindres avec la coquille et le tourillon, — le coussinet graisseur procure un avantage de 60 0/0 sur la perte de force, que font éprouver les frottements des coussinets ordinaires.

LAUREAU (L.), 12, rue Saint-Gilles, près la Bastille, Paris.

Bronzes d'art et de fantaisie.

A contempler tant de gracieux chefs-d'œuvre, dus à l'inspiration de M. Laureau, on se croirait transporté au sein de ces villes de la Campanie, englouties depuis des siècles sous les laves du Vésuve, et rendues miraculeusement aux arts. Ses lampes, dont la forme antique rappelle celles consacrées à Isis, à Mercure et à Cybèle, ses groupes d'animaux, ses statuettes, ses encriers et ses presse-papiers, sont à la hauteur des récompenses qui lui ont été décernées, sous forme de médailles, aux expositions de Londres, de New-York et de Bordeaux.

Les arts excluent l'égoïsme; aussi M. Laureau laisse-t-il entièrement libre au public l'entrée de ses riches magasins.

WIESE (Jules), rue de l'Arbre-Sec, 48, à Paris.

Orfévrerie et bijouterie d'art.

Ouvrier distingué en grosserie d'orfévrerie, M. Wiese s'est voué, depuis un certain nombre d'années, à la bijouterie et à l'orfévrerie d'art.

Les objets qu'il expose n'ont pas besoin de commentaire. Les vrais amateurs apprécieront ces merveilles de goût et d'exquise finesse, qui se distinguent encore par la pureté du style et par une grande variété de forme. Le mérite de M. Wiese est souverainement apprécié par les connaisseurs d'objets d'art, à qui presque toutes ses œuvres sont dévolues. — Ses ouvrages les plus courants portent le cachet de la médaille de bronze de 1849, — comme contre-maître non exposant à cette époque.

LASSERAND, imprimeur-décorateur, 9, rue de l'Asile, quartier Popincourt. Paris

Impression en or et en argent.

Cette maison, connue depuis de longues années, imprime en or et en argent, imitant la broderie, les tentures d'église pour cérémonies religieuses, les bannières pour les fêtes de la ville et de l'État. Ces impressions s'exécutent sur toutes espèces d'étoffes, comme velours de soie et de coton, étoffe de voile, et lainages de toutes sortes; satins, toiles, percales, etc.

Ces dorures sont devenues, depuis longtemps déjà, tellement solides, qu'elles résistent à l'humidité, et même à l'eau vive, quand elles sont exposées au dehors.

Cette ancienne maison est parfaitement connue de MM. les décorateurs et entrepreneurs de fête. Elle fait spécialement les impressions en or, argent, veloutés, et couleurs fixées sur lame pour le Grand-Opéra et les principaux théâtres de Paris et de l'Étranger. Elle imprime aussi les robes de bal, en velouté, en or et en couleurs.

C'est cette maison qui a créé anciennement les impressions pour tapis de jeu de roulette, trente-un, pharaon, qu'elle continue aujourd'hui pour les maisons de jeu à l'étranger.

CROUX, horticulteur, à Villejuif (Seine).

Les Pays-Bas, la France et l'Angleterre perfectionnent à l'envi leur horticulture. Plusieurs sociétés, à l'instar de celles qui existaient depuis longtemps chez les peuples voisins, se sont formées chez nous, et rivalisent avec elles pour la culture des arbres et la magnificence de leurs fruits. Au nombre des établissements qui se sont le mieux distingués dans cette branche si utile de production, on cite, à juste titre, « la ferme de la Saussaye, » où la culture générale des pépinières a pris un développement jusqu'alors inconnu. M. Croux, qui dirige cette exploitation, a présenté des échantillons de ses produits à l'Exposition universelle de 1855 : — Une collection d'arbres fruitiers, formée de divers modèles de toutes dimensions, depuis le plus petit jusqu'au plus grand, — témoignent que la reprise de la contre-plantation de forts arbres fruitiers peut être certaine.

Pendant les saisons d'été et d'automne, M. Croux exposera en outre des collections de fruits de toutes natures, depuis les fraises jusqu'aux pommes.

Auteur d'une instruction élémentaire sur la conduite et la taille des arbres fruitiers, contenant les indications succinctes et précises, qui peuvent guider, d'une manière sûre, dans la plantation, la greffe, l'entretien et la taille de tous les arbres à fruits de table, — inventeur d'une méthode simple et facile, basée sur les lois de la physiologie végétale, M. Croux a déjà vu couronner ses travaux de plusieurs grandes médailles.

On peut se procurer chez lui cet ingénieux système, au prix de 3 fr. 50 c., sous forme d'un volume in-8°, de 9 feuilles (144 pages) avec 54 figures explicatives, dessinées et gravées d'après nature: 4 fr. 25 c. franco par la poste. Il adresse aussi franco par la poste.

le catalogue général avec prix courant des arbres et arbustes fruitiers ou d'agrément soit de terre normale ou de bruyère, cultivés dans ses pépinières qui contiennent tout ce qui existe de végétaux de pleine terre pour l'ornement des jardins anglais et paysagistes.

MARQUIS, rue Amelot, 48, à Paris.

Vitraux d'église.

Revêtus d'admirables peintures, qui rappellent les vitraux du moyen âge, les produits de cette maison jouissent, depuis longtemps, d'une véritable célébrité! M. Marquis peut revendiquer, à bon droit, toute une généalogie de talents héréditaires, car l'établissement, qu'il représente aujourd'hui, est l'un des plus anciens dans ce genre d'industrie. Vitraux de toutes époques, attributs religieux, lettres et inscriptions sur verre pour marquises, ornements pour monuments et appartements, armoiries à sujets de fantaisie, restauration de vitraux et d'armoiries, verre mousseline et nombreux dessins déposés, tout ce qui sort de la maison Marquis, tout ce qui passe par le contrôle de son expérience, porte ou revêt ce cachet artistique et cette empreinte austère, qui semblaient l'apanage exclusif des siècles écoulés.

SEGUIN, artiste-peintre, 179, faubourg Saint-Martin, à Paris.

La peinture sur verre et les tableaux de fantasmagorie, dont M. Seguin s'est fait depuis longtemps une spécialité, lui avaient assigné une place dans le domaine des arts. Le polyorama (*dissolving views*), qu'il expose cette année ajoute une nouvelle palme à cette modeste et laborieuse carrière. C'est la nature même, avec ses mouvants aspects. A voir fuir ces paysages, pleins d'ombre et de fraîcheur, on croirait glisser sur l'eau, et s'éloigner dans une barque... Ce sont les vues les plus pittoresques, avec le mouvement qui les anime, le jaillissement des eaux, la chute bruyante des cascades, les nuages qui glissent sur un ciel pur, l'incendie et ses terreurs, le cratère vomissant des flammes, et comme couronnement de ces œuvres où la vie circule à flots, un combat naval à grand effet de canon, personnages et navires en mouvement, enfin, tout ce que la nature offre de plus poétique et de plus animé. Son polyorama de salon, nouvel appareil de son invention, est construit avec élégance. Il offre l'avantage d'être toujours prêt à fonctionner et de pouvoir procurer de la lumière instantanément dans l'endroit où l'on se trouve. Enfin son appareil pour voyage, avec demi-boules de 22 centimètres, tient moins de place que les anciens polyoramas de 15 centimètres, et donne pour résultat des tableaux de 5 mètres, parfaitement éclairés.

ROUILLON et LANGRY, rue Montmartre, à Paris.

Horlogerie.

Cet art, qui ne remonte pas au-delà du XVIIe siècle, multiplie chaque jour ses utiles progrès. « Roulant en cercle d'or la famille des Heures, » MM. Rouillon et Langry ne se contentent pas de réaliser la pensée du poëte; c'est au mécanisme qu'ils s'attachent, et chaque année les voit constater, par un brevet, un perfectionnement nouveau. Leur ingénieux système de montres sans clef joint à l'avantage d'une grande simplicité une solidité à toute épreuve et la propriété de s'adapter à toutes les

montres. Ils les livrent au commerce sans augmentation de prix.
— A côté de ces rares produits, on admire un riche assortiment de montres de tous genres, sorties de leurs fabriques de Paris, de Genève et de Besançon, quelques-unes enrichies de diamants, — une spécialité de chronomètres, des montres et des pendules à secondes fixes.

BIONDETTI (Henri) père et fils, 48, rue Vivienne, à Paris, et à Bruxelles, rue de l'Ecuyer, 1.
Bandages.

Cinq médailles, obtenues aux Expositions de Paris, de Londres et de Bruxelles, un encouragement spécial du roi des Belges, attestent suffisamment la supériorité des produits de cette maison.

Elle expose: 1° des bandages herniaires forgés d'une seule pièce. Le collet du ressort est remarquable par sa finesse et sa solidité; il est si habilement tordu, que toute sa force porte uniquement sur la hernie, sans froisser les parties voisines; ils s'adaptent merveilleusement aux cas si variés des hernies, et l'application en est des plus faciles pour les malades; ils laissent parfaitement libres les mouvements du torse et de tous les membres, et permettent de se livrer, sans danger à tous les genres d'exercices, quelque fatigants qu'ils soient; enfin ils réunissent la solidité, la légèreté à la force de compression la plus grande; et leur adaptation est si immédiate, leur fixité si parfaite, qu'ils reposent sur les éminences osseuses sans fatiguer ni blesser, et qu'ils ne compriment réellement que la partie proéminente des hernies, où se concentre uniquement la force contentive du ressort, sans

pression douloureuse sur la colonne vertébrale;

2° Un nouveau système de bandages régulateurs à pression directe, qui au moyen d'un mécanisme ingénieux, permet de rendre plane ou tout à fait convexe la surface de la pelote, et d'obtenir graduellement une pression plus forte;

3° Un bandage hypogastrique à pression divisée, bien plus efficace et plus doux à porter;

4° Différents appareils orthopédiques d'un nouveau genre, habilement confectionnés pour contenir la tête dans différentes directions, à régulariser les épaules, redresser le torse, harmoniser les hanches, en agissant seulement sur les parties divisées sans comprimer aucun organe essentiel.

ARPIN et fils, filateurs de coton, à Roupy, près Saint-Quentin (Aisne).

Les connaisseurs s'arrêtent avec plaisir devant les produits de cette maison si renommée des environs de Saint-Quentin et dont la réputation date de 1803. Leur filature est entièrement meublée de *mull jennies selfacting*, dits renvideurs mécaniques, elle offre aujourd'hui l'assemblage complet des machines les plus modernes pour les préparations et la filature.

AUGER (Charles), fabricant de pain d'épices, Dijon, 56, rue des Forges.

Les produits de cette maison, qui expédie dans toute la France et à l'étranger, sont généralement connus par leur excellente et consciencieuse fabrication. Ils ne peuvent subir aucune altération dans la conservation.

Le jury de l'Exposition universelle signale d'une manière toute particulière leur supériorité, en les admettant en 1855.

Prix :

Noncttes superfines glacées à la vanille,	1 20
— surfines glacées à l'orange	1 »
— fines anisées, la douzaine,	» 75
Pain d'épice glacé superfin à la vanille et à l'angé- lique. le kᵒ.	3 »
— surfin glacé à l'orange, le kᵒ.	2 40
— fin à l'orange non glacé, le kᵒ.	2 »
— fin de santé, le kᵒ.	1 60
Ekerlez de Bale, la dou- zaine, glacés au rhum,	» 75

BONNET et Cⁱᵉ, faubourg Saint-Antoine, Paris, sommier- lit et canapé élastique (de Saint- Alban.)

Ce coucher élastique, tout en fer et à jour, joint à une solidité parfaite l'élasticité la plus moel- leuse. Sous le rapport de l'hygiène, de la propreté et de la durée, il est sans rival. Avec lui, disparaît ce terrible fléau parisien, qui rap- pelle l'une des sept plaies d'E- gypte. Aussi les hôpitaux civils de Paris l'ont-ils adopté à l'exclu- sion de tous autres. L'hospice La- riboissière, le grand hôtel Parent- ou en open, l'hospice Sainte- Eugénie, n'ont plus d'autres lite- ries. Aussi souple sur les bords que dans le milieu, ce coucher n'a plus l'inconvénient des planches de côté, il se replie à volonté, et s'expédie sans emballage ni en- combrement. Le poids du lit-som- mier varie suivant la dimension, de 40 à 65 kilog., le prix de 45 à 70 f.; le poids et le prix du som- mier seul sont d'un quart moindre environ.

Les brevets successifs, pris par MM. Bonnet et Cⁱᵉ, témoignent hautement du soin qu'ils ont ap- porté à perfectionner leur utile invention.

NEUBURGER, au Soleil, 4, rue Vivienne, à Paris.

Lampe à modérateur.

Cette gracieuse étoile du soir brille sur tous les points de la France. Au fond des manoirs les plus ignorés de la Basse-Bretagne, comme au sein de nos plus élé- gants boudoirs, elle protége, de sa douce clarté, les modestes travaux de la châtelaine ou les rêveries de la fée de nos salons. C'est la lampe d'Aladin, moins ses merveilles un peu trop persannes, ou plutôt c'est la lampe perpé- tuelle des anciens, brûlant sur l'autel de Vénus ou dans le temple de Minerve à Athènes. L'ali- ment ne s'en renouvelle pas en secret, comme au temps des divi- nités païennes; il suffit d'un léger mouvement de la main, et la lampe Neuburger brûle douze heures sans être remontée!

C'est l'art du lampiste atteignant son plus haut degré de perfection. Simplicité extrême, solidité par- faite, lumière pure et économique, forme élégante et gracieuse, telles sont les qualités que M. Neuburger a recherchées, et dont il a réalisé l'ensemble avec un bonheur inouï. Ses produits sont dignes, à tous égards, de l'emblème qu'il a pris pour enseigne, et presque uni- versels comme lui. L'Autriche, la Russie, l'Angleterre, la Belgi- que, la Hollande, ont enregistré son nom dans les archives de leurs découvertes industrielles. C'est là une rare distinction, et une ga- rantie de supériorité, car tout en nous reportant, par le souvenir aux brillantes et spirituelles paroles de M. de Boufflers à l'assemblée nationale de 1791, sur l'excellence du principe de non-examen préalable, nous rappellerons que chez la plupart de ces nations, les brevets ne se confèrent à l'inventeur qu'après qu'une enquête a prononcé sur le mérite de l'invention. Faut-il s'étonner, après cela, que nos comices industriels aient accueilli, de leurs récompenses, les produits de la maison Neuburger? Lampes solaires, depuis les modèles les plus ordinaires jusqu'aux plus riches, veilleuses-bouilloires, chauffant une grande quantité de liquide en éclairant la chambre, bronzes, porcelaines, etc., etc., tout ce qui sort de ses magasins respire le bon goût et le sentiment exquis de l'art. C'est le *fiat lux*, sinon dans sa sublimité, au moins dans ce qu'il a de plus élégant et de plus utile pour nos intérieurs.

FONTAINE (Félix), rue des Capucins, 15, Lyon (Rhône).

Soieries et velours façonnés dignes de remarque; il expose en outre des corsets, dits *Corsets plastiques.*

Ces corsets, fabriqués par des procédés mécaniques brevetés, en assortiments méthodiques, réunissent l'élégance de la forme, le soutien utile, la solidité du tissu à la modicité du prix. Toute personne peut trouver instantanément le corset qui lui est propre dans la variété des types dont se compose le système, et son application est si sûre qu'une femme ne peut supporter les corsets ordinaires quand elle a fait usage des corsets plastiques. Cet important progrès, réalisé dans le vêtement des femmes, a mérité à l'inventeur les approbations les plus flatteuses des médecins spécialistes les plus distingués de Paris et de Lyon, la médaille de platine de la société d'encouragement et la médaille de première classe de l'Académie nationale de l'industrie.

Manufacture à Lyon, rue des Capucins, 18. Dépôt central à Paris, boulevard Saint-Denis, 9 bis, au 1er, chez Mme Bonvallet; à Lyon, quai Saint-Antoine 15, chez Mme Ragnat; à Londres, *Jermyn-Street, Saint-James,* chez Mme Vallotton.

SAILLARD aîné et **P. MONNIN** fils, fabricants de pipes et de tabatières, négociants à Besançon (Doubs). Ateliers à Villars et à Besançon. Vente et expéditions.

(Médaille de bronze, à Bordeaux en 1854.)

Les premiers en France, MM. Saillard et Monnin, ont entrepris la fabrication de ces briquets. Leurs produits se distinguent par leur supériorité sur tous ceux que la concurrence a pu établir, ils sont remarquables par les soins et la solidité apportés à leur fabrication. Les formes en sont très-variées. Ces briquets, dont la réputation est aujourd'hui établie universellement, se recommandent aux consommateurs par leur usage facile et plus encore par la sécurité qu'offre leur système de fermeture à ressort. Ils sont faits de divers métaux, pour allumettes, bougies et amadou chimique. Pour éviter toute contrefaçon, exiger la marque Saillard, aîné, à Besançon.

Couvercles de pipes en métal, débourre-pipes, tabatières et autres articles à l'usage des fumeurs.

Maison spéciale, pour la fourniture en gros, de tous les articles pour débits de tabac.

MALEZIEUX fils , **LEFE- VRE** et Cie, 121, rue Saint-Denis à Paris, ancienne maison Guibout, *A la Couronne-d'Or.*

Passementeries.

Cette maison se recommande, à la fois, par son ancienne réputation de goût et de solidité dans la confection de ses produits, et par la spécialité de ses épaulettes métalliques, approuvées par le gouvernement pour l'usage de nos officiers généraux et supérieurs. Ses glands de ceinture, pour fonctionnaires civils et militaires, sont aussi généralement appréciés.

Parmi les objets qui décorent ses vitrines, on remarque des épaulettes métalliques et une ceinture (grade de général de division) d'un goût et d'un travail exquis. Faites en or fin, et ornées de brillants, leur haute distinction en explique la richesse et les emblèmes. Ses épaulettes métalliques, avec ceintures et dragonnes, à glands flexibles pour officiers supérieurs, celles qu'il destine aux officiers de grades inférieurs, ses modèles d'épaulettes brodées pour l'exécution des commandes faites par des officiers de pays étrangers, et en dernière analyse, ses spécimens des matières premières qu'il emploie dans ces diverses fabrications, joints à un riche assortiment de broderies en or fin, tous ces objets, d'une flexibilité et d'une solidité à l'épreuve du temps, assignent à MM. Malezieux fils, Lefèvre et Cie, le premier rang parmi leurs confrères en industrie.

SAUM, mécanicien, 31, rue Saint-Paul, Besançon (Doubs.)

Machine à guillocher les montres et l'orfèvrerie. Cette machine est à ligne droite et à crémaillère, et se distingue de tous les outils de ce genre par une perfection ir-réprochable. Le grand coulant de cette machine se meut soit par une crémaillère, soit par une chaîne ; chacune de ces pièces a ses avantages et ses inconvénients, mais dans celle qu'il expose, il a su réunir, d'une manière heureuse, l'utilité de chacune d'elles, tout en en supprimant les inconvénients. C'est par une crémaillère mobile appuyée au pignon par un ressort de chaque côté, qu'il fait disparaître la plus légère oscillation et le moindre ébat dans la dentelure; la marche du coulant s'opère avec la plus grande douceur ; cette perfection se manifeste clairement dans le remplacement du coulant latéral par une plaque de fer pivotant entre deux pointes. M. Saum remédie au grand inconvénient qu'ont les autres machines, dont le coulant latéral fait très-peu de chemin, et qui souvent vont à grande vitesse.

Il est convaincu qu'à la première expérience cette machine aura les plus heureux résultats.

Il fabrique les mêmes pièces munies de leur perfectionnement, et dont il est l'inventeur, au prix de 600 fr. jusqu'à 1200 fr. Tours à guillocher, outils d'horlogerie, et construction de toutes espèces de machines.

La machine qu'il expose sert simultanément à l'horlogerie et à l'orfèvrerie. Économie d'un tiers sur la main-d'œuvre. Perfection recommandable.

THIER, passage Choiseul, 39, ingénieur-mécanicien.

Infatigable dans ses travaux et composant avec une extrême facilité, il dote chaque année la société de nouvelles inventions aussi utiles que bien combinées, et en récompense desquelles il a déjà été honoré de six médailles, dont deux à sa première Exposition en 1849, une médaille de prix à l'Exposition universelle de Londres, trois d'académies et de sociétés savantes, dont une de l'Académie impériale de Médecine.

Les diverses inventions brevetées de M. Thier, sont: un système de chemin de fer atmospherique; un id. à légère locomotive, et pouvant gravir les rampes; une machine élévatoire pour sauvetage, échafaudage et télégraphie ambulante; deux systemes de diviseurs pour la séparation des matières fécales et engrais; un système de pesage, grue-balance, bascule-balance et balance; un système de lunettes ayant des avantages immenses sur celles connues; plusieurs pièces d'horlogerie, plusieurs outils propres aux fabrications diverses; un systeme d'arme à feu; bouches à feu, carabine, pistolet et projectiles; un système de filtre pouvant filtrer une grande quantité d'eau à bon marché.

M. Thier ajoute à toutes ces brillantes productions une autre série d'inventions dont il fait une industrie toute particuliere; appareils hygieniques de santé et d'ail ment Ces diverses inventions n'étant que d'une application pe ci nelle, par eurs co. raisons savantes, n'ont pas moins de mérite que es précedentes. Nous pouvons signaler comme objet unique jusqu'à ce cour, sa teté telle pour extraire le lait des seins, sans douleur, et le faire teter immediatement a l'enfant; son biberon à tube flexible, imitant pour l'enfant le sein naturel, en effet

il imite à tel point la nature que les enfants le préfèrent au sein de leurs nourrices; son petit clyso de voyage, ou syphon, appareil remarquable par sa bonté et la petitesse de son volume réduit à la grosseur d'une tabatière, son jet continu à la moindre pression; il est très-commode, durable et n'introduit pas d'air, enfin il est indispensable, principalement aux voyageurs; — son bidet syphoïde de voyage et d'appartement; divers systèmes de clysos à levier bien supérieurs par leur bonté et leur commodité à tout ce qui a été produ t jusqu'à ce jour, — cuvettes de lit pour injections, le malade étant couché; — lampe à chauffer l'eau, pouvant contenir le petit clyso de voyage, et enfin plusieurs autres articles qu'il a perfectionnés, se rattachant à la même industrie.

(*Voir aux annonces.*)

LABOCHE-PANNIER, maison de l'escalier de cristal, galerie de Valois, 162 et 164, Palais-Royal, Paris.

Maison de l'Escalier de cristal.

Fondée en 1804, la renommée de la maison Laboche et Pannier a grandi chaque année avec l'éclat de la magie. Chacune de ses apparitions dans les comices de l'Industrie a été saluée par une rare distinction. A Londres, en 1851, deux medailles de prix; à New-York, en 1853, deux medailles de prix et une mention honorable ont dignement consacré le mérite de ses splendides produits.

Encore tout recemment, nous avons été à même d'admirer des vases de porcelaine tendre, montés bronze, genre Louis XVI, decor et peinture genre Wateau, ainsi que de charmantes garnitures de cheminées en cristal taille, avec bronzes garnis de lumières. A ces gracieux ornements, se trouvaient joints des services de table en porcelaine et en cristal, d'une magnificence vraiment princière, et des articles de fantaisie, d'une variété et d'un aspect tellement féerique, qu'il faut renoncer à les décrire.

BRUNIER-LENORMAND
(Ancienne maison), 55, rue Vivienne, à Paris.

Cosmacéti, vinaigre d'hygiène et de toilette, aromatique et rafraichissant.

Fruit de laborieuses recherches sur l'action et les propriétés des odeurs et des parfums, le *Cosmacéti* présente à la confiance des médecins et du public, cette garantie, cette *supériorité incontestable*, que donnent tout à la fois l'étude, le perfectionnement et le progrès.

Par son nouveau mode de préparation, ce vinaigre, dans la composition duquel n'entrent que des substances végétales et aromatiques, toujours pures et récentes, joint à la finesse et à la suavité des parfums, une action douce et bienfaisante.

Aussi, de l'avis des médecins et des plus illustres chimistes de notre époque, parmi lesquels nous pouvons citer le célèbre Orfila, est-il le seul qui réunisse toutes les conditions d'hygiène, d'utilité et d'agrément.

LIMAGE, 151, rue du Temple. Paris.
Papier doré et argenté.

Des branches de myrte, d'acacia, des feuilles élégamment découpées du platane oriental, furent les éventails primitifs; mais depuis un demi-siècle, l'industrie parisienne, avec son éblouis-

sant prestige, s'est emparée de cette branche de fabrication, dont la grâce légère semble de son essence; et des chefs-d'œuvre de luxe et d'élégance à la fois ont été mis aux mains de nos dames.

Par la richesse et la splendeur vraiment artistique de son papier, doré et argenté, fin et faux, bruni, mat et gaufré, à l'usage des éventaillistes et des cartonniers, — par la beauté de ses encadrements et de ses bords d'éventail, M. Limage a contribué, pour sa bonne part, à imprimer un merveilleux prestige à ces produits de la fantaisie. Ses papiers argentés et dorés, pour tenture d'appartements, se font remarquer à l'Exposition de 1855, comme tous les gracieux articles qui sortent de ses magasins.

CAILLIAU père et fils, brasseurs et cultivateurs à Romeries, canton de Solesmes (Nord). Brevet d'invention de 15 ans, s. g. d. g.
Dépôt de bières, rue de Flandre 30 et 35, à la Villette, près Paris.

Cette maison a fait construire en 1853 une brasserie-modèle mue par la vapeur et possédant le mécanisme le plus complet. Ce bel établissement a attiré un grand nombre d'industriels qui sont venus le visiter et l'ont justement admiré. Son organisation matérielle et administrative a atteint le but d'économiser la main-d'œuvre et de simplifier le travail en évitant les manipulations inutiles.

Cette maison expose un flacon de ses produits, accompagné des différentes matières qui entrent dans leur fabrication, par suite d'une découverte qu'elle a faite, et pour laquelle elle a obtenu un brevet de 15 ans s. g. d. g., découverte qui est appelée à provoquer dans cette industrie une révolution complète, une régénération féconde.

D'après ses moyens de fabrication qu'il serait trop long de rappeler ici. mais qui ont été développés dans un mémoire adressé au comité central de l'Exposition, il est démontré jusqu'à l'évidence, en prenant pour base la quantité de 20,000 hectolitres de bière fabriquée. qui est celle sortant annuellement de cette usine pour être livrée au commerce :

1° Que les matières premières peuvent être récoltées sur 135 hect. de terre seulement, abandonnant à la culture plus précieuse des céréales près de 200 hectares. qui étaient occupés en sus par l'ancien système;

2° Que pour cultiver ces 135 hectares, l'ouvrier des champs est occupé depuis la plantation jusqu'à l'emploi de la matière première, et reçoit pour cette nature de culture un supplément de main-d'œuvre considérable ;

3° Qu'il y a une notable économie pour le fabricant dans le prix des matières premières, ce qui lui permet de livrer ses produits à plus bas prix ;

4° Enfin, qu'avec l'économie et les avantages signalés ci-dessus, toute idée de falsification par des mixtions nuisibles à la santé, est écartée : les produits arrivent à la consommation avec toutes les améliorations désirables en faveur du goût. de l'hygiène et du prix.

La maison Cailliau père et fils. depuis la construction de son usine-modèle, a plus que doublé sa fabrication. Ce succès est dû uniquement à la bonne qualité de ses produits.

AUJARD (Marie), rue du Garet, n° 7, au 3e, à Lyon.

Broderies nouvelles. — Le ca-chemire français qu'expose cette maison, réalise toutes les merveilles de l'art parisien. C'est le style indien, dans toute sa pompe et dans toute la richesse de ses nuances orientales. Ce magnifique châle. dont l'encadrement est haut de 0 40 centimètres, ne laisse pas voir de fond tissu. Les bandes en sont entièrement couvertes de broderies, dont le dessin est composé de fleurs idéales, brodées en soie. Les nuances en sont des plus variées et enlacées d'un feuillage gracieux, en laine cachemire très-fine. Des effets de sous-fond. dont les dessins offrent un aspect opposé aux fleurs et au feuillage, en font merveilleusement ressortir la valeur. Les branches croisées, qui couvrent la bordure. se détachent et remontent dans le fond du châle. où elles dessinent quatre médaillons en cachemire blanc uni. ornant les coins et découpant, au milieu, une large rosace, cachemire ponceau uni. dessinée par les fleurs et les feuilles qui couvrent la bande. L'encadrement de ce châle rappelle le genre persan, par la variété de ses nuances et par la richesse de la frange qui le termine. En l'établissant, comme il le pourrait, d'une manière moins compliquée, M. Marie Aujard en modifierait sensiblement le prix, tout en offrant un genre des plus nouveaux.

ACKER. rue Neuve-des-Petits-Champs. 29, à Paris.

Papetier. — Fabricant de registres.

Le nouveau système de registres mécaniques, pour lequel M. Acker a pris un brevet, a l'avantage de pouvoir s'ouvrir parfaitement à plat, et de se fermer sans secousses. A dos brisé au centre, et maintenu par des ressorts d'acier , son registre (système Sy) jouit d'une élasticité telle qu'il ne se déforme jamais par l'usage. Il offre en conséquence une bien plus grande solidité que tous ceux faits par les autres systèmes.

Malgré ces perfectionnements incontestables, les registres de M. Acker sont établis aux mêmes conditions que les autres, et sans augmentation de prix. Celui qu'il expose cette année est un des plus grands qui soient en usage, afin de prouver que ce mécanisme peut s'adapter à tous les formats.

PIATTET, 10, rue Grenette et 15 rue Tupin, à Lyon (Rhône).
Instruments de musique.

Élève de Simiot pour les clarinettes et pour les instruments en bois de tous genres, M. Piattet a apporté à sa fabrication un degré de perfectionnement inconnu jusqu'alors. Son cornet à pistons, dit système Piattet, sa clarinette perfectionnée, ses divers instruments en cuivre, à cylindres et à rotation, couverts entièrement pour empêcher la poussière de pénétrer dans le mécanisme, jouissent en France et à l'étranger d'une célébrité légitimement conquise.

LECERF, rue de Strasbourg, 9, à La Chapelle-Saint-Denis.
Fabrique de boulons.

Cette maison, fondée en 1843 par M. Lecerf, obtenait déjà une mention honorable à l'Exposition de 1849. C'est aujourd'hui l'établissement de Paris le plus important en ce genre. Les soins que M. Lecerf apporte à sa fabrication, la rapidité avec laquelle il exécute ses commandes, les avantages qu'il peut offrir, par suite d'une réforme radicale de l'ancien outillage, lui ont valu de fournir presque toutes les administrations de chemins de fer, les parcs de Vernon et de Châteauroux, ainsi que les principaux constructeurs de wagons et de machines.

Ses relations avec la province sont d'autant plus nombreuses, qu'il a su maintenir au *boulon de Paris* la réputation qu'il s'était légitimement acquise à ses débuts.

COULON (A), 13, rue Saint-Dominique, à Lyon.
Lampes et appareils à gaz.

Tous les produits de cet établissement se distinguent autant par le mérite de l'exécution, que par le bon goût et l'exquise élégance dont ils revêtent le cachet. Appareils à gaz, en bronze et en composition, lustres pour salons et théâtres, lanternes en cuivre avec chapiteau en fonte de fer, consoles et appareils pour éclairage public et particulier, plomberie pour le gaz et les eaux, tout ce qui sort de cette maison, justifie la réputation dont elle jouit, non-seulement pour la fabrication de ses appareils, mais encore pour ses constructions d'usine.

On trouve aussi chez M. Coulon le verre régulateur, donnant une économie de consommation de 10 0/0 sur tous les verres connus jusqu'à ce jour, et une plus grande intensité de lumière.

GEORGE (Joseph), 10, rue Papillon, à Paris.
Mécaniques.

Il est de ces objets tellement utiles et si intimement liés aux arts industriels, que le meilleur éloge qu'on en puisse faire est de les décrire simplement.

M. Joseph George, dont le nom a acquis une juste célébrité, expose, cette année, des produits tout à fait dignes de ses antécédents.

4° Une machine à leviers pour cintrer le fer sur plat et sur champ, de la largeur et de l'épaisseur, depuis 0,002 jusqu'à 0,027 d'épaisseur, de 0,140 de largeur à plat de 0 170 sur 0.041 ;

2° Une grue à chariot pour embarquer et débarquer les pierres des bateaux pour les déposer sur voiture ou sur berge ;

3° Une machine pour enlever les matériaux pour la construction des maisons, une à frein et une sans frein, s'appliquant aux chèvres et aux tourelles des sapins ;

4° Une machine dite à sonnette pour enfoncer les pieux pour pilotis;

5° Une machine à chariot pour la construction des ponts.

LEYDECKER, 39, quai de l'Horloge, à Paris.

Instruments de physique.

Fournisseur des douanes et des contributions indirectes, M. Leydecker a su s'acquérir la confiance de la plupart des administrations publiques. Il construit, à l'usage des sciences, toutes sortes d'instruments de physique et de chimie en verre, tels que baromètres, thermomètres, pese-liqueurs, pèse-sirops, sels, acides, vins, vinaigres, alcoomètres de Gay-Lussac, volumètres et densimètres pour la fabrication du sucre de betterave, chloromètres et alcalimètres de Gay-Lussac et de Descroisilles ; assortiment de lunettes à lire et de campagne, jumelles de spectacle, boîtes de mathématiques, compas ; tous les instruments pour l'arpentage et tout ce qui a rapport à l'optique.

M. Leydecker expose, cette année, un baromètre fantaisie, une fontaine de circulation, un baromètre style Louis XV, un féculomètre, des aréomètres et des thermomètres de différents modèles, ainsi que divers instruments pour les sciences. Ces produits sont dignes, à tous égards, de ceux qui lui ont valu une médaille de bronze à l'exposition de 1844, et un rappel de médaille en 1849.

LEROSEY, successeur de Rihouet, 11, rue de la Paix, Paris.

Porcelaine et cristaux.

Cette maison, qui remonte déjà à près d'un demi-siècle d'existence, ne se recommande pas seulement par le luxe et la richesse de ses produits, mais encore par l'élégance, le bon goût et la grande variété dont elle excelle à leur imprimer le cachet. C'est là tout le secret de la renommée qu'elle a si légitimement conquise.

Une visite dans les magasins de M. Rihouet-Lerosey est une série d'enchantements auxquels il est difficile de résister. A chaque pas, il faut admirer et s'émerveiller, surtout, des progrès que cette maison a imprimés à l'art, dans sa spécialité de *services de table*.

On ne saurait trop recommander à l'attention des visiteurs le charmant service de dessert à jour Pompadour, que M. Rihouet-Lerosey expose cette année. C'est le seul peut-être, après Sèvres et le vieux Saxe, que l'on ait jamais su faire ; telles sont les difficultés de la fabrication et la finesse des peintures !

FONTAINE (Claude - François), mécanicien fabricant de lampes, rue Choiseul, 8, Paris.

Cette maison déjà ancienne avait été admise en 1849 à exposer ses lampes à jet continu, et à tringle sans godet.

Cette année elle expose un nouveau genre de lampes, dites *Lampes Fontaine*.

Avantages de cette lampe.

Suppression du mouvement carcel qui offrait trop de complications; — huile libre: — jet continu et marchant 10 h.; elle n'a d'autre système qu'un ressort et une pompe, ce qui lui évite toutes causes d'arrêt si fréquentes dans les lampes ordinaires. Le système en est inusable, le dépôt d'huile seul l'empêcherait de fonctionner et l'obligerait au nettoyage; il permet de faire la lampe extraordinairement basse, ce qui n'avait pu être trouvé jusqu'à ce jour; il a été spécialement fait pour les lampes d'antichambre. — On trouve dans cette maison un grand choix de toute spécialité de lampes.

Bonté — utilité — bon marché.

CHOCQUART, 13, rue de Rivoli, à Paris.

Chocolats.

Les produits de cette maison, admis aux expositions de Paris en 1849, de Londres en 1851, et de New-York en 1852, ont obtenu toutes les récompenses qui peuvent couronner les efforts d'un fabricant: médaille de bronze, médaille d'argent et mention honorable.

Son exposition de 1855, qui consiste en chocolats perfectionnés et en un article spécial de bonbons, est entièrement digne de ses devancières. Fournisseur de S. M. l'empereur Napoléon III, M. Chocquart a pu décorer sa maison du titre de « *Chocolaterie Impériale.* » Cette enseigne expressive, jointe à la renommée universelle dont jouissent ses produits, lui attire une nombreuse clientèle, au centre de l'un des plus beaux quartiers de la capitale, au coin du passage Delorme et en face même du palais des Tuileries.

JAMIN, rue Saint-Martin, 125, Paris.

Opticien breveté.

Le soin tout particulier, que M. Jamin apporte à la fabrication de ses produits, les progrès qu'il a imprimés par ses instruments à la science de l'optique et à la photographie, lui ont valu la mention la plus honorable à l'Exposition universelle de Londres.

Appareils (daguerréotype) objectifs combinés avec *coïncidence de foyers,* donnant tous sur un même plan, d'une netteté parfaite dans toute leur étendue, perfectionnement apporté à la photographie par son nouveau système breveté. Objectifs des plus grandes dimensions, tels que 8 pouces et 14 pouces de diamètre pour portraits, opérant avec un seul foyer. Objectifs simples d'un mètre carré de grandeur, le tout à des prix très-modérés. Verres de lunettes, travaillés à la main, cristaux de roche, prismes de tous genres, crowns et flint, longue vue de campagne de tous diamètres. Spécialité de lentilles achromatiques pour microscope.

DOSNON aîné, au *Moulin rouge,* Auxerre (Yonne).

Couleurs minérales françaises pour tableaux.

Cette nouvelle découverte, si intéressante pour les beaux arts, consiste en une palette de couleurs-mères, graduées de trente et quelques nuances, parfaitement homogènes et inaltérables à la lumière, partant du brun le plus intense pour arriver aux tons les plus lumineux. Ces couleurs, dérivant des oxydes de fer, peuvent être indifféremment employées à l'huile, au pastel, à l'aquarelle, à gouache, à fresque, et généralement pour toute peinture exté rieure, exposée au soleil et aux intempéries.

Cette découverte a été soumise à l'examen de l'Académie des Beaux-Arts, ainsi qu'à la Société d'encouragement pour l'industrie nationale, et peut se résumer ainsi : Ensemble de couleurs d'une manipulation facile, séchant promptement, uniformément, et couvrant bien du premier coup. — Fixité, siccité, innocuité, unité, harmonie. Dépôt : rue de la Michodière, 2, à Paris, fontaine Gaillon, chez M. Ottor, marchand de couleurs ; et rue des Grès, 22, chez M. Justin Contraule, représentant de l'inventeur.

PETARD fils, 18, rue des Vieux-Augustin, Paris.
Dessins pour tissus.

Cette maison, très-avantageusement connue des principaux fabricants de France et de l'étranger, expose une collection des plus variées de dessins pour différents genres de tissus. On remarque en première ligne :

Les portraits en mise en carte de l'Empereur et de l'Impératrice ; l'esquisse du service de table (nappe et serviettes) fabriqué pour la maison de l'Empereur;

Une collection de dessins de pantalons nouveautés, qui ont eu le plus de succès pendant les deux dernières années, et dont l'exposant est l'auteur;

Enfin d'autres dessins, du meilleur goût, destinés à différents genres de tissus, tels que gilets, robes, stores de mousseline et de tulle, couvertures piquées, linge de table, etc., etc.

La maison Petard fils a des succursales à Berlin, à Vienne, à Naples et à Barcelonne. Elle offre aux fabricants un immense avantage, c'est que possédant des ateliers de lisage, elle peut livrer les dessins avec les cartons prêts à mettre sur le métier.

CHAGOT-MARIN, 5, rue Neuve-Saint-Augustin, Paris.
Plumes et fleurs.

Cette maison, renommée depuis longtemps pour l'excellence et la grace de ses produits, maintient cette année, par ceux qu'elle expose, la vieille réputation dont elle jouit en France et à l'étranger. Ses arbustes d'un fini merveilleux, ses fleurs d'eau, « Alcyons englouis avec leurs nids flottans, » sont des merveilles de fraîcheur et de bon goût. Jardinières, coiffures, plumes de fantaisie, elle exécute toute espece de travail du genre, avec cette supériorité et cette conscience qui distinguent les vrais artistes.

HOFFMANN-FORTY (François), distillateur, à Phalsbourg (Meurthe).
Eau de noyaux et kirschwasser.

L'Eau de noyau de Phalsbourg est depuis près d'un siècle recherchée par les vrais connaisseurs, non-seulement en France, mais dans toute l'Europe, et même au delà des mers. Sa réputation est consacrée par les suffrages unanimes du comité de Nancy, pour l'Exposition universelle de Paris, grace à la perfection des procédés de distillation de M. Hoffmann-Forty, qui depuis longtemps en a seul le secret.

Cette liqueur est le complément classique de tout bon dîner, par sa finesse et par sa douceur huileuse, que domine toujours, très-heureusement, l'arome du noyau. Les dames lui accordent aussi une préférence bien marquée.

M. François Hoffmann-Forty a également appliqué la perfection de son procédé à la distillation du kirsh et a su en faire une liqueur d'une finesse toute particulière, de plus en plus recherchée. L'admission de ce produit à l'Exposition universelle, témoigne de la supériorité de sa qualité et la recommandera au même titre que l'Eau de Noyau qui à elle seule, avait déjà suffi pour fonder la réputation de cette maison.

Dépôt, à Paris, chez M. Louis, magasin de comestibles, boulevard Poissonnière 1.

Pour les demandes en province et à l'étranger, elles doivent s'adresser directement à M. Hoffmann-Forty, à Phalsbourg (Meurthe). Les moindres envois se font par caisses de 12 bouteilles (par roulage ou chemin de fer.) Se charge aussi d'adresser *franco* à destination.

Pour éviter les contrefaçons, on est invité à n'ajouter foi, qu'aux liqueurs portant le nom et le cachet de la maison.

FRAIGNEAU. successeur de Leroy (Théodore) et fils, horlogers au Palais-Royal, à Paris.

Pendule régulateur et montres.

Cette maison toujours glorieuse de soutenir sa vieille réputation, se distingue encore cette année par les produits qu'elle expose :

1° Un pendule régulateur à quantième perpétuel d'un nouveau système;

2° Des montres Duplex, remarquables par leur exécution achevée;

3° Des montres de femme, richement décorées, d'un style tout à fait nouveau, tel que de la mosaïque de plusieurs pierres, ce qui offrait une grande difficulté que cette maison a su surmonter. En émaux, elle a fait des choses

merveilleuses que le bon goût de nos dames saura apprécier.

L'emplacement accordé au Palais de l'Industrie n'a pas permis à M. Fraigneau d'exposer, à beaucoup près, ce qu'ils avaient préparé pour l'Exposition ; c'est surtout dans leurs magasins que le public pourra juger de ces œuvres d'art et de calcul. C'est là qu'il trouvera le plus beau choix de chronomètres, de régulateurs, tout ce qui concerne l'horlogerie de précision, et les plus jolies montres de femme qu'il soit permis d'admirer.

J. WOUTERS et **R. STAUTHAMER** fils, à Anderlecht-les-Bruxelles.(Belgique).

Tannerie, corroierie et vernisserie.

Bien que fondé depuis trois ans seulement, ce magnifique établissement a pris dans le commerce un rang des plus distingués. La fabrication des cuirs vernis lui doit de grandes améliorations, et les exportations qu'il a faites, l'an dernier, dans des pays lointains, sous des zones brûlantes, ont mis le sceau à sa renommée. Les marchandises, chose qui ne s'était jamais vue, sont arrivées à destination *sans coller!* Pour les hommes compétents, cela signifie tout et dispense de tout autre éloge. Au surplus, les produits que cette maison expose en disent assez.

Ce sont deux vachettes vernies noires de la plus grande beauté, une vachette vernie blanche, un cuir verni pour ceinturon, un autre pour fleurs, deux peaux de veau vernies en couleur, une peau de veau grainée blanche, deux autres peaux de veau pour chaussures, six basanes fendues vernies en diverses couleurs pour bandes de chapeaux.

Cette maison se charge de vernir les cuirs et les peaux en toutes couleurs. Par la situation qu'elle s'est faite et par son importance, elle marche de pair aujourd'hui avec les premières fabriques de l'Europe.

MEJEAN fils, filateur et moulinier au Mazel, près Vallerangues (Gard), et marchand de soie à Lyon.

L'exposant, d'après notre avis, ne s'est pas attaché, comme beaucoup d'autres filateurs, à produire des grèges d'un blanc éblouissant; il a conservé la nuance autant qu'on peut le faire, en voulant produire une soie nerveuse et élastique, qualités qui ne peuvent s'obtenir qu'en filant avec une eau continuellement en ébullition, ce qui empêche par cela même l'éclat du blanc. Les grèges, du reste, déjà moins chargées en gomme, perdent moins en teintures et donnent plus de soutien à l'étoffe que celles filées à l'eau froide, ayant un brin cassant et sans élasticité. Ces deux points sont cependant ceux qui constituent une soie telle que la désirent les fabricants, surtout pour les articles, où les soies s'emploient à un bout, comme pour les toiles à tamis, les gazes et les tulles.

Nous remarquons, parmi les produits exposés par ce filateur moulinier, des grenadines 4, 6, 8 et 12 bouts qui ne laissent rien à désirer sous le rapport de l'ouvraison; on n'y voit aucun travelage, aucun bout défectueux et d'une torsion parfaitement égale: les unes ont le tors nécessaire. pour la fabricat on des dentelles imitation; les autres, celui pour les dentelles au fuseau.

La supériorité de ces soies ne nous étonne du reste pas du tout, car nous avons appris que ce moulinier traite depuis longtemps l'article grenadine. et qu'il a acquis, surtout depuis quelques années, une véritable perfection en ce genre.

GANTILLON (D.), apprêteur à Lyon.

Foulard bourre de soie imprimé *apprêt Gantillon*. Tous les appareils qui composent son atelier modèle sont de son invention; depuis 1846, il n'a cessé d'y apporter de grands perfectionnements. Il a fortement contribué à l'extension de cet article par son genre d'apprêt qui donne le toucher et l'aspect du foulard tout soie, et consolide les nuances en les fixant par un séchage à la vapeur à haute pression. La principale machine qui a le plus perfectionné le foulard est de son invention : elle réunit plusieurs manipulations en une seule, et elle passe 2,000 foulards à l'heure. Lyon, Paris, Nîmes, Rouen, Mulhouse. Héricourt, lui envoient leurs foulards à apprêter.

THURY, chef d'institution à Dijon. Côte d'Or).

Sphères terrestres en relief, ou *la Terre en miniature*.

Brevet d'invention sans garantie du gouvernement.

Exposition universelle de 1855.

Ces sphères ou globes terrestres ont un mètre exactement de circonférence, c'est-à-dire la quarante millionième partie de celle de la terre. Toutes les parties du sol, scrupuleusement dessinées, s'élèvent en relief au dessus de surfaces bleues et unies représentant les eaux; les hauteurs des montagnes sont proportionnelles entre elles; les bassins des fleuves s'y trouvent parfaitement indiqués;

l'ensemble, enfin. jusqu'à ce jour, donne la plus parfaite image de notre globe. Les mots indicateurs, gravés avec soin, font que les études et les recherches géographiques y sont tout à la fois faciles et attrayantes.

Prix de marchands :

Sphère montée élégamment, avec horizon-zodiaque et méridien imprimé, 35 francs.

Montée avec luxe, 60 fr. et au dessus.

A Paris, chez Longuet, éditeur géographe, rue de la Paix. 8. et à Dijon, chez MM. Thury et Theurot, rue de l'Ecole-de-Droit, 51.

BOYER (Victor), fabrique de bronzes, 64. rue Saintonge, près le boulevard du Temple ; médailles aux Expositions 1844, 1849, price medal à Londres, 1851. Médaille d'or de la cour de Rome.

Expose cette année plusieurs pièces en bronze, remarquables par la hardiesse de leur composition, et leur parfaite exécution ; d'abord, un grand groupe qui présente l'Industrie écrasant l'Ignorance, composé de cinq figures et deux animaux. La base en marbre noir d'un style particulier porte les armes impériales et, derrière l'aigle qui s'enlève à volonté, au milieu, est pratiquée une horloge qui se trouve entièrement dissimulée. Viennent ensuite deux riches corbeilles milieu de service de table, l'espace n'ayant pu permettre d'exposer les services entiers, qui sont visibles tous les jours à sa fabrique ; l'une entièrement dorée, style renaissance, est portée par quatre figures, les éléments ; l'autre argentée est toute composée de ceps de vignes et de raisins ; il serait difficile de savoir à laquelle donner la préférence,

tant ces deux objets réunissent de goût et de perfection.

Après ce sont de riches pendules en bronze doré, des vases en porcelaine bleue de Sèvres, garnis de bronze style Louis XV, et plusieurs autres qui méritent de fixer l'attention des vrais connaisseurs. Sa fabrique dont il est le créateur, offre aux amateurs, un grand choix de lustres à gaz et à bougies, pendules, candélabres, services de table, et bronzes d'art, elle est une des plus intéressantes à visiter.

PIGUET (Emmanuel), de Besançon, à la Chaux-de-Fonds (Suisse).

Nº 1. — Echappement Piguet, (*avec un dessin détaillé*). Les avantages que cet échappement peut avoir sur tous ceux qui ont paru jusqu'à ce jour sont incontestables : 1º il ne se décroche jamais, quand même le balancier ferait plusieurs tours à droite ou à gauche ; en conséquence, une montre munie de cet échappement peut être portée à cheval, en voiture, sans être dérangée au réglage, puisqu'il ne passe qu'une dent par double vibration ; 2º il est plus libre que le ressort, puisque pour dégager, le balancier n'a pas à vaincre la résistance du ressort en or et du spiral de bascule.

Quant aux ressorts de rappel en or qui tendent à remettre le dard à portée d'être repris par l'ellipse, il faut compter leur résistance comme nulle, puisqu'ils sont généralement plus longs que le ressort d'or dans les bascules et que leurs fonctions se font très près du pivotement de l'ancre de dégagement.

Nº 2. — Renversement aux échappements libres. Toutes les montres munies d'échappements libres tels que ressorts bascules (échappements Arnold et Dupleix), ont le grand inconvénient d'avancer beaucoup, surtout en voiture et plus encore à cheval. Les montres Piguet n'ont aucun de ces inconvénients.

BURDIN fils aîné, fondeur, rue de Condé, 22, à Lyon.

Inventeur d'une cloche garnie intérieurement d'une bélière mobile en fer, le système de serrures qui s'adapte à cette bélière est combiné de manière à pouvoir tourner la cloche en tous sens, ce qui en augmente presque indéfiniment la durée sans qu'il en coûte aucun déboursé, et sans rien changer au mécanisme.

L'axe du mouton de ladite cloche, telle qu'elle est exposée, porte sur deux systèmes de segments qui oscillent sur des grains d'orge, conformes à ceux des romaines; les frottements sont complétement supprimés, alors la moindre force met la cloche en mouvement : il est à remarquer que c'est le seul système qui supprime toute espèce de frottement.

Les porte-mains attenant aux appareils, sont mobiles, de manière à être placés à la hauteur la plus convenable au sonneur, suivant sa taille. C'est aussi le seul système de montage oscillant avec lequel on puisse, si l'on veut, dresser la cloche sur gorge, tel qu'on le fait à Lyon et dans tout le midi de la France.

THOUMIN (Adolphe), boulevard Beaumarchais, 44, même maison, avenue de Saint-Cloud, 2 (barrière de l'Etoile).

Cette maison, fondée en 1843, a obtenu des médailles aux Expositions de 1844 et 1849, ainsi qu'à l'Exposition universelle de Londres 1851.

Elle fabrique spécialement les ornements pour appartements, en cuivre estampé et fondu, bois des îles de toutes natures, bois dorés, etc., etc.; et qui obtiennent aujourd'hui une vogue surprenante.

Nous avons déjà eu occasion dans notre livre, de parler de l'ornement des magasins, M. Thoumin expose encore une série de lettres estampées en zinc et en cuivre, vernies et dorées, d'un effet merveilleux;

Une collection de bronzes, pendules, candélabres, lustres, flambeaux, coupes, statuettes, garnitures de foyers, bronzes d'art.

Ces groupes charmants, offrent les sujets les plus variés et sont d'un fini irréprochable.

Cette maison fabrique également des outils de tapissiers, et fait la commission et l'exportation.

VELA (veuve), place Saint-Michel (Limoges).

Le tabac à priser est devenu si populaire, et les consommateurs tellement délicats dans leurs goûts que le commerce s'ingénie à donner à cette poudre les parfums les plus agréables.

Le machouba est un excellent tabac qui croît dans le nord de la Martinique, il porte le nom de la contrée où il est cultivé. Ce tabac sent la rose et la violette, parce qu'il est préparé avec du sucre brut.

Mélangé avec le tabac à priser ordinaire, il justifie le succès que depuis plus de trente ans Mme Vela à Limoges, a obtenu en introduisant en France, l'usage de cet arome.

Pour rendre son effet plus efficace, on le conserve mélangé dans un pot en grès hermétiquement fermé, le tabac acquiert alors un parfum inimitable.

Ce produit si justement apprécié est aujourd'hui l'objet d'une vente spéciale; des dépôts ont été établis à Paris, chez M. Cellier, rue Saint Honoré, 398; les dépôts pour les départements, chez MM. Ganeval, Bondier et Dominger, rue Saint-Denis, 258, Paris.

DARBO aux trois Singes verts, 86, passage Choiseul, à l'entrée, côté du boulevard. Paris.

Médaille de l'Exposition de 1849, médaille d'argent de la Société d'encouragement, Exposition universelle de Londres et de Paris, 1855 (brevet de 15 ans, s. g. d. g.).

Nouveau clyso-trousse de voyage et de nécessaire, plus petit qu'une lorgnette de poche, ayant plus de force dans le jet continu qu'un instrument dix fois plus volumineux, se plaçant dans une cuvette ordinaire, fonctionnant par la pression d'un seul doigt, pouvant absorber une quantité d'eau illimitée, recommandé pour les grandes injections médicales.

Inventé par l'auteur des biberons Darbo et des bouts de seins pour fermer ou guérir les crevasses, des tire-lait ou téterelles, des pompes jumelles pour irrigations, des bidets de voyage, etc.

M. Darbo surpasse par la supériorité de ses produits, tous les contrefacteurs qui ont cherché à l'imiter.

Tous biberons, bouts de seins, mamelons et flacons qui ne porteront pas le nom Darbo, sont des contrefaçons.

M. HARTWECK (Edouard), dessinateur pour châles, rue du Mail, 27. Paris.

Les châles à dessins ont pris depuis quelque temps un tel développement que MM. les artistes ont besoin de se mettre l'esprit à la torture pour satisfaire aux exigences de la mode.

M. Hartweck expose un châle représentant les quatre parties du monde... Dépeindre l'art, le goût exquis qui ont présidé à la composition de cette œuvre, serait une tâche trop difficile; nous ne pouvons que signaler cet élégant objet de toilette à nos belles Parisiennes, qui apprécieront mieux que nous le mérite de cette composition.

ASSELIN-GUILLOUET, rue St-Martin, 84.—Ancienne maison Delnef Delarue.

Cette maison qui a obtenu une mention honorable en 1839, et une médaille d'argent en 1844,—fabrique spécialement les sucs de réglisse, genre fantaisie, petits bâtons plumes ou diablotins, bougies, petits grains parfumés.— La réglisse à la violette, crème de réglisse en boîtes, suc de réglisse pectoral perfectionné et parfumé, en boîtes.

Ce petit bonbon qui paraît être le privilège exclusif des boutiques d'épiceries acquiert, en passant par les mains de M. Asselin, un bouquet si parfait, qu'il prend place parmi les bonbons de premier choix.

Rien de plus gracieux que ces pyramides de pâtes pectorales, de jujubes, de guimauve, de réglisse, de lichen, de réglisse blanche, de framboises.

Cette maison tient un assortiment complet de pâte pectorale à la violette, d'articles de confiserie

en général, et une spécialité de pastilles en tous genres.
Commission—exportation.

FICHTER et fils, à Bâle en Suisse.
Fabricants de rubans de soie.
Articles exposés : Rubans de soie façonnés.

MELLIARD (Jean - Henri), monteur de boîtes en or, rue Longemalle, 151, Genève (Suisse).
Chaque pièce d'horlogerie est presque une spécialité en Suisse. La maison Melliard fabrique des boîtes de montre en or pour la marine qui sont impénétrables à l'eau ; par un système dont elle a seule le secret, une montre peut séjourner dans l'eau plusieurs mois, sans que les pièces du mouvement soient atteintes ni altérées; aussitôt remontée, la montre chemine immédiatement.
Indépendamment de cette spécialité, cette maison se recommande particulièrement encore pour sa confection de tous autres genres de boîtes en or pour l'horlogerie de précision.

DUBOIS (Adolphe), graveur, à la Chaux-de-Fonds, canton de Neuchâtel (Suisse).
Payons notre tribut d'admiration aux chefs-d'œuvre de M. Dubois (Adolphe). Jetez les yeux sur cet écrin renfermant quatre objets gravés sur or.
D'abord une grande plaque gravée, représentant les quatre saisons avec un riche entourage d'ornements et de fleurs, et un magnifique paysage suisse au centre. A côté une plaque gravée représentant une allégorie, l'Amérique avec ses forêts vierges. Ce sombre tableau est richement en-

touré d'ornements et de fleurs qui font ressortir d'une manière avantageuse le sujet principal.
Sur le 3e plan, un fond de boîte en or pour montre, gravé, représentant un magnifique sujet de chasse, un cerf, entouré d'une bordure végétale qui produit un effet magnifique.
Enfin, un fond gravé, encadré d'une bordure couronnée de liserons, avec un riant paysage au centre.
Ces quatre objets réunis en un seul écrin forment un ensemble d'une rare exécution, et méritent les éloges des connaisseurs consciencieux.

RAMSAUER ACBLY, fabricant de mousselines unies et mousselines tarlatanes à Hérissau (Suisse).
En parcourant la Suisse, le voyageur s'arrête avec délices dans la vallée d'Appenzell, où l'œil découvre une perspective admirable. Les chalets groupés au milieu de massifs que la nature semble avoir disposés avec intention, les ruisseaux qui serpentent en murmurant à travers les prairies émaillées, l'aspect imposant des hautes montagnes qui l'environnent, le calme qu'on y respire, et le ciel pur, qui forme un dôme d'azur sur ce riant tableau, font de cet endroit favorisé un des plus beaux paysages de la Confédération.
C'est là que se fabrique spécialement la mousseline. Au milieu de cette riche nature et d'une population industrielle, s'élèvent les fabriques qui alimentent nos magasins. M. Ramsauer Acbly qui expose cinq pièces de mousselines unies, et cinq pièces de mousselines tarlatanes, occupe un des plus importants établissements de ce genre. Au prix de sacrifices

de toute nature, M. Ramsauer a imprimé à cette industrie un élan extraordinaire et, grâce à une persévérance sans bornes, il est parvenu aujourd'hui à un degré de perfection qu'aucun autre ne peut lui disputer.

SENECHAUD (Louis), à Vevey, canton de Vaud (Suisse).

Le fer et la tôle n'avaient été employés jusqu'aujourd'hui que pour la construction des grands bateaux à vapeur destinés à de lointains voyages.

M. Senechaud envoie à l'Exposition une gracieuse nacelle qu'il baptise du nom pastoral: *la Bergère.* Cette légère embarcation est construite en tôle insubmersible, formée au marteau, en grandes pièces solides, légères. Supérieure pour la marche à la voile et à l'aviron, sur les embarcations en bois, elle possède le grand avantage de ne pouvoir se dessécher lorsqu'elle est à sec; elle est munie en outre d'un appareil simple et commode pour la remiser, et d'un second appareil pour le lestage et le délestage, pendant la navigation et suivant la force du vent; la durée de ces constructions peut être en moyenne de 50 ans, ce qui offre une économie réelle.

GILLOT, quai St-Michel, 23, à Paris.

M. Gillot, breveté s. g. d. g., vient d'inventer un mode de gravure paniconographique en relief, remplaçant la gravure sur bois, et au moyen de laquelle on intercale et imprime dans le texte typographique.—La *lithographie*, l'*autographie*, la taille douce et la photographie sur acier.

Travailleur infatigable, M. Gillot a déjà doté son art de découvertes précieuses appelées à apporter une révolution complète dans l'industrie de la gravure.

COURVOISIER (Henri) et Cie, fabricants d'horlogerie, à Locle (Suisse).

L'horlogerie qui est la principale industrie de Genève se divise en deux catégories distinctes, l'horlogerie fine, et si nous pouvons nous exprimer ainsi, l'horlogerie de pacotille. L'une d'une supériorité incontestable, l'autre d'un bon marché surprenant. Dans la 1re catégorie figure au premier rang la maison Courvoisier et compagnie qui a établi des agents dans les principaux pays du globe.—Elle expose 23 montres diverses.—Echappement à cylindre, à ancre, à Duplex, à ressort, pièces à fusée, spiraux Bréguet, spiraux Boudin, calibres nouveaux, mouvements en nickel et en laiton.

Tous ces échantillons sont remarquables par le fini des mouvements et leur précision, par l'élégance des boîtes. Cette horlogerie est à recommander de toutes manières par le bon usage qu'elle fait aux consommateurs.

En visitant les magasins de MM. Henri Courvoisier et Cie, qui se font un plaisir d'expliquer le mécanisme de leurs ouvrages, l'on se rend à peine compte du nombre de chronomètres, pièces à 8 jours, répétitions secondes et indépendantes qui s'y trouvent exposés.

Cette maison a monté des ateliers spéciaux pour les pièces soignées; et il est curieux de voir le fini de ces rouages microscopiques.

PERROT, entrepreneur de

peintures en bâtiments, rue du Faubourg-St-Ma t n, 66. Pa. is

M. Perrot vient de prendre un brevet de quinze ans s. g. d. g. pour un nouveau procédé de peinture diaphane sous verre, à reflets métalliques pour les enseignes, les l ttres et les ornements.

Ce procédé a sur tout l'avantage sur ceux employés jusqu'à ce jour, par la richesse du coloris, la modicité du prix, et l'agrément d'une propreté permanente.

Les ense gnes contribuent sans contredit à l'ornement des rues de Paris, il importe donc de choisir avec discernement le mode le plus propice. Nous nous permettons dans un but d'intérêt général, de recommander spécialement cette maison à MM. les négociants de la capitale.

STEINER (César-Henri), docteur, pharmacien et chimiste, à Hinterthcer de Zurich (Suisse).

Les sciences abstraites apportent aussi leurs produits au Palais de l'Industrie.

Le docteur Steiner expose de la salicine, du tartrate antimonicopotassique, du tartrate de soude et de potasse et du phosphate de soude.

Après avoir fait de profondes études en chimie à Strasbourg, à Paris, et travaillé plus d'un an dans le laboratoire du célèbre Liebig à Gissen, le docteur Steiner se livra pendant nombre d'années à la fabrication de produits chimiques, principalement de ceux employés dans la pharmacie.

Par son travail et sa longue expérience, il découvrit plusieurs méthodes de préparation qui le mettent à même de livrer au plus bas prix et à l'état le plus pur les produits que nous venons de désigner.

Mettre à la portée de toutes les bourses les produits pharmaceutiques, c'est rendre à l'humanité un service qui mérite les plus sincères éloges

VICTOR (Madame Constance) 12, rue de la Michodière. Pa.is

Admise précédemment aux expositions de 1834, 1839 et 1844, madame Victor soutient avantageusement la réputation qu'elle s'est si légitimement acquise.

Rendre aux dentelles, aux blondes, aux crêpes, leur première fraîcheur, est une tâche plus difficile qu'on ne se l'imagine; madame Victor a su vaincre toutes les difficultés: elle expose une collection de dentelles, Blondes, Crêpes, Crêpes crêpés et lisses, de gaze brochée et de tulle illusion, blanchis à la vapeur de manière à tromper l'œil le mieux exercé.

Artiste non moins habile dans un genre plus difficile encore, elle teint en noir avec une perfection sans égale, les blondes de tous genres et raccommode avec un talent tout particulier la dentelle et la blonde.

GAGNEAU frères (MM.) fabricants de lampes et bronze, rue d'Enghien, 25. Paris.

Les produits exposés par MM. Gagneau frères, leur ont déjà valu en 1819 et 1839, deux médailles de bronze, en 1844 et 1849, deux médailles d'argent, et enfin, une médaille de prix à l'exposition universelle de Londres.

Le gaz malgré sa brillante clarté n'a pu encore détrôner nos élégantes lampes à huile, hâtons-nous de dire que ces articles de luxe ont atteint un tel degré de perfectionnement, et offrent des avantages si incontestables sur le gaz, que la mode conservera longtemps encore l'usage de ces lumi naires.

Les lampes et bronzes sortis des ateliers et exposés dans les magasins de MM. Gagneau frères ont un cachet d'élégance tout particulier. Ces messieurs sont les inventeurs des lampes mécaniques suspendues pour salles à manger et billards, appropriées également à divers autres usages.

Les porcelaines ornées de bronze doré, qui sortent de leurs ateliers méritent aussi de fixer d'une manière toute particulière l'attention des connaisseurs.

SIGUY, rue de la Bourse, près la rue Richelieu, Paris.

La chaussure est une des parties les plus importantes de la toilette des dames; aussi le choix d'un bon cordonnier est-il, pour elles, l'objet de leur constant embarras.

M. Siguy s'est appliqué depuis longtemps à chercher les moyens de rendre ses chaussures aussi élégantes que solides, et nous croyons devoir lui rendre cette justice, que ses efforts ont été couronnés d'un plein succès, ce qui justifie la vogue dont jouit son établissement. Il expose des brodequins à guêtres élastiques, sans lacet ni boutons, dont il est l'inventeur, et pour lesquels il a déjà obtenu une mention honorable aux expositions de 1844 et 1849.

SUSSEX et compagnie.

Société des manufactures de Javel et de Sèvres.

Capital : 4,000.000 réalisés.

Cette société possède quatre établissements industriels importants, savoir :

1o A Javel, une fabrique de produits chimiques ;

2o A Sèvres, verreries, glaces bouteilles, etc.;

3o A Charlebourg, commune de Colombes ; } Fabrication d'engrais.
4o A Montreuil.

Ces diverses branches de fabrication ont un lien commun en raison de l'existence de la manufacture de produits chimiques de Javel qui les alimente.

A chacune des expositions de 1844 et 1849, la manufacture de Javel a obtenu une médaille d'argent, ainsi qu'une médaille de prix à l'Exposition universelle de Londres en 1851.

L'ancienne verrerie royale de Sèvres a également obtenu une médaille de bronze à l'exposition de 1849.

Dans un but tout philanthropique la société a fondé dans l'intérieur de la verrerie, une école ainsi qu'une société de secours mutuels qui est placée sous le patronage de S. A. I. le prince Jérôme Napoléon.

La société occupe dans ces diverses usines, un personnel de mille à quinze cents ouvriers.

Parmi les produits exposés par la manufacture de Javel, on remarque une série complète d'acides sulfurique, hydrochlorique, urique, nitrique, soude factice, sel de soude, carbonates et bicarbonates de soude, phosphate de chaux et de soude ; sulfates de fer de zinc, de cuivre, d'alumine. chlorure de gélatine, savons, etc.

Deux nouveaux produits sont exposés par la société : le sodium et l'aluminium, dont les quantités sont les plus considérables jusqu'à ce jour. La production industrielle de ces deux métaux suffirait pour placer au premier rang la manufacture de Javel, si déjà ses produits n'avaient été jugés supérieurs par leur qualité et leur pureté incomparables. La production de cet établissement en acide sulfurique est supérieure à celle des autres fabriques, en raison de ce qu'il possède les plus grandes chambres de plomb et des vases en platine d'une capacité hors ligne.

La fabrication de l'aluminium a été créée à Javel par ordre de Sa Majesté l'Empereur, qui a daigné fournir les fonds sur sa cassette particulière.

La verrerie de Sèvres expose :

Des glaces, des cylindres, des manchons, des bouteilles, du verre à vitres, des glaces peintes et des vitraux ; ces deux derniers produits sont exécutés par des procédés nouveaux et économiques, et se font remarquer par la pureté des formes, leur grande dimension et surtout la qualité du verre.

La société expose enfin un engrais connu sous le nom d'*engrais de Javel*.

Cet engrais est produit par le traitement des vidanges, au moyen du silicate de soude, et de corps qui sont, comme le sel, par eux-mêmes des engrais.

Ce procédé remplace l'emploi, encore aujourd'hui général, des terres, tourbes, lignites, qui servent à absorber le liquide des vidanges, moyen de fabrication condamné par tous les cultivateurs. Au contraire, par le traitement dont la société peut seule faire usage, tous les sels utiles et fertilisants contenus dans les matières et les urines s'y trouvant fixés par une réaction chimique se présentent à l'état pur pour ainsi dire.

L'engrais de Javel convient à toutes les terres et à toutes les cultures ; la quantité à employer est de 400 kilogrammes en moyenne générale par hectare. Cette quantité doit cependant être modifiée en raison de la nature et de l'état des terres, de leur qualité, des fumures antérieures et du genre de récoltes qu'on veut obtenir.

L'engrais de Javel, contenant des silicates, agit très avantageusement sur les prairies artificielles et permanentes ; son efficacité sur les céréales, les colzas, les betteraves, la vigne, est constatée par des pièces et documents authentiques émanant d'agriculteurs, de négociants, de propriétaires, démontrant que les expériences pratiques faites dans beaucoup de localités ont donné d'excellents résultats, notamment dans les départements suivants : Aisne, Calvados, Pas-de-Calais, Nord, Seine-Inférieure, Vienne, Vosges ; à l'étranger, en Prusse, en Angleterre, en Belgique, etc.

JANNER et SCHIEFS, à Hérisau (Suisse).

Broderies.

Les produits exposés par cette maison portent un cachet de distinction et de grâce d'autant plus rare que la Suisse, qui excelle dans les arts de précision, allie ainsi les contrastes les plus frappants et les qualités les plus opposées, en apparence, les sciences mathématiques, aux caprices de la fantaisie. Paris et la Belgique même, n'ont rien de plus élégant que ces quatre spécimens sortis de la fabrique de MM. Janner et Schiefs :

1° Un col en mousseline fine, brodé au crochet, au passé, au point de Vannes et au point de dentelles, fin blanc avec coton ;

2° Une broderie du même genre, avec le dessin le plus gracieux,

3° Un mouchoir batiste linon brodé au plumetis et fin ; divers points d'armes et points de dentelles, fin blanc avec coton ;

» Un mouchoir batiste de la même qualité et du même mérite.

CARNET, rue des Jeuneurs, à Paris.

Dessins industriels.

Les représentations de fantaisie appliquées sur les étoffes ont donné lieu, depuis quelques années, à une de ces nouvelles branches d'activité qui touchent à la fois aux extrêmes limites de l'art et de l'industrie. M. *Carnet* a su prendre l'un des premiers rangs en ce genre. Ses dessins industriels, pour manufacture d'impressions en tous genres, lui valaient déjà une mention honorable en 1849, et ce n'était là que le prélude du succès qui doit infailliblement couronner sa riche et gracieuse collection de 1855.

BAGRIOT (Auguste), rue de l'Evêque, 11, à Paris.

Gravure et manufacture de boutons.

C'est dans un même objet, imperceptible ouvrage,
Que l'art de l'ouvrier me frappe davantage.

Jamais la justesse de cet adage ne s'est trouvée mieux vérifiée que par la maison Bagriot. La grâce avec laquelle elle imite, par l'incision sur ses boutons, les conceptions les plus compliquées de l'art, surpasse en réalité toute imagination. Ses boutons de chasse sont charmants de verve et d'originalité. Couronnes, chiffres et lettres, collections variées de boutons *diplomatiques* de tous les Etats, boutons riches, faits avec le plus grand soin, rien n'effraye le goût si varié de cette maison, et sa patience plus merveilleuse encore.

Fondé depuis trois ans seulement, l'établissement de M. Bagriot compte parmi ceux dont les travaux d'art et la fabrication sont le mieux soignés. Les produits qu'il expose cette année, ne font qu'ajouter à sa réputation, et ce qui leur donne un double prix, c'est qu'ils sortent presque tous de sa main d'artiste. Inventeur de plusieurs systèmes perfectionnant et simplifiant la fabrication, il a obtenu pour une dernière amélioration un brevet du gouvernement.

FROYER, ingénieur civil, 50, rue Saint-Nicolas-d'Antin, à Paris.

Chemin de fer. — Autographie.

Cartes, plans, profils en long, travaux d'art, etc., M. Froyer s'est appliqué à reproduire promptement et fidèlement les études et les travaux sans nombre, exécutés pour les chemins de fer, le tout tiré à une ou plusieurs couleurs.

Par son procédé, qui égale la lithographie, on peut reproduire toute espèce de dessins, à très-bon compte, et bien plus promptement que sur pierre.

M. Froyer se charge aussi, et à forfait, des opérations sur le terrain pour études de chemins de fer, etc., ainsi que des expéditions pour les enquêtes des lignes étudiées.

BEAUBŒUF (Oscar), rue Saint-Denis, 268, Cour des Bleus, Paris.

Instruments de musique, en cuivre et en bois.

Nommé par les membres de l'Institut et le ministre de la guerre fournisseur du gymnase musical militaire, après concours, honoré de la même distinction pour les armées françaises et étrangères, M. Beaubœuf puise, dans ce double brevet de supériorité, la meilleure recommandation et le plus grand éloge que l'on puisse faire de ses produits. Ceux qu'il expose cette année sont à la hauteur de sa réputation européenne.

AMSLER (Arnold), à Zurich, (Suisse.)

Étoffes de soie.

Les produits de cette maison ont été admis à l'Exposition universelle de 1855.

FETU (Jacques), 10, rue des Gravilliers, Paris.

Bronzes d'art.

Dans son *Siècle de Louis XIV*, Voltaire, lisant Racine, s'écrie qu'il faut renoncer à analyser cette grande poésie, et écrire au bas de chaque page la même formule admirative! S'il était permis de transporter cette impression dans le domaine de l'art industriel, on serait tenté d'en dire autant des bronzes parisiens, et M. Jacques Fetu la justifierait à merveille. Depuis la mention honorable qu'il a obtenue à Londres en 1851, ses produits acquièrent chaque année un nouveau degré de perfection. Les bronzes d'art et les divers groupes qu'il expose en 1855, semblent autant de chefs-d'œuvre armés d'avance pour la lutte et sacrés pour la victoire.

Sa belle pendule classique, du style grec le plus pur, représente la comédie et la tragédie. — La poésie et la musique, leurs sœurs, forment le sujet des candélabres. — Une autre garniture de cheminée, genre Louis XV, représente l'architecture; la femme tient un compas à la main, et contemple son enfant qui dessine. — On admire encore une pendule Louis XV, figurant la peinture... Un enfant tient un pinceau à la main en regardant le portrait placé devant lui; enfin un lustre charmant, dans le style Louis XVI, portant soixante-douze lumières; la sculpture et la peinture, sous les traits de deux statuettes pleines d'expression ; un lustre fouillé

d'eau à 18 lumières; deux statuettes plus expressives encore que les autres, représentant Girardon et Mlle Montesquieu; deux coupes de chasse d'un travail aussi riche qu'exquis, deux autres coupes à feuillage, plusieurs modèles de flambeaux d'un goût tout nouveau, et des presse-papiers de genres variés à l'infini.

LUTZ (J.-F.), rue Mauconseil, 83 (fabrique rue St-Hippolyte, 25), à Paris.

Taillanderie.

A sa fabrication spéciale de toute espèce d'outils pour les tanneurs, corroyeurs, mégissiers et maroquiniers, M. Lutz a joint l'invention d'une machine à cambrer les tiges de bottes. A l'aide de ce procédé, qui procure une grande économie sur la main-d'œuvre, un ouvrier peut facilement cambrer cent paires de tiges par jour, tandis qu'à la main, il pourrait à peine en cambrer de quinze à vingt paires. Cette machine a, de plus, un intérêt de conservation pour les cuirs. Les fortes tiges se trouvent bien moins altérées qu'à la main, et il en résulte de sérieux avantages pour le service de la cavalerie. M. Lutz expose aussi un échantillon d'outils de toutes natures, qui se fabriquent chez lui aux conditions les plus avantageuses.

LEFORT, faubourg Saint-Martin, 33, à Paris.

Optique amusante.

Les polyoramas et dioramas exposés par M. Lefort, offrent, sous toutes les dimensions, les effets les plus multipliés. Effets de jour et de nuit, effets de lune, éclairage, illuminations, feux d'artifice, éruptions volcaniques, incendies, etc. Tableaux avec tramation.—Le vent, le feuillage, le soleil, l'orage, les éclairs, les flots, la neige.—Polyoramas avec chambres noires.

Ces polyoramas ont un double appareil, avec lequel on voit les effets des tableaux comme dans le polyorama simple. On peut s'en servir pour dessiner d'après nature. Ils contiennent un portefeuille renfermant tous les objets nécessaires au dessin. Ces appareils sont très-portatifs. — Stéréoscopes, — Dioscopes, — Paris la nuit, — le Feu et l'Eau. — Voyage où il vous plaira! — Optiques à cylindres, etc. Tous les articles de M. Lefort, sérieux ou destinés à la récréation des salons, portent l'empreinte d'une connaissance profondément scientifique de son art.

MANGERUVA (André), à Palerme (Sicile). (Momentanément rue Miromesnil, 11, à Paris).

Email à froid, au vernis dit *Cristallin minéral.*

Cette composition, pour laquelle M. Mangeruva est breveté en France et à l'étranger, lui a valu, en Italie, une médaille d'or de première classe. Elle surpasse, en effet, pour les arts, ces riches émaux de la Sicile, si réputés en Europe, et elle offre, sur tous les vernis connus jusqu'à ce jour, une incontestable supériorité :

1° L'air ne change pas sa couleur et ne ternit pas son brillant;

2° L'eau bouillante, les acides, les alcalis n'attaquent pas cet émail;

3° Malgré l'élasticité dont il jouit, il ne s'écaille ni ne se fend;

4° L'application s'en fait au pinceau, de la manière la plus simple; il s'applique à tous les corps qui peuvent recevoir les vernis; il a en outre, la faculté inouïe jusqu'ici de fixer les rayons.

Cette invention est destinée à opérer une transformation complète dans plusieurs branches de l'industrie, autant par son emploi facile que par la réduction de prix qu'elle offre sur les autres compositions.

PONSON (C.), fabricant de soieries à Lyon (Rhône).

Etoffes unies, noires glacées, inusables, connues dans le monde entier.

Etoffes à dispositions riches. Velours unis, velours frisés, étoffes pour modes. Robes à volants en tous genres.

PIAT, cour du Bel-Air, faubourg Saint-Antoine, 56, Paris.
Meubles.

Une des fabriques de meubles les plus dignes d'être signalées au public, parmi les nombreux ateliers du faubourg St-Antoine, est assurément celle de M. Piat. La fabrication des meubles a été si fort compromise, auprès des acheteurs, par la concurrence que fait la pacotille, que c'est presque en tremblant qu'on aborde un magasin nouveau. Cette crainte n'existe pas pour ceux qui connaissent la fabrique de M. Piat. Nulle maison ne saurait offrir de garanties plus complètes que celles que l'on trouve dans l'habileté et la loyauté de cet industriel, qui s'est fait remarquer, d'ailleurs, par diverses inventions et plusieurs perfectionnements. Les toilettes à corps mobile et les coulisses de lit dites *chemins de fer*, de M. Piat, sont des spécialités qu'il a seul le droit d'exploiter, et qui suffiraient à faire sa réputation, si elle n'était déjà parfaitement établie.

PATUREAU, mécanicien, rue de Lancry, 6, à Paris.

Lavabo – toilette, remarquable par ses robinets à pression, sans cuirs ni soupapes, ni frottements métalliques, mis en jeu par la simple pression du doigt le plus délicat, et distribuant l'eau dans les cuvettes par jets plats et réguliers. -- Meubles en bois indigènes ou exotiques, de forme simple ou riche, à volonté, exécutés sous la direction de M. Patureau, qui en garantit la solidité et la parfaite exécution.

CHAPUIS frères (Prosper et André), 8, rue du Renard-Saint-Sauveur, Paris.

Raffinage et fabrique de platine.

Cet établissement, dont les produits figurent dignement à l'Exposition de 1855, a apporté de grandes améliorations dans la confection des appareils en platine, avec syphons complets pour la concentration de l'acide sulfurique à 66 degrés. Ses vases d'affinage pour les matières d'or et d'argent, son nouveau système de syphon à décanter, indispensable à tous laboratoires, lui assignent une des premières places dans cette branche d'industrie. MM. Chapuis frères confectionnent aussi les bouilloires à l'usage des bijoutiers; creusets, capsules, spatules, cuillers, pointes de paratonnerre, et tous appareils et instruments pour les arts et les sciences; têtes de baguette et diverses pièces pour les arquebusiers; platine en mousse pour la porcelaine, en lingots, en fils et en plaques, lames minces, etc.; — palladium pur en mousse, en fils et en plaques de différentes forces, métaux à différents états et purs, iridium pur en poudre, rhodium, osmium, ruthenium, etc., tous les produits qui sortent de cette maison et dont la nomenclature exigerait plus d'espace, portent avec eux le cachet de perfection, qui a solidement établi sa renommée. — Les chirurgiens - dentistes trouvent chez MM. Chapuis tous les articles à leur usage, dents hippopotames, palladium allié, fils et plaque, or en fils, plaques-ressorts, soudures, or battu en feuilles, mastique à obturer, etc. — Achat et échange de minerai et de vieux platine. — Exportation pour la France et pour l'étranger. Usine à Montrouge.

JOLIBEOIS, fabricant de vinaigre et de moutarde, rue Porte-d'Ouche, 63, Dijon (Côte-d'Or).

Expéditions en France et à l'étranger.

GUILLEMOT (Charles), 30, Faubourg-Saint-Denis, à Paris.

Instruments de précision.

Ses produits lui ont valu, en 1849, une mention honorable, et, en 1852, une médaille d'argent à la Société d'encouragement.

Il expose :

1º Un compas propre à tracer les arcs à grands rayons sans recourir au centre ;

2º Divers systèmes (brevetés sans garantie du gouvernement), de charnières pour meubles, n'offrant aucune apparence extérieure, leur axe étant idéal.

3º Un instrument pour couper les mèches de lampes, présentant cet avantage, que la partie coupée se trouve renfermée dans un espace destiné à cet effet.

GILLON, 33, rue Lamartine, à Paris.

Corsets.

Depuis que le corset à la paresseuse a été relégué au faubourg et au village, il n'est sortes d'innovations et de progrès que l'art parisien n'ait imprimés à cette partie si essentielle de la toilette. Le costume grec abandonné, la grande difficulté consiste à concilier les exigences de la coquetterie et celles de l'hygiène, à éviter surtout ces déplorables pressions capables de gêner l'action des muscles sur la poitrine, et d'entraîner dans l'organisme les perturbations les plus graves. C'est ce difficile problème que la maison Gillon a résolu de la manière la plus complète. Le corset pour lequel elle a pris un brevet d'invention se démonte à volonté. On peut, si l'on veut, n'en porter que les devants en les fixant à la robe par un moyen très-simple dont elle s'est réservé l'application. Outre tous les avantages hygiéniques qu'il possède, de soutenir et de dissimuler sans comprimer, ce corset offre encore celui de pouvoir se serrer ou se desserrer à volonté au moyen du busc Gillon.

L'on peut par le même système ne porter que les dos en les fixant de la même manière que les devants. Ils remplacent ainsi avec avantage les épaulettes baleinées que l'on met aux pensionnaires.

La maison Gillon est généralement citée pour l'élégance et la bonté de la coupe de ses corsets. Elle se recommande aussi par son exactitude dans l'exécution de ses commandes.

THIBAUT, luthier, 6, rue Rameau à Paris.

Un magnifique quatuor d'instruments à archets devant lequel artistes et amateurs s'arrêtent avec admiration. On retrouve dans ces instruments cette beauté de forme et de coloris, cette pureté, ce moelleux et cette maturité de sons qu'offraient seuls autrefois les instruments italiens. Grâce à ces rares qualités, les instruments de M. Thibaut peuvent lutter, de l'avis des plus grands artistes, avec les Stradivarius, les Guarnerius, etc.

Tandis que pour beaucoup la lutherie n'était qu'un métier, M. Thibaut la considérait comme un art, et c'est à cette inspiration féconde qu'il doit les succès qu'il a obtenus. Tout en s'attachant à relever l'école française, il n'a pas négligé la réparation des anciens instruments, et on lui doit la conservation de la majeure partie de ces spécimens de l'art d'autrefois.

On ne saurait trop louer l'exposant de ne pas s'être laissé entraîner, comme tant d'autres, à ce mauvais esprit d'imitation, dont la nécessité n'est que passagère, et qui finit toujours par annihiler l'instrument. Si depuis 1847 on n'a pas vu figurer son nom parmi les exposants auxquels on a accordé des récompenses, c'est qu'il n'a pas voulu faire concourir ses instruments avec des imitations.

MONDOLLOT frères, 94 et 96, rue du Château-d'Eau, Paris (ancienne maison Briet).

Eau de Seltz et appareils portatifs à eau gazeuse.

Connu sous le nom de gazogène Briet, l'appareil que MM. Mondollot offrent à la consommation est le seul où, grâce à l'ingénieuse combinaison du tube, la poudre, tout en ne se mêlant pas à l'eau à boire, la sature avec le plus d'efficacité. Ce petit meuble, d'une élégance tout aristocratique, a l'avantage de donner, aux frais les plus minimes et à la minute pour ainsi dire, non-seulement de l'eau de Seltz, mais encore une grande variété d'autres solutions gazeuses telles que : eau de Vichy, limonades, vins mousseux, soda water, etc., etc.

Cet appareil, le seul admis du reste à l'Exposition universelle de Londres, est aussi le seul qui soit approuvé par l'Académie impériale de médecine.

En échange de ces salutaires innovations, MM. Mondollot reçoivent chaque jour d'un public éclairé les éloges les plus sincères et les preuves les moins équivoques de gratitude. Ils sont aussi les inventeurs brevetés d'un système de bouteilles qu'ils nomment *Vases modérateurs*, à l'usage des fabricants d'eau de Seltz, d'une forme toute gracieuse, en cristal, clissés en rotins à jour pour éviter tous les accidents, en cas de choc.

VAUVRAY frères, 37, rue des Marais, à Paris.

Bronzes et lampes.

A l'œuvre on connaît l'artiste! Maxime éternellement vraie, à laquelle ont merveilleusement sacrifié MM. Vauvray frères, pour leur exposition de 1855. Dans la réalité, comme dans l'acception du poète, toutes leurs œuvres sont coulées en bronze, et, sous leur féconde inspiration, la matière s'anime et respire. C'est de l'histoire, non plus avec les cendres du passé, mais dans sa vive et brûlante actualité.

1° Le Génie des arts et de l'industrie appelle à l'Exposition universelle les nations des cinq parties du monde.

Au centre du groupe, le Génie appuyé sur le livre de la science et tenant en mains les palmes qu'il a déjà conquises, convie tous les peuples de l'univers à la lutte pacifique qui va s'ouvrir. A gauche est l'ancien continent. A ce premier plan, l'Europe moderne tenant en main *la presse*, l'une des plus précieuses découvertes de la civilisation, s'avance et amène à sa suite l'Afrique encore enfant — emblème du protectorat initiateur, que la première de ces deux parties du monde exerce sur l'autre. Au second plan, l'Asie porte un brûle-parfum. Au côté droit, l'Amérique déroule les trésors du Nouveau-Monde. L'Océanie, perdue hier encore dans l'immensité des mers, semble déjà prêter l'oreille au généreux appel de la civilisation. Derrière les groupes, des proues de navires indiquent les rapports que les peuples sont parvenus à établir entre eux, même à travers les écueils de l'Océan. Les bas-reliefs de la frise représentent à gauche les travaux de l'intelligence;—à droite, les travaux manuels. Et pour candélabres, l'Art et la Science, réunissant leurs efforts et recueillant ensemble le prix de leurs travaux.

2° Une pendule représentant l'histoire des peuples et des rois, avec de somptueux candélabres en cuivre doré;

3° Shakespeare, inspiré par le génie, se livrant aux sombres méditations, d'où doivent sortir *Hamlet*, *Macbeth*, et tant d'œuvres de génie;—marbre et bronze, sculpté par Émile Thomas;

4° Une pendule sur biscuit de Sèvres, marbre vert et bronze, ou Paris faisant, ses adieux à la fille de Léda;

5° Une statuette de la baigneuse de Falconnet;

6° Deux coupes antiques de Florence;

7° Deux lampes, vases cariatides de Florence;

8° Deux lampes, figures grecques, bronze fondu;

9° Un lustre genre Renaissance,

à 98 lumières, tout en bronze doré ;

10° Dix paires de flambeaux assortis, bronzés et dorés ;

11° Plusieurs coupes antiques ;

12° Une lampe, vase porcelaine de Toulouse.

Sculptés et ciselés par nos plus éminents artistes—Salmson, Deubergue, Moreau et autres — tous ces brillants modèles, en ce qui se rattache surtout aux emblèmes des arts et de la civilisation, sont dus au crayon créateur de MM. Vauvray frères. C'est leur plus beau titre à la renommée dont ils jouissent et le plus éloquent éloge de leur talent.

HOYOUX, 87, rue de la Verrerie (autrefois rue Jean-Pain-Mollet), à Paris.

Instruments de musique.

Rendre les embouchures d'instruments, variables à volonté de grain ou de perce, de telle sorte qu'elles puissent donner les sons les plus doux ou les plus brillants et s'appliquer aussi à plusieurs instruments, tel est le problème harmonique auquel M. Hoyoux a consacré de longues études, et qu'il a résolu, de la manière la plus heureuse, à l'aide d'embouchures uniques, mais disposées avec des parties additionnelles arrangées d'avance.

Les embouchures à cylindre, à coulisses coniques et cylindriques, que M. Hoyoux expose cette année, donneront aux connaisseurs une idée exacte de tout le mérite de cette invention, si éminemment utile à l'instrumentation.

DURAFOUR, à Lyon (Rhône). Fabrique de bijouteries en tous genres, unique dans sa spécialité.

L'art de la bijouterie fausse, qui tient du prestige, tant l'imitation semble l'emporter sur la réalité, a pris en France un développement inouï. L'Allemagne en avait eu longtemps le monopole : mais aujourd'hui nous lui faisons, sous ce rapport, une concurrence, victorieuse, et cette industrie vraiment nationale, le dispute de supériorité avec la sienne. M. Durafour, que nous nommons de suite, parce qu'il est de ces noms en qui s'incarne tout un progrès, M. Durafour, disons-nous, est le promoteur renommé de cet art tout moderne. Il a lutté contre tous les obstacles. Infériorité des matières premières, prix elevé de la main-d'œuvre, concurrence implacable, il a tout bravé avec cette ténacité et cette inébranlable persévérance qui, à la longue, constituent le génie dans tous les genres. Modeste comme tous les nobles cœurs, comme toutes les natures réellement méritantes, il a su concilier à la fois, au prix de sacrifices inconnus, l'intérêt sacré des ouvriers et les progrès de l'industrie, qu'il a rendue française. Huit cent mille francs, dépensés pour monter ses ateliers, quand rien encore ne lui garantissait le succès ni le prix de tant d'efforts en disent plus que tous les éloges de la banalité. Ses ouvriers, au milieu de toutes les nobles vicissitudes d'une carrière si utilement remplie, n'ont jamais gagné moins de trois et quatre francs par jour !... Nous nous résumerons, en parlant de sa magnifique collection de produits, l'une des merveilles artistiques du pays, sans rivale à Lyon, comme sur tous les marchés du globe.

Quatre mille modèles du goût le plus varié et le plus exquis, plus de dix mille objets différents, pierres fines, gravées en relief, camées sur sardonyx, reproduisant, à s'y méprendre, ces gracieux bijoux, qui ornaient les coiffures, les bracelets et les ceintures des dames romaines, — spécialités de bagues à pierre, épingles à têtes dorées, boucles d'oreilles, broches d'ornement, clefs de montres, agrafes argentées et bronzées, croix et médailles, et pour en finir avec cette nomenclature impossible, ses articles de religion, ses Christs, d'une belle et touchante expression, et rappelant à l'esprit le « *ponens caput expiravit* » du poète chrétien; ses chapelets où le corail, l'agate et la cornaline se marient de la façon la plus gracieuse, ses chefs-d'œuvre d'ivoire, qui égalent le travail exquis des anciens, enfin, tout ce qui sort de la fabrique de M. Durafour, tout ce qui brille dans le dépôt de ses magasins, 14, rue Charlot, à Paris, tout ce qu'il expose, cette année, fait l'admiration de tous les connaisseurs. Plusieurs brevets d'invention attestent ses labeurs incessants, et les progrès immenses qu'il a imprimés à l'art de la bijonterie fausse. Mais l'un des plus difficiles problèmes qu'il ait résolus, ce qui fait de ses bagues, de véritables merveilles de goût et d'exécution, c'est l'art inouï avec lequel il est parvenu à monter les chatons *sans soudure*. Cette difficulté vaincue, est l'un des titres les plus saillants de M. Durafour à la renommée universelle, dont il a droit de se glorifier.

IMHOFF, Louis, Aarau (Suisse). Couleurs non vénéneuses à l'usage des confiseurs.

À l'exception du carmin, de l'outre-mer et du bleu d'indigo, il n'existe, dans le commerce, aucune couleur qui soit tout à fait innocente par rapport à la santé, et qui se prête en même temps, à l'usage des confiseurs. Ces derniers fabriquent eux-mêmes des couleurs rouges, jaunes, violettes, précipitées au moyen d'une dissolution d'étain, et contenant toutes de fortes proportions de péroxyde de ce métal; substance qui, suivant l'imposante autorité de M. Orfila, est tout aussi vénéneuse que l'arsenic. C'est avec ces couleurs que se teignent la plupart des bonbons livrés à la consommation.

Les couleurs de l'exposant ne contiennent ni étain, ni aucune autre substance métallique, en un mot, rien qui puisse nuire à la santé. Un chimiste, avantageusement connu dans le monde scientifique, M. Belley, professeur à la chaire de chimie de l'école centrale polytechnique à Zurich, a soigneusement analysé ces couleurs, et il en atteste la parfaite innocuité. Dans un intérêt d'hygiène publique, nous ne saurions trop en recommander l'emploi. Dépôt à Paris, chez M. Linder Gasnier, rue Neuve-Saint-Merry, 46.

DUTERTRE (Auguste), rue Winkelried, nº 7, à Genève (Suisse). Bijouterie d'or.

Bon goût et harmonie des décorations, où la beauté et la parfaite réussite des émaux le disputent à l'élégance et à la richesse de la joaillerie; incomparable finesse d'exécution, surtout dans ce magnifique livre d'heures, vraiment digne de la toute gracieuse main impériale, à laquelle il semble destiné; variété infinie de merveilles, toutes artistiques :— tel est le verdict unanime du public, qui ne se lasse pas d'admirer les beaux produits de M. Dutertre, à l'Exposition de 1855.

L'art avec lequel il a su distribuer, dans la plupart de ses bijoux, des montres si habilement dissimulées, qu'il est impossible d'en soupçonner l'existence, surexcite, au plus haut degré, l'attention des visiteurs. Carnets, lorgnons, porte-cartes de visite, cœurs, petits flacons, roses, feuillés, fruits, porte-cigares, porte-bouquets, il n'est pas jusqu'au plus petit objet qui ne renferme un de ces précieux talismans. Si l'on ajoute à cela que malgré leur exiguïté apparente, ces montres sont de véritables chefs-d'œuvre de précision ; que par suite d'une combinaison ingénieuse, appliquée à l'intérieur, elles offrent toutes les conditions de solidité et de dimension nécessaires pour marcher avec la régularité d'un bon chronomètre de poche, on aura une idée à peu près complète du rare mérite qui a fait la réputation de M. Dutertre, et qui lui a valu la médaille de bronze à l'exposition universelle de Londres, en 1851, et le grand prix de première classe, avec mention honorable, à New-York, en 1853.

DESJARDINS (Dr.) de Morainville, 12, rue Louvois, Paris.

Les produits, que nous désignons ci-dessous, ont été offerts par le docteur Desjardins de Morainville à la Faculté de médecine de Paris, qui les a agréés pour figurer dans les collections de ses musées d'anatomie. — Quel plus bel éloge ferions nous d'une existence vouée tout entière à la science, et à laquelle l'exposition universelle de Londres décerne une nouvelle palme, il y a quatre ans, sous forme d'une glorieuse médaille !

Ces produits sont : 1º une collection d'yeux artificiels humains, imitation parfaite d'après nature ; 2º une série des maladies affectant le globe oculaire ; 3º des modèles de peinture ; 4o des modèles en argent et en plomb.

Ces divers modèles, qui varient selon les sujets, sont destinés à être adressés au docteur pour aider à réparer avec succès la perte d'un œil.

DURAND (Michel), calligraphe, cité Bergère, 10, Paris.

L'allégorie napoléonienne composée et exécutée à la plume par M. Michel Durand, est sans contredit un chef-d'œuvre de calligraphie. Le sujet, tout de circonstance, présente a caché d'originalité assez curieux pour que nous en donnions à peu près l'analyse :

L'aigle représente Napoléon III, et l'ours, le Czar, qui vient s'enferrer sous les serres de l'aigle.

Le lion représente l'Angleterre, l'aigle posant sa patte sur la sienne, est un signe d'alliance.

Les hiboux sont les mauvaises passions soulevées par l'hypocrisie du Czar, les génies du bien leur donnent la chasse.

La renommée publiant les faits glorieux des deux armées.

Les deux colombes représentent la Pologne et la Turquie allant témoigner leur reconnaissance à leur libérateur.

Les cornes d'abondance expriment la prospérité de toutes les nations, après les conditions de la guerre réglées.

Les canons sont les éléments de force employés pour soumettre le colosse du Nord.

Le serpent, formant le cul-de-lampe, représente le génie du mal vaincu.

Enfin, sa majesté Napoléon III, placé au contre de ce tableau, signifie confiance.

Le but de l'auteur est de faire connaître et apprécier tout ce qu'on peut obtenir avec une plume bien dirigée.

L'enseignement de M. Durand est clair et rapide, avec sa méthode d'écriture on réforme promptement les plus mauvaises mains, et nous mettons en fait qu'avec ce système on obtiendrait, dans les établissements publics, plus de succès que ne pourraient le faire le double de maîtres les plus capables.

DURAND et Cie., ex-boulanger, fabricant de produits alimentaires au gluten de froment panifié, à Toulouse. Maison à Paris, rue des Grands-Augustins, 24.

Parmi les produits alimentaires, qui tiennent le premier rang à l'Exposition universelle, et qui doivent le plus attirer l'attention de la science, à cause de leur spécialité, nous devons classer le pain de gluten, la semoule de gluten et le chocolat de gluten de MM. Durand et Cie. de Toulouse.

Le remarquable rapport à l'Académie des sciences par M. Magendie, organe de la commission dite de la Gélatine, qui constate que *le gluten nourrit parfaitement et pendant longtemps*, suggéra à M. Durand l'idée de panifier cette substance. C'était en août 1851.

Sacrifices de temps et d'argent, études arides, rien n'a rebuté l'intelligent boulanger, pour résoudre le grand et difficile problème de la panification du gluten. Et lorsqu'après avoir soumis ses produits à l'appréciation de l'Académie impériale de médecine, il a lu, dans le répertoire de pharmacie de juin 1854, ces phrases significatives du savant Bouchardat, professeur d'hygiène à la Faculté de médecine de Paris:

« Le gluten sec panifié est l'aliment plastique le plus riche que l'on puisse administrer. »

« Les convalescents, les valétudinaires ne peuvent trouver d'association plus heureuse que celle qui existe dans le chocolat au gluten. »

Alors M. Durand a pu dire avec un juste orgueil, qu'il avait rendu un immense service à l'humanité, en panifiant et en rendant bon et agréable à manger le *gluten*, cette substance qui est à l'homme ce que l'engrais est aux plantes !

Les propriétés hygiéniques et nutritives de leurs produits, précieuses ressources pour la thérapeutique, principalement contre les débilités générales, les affections gastriques et le diabète, ont déjà valu à MM. Durand et Cie. les suffrages de l'Académie des sciences et de la société de médecine de Toulouse, ceux de l'Académie des sciences, de la Faculté de médecine de Paris et de l'Académie impériale de médecine. Des médailles obtenues aux expositions de Toulouse, de Londres et de Bordeaux ont donné de nouveaux encouragements à MM. Durand.

Tant que ces honorables industriels ont étudié les moyens de perfectionner leur découverte, ils ont dû restreindre leur exploitation.

Mais aujourd'hui, forts des encouragements qu'ils ont reçus, des résultats positifs qu'ils ont obtenus, ayant la conscience d'avoir accompli une œuvre essentiellement utile, ils n'ont pas hésité à se mettre à la tête d'une usine avec force hydraulique considérable, et ils offrent avec confiance leurs produits aliments d'une si grande richesse !

L'Exposition de Paris doit faire connaître au monde entier une découverte qui a une portée immense. La bonté, les propriétés éminemment nutritives, les ressources précieuses pour la thérapeutique, tout, dans les produits alimentaires de la maison Durand, doit attirer au plus haut degré l'attention, l'intérêt et la reconnaissance du monde savant

Deux autres considérations puissantes recommandent auprès du gouvernement cette naissante et intéressante industrie. En panifiant le *gluten*, substance entièrement perdue dans la fabrication de l'amidon par putréfaction, la maison Durand peut conserver au pays des ressources alimentaires immenses... il ne s'agit de rien moins que de plusieurs centaines de mille d'hectolitres de blé ! ...

Enfin MM. Durand voulant faire participer toutes les classes aux bienfaits de leur industrie, offrent à des prix extrèmement réduits leurs produits alimentaires aux hospices civils et militaires et aux établissements de bienfaisance.

Quand on sait associer ainsi la philanthropie à ses travaux, et qu'on peut se glorifier d'avoir fait une chose utile à l'humanité, on mérite les sympathies des hommes de cœur et la reconnaissance universelle.

MM. Durand et Cie. sont brevetés en France et à l'Étranger. Nous ne doutons pas qu'ils ne reçoivent bientôt des offres pour l'exportation d'une industrie si neuve, si utile, et d'un si vaste avenir.

DUPUIS (Sylvain), fabricant de

chaussures à vis (système Lefèvre) 14, et 18, rue de Paradis-Poissonnière, à Paris. — Magasins de vente, 6, rue du Faubourg-Montmartre ; 32, rue du Bac ; 95, rue Saint-Honoré ; 10 et 12, Passage Bourg-l'Abbé. Maisons à Londres, 27, Cranbourn street Leicester Square ; 39, Soultry City.

Le principal inconvénient dans les chaussures cousues est le peu de durée qu'elles font. La couture qui, à la marche, s'use et cède dans un très-court délai, permet à la semelle de se séparer de l'empeigne, qui, par ce nouveau système, est fortement comprimée entre une semelle intérieure et une semelle extérieure. Une pression mécanique équivalant au poids de 200 kilog, à l'endroit où chaque vis est introduite, rend cette chaussure imperméable et d'une durée beaucoup plus longue, en ce sens que le consommateur peut user toute l'épaisseur de la semelle sans qu'elle puisse se détacher, attendu qu'elle est constamment tenue par les filets de la vis qui font rivure et qui, ne formant qu'un seul et même corps avec le cuir, s'usent ensemble ; joignez à cela l'élégance et la bonne forme, avantages tout particuliers de ces chaussures, et vous comprendrez à quels justes titres M. Lefèvre, fondateur de cette nouvelle industrie, et M. Dumerx, ingénieur de l'établissement, ont obtenu la médaille d'or par le jury de l'Exposition de 1849, et une médaille de prix à l'Exposition universelle de Londres.

FRANCHE (C.), pianos à répétition, à double pédale d'expression, brevetés s. g. d. g.

Rue de l'Université, 42, au coin de la rue du Bac.Paris.

Les pianos, dont l'origine remonte au facteur d'orgues saxon Silbermann (vers 1750), ou Florentin Cristofori (1718), ont rendu de grands services à la musique. — Mais, il est difficile, au milieu du dédale d'inventions, et de perfectionnements, de choisir ceux qui ne laissent rien à désirer sous le rapport de la justesse et de la sonorité.

M. Franche, qui a déjà été honoré d'une médaille à l'Exposition de 1849, d'une médaille de prix à l'Exposition universelle de Londres et de deux médailles d'or à Paris, en 1851 et en 1852 — apporte de notables modifications dans l'organisation du mécanisme; il expose un piano à répétition des notes à toutes profondeurs de la touche, d'un mécanisme, d'une simplicité étonnante — des barrages en fer, système du piano à queue, sommier prolongé — table d'harmonie libre et double pédale d'expression.

Un piano transpositeur sans augmenter sa dimension, problème d'une haute importance.

Ces instruments d'une forme gracieuse sont des chefs-d'œuvre d'art et de perfection. La maison Franche est d'abord trop avantageusement citée pour que nous puissions ajouter rien aux éloges qu'elle s'est si légitimement acquis.

BROSSON, aîné, fermier de l'établissement thermal de Vichy, succursale *Aux Pyramides*, rue Saint-Honoré, 295, Paris.

Par la loi des 10 et 18 juin, le Gouvernement a fait concession à M. Brosson de l'établissement thermal de Vichy.

Cette maison, qui a établi une succursale à Paris, rue Saint-Honoré, 295, fournit seule les véritables sels minéraux naturels, extraits des sources, pour boissons, et bains de Vichy à domicile.

Par une combinaison aussi heureuse que bien entendue, la maison des Pyramides offre sous la forme d'excellents bonbons, des pastilles et chocolats digestifs de Vichy, préparés avec les mêmes sels dans les laboratoires de la Société concessionnaire de l'établissement même et sous la raison sociale de Lebobe, Callon et compagnie.

Ces pastilles, faites avec le bicarbonate de soude, extrait de l'eau de Vichy, jouissent des mêmes propriétés.

M. Darcet en est l'inventeur.

Vichy est une charmante petite ville dans l'arrondissement de La Palisse, canton de Cusset (Allier), célèbre par ses bains; c'est le rendez-vous, en été, de la société aristocratique.

FAVROT et compagnie, parfumeurs, brevetés sans garantie du Gouvernement, Lyon. Succursales, à Paris, chez M. Ramout, rue de Cléry, 31; à Marseille, chez M. Braule, rue de la Palude, 19.

C'est encore ici le cas de regretter que le Palais de l'Industrie se soit montré si avare d'emplacement et en ait si peu accordé surtout à la fabrique de la province.

La maison Favrot expose un vinaigre lactescent à base d'althœa.

M. Favrot personnellement est une de nos vieilles célébrités industrielles, qui a étudié l'art des parfums en artiste.

Son vinaigre lactescent, qui jaillit au Palais de l'Industrie dans une charmante petite fontaine, ingénieux appareil de cristal, est d'une action douce et bienfaisante et d'une composition entièrement végétale. Sa base principale est l'althéine, qui n'est autre chose que l'extrait des sucs de guimauve et d'asparagine, plantes propres à réduire la causticité du vinaigre sans lui enlever son action tonique.

Le vinaigre lactescent est essentiellement laiteux et rafraîchissant; il n'a point l'action dure et siccative des autres vinaigres, il n'irrite et ne durcit pas la peau. Ce vinaigre est déjà d'un usage général, mais surtout pour les femmes dont les tissus fins et délicats réclament des parfums exceptionnels et privilégiés.

MARTIN (Henri), fils aîné, fabricant de cannes, fouets et cravaches, rue Gr. néta, 10, Paris.

La riche collection de cannes, fouets et cravaches qu'expose M. Martin, est digne de figurer parmi les objets qui fixent particulièrement l'attention des connaisseurs; on y remarque des cannes de toutes les provenances, et leur garniture en or, argent, cuivre, maillechort, écaille, ivoire, corne, habilement mélangée, offre un coup d'œil aussi curieux qu'élégant.

Cette maison s'est acquis dans le commerce une réputation colossale, on trouve continuellement dans ses riches magasins un assortiment immense de ces articles terminés.

M. Henri Martin fabrique spécialement pour l'exportation; il est impossible de se figurer le nombre prodigieux d'articles qui sortent de ses ateliers, pour être expédiés à l'étranger.

PATTON, graveur, à Chaux-de-Fonds, canton de Neuchâtel (Suisse).

Mention honorable, médaille à l'Exposition universelle de Londres 1851.

Une plaque d'or, objet d'art.

Gravures de lettres, ornements et guilloches, exécutés au burin à graver, par M. Patton de Genève.

Cet artiste d'un rare talent a apporté des perfectionnements notables dans l'art calligraphique; pouvant exécuter sur toutes espèces d'articles de goût, dans l'art de l'industrie, et spécialement pour l'horlogerie riche et soignée, la bijouterie, l'orfèvrerie, etc., etc.

MARIUS-VIDAL, dessinateur brodeur, 13, passage Choiseul, Paris.

Cette maison est la seule dans Paris qui dessine et brode sur toutes les étoffes, la soie, le velours, le canevas, sur papier, etc.

M. Marius-Vidal est l'inventeur et fabricant d'un nouveau tissu (dit tulle Marius-Vidal), qui remplace avec un grand avantage la mousseline et la batiste; cette production est d'une exécution de broderie très facile, d'une solidité parfaite, et se blanchit sans s'épaissir.

Spécialité de chiffres, couronnes, armoiries dessinées ou brodées sur linge de table, mouchoirs de toile, sachets, etc., etc.

M. Marius s'est acquis une réputation sans égale pour la création de dessins et l'exécution des plus belles broderies qui se fassent en Europe.

Sous la direction d'un tel maître qui donne des leçons de broderie à jour, point d'Alençon, feston, soutache, lacet passé, application, etc., les élèves doivent arriver à une perfection sans égale.

Dans ses riches magasins, on trouve un dépôt de coton à broder (dit coton d'or), t ile à br der, aiguilles, ciseaux, et tous les articles concernant la br derie.

Cette mais n fait l'exportati n en grand, à des prix invariables.

LETERME, fabricant d'accordéons et harm niums, rue du Temple, 192, à Paris.

L'une des plus importantes pour la fabrication des accordéons, cette maison exp se :

1° Un mél phonorgue pour lequel elle est breveté.

L'un des principaux avantages de cet instrument qui a la f rme de l'accordéon et les sons du mélophone, c nsiste d ns la disposition de s n clavier chr mat que, qui permet d'exécuter toute musique écrite.

2° Plusieurs accordéons à double jeu dits : voix célestes, munis d'un nouveau système de registre, breveté.

Ce système composé de planchettes et uff irs, permet de supprimer à volonté l'un des deux jeux.

3° Un ins rument également à double jeu et registre, lequel, au m yen d'une double c ulisse peut être à volonté transformé en accordéon u en flutina.

Cette double coulisse est également exposée.

Depuis que l'accordé n n us a été imp rté d'Allem gne, nos facteurs se sont ingéni s à perfectionner et à créer des instruments qui le r mplacent avec avantage. Nous croy ns qu l'heureuse combinais n de M. Let rme qu n'a pas encore baptisé son invention, est appelée à un grand succès dans le m nde musical.

NEUMANN freres, fabricants de soieries, à Zurich (Suisse).

Zurich est le plus riche des vingt-deux cantons de la Suisse, la ville compte 11.000 habitants; au milieu de cette prospérité, MM. Neumann frères ont établi une magnifique fabrique de soieries qui a doté le pays de produits nouveaux et supérieurs à ceux des autres fabricants. Cette maison qui a voulu se faire représenter à l'Exposition universelle, expose des lustrines no res d'une nuance invariablement superbe, d'un brillant extraordinaire et d'un tissu entièrement regulier.

Ces tissus sont classés en trois diff rentes qualit s et portent de 40 64 pouc s de largeur.

Les ateliers sont montés avec toute la précision nécessaire pour exécuter en deux m is to tes les commandes qui leur seraient faites.

THY (Henri). Perles et articles d'exportation, 11, rue Bourg-Lab bé, Paris.

Inventeur de différentes productions très-répandues dans le commerce, vient d'obtenir un brevet pour un encrier pnerolype admis à l'Exposition universelle. Plus simple et plus commode que l'encrier pompe, il garantit l'encre contre l'air et la poussière et la tient toujours fluide. — Sa fabrication montée sur une grande échelle perm t à M. T hy d le livrer au commerce de la France et de l'exportation à des prix excessivement modérés.

Cette maison expose encore : des presse-papiers d'un genre tout nouveau, d'une élégance toute particulière.

Un cal ndrier hélicoïdal, breveté, sans garantie du gouvernement, qui s'adapte à tous les encriers.

Ce petit ornement indispensable

à tous les gens de bureau est appelé à un immense succès par l'élégance de sa forme et la commodité de sa structure.

Une collection très-variée de calendriers, tableaux, modèle pendule, d'un effet le plus gracieux.

LOUPE, planeur sur métaux, fabricant de cheminées calorifères, boulevart Poissonnière, 22, Paris.

Ancien contre-maître chez M. Descroizilles, M. Loupe est un de ces artisans qui, avec le génie naturel, secondé par le travail et l'application, parviennent bien vite à se frayer une route à travers les écueils sans nombre, et se placent tout de suite au premier rang parmi les innovateurs du siècle.

M. Loupe présente au Palais de l'Industrie un système de cheminée à double circulation de fumée et un calorifère pouvant chauffer à la fois plusieurs grandes pièces ou de grands magasins. Ils ne répandent ni odeur, ni fumée, même en y brûlant du charbon de terre. Cet appareil se place aisément dans toute espèce de cheminée, et fournit la chaleur beaucoup plus vite et avec plus d'économie que tout autre système de chauffage.

Un nouveau genre de cheminées pour salle à manger avec chauffe-assiettes. — Calorifère de construction, fourneaux de cuisine pour traiteurs ou maisons bourgeoises.

JACQUEMIN — GAUDARD, fabricant d'étoffes et articles pour chaussures, 118, rue Saint-Denis, Paris.

Cette maison, fondée en 1829, occupe dans ses fabriques de Paris et de Nanterre un personnel considérable.

M. Jacquemin, ancien fournisseur de la marine de France, breveté sans garantie du gouvernement, expose une riche collection d'articles pour chaussures et meubles ; tissus de grande et petite largeur, *spécialement* pour *chaussures*, une grande variété de pantoufles tapisserie parisienne, algérienne, brésilienne, chinoise, bayadère, espagnole, orientale, une spécialité de pantoufles de haute nouveauté en broderie, or, argent, soie, etc., nœuds, bouffettes, choux, ruches, etc.

Des tissus en caoutchouc, en soie et autre de toute largeur. Un grand assortiment de *feutres* variés, spécialité de chenilles en laine, cordelières, etc.

Indépendamment de ces articles, qui sortent de la fabrique de M. Jacquemin, il tient également un dépôt de diverses fabriques, d'Amiens, Rheims, Roubaix, Metz, Lisieux, Lyon, Saint-Etienne, et les articles de Paris en nouveauté.

WURTEL et PIEFORT, horlogers, passage Vivienne, Paris.

Tout Paris connaît la maison Wurtel. En effet, comment passer devant cette élégante boutique, sans admirer les ingénieux mécanismes qui donnent la vie à ces gracieux tableaux horloges? Non-seulement la vue est agréablement distraite, mais encore une douce et perpétuel harmonie chatouille mélodieusement l'ouïe.

Cette maison expose une splendide collection de montres, pendules tableaux, horloges avec angelus lointain, musique et paysage animé, cadres de salle à manger, réveils pour chambre à coucher et pour voyage. Boîtes à musique de Genève de deux à douze airs et plus, exécutant avec une précision et une justesse remarquables des quadrilles complets, polkas, mazurkas, valses, galops, grands airs d'opéra, etc.

Un grand assortiment de pièces mécaniques et tableaux en relief avec ballons, chemins de fer, vaisseaux, moulins, toute la nature enfin, imitée avec une perfection sans égale.

L'urbanité, la politesse des maîtres de l'établissement, font que ce magasin est un des plus fréquentés de la capitale.

MOURGUES, fabricant de chocolats, rue Saint-Honoré, 218, et rue Richelieu, 2, Paris.

Ancienne maison Marquis fondée en 1815.

Expose, comme objet d'art d'une exécution sans égale, 1° un service de table surmonté de fruits, le tout en chocolat ;

2° Des chocolats pour la tasse;

3° Un riche assortiment de bonbons pour dessert.

L'art, le bon gout et la qualité de ces produits, placent cette maison, déjà si avantageusement connue, au premier rang parmi toutes les autres du même genre.

DARIER frères, mécaniciens-constructeurs, à Genève (Suisse).

Le guillochage est depuis longtemps de mode pour tous les bijoux en or et en argent, mais fort peu de personnes, peut-être, se rendent exactement compte des appareils et outils de toute nature qui sont indispensables pour l'exécution de ce genre de gravure.

M. Darier, qui a créé une spécialité pour la fabrication de ces outils, expose un tour grand format, volant en dessus, pivotant sur son centre de gravité.

Un tour, format moyen, volant en dessous

Ces deux mécanismes simplifiés sont fabriqués avec tout le perfec-

tionnement qu'on peut en attendre.

Un tour petit format sur lequel on peut guillocher des surfaces de $\frac{0,16}{0,10}$ cent.

Des outils à éguiser de toute nature.

Cette maison fabrique encore des pressoirs à vin, presses hydrauliques et à vis, transmissions, arbres, poulies, paliers, machines à battre le grain, des tours à cylindrer, fileter, balanciers, laminoirs, pompes, machines à raboter les métaux,

Et une infinité d'autres outils à guillocher en ligne droite.

Tous ces articles sortent des mains de maître ; aucune maison ne peut établir une concurrence sérieuse pour la perfection et la modicité de leur prix.

MARCHAL, fabricant de caves à liqueurs et porte-huiliers, rue des Gravilliers, 24, Paris.

En parcourant au Palais de l'Industrie, la galerie réservée aux ébénistes en nécessaires, on s'arrête avec satisfaction devant un riche assortiment de caves à liqueurs et porte-huiliers, qui sont la spécialité de M. Marchal : tout ce que le génie de l'homme peut créer de plus coquet, de plus riche, se trouve réuni dans un modeste espace

On remarque principalement quelques caves et porte-huiliers en bois de thuya (d'Afrique), qui non-seulement se travaille avec facilité, mais qui répand encore une odeur des plus agréables (thuya dérive du grec, θύω, sacrifier, parce que on s'en servait anciennement comme encens).

Ces articles sont d'une richesse, d'un fini que rien n'égale, et ce qui ajoute encore à leur mérite,

7

c'est le bon marché avec lequel M. Marchal les livre au commerce.

Ses splendides magasins sont encombrés d'une variété de modèles tous plus élegants les uns que les autres.

Le bois de rose, l'ébène, le palissandre se disputent la préférence, et le choix du visiteur se trouve en défaut au milieu de ce dédale de luxe et de bon goût.

VASSEUR, naturaliste, 18, rue de Sorbonne, Paris.

Le vrai naturaliste n'est pas celui qui décrit bien ou mal les objets de la nature, mais bien celui qui saisit la science au point de vue plus élevé : il ne s'arrête aux détails qu'autant qu'ils lui semblent utiles à l'explication de l'ensemble ; s'il prend un fait, c'est pour en faire ressortir quelque loi générale.

M. Vasseur, préparateur d'ostéologie, d'anatomie humaine et comparée, fournisseur de la Faculté de médecine de Paris, s'est attaché particulièrement à la description des organes importants, et à la démonstration pratique de ces organes par des modèles en nature et sur cire.

Il expose une tête désarticulée, montée à distance.

L'histoire de la dentition depuis le fœtus jusqu'au vieillard.

L'histoire de l'oreille.

Les maladies des yeux et des paupières (pièces pathologiques).

Un cadre de fœtus désarticulés.

Quelques squelettes d'animaux divers.

Coupe médium de la tête (pièces en cire).

Les détails sont si bien exécutés, qu'il est impossible de ne pas se rendre compte de l'attache et des mouvements des muscles, et du mécanisme qui donne à chaque organe le mouvement qui lui est propre.

PICHON, tanneur-corroyeur, breveté s. g. d. g., 42, rue Piron, à Dijon.

Pièces tannées par un nouveau système de tannage sans acides...

Un problème important vient d'être résolu par M. Pichon, de Dijon. Il était très-généralement reconnu qu'il fallait en moyenne de dix à douze mois pour tanner une peau de veau d'une dimension ordinaire ; avec le nouveau procédé inventé par l'exposant, deux mois suffisent aujourd'hui pour arriver à un résultat beaucoup plus satisfaisant et sans le secours d'aucun acide, ce qui constitue déjà un progrès immense.

D'un autre côté, il offre 10 p. 0/0 d'économie sur les écorces et on gagne en outre les trois quarts du temps. Le rapport en poids est de 6 à 8 p. 0/0 d'augmentation que par le procédé ordinaire. La même proportion existe sur les peaux de vache et les cuirs forts.

Il est facile de se convaincre, du reste, en jetant un coup d'œil sur les produits exposés, que leur apparence est beaucoup plus belle et plus riche que toutes celles préparées par l'ancien système.

FAUVEL (François), 133, rue d'Enfer, Paris.

Il ne suffisait pas seulement de posséder de l'argenterie, de la dorure, il était encore essentiel d'entretenir ces objets dans un état de propreté satisfaisant. Le liquide anglais qui vient d'obtenir les honneurs de l'Exposition, est un complément indispensable à tous les ménages qui tiennent à la propreté de leur vaisselle.

Ce liquide, par sa composition chimique alcaline, est parfaitement inoffensif et nullement corrosif dans son action sur les corps auxquels on l'applique, de telle manière qu'ils soient, et leur rend un éclat et une fraicheur instantanée.

Il est surtout efficace et spécial même, pour la revivification des dorures et argentures sur tous les métaux usités ; bois, équipements militaires, broderies, passementeries, ornements d'église, etc.

Cette précieuse découverte est le privilege exclusif de M. Fauvel, qui s'est déjà appliqué à différentes productions d'une plus haute importance.

FROCHARD et **THORAIN**, dessinateurs et ingénieurs, brevetés s. g. d. g., 43, rue Bourbon-Villeneuve, Paris.

Machines à piquer les dessins de broderies et autres, systèmes nouveaux appelés à un grand succès.

Ces Messieurs tiennent une spécialité de dessins piqués sans dessinateur, et fabriquent des broderies en tous genres, d'un goût exquis.

WALTER, tanneur-corroyeur, route de Carouge, 241, à Genève (Suisse).

La Suisse envoie à notre Exposition des produits de toute nature.

M. Walter expose : Une riche collection de rouleaux et peaux de châssis pour lithographie ;

Des tabliers pour les horlogers et les bijoutiers ;

Des peaux de veaux pour bandagistes ;

Des veaux cirés et veaux blancs ;

Tiges et avant pieds ;

Des cuirs noirs, des cuirs jaunes, d'une souplesse remarquable ;

Des vaches à capotes ;

Et des cuirs de chevaux.

Ce commerce, qui a pris en Suisse une extension considérable, a déjà apporté quelques novations heureuses dans cette industrie, dont les produits sont aujourd'hui d'un usage si général.

POUGEOIS, mécanicien de la Compagnie générale des omnibus et autres administrations, rue Saint-Sauveur, 28, à Paris.

Honoré de citations favorables en 1839 et 1844, d'une médaille en bronze en 1842, et d'une médaille en argent en 1844, M. Pougeois expose : Des indicateurs de contrôle pour omnibus; des compteurs riches à cadrans de différents prix pour établissements de bains, lavoirs, jeux, cafés; compteurs à chiffres indéfinis et de petit volume pour presses mécaniques, lithographiques, machines à vapeur, pompes, mines, etc. Timbres d'avertissement pour voitures bourgeoises.

Depuis l'invention de ces indicateurs et des timbres sonnettes, l'emploi en est devenu si général qu'il constitue aujourd'hui une industrie importante; d'abord très-imparfaite, M. Pougeois y a apporté des perfectionnements si notables, que tous les établissements publics et privés se servent maintenant de ces articles qui sont même devenus des objets de luxe.

KRAMER (Auguste), fabricant d'horlogerie, au Locle (Suisse).

Cette maison, qui ne fabrique que l'horlogerie supérieure et de précision, expose quelques chronomètres portatifs, ou de poche, toutes espèces de répétitions et de secondes indépendantes, avec l'échappement qu'on désire, et sur commande.

Comme nous l'avons dit plus

haut, elle se distingue spécialement par la précision de ses ouvrages ; toutes ses montres peuvent être soumises aux observations de réglage, et réunissent
l'élégance, la solidité et le bon
marché.

GIROUD (Louis), fabricant
d'horlogeries au Locle (Suisse).
Parmi les nombreuses pièces
d'horlogerie envoyées de la
Suisse, il est assez difficile de faire
un choix, car toutes rivalisent par
l'élégance et le travail ; nous avons
cependant remarqué avec intérêt
deux chronomètres exposés par
M. Giroud, du Locle.
Le premier est un chronomètre
savonnette et cuvette en or à fusée
auxiliaire et échappement à ressort, spiral Boudin, calibre nouveau et monté sur dix-sept pierres à rubis.
Le second est un chronomètre
savonnette et cuvette en or à barillet simple, mouvement Nikel et
échappement à détente sur pivot,
spiral Boudin monté sur 21 pierres
en rubis.
Ces deux chefs-d'œuvre d'horlogerie ont été observés réguliers
à l'Observatoire.

VAUTIER. fabricant de coutellerie, rue Dauphine, 34, Paris.
Expose des couteaux avec tire-
bouchons, s'ouvrant et se fermant
l'un et l'autre d'une seule main
avec une facilité étonnante.
Des couteaux de table s'allon-
geant à volonté, et servant alors
de couteaux à découper.
Couteaux à fourchette, rentrant
l'un dans l'autre.
Couteaux de chasse et de fantaisie en tous genres.
Coutellerie riche de table et de
fantaisie.

Rasoirs première qualité vendus
à garantie.
Serpettes et sécateurs perfectionnés.
M. Vautier a déjà été honoré de
médailles en bronze et d'argent
aux expositions de 1839, 184> et
1849.

FREY (Adolphe), fabricant
de pianos, garantis, à Genève
(Suisse).
Expose des pianos droits et des
pianos obliques à trois cordes sept
octaves, sommiers prolongés en
fer, à vis de pression, barrages en
fer.
Ces pianos, par leur puissance
de sons, remplacent avantageusement les pianos à queue ; ils sont
surtout remarquables par la bonne
tenue de l'accord et leur parfaite
solidité, ainsi que pour la perfection du mécanisme, l'égalité des
sons et du toucher ; par toutes ces
considérations ils sont naturellement appréciés pour l'exportation.
M. Frey fabrique spécialement
les pianos droits et obliques à trois
cordes sept octaves, sommiers
prolongés en fer, à vis de pression, barrages doublés en bois
dur, reliés par un nouveau procédé et avec boulons ; tables d'harmonie à compensation, mécanisme et construction système Erard.
Ces instruments, appréciés par
les vrais connaisseurs, sont livrés
à garantie ; le goût, l'art, la perfection président à leur fabrication.

VAUTIER, fabricant de limes
fines et burins garantis, à Carouge
près Genève (Suisse).
Cette maison, fondée en 1832,
expose des limes à piliers et car-
lettes par nos de 1 à 6 de taille, barettes à côtes, feuilles de sauge à
côtes, et feuilles de sauge des

deux côtés, de 18 à 36 lignes et du n° 1 à 9 de taille ; barettes à dos ronds, pour fabricants de ressorts, feuilles de sauge pour fabricants de ressorts et bijoutiers, pour bagues et bracelets, à égalir parjeux pour petit et gros volume, aux cylindres, aux entrées de fourchettes à pivots, à fendre doubles avec ou sans manches, à arrondir. carrées pour aiguilles à manches et à queues, à coulisses, rondes égales pour charnières, rondes à étirer les trous, rondes à cadrans, triangulaires à une et deux tailles, demi-rondes, plates pointues, rondes, limes à manches d'acier ronds, dites à aiguilles. de 10, 12, 14 centimètres de longueur assorties de toutes formes pour joailliers et bijoutiers.

Rifloirs à 2 têtes pour graveurs, dits coudés et revidés pour chaînistes, dits cintrées pour orfévres. Burins noirs carrés et losangés pour horlogers, penduliers et mécaniciens ; burins polis des 4 côtés, superfins façon Lecoultre, pour horlogers, marqués d'une pipe ; burins de guillocheurs, échoppes de graveurs de toutes formes, échoppes rayées du n° 6 à 29, grattoirs triangulaires revidés, pointes à tracer doubles pour graveurs et lithographes, ciseaux à têtes pour ciseleurs, ciseaux, gradines, mêches et râpes pour sculpteurs.

Brunissoirs-Carlettes d'un et de deux côtés, brunissoirs pour orfévres, bijoutiers et horlogers, assortis de toutes formes et grandeurs.

KIRCHHOFER F.-G., fabricant de broderies fines, à Saint-Gall (Suisse.)

Nous aimons à signaler à l'attention des dames, tout ce qui peut contribuer à l'embellissement de leur parure ; aussi est-ce avec un véritable plaisir que nous les conduisons devant les riches broderies exposées par M. Kirchhofer, en les priant instamment d'examiner avec la plus scrupuleuse attention le travail, la délicatesse, le bon gout et surtout le luxe de ses articles.

Il y a là une douzaine de cols et deux cols avec manches brodés sur mousseline au coton.

Quatre mouchoirs très-riches brodés sur batiste fil ou coton.

Six mouchoirs batiste de fil ordinaire brodés au coton.

Sept cols brodés sur batiste fil en pur fil de lin.

Et deux mouchoirs sur batiste fil en pur fil de lin.

Ces deux derniers articles n'étant pas prohibés à leur entrée en France se recommandent plus particulièrement à l'attention des visiteuses.

Ces broderies travaillées au plumetis, au point d'arme et au point d'Alençon, ont ceci de très-remarquable, que quelques-unes d'entre elles semblent être appliquées sur tulle, tandis qu'en regardant de près, on peut se convaincre que tout le fond entre la broderie a été soigneusement, nous dirons artistement enlevé, et que le fond est remplacé par le point d'Alençon, de telle sorte que ces magnifiques pièces ne forment qu'un réseau qui trouve sa solidité en soi-même.

Ces ouvrages d'une exécution rare et éminemment difficile ont coûté chacun une année de travail à l'artiste, qui a eu la patience de créer ces chefs-d'œuvre d'un mérite presqu'incompréhensible.

MARTIN Alexandre (de Provins), facteur d'orgues, rue Folie-Méricourt, 31, Paris.

Inventeur du système d'orgue à percussion.

Médaille de bronze en 1844, d'argent en 1849, à l'Exposition nationale.

Expose un nouveau genre d'orgue expressif qu'il nomme Martinion.

Cet instrument, très-différent des orgues expressifs en général, offre un spécimen d'application partielle du système percussion cité plus haut.

Ses propriétés distinctives sont:

L'attaque des marteaux (en percussion) appliquée à tous les jeux, pour la mise en vibration des lames vibrantes (anches libres).

La puissance remarquable des sons, et leur rapport de densité en parfait équilibre du grave à l'aigu, au moyen de la distribution du vent, sous différentes pressions à la fois, avec ou sans l'expression, selon le besoin.

L'effet de prolongement du son à volonté, à vent doux et ondulé, produisant identiquement la sonorité des cordes du piano, et servant à faire des tenues de pédales ou d'accords.

La variété des timbres, leur nouveauté, leur contraste, et la ressemblance de quelques-uns avec les jeux de l'orgue à tuyaux.

L'accouplement des jeux (des registres), par les soupapes des notes, de telle sorte que moins on tire de jeux, plus le clavier devient léger sous les doigts.

L'ensemble est de forme verticale, et l'instrument est très-portatif.

Son caractère général tient à la fois de l'orgue d'église et du piano, et ne rappelle absolument rien de l'idée de l'accordéon. Ce qui a fait dire à M. Hector Berlioz, que cet instrument avait perdu son cachet original.

Il n'exige aucune musique spéciale, tout genre lui convient.

GRASSET (Jean-Daniel), mécanicien à Genève (Suisse).

Un plan de grandeur naturelle d'un chronomètre électro-télégraphique inventé et construit par M. Grasset.

Cet appareil qui n'a pu être envoyé à l'exposition dans le délai voulu par la commission, a été vu fonctionnant par MM. les professeurs de l'académie de Genève, Auguste de la Rive, Colladon, E. Plantameur et E. Wartmann. Ce dernier est commissaire fédéral de l'industrie Suisse à l'exposition. Dans cet appareil la force électro-magnétique, malgré ses fluctuations d'intensité, n'a aucune influence dans la marche du pendule, dont la véritable force motrice et la levée sont constantes, et par conséquent l'isochronisme parfait; le mouvement se perpétue tant que la source électrique est entretenue, les pièces de contact sont inaltérables, la dilatation est compensée, les frottements presque nuls; cet appareil est destiné à remplacer avantageusement les pendules de précision à mouvement d'horlogerie employés jusqu'à ce jour, et sera particulièrement utile dans les observatoires et les grands établissements comme pendule unique télégraphiant lui-même sa marche dans toutes les directions au moyen de compteurs, ou horloges électriques. Mis en communication électrique avec lui, il peut réaliser le projet de M. Haye (de l'académie française), en le renfermant soigneusement à l'abri des grandes variations de pression atmosphérique et le plaçant dans un lieu de température invariable, il constituera le chronomètre le plus parfait au service des observations scienti-fiques.

MAILLOT, 26, rue Bourbon-Villeneuve, Paris.

Cette maison existe depuis plus d'un siècle. — En 1770, Jean-Louis Maillot, demeurant rue Bourg-l'Abbé, était fournisseur des menus-plaisirs du roi et des spectacles de la cour.

En 1786, il inventa les maillots de soie, couleur de chair, pour danseurs et danseuses, et fut nommé fournisseur de l'Opéra. — On trouve encore son adresse dans l'*Almanach du théâtre de 1786.* « (Rue Saint-Honoré en face Saint-Roch), inventant suivant les besoins du théâtre, les peaux de singe en tricot, les pantalons moyen-age, etc. »

Cette maison, fondée en 1754, n'a pas depuis fait mentir sa réputation. — Depuis Nicolas Maillot l'illustre fondateur, cette industrie s'est propagée de père en fils sans interruption, et la maison continue toujours sa vogue si légitimement acquise.

SALLIER aîné, mécanicien, breveté s. g. d. g., 4, place du Perron, Lyon (Rhône).

1° Machine à faire les cannettes pour le tissage des étoffes de soie, dite *cannettière.*

Cette machine fait plusieurs cannettes ensemble et a un aussi grand nombre de bouts qu'il est nécessaire; le nombre des canettes est déterminé par la longueur de la machine. Celles qui fonctionnent par le pied d'une ouvrière se font ordinairement à 8 canettes. — Les cannettes sont, par leur confection, entièrement indépendantes les unes des autres, et partant, l'on peut déterminer séparément ou collectivement leur

longueur, leur grosseur, leur forme, leur décroissement.

JACCOUX, fabricant de bourrelets, rue Richer, 20, à Paris.

Bourrelets, par procédés et moyens mécaniques, pour portes et fenêtres, non apparents ou apparents, ordinaires ou élastiques; de luxe, à éclat métallique, formant baguettes d'ornementation. Brevetés s. g. d. g.

Les bourrelets ordinaires, de toutes qualités, se posent selon la manière la plus connue et la plus en usage. La régularité, la souplesse, une confection soignée et perfectionnée sont les qualités qui contribuent le plus au bon résultat du calfeutrage obtenu par ces bourrelets.

Les nouveaux bourrelets élastiques sont destinés à être posés non apparents, dans la fente, dans les jours, dans la disjonction par où l'air entre.

Il faut donc les placer cachés dans les rainures, gorges, angles et parties creuses des portes et croisées et de leurs encadrements, afin d'intercepter hermétiquement l'air froid, la poussière, le bruit, les odeurs et les émanations diverses. Ces divers résultats de calfeutrage rendent l'emploi des bourrelets élastiques très-utile.

Les nouveaux bourrelets apparents forment baguettes, or, argent, ou d'étoffes riches à dessins, ou de papiers de décoration de toutes variétés, et sont destinés à former encadrement aux portes, et à s'harmoniser de nuance, de dessins et de style avec la peinture ou telle et telle partie d'un riche ameublement.

PHILIPPE et **CANAUD,** fabricants de conserves alimentaires. Ville-en-Bois (Nantes).

Cet établissement, dont la création remonte à plus de 25 ans, n'a cessé depuis longues années d'obtenir la faveur que les progrès qu'il a continuellement apportés dans sa fabrication lui ont à juste titre méritée.

A l'exposition de Paris en 1839, il obtint la médaille de bronze, en 1855, celle d'argent lui fut décernée, et enfin à l'exposition universelle de Londres il reçut la médaille de prix.

La réputation favorable dont jouissent les produits de cette fabrique et particulièrement sa spécialité de sardines à l'huile leur assure partout une vente qui permet, tout en suivant la concurrence, de maintenir cependant des prix raisonnables.

Le siège principal est Nantes ; ses usines pour la fabrication de la sardine à l'huile, sont situées sur les lieux de pêche, l'une à Concarneau (Finistère), l'autre à Port-Louis (Morbihan).

En 1849, MM. Philippe et Canaud ont importé sur les côtes de Bretagne, une industrie qui jusqu'alors demeurait la spécialité de celles du midi.

Ils ont établi à Belle-Île-en-mer une fabrique de thon mariné et d'anchois au sel dont les produits obtiennent aujourd'hui une grande préférence.

Les objets qu'ils ont exposés cette année sont placés pour la circonstance dans des flacons de verre, ce qui permet d'apprécier le soin qu'ils apportent à la fabrication de leurs produits.

LEJEUNE (Alexis), français, fabricant de chaines d'or en tous genres. — Cendrier 109 (Genève).

Expose une vitrine contenant un assortiment de chaines qui se distinguent de toutes celles fabriquées jusqu'à ce jour, en ce qu'elles sont faites par un procédé mécanique qui exige moins de temps et offre une meilleure exécution ; par ce même procédé chaque maillon d'une de ces chaines qui se faisait antérieurement au moyen de plusieurs pièces, ne se fait plus maintenant que d'une seule.

A force de travail et de persévérance, M. Lejeune est parvenu à vaincre toutes les difficultés qui s'opposaient à l'exécution de ce nouveau système qui avait déjà été abandonné par plusieurs innovateurs à cause de la longueur du temps et de la difficulté du travail.

Ces chaines sont infiniment plus solides et plus élégantes que les autres et appelées à un immense succès dans le monde aristocratique.

PETITPIERRE (Charlotte), à Couvert (Suisse).

Expose 3 pièces de dentelles. L'une est un spécimen de l'ancien genre de la fabrique de dentelles du pays de Neuchatel qui jouissaient jadis d'une réputation européenne.

Deux autres pièces paraissent sous le nom de : Point de Genève. La coopération de l'industrie des deux cantons a jusqu'ici été nécessaire pour l'exécution de ce genre imité du *point de Bruxelles;* avec lequel il peut rivaliser avantageusement. Genève donne le plan des dessins et des ouvrages travaillés à Couvert, ces mêmes articles confectionnés d'après les modes les plus nouvelles retournent à Genève.

La simplicité de la méthode facilite singulièrement l'introduction des variétés dans le choix des dessins qui s'emploient plus généralement pour berthes, cols, manches, manchettes, etc., et qui produisent l'effet le plus gracieux.

MARC-AUREL., imprimeur de l'Empereur, à Valence (Drôme).

La création de cette maison par M. Pierre Marc-Aurel, date de 1762. — M. Marc-Aurel, son fils, lui succéda, après avoir été imprimeur de l'armée navale de la Méditerranée, puis imprimeur de l'armée expéditionnaire d'Egypte, sous le commandement du général Bonaparte.

Depuis 20 années, MM. Marc-Aurel fils sont devenus propriétaires de cet établissement et lui ont donné un développement considérable.

Cette maison est avantageusement connue de la province, de Paris, et de quelques villes de l'étranger pour lesquelles elle produit; sa fabrication est en moyenne, par an, de près de 500 feuilles d'impression-labeurs, et elle a été quelquefois de 1,000 feuilles.

La ville de Valence, d'une population de près de 20,000 âmes, est située au centre et rapprochée des grandes cités de Marseille, Avignon, Lyon, Grenoble; le Rhône baigne ses murs; elle est traversée par la route impériale de Paris à Antibes, par la grande ligne du chemin de fer de Lyon à la Méditerranée; la route impériale de l'Italie par le département de l'Isère, y aboutit, ainsi que les diverses routes du Languedoc et du Vivarais; cette situation heureuse donne à l'établissement de MM. Marc-Aurel une importance réelle par les débouchés faciles et avantageux que trouvent ses produits. La main-d'œuvre y est d'ailleurs dans de bonnes conditions et l'existence de l'ouvrier des meilleures.

Les publications de cette mai-son sont d'une bonne exécution typographique, et fabriquées dans de favorables conditions de vente. En outre des labeurs qu'elle produit journellement, elle est chargée par plusieurs administrations des départements du midi, de travaux d'impression.

MM. Marc-Aurel, imprimeurs de l'Empereur, sont imprimeurs de l'évêché de Valence et des institutions religieuses du diocèse, des tribunaux, de la mairie, des administrations communales; ils sont propriétaires-rédacteurs du journal politique quotidien *Le Courrier de la Drôme et de l'Ardèche* qui a vingt-cinq années d'existence: du journal *Le Commerce Séricicole*, revue hebdomadaire de l'industrie des soies de France et de l'étranger, paraissant depuis six années.

Cette maison possède un nombre d'ouvrages clichés fondus dans l'établissement et plusieurs autres conservés en caractères mobiles; son matériel est considérable; il se compose de six presses à bras, d'une presse mécanique jumelle, de machines à glacer, à satiner et à rogner, d'une grande quantité de caractères divers, français, anglais, allemands, grecs, de musique religieuse, d'une presse lithographique et d'une librairie, le tout pouvant alimenter de 70 à 80 personnes: l'établissement occupe maintenant une trentaine d'ouvriers.

BRULÉ, fabricant de cartons à la mécanique, rue de la Viconté, 8, près de la halle aux tissus, à Troyes (Aube).

M. Brûlé possède un système de cylindres pour triturer les pailles en pâte, qui offre une économie de plus de 5 % sur la fabrication comme sur la qualité.

7.

— Il a surmonté la difficulté du séchage des cartons par un moyen excessivement ingénieux et qui ne laisse rien à désirer. Ses succès et les certificats nombreux qui les attestent peuvent, au besoin, justifier la confiance dont les propriétaires des machines, qu'il a montées, ont bien voulu l'honorer.

M. Brûlé se rend chez les fabricants de cartons et se charge de monter les machines et de les faire fonctionner, ainsi que de donner tous les renseignements nécessaires pour la fabrication des pâtes.

POCHET (E.), entrepreneur d'éclairage public par l'huile minérale, soit gaz liquide.
Maison, à Lyon, rue Madame, 10;
— à Paris, rue Rossini, 1.

Expose un réverbère pour lequel il est breveté sans garantie du Gouvernement, et qui est destiné à l'éclairage des villes. Les avantages de ces réverbères consistent dans leur solidité, leur élégance, leur commodité, et par la combinaison et le perfectionnement de l'appareil intérieur à réflecteur parabolique, et, principalement encore, par celui d'un bec rond, confectionné pour brûler du gaz liquide, soit huile minérale dense, qui donne une grande intensité de clarté par une flamme constante d'une hauteur de 5 à 6 centimètres et d'une blancheur parfaite, sans odeur ni fumée.

Le même bec s'adapte également à des lampes propres à l'éclairage des cafés, bureaux, ateliers, grands et petits établissements publics.

Un autre brevet a été aussi conféré au même exposant pour une lanterne à bec plat, alimentée par le même liquide et destinée à l'éclairage, par abonnement, des allées, des cours, des rampes d'escalier, etc.

En résumant les avantages de ces appareils, nous trouvons donc solidité, élégance, commodité, intensité de clarté et économie.

OPIGEZ, GAGELIN et compagnie, 83, rue Richelieu, à Paris. — Hautes nouveautés, châles, broderies, confection.

Ces élégants fabricants ont obtenu à l'Exposition de Londres une médaille *unique à la France*: ceci dispense de tout éloge; laissons parler le vingtième jury, qui s'exprime ainsi : « Les spécimens exposés à Londres ont obtenu *la juste récompense due à un mérite non contesté.* »

La maison Gagelin, novatrice par excellence, a créé l'importante industrie des nouveautés confectionnées; ses modèles font *la mode* : on lui doit la broderie de l'Inde, le tartan, la dentelle dite Paris, l'imitation en soie des fourrures, le chaly et tant de charmants articles.

Elle occupe dix-huit ateliers et trois cents ouvriers.

Ces fabricants d'élite exposent: un manteau de cour, en moire antique blanche, brodé or et soie, d'un travail exquis, fouillé comme de l'orfévrerie d'art, pas une fleur de dessin ne se ressemble; coupe, forme, élégance, tout est neuf; c'est une pièce capitale des plus remarquables.

Le châle spécimen, type de l'Inde, brodé soie et or, n'a pas de rivaux, par le goût et l'emmanchement de la composition, le coloris et l'entente des compartiments; c'est une conquête industrielle; compris ainsi, cet article devient tout français; il fonde une concurrence efficace aux produits similaires de l'Inde.

Les mantelets, charmants de forme, parfaits de dessins et de broderies, sont d'une supériorité ncontestable sur ce qui s'est fait jusqu'à ce jour. — Cette industrie, toute parisienne, rend tributaires toutes les nations.

DEKEYSER (Michel), fabricant d'étoffes et de couvertures de laine, rue Saint-Christophe, 10, à Bruxelles (Belgique).

Usine hydraulique, à Aa-lès-Anderlecht (Brabant).

Cette maison a obtenu cinq médailles d'argent, en 1820, 1824, 1825, 1835 et 1841 ; une médaille d'or, en 1847, et un de ses chefs a été en même temps décoré de l'Ordre de Léopold.

En 1853, à l'Exposition universelle de New-York, la seule où elle ait exposé depuis 1847, elle a obtenu l'unique médaille décernée aux couverturiers.

La fabrication de cette maison, l'une des plus anciennes de la Belgique, comprend : couvertures en tous genres, wrappers, horse-cloths, frises irlandaises, frisettes blanches, castorines et baies blanches, écarlates, garances et bleues, baies-flanelles, carsaies, cotings, cabans, ladies'cotings, serges, flanelles et domets.

Des spécimens de la plupart de ces articles sont exposés au Palais de l'Industrie.

La maison Michel Dekeyser qui fabrique aussi pour l'exportation n'a aucune espèce de relations avec d'autres maisons s'occupant de la même industrie en Belgique.

POMMIER aîné, fabricant de vernis, rue Saint-Denis, à Clignancourt-Montmartre, près Paris.

Expose des vernis pour voitures et peintures fines.

La première fois que cette maison envoya ses produits à l'exposition, en 1849, elle obtint une médaille ; le jury s'étant occupé d'une manière toute spéciale de l'examen de ces vernis, rendit un compte très-favorable de leur supériorité sur les articles de même nature.

A la grande exposition universelle de Londres, M. Pommier fut encore honoré d'une médaille commémorative, et enfin à New-Yorck en 1853, une mention honorable lui fut décernée par le jury.

En effet la vogue dont jouit cet établissement, se trouve si pleinement justifiée, que tout éloge devient inutile ; nous constaterons seulement que ces vernis conservent d'une manière toute particulière la couleur et ne se crevassent jamais à la forte chaleur, comme tous les produits du même genre.

PAULLET (Léon), artiste dessinateur, 10, rue Albouy, au Marais, Paris.

Une grande et sérieuse distinction doit être établie entre le dessinateur pour broderies, et le dessinateur pour étoffes d'ameublement ; ces deux industries artistiques réclament chacune dans leur genre un talent tout particulier. Nous pouvons citer en première ligne la maison Paullet, qui expose une brillante collection de dessins pour ameublements et papiers peints, la moquette fine, le lasting et la perse, les tapis d'Aubusson, palette libre et ton sur ton, des papiers peints coloris et grisaille. Tous ces modèles, d'un style nouveau, réunissent toutes les conditions de grâce, d'élégance et de richesse qui constituent le mérite supérieur de M. Paullet.

Toute commande doit être

adressée *franco* à la maison, rue Albouy, 10, au Marais, et les personnes, désireuses de renseignements particuliers, sont priées de se présenter de 9 heures du matin à 4 heures du soir.

ROCH (George), fabricant d'horlogerie, bijouterie, rue Kléberg, 3, Genève (Suisse).

Expose plusieurs chronomètres de haute précision, quelques pièces se remontant au pendant, des montres à répétition.

Ce qu'il y a surtout de remarquable parmi cette riche exhibition, c'est une pièce échappement à force et à dégagement constant. Le travail minutieux exécuté avec une rare perfection, la difficulté du mécanisme, font de cette pièce un chef-d'œuvre d'horlogerie ; elle comprend neuf échappements différents et quatre remontages au pendant.

M. Roch expose encore un riche assortiment de joaillerie, qui se distingue par la variété des ciselures, le bon goût, et la nouveauté des formes.

JUVET et **LEUBA**, fabricants et marchands d'horlogerie à Buttes, canton de Neuchâtel (Suisse).

Exposants n° 16, classe 8, section 2.

Cette maison qui fabrique elle-même toutes ses pièces, expose des montres de divers genres et de toutes les grandeurs.

Des boîtes en or et argent d'une élégance rare, d'une qualité supérieure et garanties aux prix les plus réduits.

Le Val-de-Travers jouit depuis longtemps d'une renommée justement acquise pour la fabrication de l'horlogerie, et la maison Juvet occupe le premier rang parmi ses nombreuses rivales ; tous les articles qui sortent de sa fabrique, sont d'une élégance et d'une perfection remarquables.

PAUWELS (François), constructeur à Bruxelles (Belgique).

Voiture de première classe pour le service du chemin de fer du Luxembourg (Belgique).

L'établissement de M. Pauwels a pris depuis l'année 1847, date de sa création, un développement qui le place au-dessus de tous ses rivaux similaires.. Sa production s'élève annuellement à près de quatre millions, et huit cents ouvriers sont constamment occupés à la fabrication spéciale des voitures pour chemins de fer, dont le nombre s'élève annuellement à seize cents de tous modèles. — Ses produits sont exportés dans tous les pays où se créent des chemins de fer, ce qui explique suffisamment qu'on s'occupe dans ses ateliers de la fabrication de tout le matériel sans exception, qui concerne les voies ferrées. Outre l'élégance et la solidité de tous les objets qu'elle livre au commerce, cette usine offre l'avantage inappréciable de vendre ses produits à un prix notablement inférieur à tous ceux fabriqués dans les pays étrangers.

M. Pauwels s'occupe également avec distinction de la construction des ponts de toutes natures, ainsi que des entreprises de chemins de fer, et il salarie de ce chef six mille ouvriers qui sont constamment employés sur ses travaux.

On peut donc trouver dans cette maison, peut-être unique dans son genre, tous les éléments nécessaires pour créer des chemins de fer complets.

ROLLIN, fabricant de bronzes, 55, rue de Bretagne, à Paris.

Grand assortiment de pendules, candélabres, lustres, flambeaux, coupes, objets d'art et de curiosité pendules de toute nature, expédition pour la France et l'étranger.

Maison à Londres.

Red Lion Square, 20.

Billiard et Gay agents.

Des spécimens de tous ces riches articles sont exposés au Palais de l'Industrie; aucune maison n'a atteint un tel degré de perfection; elle occupe un des premiers rangs parmi cette branche d'industrie cependant si répandue dans la capitale.

GUYE (Charles-Edmond), fabricant d'horlogerie à Fleurier, canton de Neufchatel (Suisse).

Exposant n° 17, classe 8, section 2.

Un assortiment varié de montres en or et en argent d'un genre chinois, travaillés avec art et perfection.

Une collection complète d'outils et fournitures d'horlogerie de la fabrication du Val-de-Travers, si justement renommé pour la bonne qualité de ses produits.

Cette maison, qui fabrique toute son horlogerie elle-même, offre tous ses articles à des prix modérés, et présente outre cela l'avantage de livrer avec les montres les outils et fournitures, objets dont la vente est intimement liée à celle de l'horlogerie. M. Guye est un de ces travailleurs infatigables, qui trouvent la récompense de leur mérite dans la considération dont ils jouissent.

DALPHON-FAVRE, fabricant d'outils d'horlogerie à Boveresse, canton de Neuchatel (Suisse).

Expose un outil en bronze, sous la désignation vulgaire de tour universel.

Cet instrument est trop connu de messieurs les horlogers, pour qu'il soit nécessaire d'en faire connaître l'usage ici; mais celui-ci se distinguant par un harnais tout nouveau placé sur le burin fixe, on est tout naturellement entraîné à en faire l'analyse dans l'intérêt de messieurs les horlogers rhabilleurs de province. Cette innovation due à l'exposant consiste à arrondir toutes sortes de roues de montre avec des fraises en proportion. — Par conséquent elle laisse bien en arrière les machines au rabot et remplace celles spéciales à la fraise. Sa simplicité la rend très-commode, et son prix modéré la fait préférer à tout ce qui a existé jusqu'ici,

NICAISE (Nicolas) et frères, fabricants de produits réfractaires, à Marcinelle-lez-Charleroi (Belgique).

M. Nicolas Nicaise a obtenu deux brevets, l'un pour le système de four à cuire les produits réfractaires, et qui leur donne une beauté et une qualité, qu'on n'a jamais pu obtenir dans aucun autre four, et par lequel on économise de 25 à 30 0/0 sur le combustible. L'autre brevet est pour le séchage des grandes briques, sans qu'il y ait la moindre filure et qui donne également une économie de 15 0/0 sur le chauffage.

Nous aimons à constater que messieurs Nicaise frères dirigent et surveillent eux-mêmes leur fabrication et que les connaissances jointes aux expériences qu'ils ont acquises tant auprès de leur père dont l'habileté était notoire, que dans les établissements qu'ils ont déjà dirigés et surveillés, et le privilège des brevets qu'ils exploitent, permettent de donner à leurs produits une qualité toute supérieure, tout en soutenant avantageusement la concurrence.

MULLER (Michel), fabricant de machines à ligner, Neufchâtel (Suisse).

Le perfectionnement des machines à ligner est essentiellement dû au génie inventeur de M. Müller. En 1834, il fut le premier qui changea le vieux système si incommode et si pénible ; ce fut alors qu'il inventa ces machines à ligner connues sous le nom de chemins de fer, et dont une maison d'Allemagne s'est approprié la fabrication. Depuis, M. Müller n'a cessé de perfectionner ses machines, et il est parvenu à un degré qui ne laisse plus rien à désirer. On peut avec ce système tirer d'un seul trait les lignes de différentes longueurs, et ce qui se fait surtout remarquer, c'est un petit séchoir mécanique mis en mouvement, et sans perte de temps, par l'ouvrier qui ligne. Sur ce séchoir, qui n'est pas plus grand qu'une feuille de papier, on peut étendre vingt feuilles sans que l'une touche l'autre ; de plus, il vient d'adapter à sa machine à ligner une mécanique au moyen de laquelle on peut, avec beaucoup de facilité et une grande exactitude, couper le carton, rogner le papier, les registres et les livres ; elle peut encore servir au besoin de presse ; tout l'appareil, y compris l'ouvrier travaillant, n'exige qu'une place de 1 1/2 mètre carré.

STANDHAFT (Henri) fils, 31, rue Rambuteau, Paris.

Beaucoup de personnes, par un pieux souvenir, conservent les cheveux de ceux qui leur étaient chers, et en confient le montage à des artistes plus ou moins consciencieux ou habiles qui, pour cacher leur incapacité, substituent souvent des ouvrages tout faits aux gages précieux qu'on leur lègue.

M. Standhaft, à l'encontre de beaucoup de ses confrères, offre des garanties indubitables, puisqu'il exécute ces objets d'art devant la personne qui l'honore de sa commande, soit chez lui, soit à domicile.

Nous n'insisterons pas sur le mérite de son travail, les récompenses qu'il a obtenues sont une garantie de son talent ; en effet, avec une habileté extraordinaire, M. Standhaft exécute à l'instant même et sans qu'il soit besoin de découper les cheveux qu'on lui présente, toute espèce d'ouvrages, tels que tombeaux, corbeilles de fleurs, blasons allégoriques, boucles naturelles, broches, mausolées, chiffres, pensées.— Il monte avec une dextérité non moins incroyable les bracelets, bagues, parures de fantaisie. Ces ouvrages, d'une perfection irréprochable, sont exécutés par un nouveau procédé mécanique dont il est le seul inventeur.

Honoré de trois médailles d'honneur aux expositions de l'industrie et admis à l'Exposition universelle de 1855, où ses œuvres figurent avec avantage, M. Standhaft a obtenu la seule médaille décernée aux artistes, par l'Athénée de la ville de Paris.

Cette maison, recommandable sous tous les rapports, tient un assortiment d'articles spéciaux pour la commission et l'exportation.

LESCOCHE, fabricant de chaussures, 24, rue du Faubourg-Poissonnière, Paris.

Les perfectionnements apportés dans la fabrication de la chaussure pour laquelle M. Lescoche a obtenu un brevet de 15 ans, ont particulièrement pour objet d'employer de nouvelles dispositions de vis ou de tiges à gorges que l'inventeur appelle vis à percussion, pour fixer l'empeigne aux deux semelles intérieures et extérieures.

Tout en donnant plus de solidité à l'assemblage, la vis à percussion a aussi le mérite d'économiser le travail ; car il est incontestable que l'on opère avec plus de facilité et avec plus de célérité, en introduisant une tige à cannelures dans un cuir par le moyen du coup de marteau que par le système de vissage ordinaire.— De plus, la vis à percussion, une fois entrée dans le cuir ne peut plus en sortir, attendu que le cuir refoulé au moment de la pression, se loge instantanément dans les cannelures de la vis, et remplit entièrement les vides formés par celle-ci. Par ce mode d'assemblage on obtient une imperméabilité parfaite qui est si recherchée dans la chaussure, et qu'on ne peut atteindre à un degré aussi élevé par le système de la vis ordinaire à hélice.

La vis à percussion a aussi l'avantage d'augmenter la solidité et la durée de l'assemblage en couvrant entièrement l'entrée, afin qu'il ne puisse jamais entrer la moindre molécule d'eau par les joints comme cela se rencontre dans les chaussures assemblées par la couture où la vis ordinaire.

La vis à percussion, que l'on peut comparer sous un certain rapport à la vis à garnir, déjà connue dans le commerce, ne déchire, ni ne détériore l'empeigne de la chaussure, comme peut le faire la courbure de la vis à bois ou hélicoïde.

M. Lescoches, qui désire vendre des cessions dans les départements, fait remarquer qu'avec un matériel de 25,000 francs on peut fabriquer de 300 à 350 paires de souliers par jour.

PUPUNAT (de Leyssard, Ain), luthier à Lausanne (Suisse).

Expose dans une vitrine élégante deux archets, un violoncelle et quatre violons artistement rangés.

Ces instruments, dont la forme extérieure ne s'écarte en rien d la forme généralement connue, diffèrent néanmoins totalement des autres par la structure des voûtes intérieures qui sont disposées d'une telle manière qu'il est presque impossible que ces instruments subissent à la longue la moindre déformation. A cette solidité à toute épreuve se joignent d'autres avantages non moins précieux, tels que la conservation permanente de l'accord, une grande puissance de son qui n'exclut pas la douceur, et une égalité parfaite de toutes les notes sur les quatre cordes.

Avec ces précieuses qualités M. Pupunat s'est fait en Suisse et au dehors une réputation colossale, non-seulement comme facteur, mais comme réparateur par excellence ; et si les artistes les plus distingués, les amateurs de grand mérite, tiennent à ce que leurs instruments passent entre les mains du luthier de Lausanne, c'est qu'ils savent qu'en véritable artiste il tend toujours à perfectionner.

On remarque dans sa vitrine un violon blanc que l'on pourrait regarder d'abord comme une pure production de fantaisie, mais qui est là pour prouver la possibilité d'exclure des instruments à archet, l'ébène, bois pesant, insonore, et très-nuisible à la vibration; et s'il était permis de décider la question d'après la bonté et le succès de cette composition, il n'y a nul doute que la preuve ne fût en faveur de ce premier essai.

Du reste le talent de M. Pupunat n'est pas resté sans récompense; deux médailles lui ont été décernées : l'une de premier ordre à l'exposition de Lausanne en 1839, une autre médaille d'argent avec un prix à Berne.

THORN. (Wh. et F.), 10, rue John, et rue Oxford, Londres, selliers, carrossiers, inventeurs des ressorts *équimoteurs* ou régulateurs du mouvement, brevetés.

Ils exposent cette année un magnifique phaéton, à tirage léger, d'une forme et d'une construction admirables. Il a par devant un marchepied tournant, le timon est orné d'anneaux et de chaines en acier poli.—On peut y attacher un cheval ou deux chevaux.

On trouve chez MM. Thorn des voitures de tout genre, neuves ou d'occasion, à louer ou à vendre.—On peut les examiner à volonté.

Les commandes sont remplies avec la plus scrupuleuse exactitude et la plus grande diligence

Leurs prix sont des plus modérés.

Voir aux annonces.

GUESNIER et **VINGLER**, graveurs en tous genres, rue des Vieux-Augustins, Paris.

Exposent: des presses à timbre sec, système à ressort, brevetés s. g. d. g.

Cette maison fabrique spécialement des lettres et ornements mobiles pour l'impression en relief des raisons de commerce, têtes de

lettres, cartes d'adresse et de visite. Des spécimens de ces articles sont également exposés au Palais de l'Industrie.

Elle a pris un brevet d'invention pour les lettres filigranes, servant avec les mêmes presses à marquer sans contre-partie, transparents dans le papier, les raisons de commerce, les mandats, etc.

Ces épreuves ressortent avec une expression magnifique, et placent cette maison au premier rang parmi celles du même genre.

TROUPEAU (Charles), 8, rue Coq-Héron, Paris.

Réflecteur-Troupeau (réflecteur du jour), breveté en France, en Angleterre, en Hollande, en Belgique, etc.

Admis aux expositions de Londres 1851 et Paris 1855.

Honoré de quatre médailles. — Maisons à Londres, Bruxelles, Amsterdam.

Ces appareils reflètent et étendent le jour dans les endroits sombres, tels que caves, escaliers, couloirs, boutiques, chambres à coucher, salles à manger, cuisines, ateliers, etc.

Ils se recommandent surtout aux personnes désireuses de conserver la vue et la santé si souvent compromises par l'influence de la lumière artificielle. Ils ont été approuvés, en France, par la Société centrale des architectes, le conseil des bâtiments civils, et récompensés par la Société d'encouragement et l'Académie nationale qui viennent de délivrer une médaille à l'inventeur

A Londres ils ont été admis au palais de la reine.

LINGENBRINK et **VENNEMANN.** Viersen, près de Crefeld (Prusse).

Fabricants de rubans de velours de soie, en soie, coton, noirs et de diverses couleurs, molesquin, rubans pluchés, velours noirs et autres.

Représentant à Paris, M. Fried-Ingelbach, 8, cour des Miracles.

SPIQUEL (Michel), passementier, rue Saint-Honoré, 164, Paris.

Deux brevets d'invention ont été pris par cette maison pour la dorure en rond de bosse et son application aux boîtes de pendules et sujets. Un modèle fabriqué est exposé au Palais de l'Industrie. Il produit un effet merveilleux qu'on ne peut obtenir par les bronzes ; cette heureuse invention est destinée à un immense succès parmi les classes riches.

Equipement militaire et fourbissure.

Cette maison a pris deux autres brevets pour un système de pistolet percutant par les moyens les plus simples, s'adaptant à toutes les armes blanches, sans les démonter ou en les mettant dans la poignée.

Elle fabrique les armes de luxe pour tous pays, et possède des procédés spéciaux pour la dorure de la passementerie militaire.

Assortiment très-complet d'épaulettes, cordons, galons, casques, cuirasses.

GRANDPERRIN (Ferdinand), 394, rue Saint-Honoré. Breveté s. g. d. g.

Cette maison jouit depuis très-longtemps d'une réputation légitimement acquise pour la bonté de son horlogerie.

Elle expose un régulateur encaissé dans une boîte ornée de guirlandes de fleurs, style Louis XVI ;—un chronomètre de poche, et une pendule astronomi-que avec quantièmes, indiquant les principaux éléments du système solaire.

Application du Mica à l'horlogerie.

Il manquait à l'horlogerie la connaissance d'une substance, qui, pour les balanciers de pendule, pour les suspensions et autres organes régulateurs, fût insensible à la dilatation et à la contraction ; aussi jusqu'à ce jour s'est-on contenté de mélanger les métaux pour compenser les balanciers.

Indépendamment de son insensibilité le mica possède une légèreté remarquable, qui, pour les balanciers de pendules, a l'avantage de rapprocher considérablement le point d'oscillation du centre de gravité.

Aussi cette matière offre-t-elle un emploi avantageux au double point de vue de son insensibilité et de sa légèreté, elle est donc éminemment propre à la confection des balanciers de pendule, et des suspensions, comme d'ailleurs, à tous les organes où les effets de dilatation et de contraction doivent être évités.

MAGE (Antoine) aîné, fabricant de toiles métalliques Lyon.

Premier établissement fondé à Lyon sur des bases industrielles, vers l'année 1835.

Par suite d'une visite faite dans sa fabrique au mois d'avril 1851, par une commission présidée par M. Arlès-Dufour et déléguée par une chambre de commerce de Lyon, cette dernière rendit un rapport d'encouragement et de satisfaction.

M. Mage expose des tissus unis et croisés en fil de laiton et cuivre rouge, depuis 1 jusqu'à 600 fils en trame par 27 millimètres (1 pouce), soit par 27 millimètres carrés 120,000 mailles.—Ce qui rend le tissu plus fin que es fines toiles de Hollande.

Des tissus et gazes métalliques en fil de fer clair et recuit depuis 1 jusqu'à 80 fils en trame par 27 millimètres.

Divers genres de tissus, fils de fer cuit, étamés, galvanisés en laiton et cuivre pour machines sans fin et égoutteurs de papeteries, raffineries, draperies, fonderies, lavage et teinture de laines, mines, fabriques de porcelaines, faïence, poteries, tuileries, verreries, crizeries, minoteries et toutes espèces de criblages à l'usage des établissements agricoles et industriels.

Tissus à doubles fils, laiton et cuivre pour garde-feux, cottes de mailles en fils de fer, trempé et étamé.

Carcasses de schakos montés en tissus fils de fer avec tiges d'acier.

Les perfectionnements apportés dans ces articles par M. Mage, placent cette maison au premier rang parmi celles du même genre.

FELBER, fabricant de voitures, 49, rue de Laborde, à Paris.

La calèche que M. Felber expose est un chef-d'œuvre de grâce, d'élégance et de perfection. Elle est basse et légère, avec un siège élevé, monté sur un nouveau train breveté, qui rend la voiture beaucoup plus roulante et plus élégante; elle tourne dans un espace étroit sans être sujette à verser, et, malgré son train court, les roues sont hautes et leur voie est égale de largeur.

VANDENBROUKE, inventeur et fabricant breveté sans garantie du gouvernement, membre de plusieurs sociétés savantes, rue de Strasbourg, 16, à Paris.

Deux médailles en argent, trois en bronze et une mention honorable, aux expositions de 1849, New-York et Londres.

Sur un rapport de M. Gautier au Conservatoire des Arts et Métiers, le comité s'est plu à rendre justice aux diverses inventions de M. Vandenbroucke. Parmi ces innovations, nous remarquons avec intérêt un brûloir à café, dit conservateur de l'arome — une broche métallique adaptée à cet appareil constitue un perfectionnement notable. Par ce nouveau procédé, le café peut être brûlé plus régulièrement et ne peut plus être exposé à ce qu'on appelle vulgairement le coup de feu : — sur le devant, il existe une soupape qui permet l'évaporation de l'humidité, ce qui constitue d'abord une grande diminution dans le déchet. — Le fourneau, par une heureuse disposition au foyer, présente une économie réelle dans le chauffage, en ce sens que la chaleur est plus concentrée et qu'on peut y brûler à volonté le bois, le charbon et le cock. Un chemin de fer, adapté à la boîte, pour retirer les broches, marche avec l'aide d'une jeune personne, qui peut faire toute la besogne sans autre secours.

M. Vandenbroucke tient également une grande spécialité de fourneaux économiques, les seuls avec lesquels on peut faire tout ce que l'on désire avec le même feu. Ces fourneaux, qui tiennent beaucoup moins de place que tous les autres, ont l'immense avantage de ne répandre aucune odeur.

PIECE (Mme Louise), fabricante

de poupées et de tricots en caoutchouc, rue Verdaine, 280, à Genève (Suisse).

La confection des bas pour la compression méthodique des membres affectés de varices, que Mme Pièce expose, sont élastiques et s'adaptent parfaitement à la forme des membres, sans faire de plis, et ne gênent ni la circulation du sang, ni les mouvements musculaires; ils sont perméables à l'air, se mettent aussi facilement que d'autres bas, et sont d'une longue durée.

Par la pression régulière et continuelle qu'ils exercent, ils diminuent le volume des vaisseaux variqueux et amènent, dans certains cas, une complète guérison: plusieurs malades ont été guéris, d'autres extrêmement soulagés par l'emploi de ces bas, sur lesquels MM. les médecins et les malades eux-mêmes sont appelés à fixer leur attention.

FINAZ, lichen d'Irlande, fabrique de pectoraux, 108, rue Saint-Honoré. — Maison à Genève (Suisse).

Dans le siècle de brouillards, d'humidité et de froid où nous nous trouvons depuis quelques années, c'est rendre un service à l'humanité que de chercher à calmer, autant que possible, les rhumes, catarrhes, et toux qui affligent la moitié de notre population. La maison Finaz, après des recherches laborieuses et savantes, vient de résoudre ce problème de haute importance.

Elle expose la pâte pectorale Finaz au lichen d'Irlande concentré, obtenue au moyen de la vapeur par un nouveau mode de préparation.

Le lichen d'Irlande, comme on le sait, a attiré depuis longtemps l'attention des praticiens les plus célèbres, qui ont reconnu sa supériorité incontestable sur tous les autres pectoraux, dans le traitement des affections de poitrine. Un grand nombre d'essais, de préparations, qui étaient loin d'atteindre le but que l'on se proposait, n'avaient obtenu qu'un médiocre succès; il était réservé à la maison Finaz de combler toutes les lacunes et de parvenir à obtenir une pâte renfermant, sous un très-petit volume, tous les principes actifs et gélatineux du lichen, et cela sans addition de substances étrangères, qui forment la base dans les autres préparations. Les nombreuses expériences, qui ont été faites par plusieurs médecins habiles en France et à l'étranger, ont prouvé l'efficacité de cette substance gélatineuse, qui se convertit en bonbons du plus agréable parfum.

Des dépôts sont établis dans les principales villes de France et de l'étranger, et à Paris, à la pharmacie Savoye, boulevart Poissonnière, 4, et chez les autres principaux pharmaciens.

LAURENT (François), fabricant de moulures et parquets, rue Ménilmontant, 98.

Cette maison, honorée de deux médailles d'argent, en 1844 et 1849, expose:

1° Une console et un cadre sculptés, en carton-pierre; cette composition est de style Louis XV, et l'une des plus importantes connues jusqu'à ce jour. Elle a coûté à son créateur plus d'une année de travail.

2° Une feuille de parquet en marqueterie découpée, composée de deux parties faites mécaniquement et du même coup. Le fond de l'une forme le dessin de l'autre, ingénieux système, qui n'occasionne aucune perte de bois, et offre de grands avantages dans le prix de revient. — La solidité en est incontestable, et la durée garantie pendant dix ans au moins. Quant au dessin, il peut varier et s'étendre à volonté.

Cette exhibition occupe deux places ; la console et le cadre sur un palier d'escalier du pavillon Est — et le parquet dans l'annexe de la Rotonde.

BOULAY J.-C. (des Voges), graveur et polytypeur en tous genres, breveté s. g. d. g., rue Poupée, 11, à Paris.

Inventeur de plusieurs perfectionnements aux arts graphiques, membre titulaire de plusieurs sociétés artistiques, M. Boulay expose un système de polytypochromie (procédé Boulay), pour l'impression simultanée en plusieurs couleurs applicables à la typographie, la lithographie ; aux étoffes, au papier, au caoutchouc, etc., etc. Par cet ingénieux procédé, on obtient, avec un seul rouleau et d'une seule pression, un nombre indéfini de teintes offrant une économie de 5. p. 0/0 sur les moyens ordinaires On peut, en appliquant les couleurs, fixer le mordant pour la dorure, l'argenture, etc., et, par la même pression, le gaufrage et la réglure ; l'on peut aussi imprimer des objets ronds, tels qu'éventails, rosaces, affiches, etc.

Un perfectionnement de stéréotypie et clichage, supprimant le repiquage, le dédoublage et les trois quarts du matériel. Ce système, mis à la portée de tous les maîtres imprimeurs par sa modicité de prix, permet de reproduire toutes espèces de caractères, fleurons, vignettes, gravures, etc. — N'exigeant l'emploi d'aucun corps gras, ni rude, et

n'usant pas les caractères, les matrices se conservent ainsi plusieurs années sans altération.

Polymichromes.—Reproduction de toutes espèces de gravures, pour l'impression des étoffes, papiers, etc., par un procédé de clichés composés de diverses substances réunies à la gutta percha et remplaçant avec un immense avantage les autres procédés. Ces clichés reçoivent mieux la couleur, et la rendent plus correctement, les planches sont plus légères et moins sujettes à se déranger

Polytypages. — Collection de plus de 8,000 numéros de vignettes, fleurons, lettres ornées, sujets religieux et autres.

M. Boulay se charge de tout ce qui a rapport à la gravure et cède même ses procédés à des conditions au-dessous des avantages qu'offrent les résultats.

FLORENCE, facteur de pianos, à Bruxelles et à Namur (Belgique),

A exposé quatre pianos. Un grand piano de concert, un à demi-queue, un piano droit à double échappement, et un piano oblique, palissandre et bois de rose, avec application. Ces pianos droits, tous à sept octaves, se distinguent essentiellement par une construction de mécanisme et de bati qui sont le complément aux résultats déjà obtenus dans ce genre d'instruments.

Les pianos à queue et à demi-queue sont portés à la plus haute perfection.

Cet établissement date depuis 1833. A l'Exposition nationale de 1841, M. Florence, a obtenu une médaille de bronze ; en 1847, il exposa un piano droit à double échappement de son invention lui valut la première médaille en vermeil.

L'Exposition universelle de Paris nous démontre que l'application du double échappement des pianos à queue, introduit aux pianos droits et obliques par l'artiste, est un fait acquis à l'industrie.

En outre, M. Florence nous présente cette année une construction nouvelle pour le maintien de l'accord dont nous parlons plus haut. Par cette heureuse conception, les pianos droits et obliques sont moins soumis à l'intempérie des climats et des saisons, tout en conservant invariablement le ton d'orchestre.

Ce grand résultat n'est pas obtenu par l'emploi du fer reconnu nuisible, à plus d'un titre, aux pianos droits.

ROY et Cie, mécaniciens à Vevey (Suisse).

Un nouveau pressoir à vin qui réunit de nombreux avantages.

Le pressurage peut se faire en très-peu de temps et par la force d'un seul homme. Le mécanisme, quoique fort simple, est combiné de telle sorte que la pression peut être très-rapide en commençant, lorsque les raisins n'offrent que peu de résistance; puis par degrés, à mesure que le résidu se durcit.

Tout le pressoir est porté sur quatre pieds qui supportent une forte table en bois de chêne; cette table est percée d'un trou au milieu qui donne passage à une forte vis en fer forgé, qui peut monter et descendre à volonté, étant guidée et maintenue dans un tuyau en fonte fixé sur la partie supérieure de la table.

La tête de la vis est à sa partie supérieure et le filetage à l'inférieure; ce filetage passe au travers du centre taraudé d'une roue d'engrenage qui tourne horizontalement sous la table; la roue d'engrenage forme l'écrou de la vis.

Si l'on fait tourner cette roue dans un sens ou dans l'autre, l'on fait monter ou descendre la vis, dont la tête appuie sur une plaque en fer sous laquelle se trouvent des tasseaux et un disque circulaire en bois, qui entrent dans une tine cylindrique, formée de carrelets en bois de 3 à 4 centimètres de côté et fixés par des vis à des cercles en fer; ces carrelets laissent entrer des intervalles d'un centimètre environ.

Cette tine, dont la hauteur est un peu moindre que le diamètre, se pose sur la table du pressoir; une rigole est creusée dans la table tout autour de la tine; cette rigole a un tuyau d'écoulement, car l'on a déjà compris que les raisins foulés ou cuvés, destinés au pressurage, se jettent dans la tine à claire-voie. Lorsque celle-ci est remplie, on commence le serrage d'abord, en tournant la vis par sa tête au moyen d'un levier qui la traverse. Ce premier serrage est très-rapide; en peu d'instants, on a expulsé la plus grande quantité de liquide, dont la sortie est facilitée par la construction de la tine, et celle-ci, d'un double fond, aussi à claire-voie, placé entre elle et la table.

Le marc commençant à se durcir, le levier ne donne bientôt plus assez de force à l'ouvrier; celui-ci l'abandonne pour agir sur la vis au moyen de l'engrenage placé au-dessous de la table dans lequel engrène un petit pignon.

Ce pignon est placé sur le même arbre qu'une manivelle qui sert à l'ouvrier pour donner toute la pression qui peut être obtenue par la combinaison des engrenages ; pression suffisante pour dessécher entièrement le marc du raisin.

Le pressoir modèle, qui figure à l'Exposition, est d'une grandeur moyenne. On peut en faire de toutes dimensions.

MUSTEL, facteur d'orgues, rue de Malte, 42.

Orgue à double expression.

Ce système fait complètement disparaître les difficultés qu'on éprouve pour produire les nombreux effets que réclame l'exécusion musicale ; tout le monde peut, ans études préliminaires et en employant simplement le vent continu, obtenir toutes les expressions que l'imagination peut créer. La soufflerie pouvant être mue par une personne ou un agent mécanique quelconque, l'exécutant, dans ce cas, n'aurait pas à s'en préoccuper.

Ce qu'il y a de plus remarquable dans ce système et qui d'ailleurs lui a valu la dénomination d'orgue à double expression, c'est qu'au même moment on peut produire deux expressions opposées et d'un sentiment différent, c'est-à-dire qu'on peut augmenter ou diminuer l'intensité du son sur une partie du clavier et obtenir l'effet contraire sur l'autre.

Ces importants résultats s'obtiennent matériellement et sans aucune espèce d'exercices ni d'études.

Ce système peut s'appliquer avec avantage sur certains jeux de grandes orgues, voire même celles à mécaniques : il est également du plus heureux effet sur les pianos organisés ; car, tout en faisant de l'expression sur les jeux d'orgue, il laisse la faculté de toucher en même temps les pédales du piano.

Enfin, à ces avantages si réels, ces instruments joignent encore celui de la construction la plus parfaite.

BACHMANN, fabricant de pianos, à Tours et à Angers.

Expose un piano d'un mécanisme ingénieux, nouvel accordage au moyen de chevilles modératrices, c'est tout simplement le procédé du chevillage des guitares, et plus heureusement appliqué à la contre-basse, dont les cordes plus solides, garantissent m eux l'accord : seulement, l'application de ce procédé, adapté au piano, demandait une subtilité d'exécution, dont il faut rendre à M. Bachmann la justice d'avoir résolu le problème, en ayant victorieusement triomphé des obstacles.

Par ce procédé, la corde n'a plus à craindre que la mutation de sa propre nature, ce qui est peu à redouter avec les bonnes qualités en usage aujourd'hui et la cheville, déjà à l'abri des variations et du jeu du bois ; c'est aussi bien de l'usure qui ne saurait dégager l'engrenage auquel elle est continuellement accolée par le tirage constant de la corde.

M. Bachmann a été honoré d'une médaille d'honneur de première classe (or), décernée par l'Académie nationale, agricole, manufacturière et commerciale de Paris, pour son système de chevilles modératrices et sa pédale d'amortissement, ainsi que pour les nombreux perfectionnemens qu'il a apportés dans la fabrication des pianos.

Des lettres autographes de MM. Thalberg, Lacombe, Viallon, etc., constatent d'une manière efficace la supériorité du mérite des instruments exposés par M. Bachmann.

D'ENFERT frères, à Ivry, près Paris.

Colles et gélatines.

Par sa proximité du chemin de fer d'Orléans la commune d'Ivry était appelée à devenir un des principaux centres industriels de la banlieue; aussi dans un périmètre restreint rencontrons-nous de magnifiques raffineries de sucre et fabriques de blanc de céruse de fer, de noir animal, de colles et de gélatines.—C'est de ce dernier établissement que nous croyons surtout devoir entretenir nos lecteurs; car, bien que cette intéressante industrie soit parvenue à son plus complet développement, elle est assez peu connue, et cela se comprend du reste, si l'on songe que sous l'impulsion d'efforts intelligents, elle a atteint pour ainsi dire d'un bond son apogée.

Ce n'est point seulement par son étendue, par ses constructions qui couvrent un terrain de près de trois hectares, ni par son riche matériel, ni par son personnel nombreux que se recommande à l'attention générale l'usine des Deux-Moulins à Ivry, c'est encore par l'emploi de machines et d'appareils brevetés et inventés par les propriétaires de la fabrique de MM. d'Enfert frères. Ces inventions ont, en simplifiant le travail de l'ouvrier, apporté à la fabrication des améliorations qui font de cette usine la plus considérable de la France, et sans doute du monde entier l'usine modèle.—Bon nombre de nos confrères ont dans leurs colonnes rendu justice à tous les produits émanant du riche établissement des Deux-Moulins, et en énumérant les qualités de ses colles fortes, de ses colles gélatines, de ses gélatines blanches fines, blanches ordinaires et filées, ils ont constaté que les autres fabricants français et étrangers ont essayé de les imiter, mais sont restés bien loin en arrière. Nous ne répéterons donc pas ce qui a déjà été si souvent dit; nous appuierons plutôt sur le fait le plus extraordinaire de sa fabrication, c'est-à-dire sur la préparation des matières premières. Autrefois tout le travail de préparation se résumait dans la conservation des matières premières au moyen d'un bain d'eau de chaux. Les modifications introduites par MM. d'Enfert frères dans ce mode de préparation, ont annihilé la coloration trop foncée et l'odeur désagréable inhérente aux matières primitives. Givet, Lille, Rouen, Paris et les autres principales fabriques de France s'approvisionnent à l'usine d'Ivry, car les matières préparées qu'ils y trouvent leur facilitent le travail et donnent à leurs produits, outre la qualité, la plus belle apparence. Un coup d'œil jeté dans quelques fabriques ferait voir combien l'ouvrier est pauvre, l'apprenti chétif et malheureux, où peuvent conduire l'empire de la routine, l'absence d'instruction théorique-pratique et combien la direction est étroite et intéressée dans ses moyens d'action. Mais là, et c'est pour nous un devoir de le consigner, la sollicitude des maîtres pour les ouvriers est telle que des secours mutuels y sont organisés et que les plus méritants, lorsqu'ils sont depuis cinq ans attachés à l'usine, reçoivent une gratification annuelle de cent francs, lorsqu'ils y sont depuis dix ans la gratification s'élève à cent cinquante.

Une semblable conduite est pour

les ouvriers le bien-être, pour le pays une garantie de l'avenir et un élément de prospérité nationale.

Généraux, poëtes, publicistes, peintres, musiciens, sculpteurs, trouvent des biographes; mais les infatigables travailleurs, les chercheurs patients qui ont élevé l'industrie au rang qu'elle occupe aujourd'hui, recoivent-ils dans une juste proportion les encouragements qu'ils méritent? On ignore trop combien de labeurs pénibles, de veilles, de recherches, d'études et de sacrifices ont coûté à tel inventeur, tel industriel, la machine, le perfectionnement qui ont mis notre pays à même de lutter contre l'écrasante concurrence de l'étranger. On laisse trop dans l'oubli l'homme probe, intelligent, qui consacre sa vie entière à la poursuite d'un progrès entrevu : ce n'est pas là seulement de l'ingratitude, c'est un crime de lèse-société. Au nom de l'humanité, au nom de la civilisation, au nom du progrès, celui qui tient la plume et qui comprend sa mission ne doit-il pas jeter, de temps à autre, un mot d'encouragement à ces hommes qui, sans se laisser décourager par les obstacles, luttent corps à corps avec eux ?

Oui, certes, et c'est pour cela que l'industriel qui a cherché à abréger le travail, à le rendre plus facile, qui a prodigué dans les essais, son temps, son argent, et qui est arrivé à faire faire un pas à une branche quelconque de l'industrie, recevra toujours nos remerciements, juste tribut payé au nom du pays. C'est pour cela que nous payons aujourd'hui ce tribut à MM. d'Enfert frères en attendant que la sagesse éclairée du jury de l'Exposition, imitant le jury central de 1849 et le jury international de 1851, vienne récompenser d'une manière éclatante leurs travaux, leur persévérance, leurs succès.

MUSY et **GALTIER**, fabricants de velours, 13, rue des Deux-Angles, Lyon (Rhône).

Des velours unis d'une largeur de 85-70 et 55 centimètres, d'une grande variété de nuances. La largeur de 55 centimètres représente par gradation les différentes qualités de velours depuis le poil simple jusqu'au velours de luxe. Tous ces produits se distinguent par la perfection de la fabrication, la régularité du tissu et la beauté des couleurs.

HAMON fils aîné, fabricant de cuirs à rasoirs, 31, rue de Cléry, Paris.

Nous recommandons tout particulièrement à nos lecteurs la maison Hamon fils aîné. Ce n'est pas une de ces réputations d'un jour nées de la réclame, il y a vingt ans que les cuirs à rasoir de M. Hamon père ont une vogue incontestée que son fils, son digne successeur, a encore augmentée par d'ingénieuses modifications. Tous les cuirs qui sortent de la maison Hamon fils, n'ont pas besoin de cachet de fabrique; ils diffèrent des cuirs répandus dans le commerce autant par leur forme que par leur qualité. On trouve encore dans cette maison la pâte zéolithe dont M. Hamon père fut l'heureux inventeur et tous les articles de coiffeurs, tels que rasoirs, ciseaux, trousses et autres.

Là le client rencontre, outre la bonne confection, la qualité, le bongoût et la modération des prix, une probité commerciale que nous avons été à même d'apprécier et que nous nous complaisons à signaler.

Fabrication spéciale de rasoirs.

Dépôt de la parfumerie de MM. Farvot et Cie.

PLANÇON (Jules), rue Saint-Maur, 146, Paris.

Fabrique spéciale de boutons de papier brevetée s. g. d. g.

Une riche collection de *Boutons de papier*, à queue et à trous, de toutes couleurs, unis, écossais, dorés, argentés, etc., etc., Rien ne charme la vue comme l'étalage de ces petits objets de toilette et qui sont une spécialité dans l'industrie. M. Plançon exploite seul le brevet qui lui a été accordé en 1845.

Dix ans plus tard un second brevet d'invention et de perfectionnement lui a été délivré pour la fabrication par l'estampage, sans soudure, rivure, fusion ni sertissage, des boutons de papier doubles, pour chemises ou toute autre partie de l'habillement; à tige en métal, fixe ou mobile et à vis; — des boutons à vis, tiges doubles et collets à crans et rondelles, pour la chaussure et l'habillement. Et enfin, pour l'ajustement par l'estampage sur tous boutons de papier, simples, doubles, à trous, à tiges fixes ou mobiles et à vis; de toutes parties distinctes du bouton, tels que tiges, collets, crans, cercles appliqués en tous métaux, nacrés, os, ivoires, pierres fines, mosaïques, camées et toutes autres incrustations.—

PATEK (Philippe) et Cie, fabricants d'horlogerie à Genève (Suisse.)

Ces exposants, qui ont été honorés d'une médaille d'argent à l'exposition de New-York en 1853 et d'une médaille de prix à l'exposition universelle de Londres, présentent au Palais de l'Industrie une grande variété de fort belles montres, chronomètres de poche, mouvements et parties détachés. Ils sont les inventeurs de diverses combinaisons nouvelles, telles que montres se remontant et se mettant à l'heure sans clef; montres à 1|4 et 1|5 de secondes indépendantes à un barillet, etc.

Dans les ateliers de MM. Patek (Philippe) et Cie, organisés sur une vaste échelle, toutes les parties sont faites, depuis le métal brut, à l'aide de moyens mécaniques créés par eux. La régularité et la supériorité du travail sont faciles à constater par l'examen de leurs produits exposés. Ils se distinguent aussi par les ornements et le bon goût de leurs pièces décorées.

KAYSER-RENOUARD, 20, rue Neuve-des-Capucines, Paris.
Etoffes pour meubles.

A la ville de Tours! belle enseigne si connue, que le *boulevard des Italiens* a vue longtemps briller comme un emblème de prospérité, continue aujourd'hui la même vogue, *rue Neuve-des-Capucines*. Cette longue faveur d'une clientèle, où toutes les fortunes trouvent leur place, s'explique par le *bon goût*, que cette *maison spéciale* s'est toujours efforcée d'imprimer à ses étoffes, quel qu'en soit d'ailleurs le prix élevé ou le *bon marché*; son nom vaut à lui seul tous les éloges que nous aimerions à lui décerner. Nous nous contenterons de l'indiquer à nos lecteurs, en les engageant à visiter ses magasins; certain d'avance qu'ils nous en sauront gré, et qu'ils y trouveront, à leur souhait, tout ce que les *étoffes pour meubles* peuvent offrir de plus élégant et de mieux confectionné.

FUGÈRE cadet (Matthieu), 8,

rue de Poitoux-au-Marais (Paris.)

Produits chimiques.

Préserver les glaces de toute atteinte, les protéger, en toutes saisons, contre les influences atmosphériques, tel est l'intéressant problème industriel, résolu par cette maison. Son ingénieux procédé s'applique aussi à tous les articles en bois, dont les incrustations résultent de l'action des produits chimiques, aux jeux en général, aux dominos, aux marques, etc.

Grâce à cette invention, les cuivres estampés donnent différentes teintes; les galeries et ornements avec perles et émaux, sur cuivre estampé et fondu, lui sont aussi redevables de leur conservation...

Les bronzes mutilés, les objets d'art ou d'utilité, dorés, argentés ou vernis, reprennent, sous l'influence de ces nouveaux procédés, toute leur beauté première et tout leur éclat.

On remarque, au nombre des beaux résultats, obtenus par M. *Fugère*, des articles de religion, par les procédés plastiques, estampés et fondus, provenant de la fabrique de M. Gin, 29, rue Philippeaux, des patères et rinceaux, sortant des ateliers de bronze de M. Burnet, 45, rue Moreau.

Honoré d'un diplôme de l'Académie manufacturière et agricole, et d'une mention honorable du lycée des Arts, M. *Fugère* consacre, par ses brevets et par le mérite de son exposition, les antécédents qui lui ont conquis, comme chimiste et ancien fabricant de bronzes, la renommée dont il est légitimement en possession.

NICOLE et **CAPT**, 80, rue Dean-Soho Londres.

Horlogerie.

Les montres de MM. Nicole et Capt se distinguent des autres montres par une construction toute particulière, pour laquelle ils ont obtenu un brevet en Angleterre il y a dix ans. Depuis cette époque leur vogue n'a fait que s'accroître; et, ce qui en est le témoignage le plus éclatant, la maison Deut, à qui les inventeurs avaient cédé le privilége exclusif de leur brevet, a remporté la grande médaille à l'Exposition universelle de 1851.

Les principaux avantages qu'offre la construction de ces montres, consistent dans la facilité qu'elles ont de se monter et de se régler, dans leur grande solidité, et dans la fermeture hermétique du boîtier : ce qui empêche complétement la poussière de s'introduire à l'intérieur et d'entraver le mouvement, et par conséquent diminue considérablement les frais d'entretien.

Dans ce nouveau système, l'usage de la clef est tout à fait supprimé. Pour monter la montre, il suffit de tourner la couronne du pendant de gauche à droite; et pour faire marcher les aiguilles, il n'y a qu'à presser une goupille placée à gauche du pendant, et à tourner en même temps la couronne à gauche ou à droite.

On voit dans la même vitrine des montres de divers genres, telles que montres pour observations scientifiques, montres à répétition, montres pour les aveugles, et toutes construites d'après le même principe. qui a été copié dans les pays pour lesquels MM. Nicole et Capt n'ont pas pris de brevets.

JACKSON et **GRAHAM**, fournisseurs de la Reine, rue d'Oxford. — Londres.

Ameublement et tapis.

Ils exposent cette année un meuble avec incrustations de bois de différentes sortes, moulures, targutides et ornements en bronze élégamment ciselés et richement dorés, et plaques de porcelaines représentant la musique, la danse, la peinture, la poésie et le chant. — Le dessus est en marbre incrusté. — Il est surmonté d'une grande glace entourée d'un châssis en bois sculpté et doré avec le plus grand luxe, avec dessins représentant des femmes, des enfants, des instruments de musique, des fleurs, des ornements de tout genre. — Il y est adapté des branches pour lumière.

Ils exposent aussi un tapis de velours fait à la vapeur.

TRIQUET (Charles), constructeur de machines dites lisage, rue Imbert-Colomès, n° 17, à Lyon.

1. *Machine dite à lisage, perfectionnée.*

Cette machine la plus perfectionnée qui ait été faite jusqu'à ce jour pour le lisage des dessins de tous genres d'étoffes façonnées, quelque compliqués qu'ils soient, et de quelque nombre de cartons différents qu'on puisse désirer, c'est-à-dire de 104 à 1500 et même plus, est en fer forgé et garnie de ses 804 cordes. Son cassin, au lieu d'être à rouleaux, est à poulies incrustées dans des lames qui ne permettent pas aux cordes de s'échapper.

Ces perfectionnements ne sont pas les seuls que M. Triquet ait apportés à cette machine : les cordes qui sont toujours tendues, son appareil propre à amener les lâs, ses anneaux renforcés placés aux collets, sa planche derrière les aiguilles, ses plombs moins lourds, son tambour tournant sous galets, etc.. etc. sont autant d'améliorations qui recommandent cet ouvrage.

Ces perfectionnements ont une importance majeure, en ce sens qu'ils viennent en aide à l'ouvrier liseur en lui rendant le travail moins pénible, et plus correct. Ces avantages sont dignes, ce nous semble, d'attirer l'attention en général, de tous les hommes compétents, et en particulier celle de la fabrique lyonnaise.

2. *Presse à balancier.*

Cette presse à balancier renforcée, nouveau modèle, est montée sur un banc et garnie de sa paire de plaques à charnières et de tous ses poinçons. (Le perçage en a été reconnu et échantillé par le conseil des Prud'hommes de Lyon le 13 janvier 1855.)

3. *Machine à copier.*

Cette pièce importante, le copiage (plus souvent nommée repiquage) est aussi perfectionnée et marche avec la presse et les plaques ci-dessus nommées.

4. *Presse excentrique.*

Cette presse excentrique à bascule est montée sur son banc avec sa paire de plaques à charnières en 104 pour percer des cartons d'armures. (Système nouveau.)

JOHN LANE, 54, rue Hlatfield. Stamford-Blackfriars, Londres.

A réussi à obtenir sur verre de magnifiques photographies colorées au collodion. La nouveauté de son procédé consiste dans la teinture du collodion. Ce qui donne aux épreuves un brillant et une solidité de coloris auxquels n'a encore pu atteindre aucun des systèmes suivis jusqu'à présent. Par le procédé de M. Lane, les photographies reviennent à bien moins cher et durent plus long-temps que les photographies au daguérréotype ou sur papier. L'image n'y est point renversée, et, sous le rapport de l'aspect et de la solidité, on peut les comparer aux peintures sur porcelaine. Au moyen de la teinture qu'il reçoit, le collodion recouvert en outre d'une forte couche de vernis, est complétement garanti de toute influence extérieure, et même, peu de temps après l'exécution, les épreuves peuvent aller à l'eau sans le moindre risque pour les couleurs.

ULLATHORNE (Ed.) et Cie 12, rue Gate-Lincoln Jun Fields, à Londres. — Fils de lin et chanvre pour selliers et cordonniers.

Fabriques à Barnard's Castle, comté de Durham et à Startforch dans l'Yorkshire (Angleterre).

Ils fabriquent aussi des alènes, des clous à monter, des tirants de bottes et de bottines, et la cire noire à déformer dite d'Ullathorne.

JOHN N. DEED, 451, rue Oxford, Londres.

Cuirs, Maroquins. Peaux de chevreau, de cheval, de veau, de mouton, d'agneau, etc. — Laines à matelas.

Cet établissement, qui possède de vastes ateliers, est dans les conditions les plus avantageuses pour fabriquer et préparer tous les articles nécessaires aux tapissiers, aux selliers, aux carrossiers, aux fournisseurs d'armées, aux cordonniers, aux relieurs, et autres professions, qui trouveront toujours dans ses magasins un assortiment complet de marchandises de première qualité et dignes à tous égards de l'attention des fabricants, des commerçants et du public en général.

MAC-KEHAN (M. et Mme), rue Regent, 175, Londres.

Fleurs en cire.

Groupes de fleurs. — Plants entiers d'Orchidées et autres fleurs rares. — Echantillons découpés et fleurs arrangées en pièces, à l'aide desquels on voit facilement la conformation particulière de chaque fleur dans ses détails les plus minutieux.

Groupes de bruyères et autres feuillages indigènes et exotiques.

Tous ces échantillons se distinguent surtout par l'élégance et le fini du travail, par la plus stricte exactitude botanique, et par la scrupuleuse imitation de la forme et des nuances, point si important dans cet art.

M. et Mme Mac-kehan sont les inventeurs d'une nouvelle méthode scientifique pour reproduire en cire les différentes variétés de feuillage, au moyen de laquelle la forme et la structure de la moindre feuille sont représentées avec la plus grande fidélité. Le succès avec lequel ces imitations de fleurs ont été exécutées, ont valu à M. et à Mme Mackehan les éloges les plus flatteurs de la part des botanistes les plus distingués.

Ces jolies fleurs en cire composent de forts beaux ornements pour salons, boudoirs, etc., et, grâce à une manière spéciale de préparer les feuilles de cire, elles ne sont point susceptibles de roidir ou de se faner.

On trouve aussi chez eux des cires en feuilles d'une dimension plus grande que toutes celles vendues jusqu'à ce jour. — 6 pouces sur 36. — Ainsi que des dimensions ordinaires. — Ces cires sont généralement estimées pour leur excessive souplesse et la beauté remarquable de leurs nuances; on n'emploie, du reste, que des produits végétaux pour les colorier.

Couleurs, outils, matières, tout ce qui est nécessaire pour ce genre de travail. — Cire en gros, et à des prix plus avantageux que partout ailleurs.

Leçons pour les dames. — Prix du cours de 4 leçons : 26 fr. 50 c.

GERESME (Ad.) aîné, *Manufacture de corsets en gros*, 2, rue Mauconseil et 195, rue Saint-Denis, Paris.

Brevet de 15 ans s. g. d. g.

Pour un nouveau genre de corset, entièrement tissé et piqué sur le métier, rendant toutes les formes, à l'aiguille, des genres les plus recherchés, ne laissant rien à désirer sous le rapport de la solidité, ne se déformant pas, et n'ayant aucun apprêt.

Corsets à l'aiguille de tous genres possibles, et des coupes les plus nouvelles, ayant toute la grâce que l'on peut désirer, depuis les prix les plus bas jusqu'aux plus élevés.

VIEUX aîné, mécanicien, à Lyon (Rhône).

Machines à dévider.

Inventeur de mécaniques d'un nouveau genre, rondes et longues, pour le dévidage des soies et cotons, M. Vieux aîné vient d'ajouter un notable progrès aux améliorations dont cette industrie lui était déjà redevable. Les 2 pièces, qu'il expose cette année, justifient de tous points cette assertion. Elles consistent :

1o En un detrancannoir rond de 42 broches à tous comptes, ou à décroissement, pour détrancanner les soies et perfectionner le dévidage.

2o En une mécanique ronde, et 12 guindres pour le dévidage des soies et cotons.

FAVRE (Hri – Auguste), au Locle (Suisse), — Horlogerie.

Une savonnette or 22 1|2 lignes, échappement à ressort, fusée remplissant les fonctions de la clef Breguet, 10 trous rubis, posage à l'anglaise, spiral sphérique, compensation réglée au chaud et au froid, boîte guillochée.

Une dito fusée à ponts, échapement, 12 trous rubis posés à l'anglaise, spiral boudin, compensation de même, boîte guillochée.

Une dito ancre ligne droite, levées visibles, roues et échappements or, 12 trous rubis, 6 contre pivots. spiraux sphériques, compensation de même, boîte guillochée.

Une dito Duplex, 10 trous saphir, spiral boudin, compensation de même, boîte guillochée.

Une dito ligne droite, 12 trous rubis à l'anglaise, spiral sphérique, compensation de même, boîte guillochée.

Une dito ligne droite, 14 trous rubis, et 6 contre pivots, thermomètre métallique et boussole, réglage Breguet, boîte guillochée.

Une dito bascule, 10 trous rubis et 6 contre pivots, réglage Breguet, boîte gravée et guillochée.

Une dito ligne droite, nickel, roues et échappement or, 12 trous rubis et 6 contre pivots, réglage Breguet boîte guillochée.

Un mouvement 3|4 platine à fusée, 18 trous Duplex, réglage simple, 10 trous saphir posés à l'anglaise, repassage en blanc.

Un dito, ligne droite, nickel, roues spiral sphérique, 12 trous et rubis 6 contre pivots, repassage en blanc.

Un dit Duplex, nickel, roues et

8.

réglage Breguet, 10 trous rubis, repassage en blanc.

WIRTH l:eres, sculpeurs à Brienz, canton de Berne (Suisse). — Dépots à Paris, 17, boulevard des Italiens, et 35, rue Hauteville.

MM. Wirth occupent en Suisse tous les ouvriers d'une contrée, pour la fabrication de cette grande variété d'articles si bien sculptés, que tout le monde admire.

On remarque surtout des groupes, sujets et animaux admirablement sculptés dans une seule pièce de bois. — Ancien élève de Pradier, M. Wirth sait vaincre toutes les difficultés. Il s'est distingué d'une manière toute particulière par un véritable petit chef-d'œuvre, en un groupe surmontant une pendule et représentant un Satyre avec une Vénus.

L'expression des figures et les formes rappellent les œuvres de son ancien maitre.

Ce qui fait ressortir le mérite de M. Wirth, c'est le génie qu'il apporte à l'exécution d'une variété infinie d'articles si différents; ce sont des vases et cassettes avec fleurs hardiment fouillés et inimitables, des glaces à main, des bénitiers, des christs, des statuettes religieuses d'après nos anciens grands maitres, des jardinières, des corbeilles, objets de table, articles de bureaux, de magnifiques encriers, groupes dissimulés, etc., etc.

Ce qui étonne, ce sont les prix minimes de tous ces articles.

ROYER, pharmacien, chimiste de l'école de Paris, rue Saint-Martin, 225, ancien 171, en face de la rue Chapon.

Huile de foie de morue de Royer. Breveté s. g. d. g.

(Voir le détail aux annonces.)

STÉHELIN et **SCHŒNAUER**, rue de la Banque, 24, Paris.

La manufacture d'étoffes feutrées à Thann (Haut-Rhin) envoie à l'Exposition ses produits qui consistent en étoffes pour chaussures, feutres pour schabraques et porte-manteaux de cavalerie, feutres pour tapis de selles, etc., couvertures pour chevaux, feutres pour marteaux et étouffoirs de pianos, draps de portée et pour garnitures de voitures; draps pour filatures, tissages et imprimeries; feutres épais pour garnir les chaudières de locomotives et de bateaux à vapeur fixes, etc., etc.

SARRA fils, fabricant de cordes harmoniques, rue du Chemin-vert, 24, Paris,

Cette maison qui prend pour enseigne *A la plus ancienne fabrique de cordes harmoniques*, est en effet une des plus anciennes maisons de la Capitale; sa réputation justement méritée s'étend non-seulement en France, mais bien loin à l'étranger — La fabrication des cordes filées en laiton sur boyaux et sur soie, des cordes à boyaux simples et cordes à chapellerie, a pris une extension considérable. M Sarra fils, dont l'intelligence et le talent sont incontestables, y a apporté des perfectionnements si notables, que toutes les sommités artistiques se fournissent chez lui: ses produits exposés au Palais de l'Industrie, feront juger du mérite de ses œuvres, et nous engageons nos lecteurs musiciens à en faire l'essai.

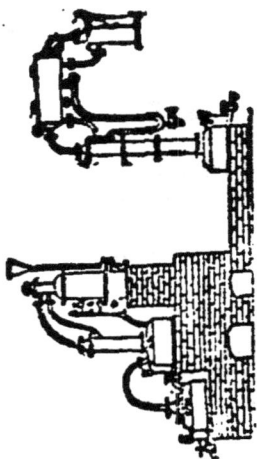

EGROT, fils, constructeur, 266, faubourgSt-Martin, Paris.

Appareils de distillerie agricole, brevetés s.g.d.g.

Ancienne maison fondée depuis plus de 60 ans, ayant obtenu des mentions honorables en 1834, 1839 et 1844.

L'appareil du système dont M. Egrot fils est l'inventeur, construit en cuivre, joint à sa forme élégante une grande simplicité qui permet une installation facile et peu coûteuse, en ce qu'elle offre une grande économie sur les appareils connus jusqu'à ce jour, tout en donnant les mêmes résultats. Il se compose : 1o de deux chaudières superposées ; 2o d'un chauffe-vin avec lanterne pour amener les vins à une haute température permettant un épuisement complet. Dessous le chauffe-vin se trouve un réfrigérent séparé par un fond pour rafraichir avec de l'eau, ce qui condense parfaitement toutes les vapeurs alcooliques sortant de l'appareil. Cette modification peut être faite quand les vins que l'on distille sont encore trop chauds. Sa construction intérieure est disposée de telle sorte qu'il est facile à démonter. Le plus grand avantage de cet appareil consiste dans ses boites à raccorder pour lesquelles M. Egrot a été breveté. —

Cette maison, si justement recommandable, tient encore comme spécialité tous les appareils, alambics, etc., nécessaires aux chimistes, confiseurs, distillateurs, parfumeurs et pharmaciens; elle est aussi l'inventeur d'un appareil à extraire dans le vide et autres objets déposés.

ROUFFET (Achille) aîné, mécanicien, 33, rue Saint-Ambroise-Popincourt, Paris.

Cette maison expose dans l'annexe vis-à-vis des poteaux 81 et 82, côté du Bourg-la-Reine, une machine horizontale de la force de 15 chevaux, à haute pression et à détente variable, — une machine portative de la force de 4 chevaux.

M. Rouffet aîné, dont la réputation est faite depuis longtemps au sein du monde industriel, construit divers systèmes de machines à vapeur, à haute et à basse pression, presses hydrauliques, machines à chocolat, outils de tous genres, et toutes sortes de machines sur plan. Il en a encore exécuté plusieurs qui figurent à l'Exposition, entre autres, les machines à chocolat de M. Devinck, et la machine à faire le parquet mécaniquement, inventée par M. Quetel. Ses beaux travaux ont obtenu deux médailles de bronze aux expositions de 1839 et de 1844 et une médaille d'argent en 1840 et en 1849.

CAEN frères, 34, rue du Sentier, à Paris. Fabrique à Lunéville (Meurthe).

Broderies en gros en tous genres, sur mousseline, jaconas et batiste.

Spécialité de broderies sur tulle.

Cette maison dont la réputation est süffisamment établie, expose:

Une garniture d'aube sur tulle Bruxelles ;

Broderie au crochet, jours à l'aiguille faits sur métier ;

Une pointe châle 8/4 du même travail avec points d'Angleterre.

Une écharpe dito.

Deux mouchoirs, deux cols, deux coiffures.

Ce genre de fabrication a fait depuis ces dernières années des progrès extraordinaires. Les produits de MM. Caen frères rivalisent maintenant par la richesse, le bon goût des dessins, la régularité et le fini de l'exécution avec les dentelles les plus estimées, qu'ils peuvent remplacer à des prix infiniment plus modiques.

Dix mouchoirs batiste brodés au plumetis.

Six toilettes mousseline composées d'un col à devants brodés, avec manches.

Douze cols mousseline.

Dessins exclusifs qui font parfaitement ressortir un beau point de plumetis d'une grande régularité, et ménageant habilement des jours très-adroitement exécutés dans le tissu.

SCHROEDTER (Emile), mécanicien, à Dusseldorf (Prusse).

Médailles à l'exposition universelle de Londres et à l'exposition de Dusseldorf.

Un théodolithe ou instrument de géodesie dont on se sert pour lever les plans et réduire les angles à l'horizon. Cet instrument d'un nouveau modèle attire l'attention des connaisseurs par la simplicité du mécanisme, et la précision des mouvements.

M. Schroedter, qui possède un des établissements les plus importants de l'Allemagne, s'occupe spécialement de la construction des télégraphes (aiguilles), des galvanomètres et d'autres appareils électro-magnétiques pour chemins de fer. Tous ces articles sont fabriqués avec art et précision.

Cette maison livre spécialement à la vente des théodolithes, des instruments de nivellement et des pantographes au moyen desquels on copie mécaniquement des dessins et des gravures sans aucune connaissance de l'art, et surtout pour réduire cette copie à telle proportion que l'on veut.

GÜNTHER (G.), Lambach (Haute-Autriche).

Exposition de cotons; soie grège et soie teinte.

M. Günther a pris deux brevets autrichiens, qui se rattachent, de la manière la plus utile, à cette intéressante production. L'un constate une invention nouvelle pour *dévider* les cocons de soie, sortant de l'eau froide, en y employant un arcanum, qui, sous le rapport de la simplicité et du bon marché, l'emporte sur tous les procédés connus. L'autre brevet a trait à un procédé certain pour tuer les chrysalides dans les cocons, à l'aide d'un appareil spécial, sans diminuer la qualité de la soie.

Des documents, concernant ces inventions fort importantes, et un dessin de l'appareil pour la destruction des chrysalides, se trouvent aux bureaux de la commission autrichienne pour l'exposition.

L'agence de M. Boudin et Cie, Paris, 33, rue Vivienne, est chargée de la vente de ces brevets pour la France, etc.

DAVIES (David) et fils, carrossiers, 15, Wigmore street, Cavendish square, Londres.

La voiture pédémobile (ou vélocipède) de Davies consiste en une seule roue d'un grand diamètre, de chaque côté de laquelle un train léger est suspendu à l'essieu. La voiture peut servir à d ux personnes à peu près de la même grandeur et du même poids. Chacune d'elles s'assied à califourchon sur un siége ou une selle rembourrée, et appuyant le bras sur

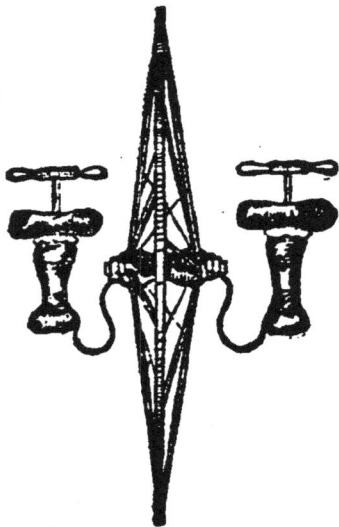

un coussin, prend une manivelle à la main. Le corps s'appuie contre un coussin rembourré de manière à empêcher tout autre mouvement que celui des jambes. Les cavaliers se mettent en même temps à marcher sur la pointe du

pied et ce léger mouvement suffit pour faire mouvoir la roue. En raison de la grande dimension de

la roue, de la manière dont le poids est suspendu et du peu de friction, on obtient immédiatement une grande rapidité en se donnant bien peu d'exercice. Pour faire tourner la roue aux coins, il faut la pencher dans la direction qu'on veut prendre : le cavalier, qui se trouve sur la courbe en dehors retire ses pieds, et le tour doit alors se faire entierement par le cavalier qui se trouve en dedans. L'action de tourner est le seul point qui demande un peu de pratique.

Nouveau coupé perfectionné, à forme elliptique, d'une apparence très-légère et élégante extérieurement, et ayant autant de place à l'intérieur, garni des marchepieds automoteurs brevetés de Davies, qui s'ouvrent et se ferment avec des portières et des charnières à segment, tournant sur deux centres et rapprochant ses roues de devant et de derrière pour raccourcir la longueur du train et le faire tourner dans un petit espace.

A la devanture formée d'une glace ronde est adapté un rideau à rouleau à ressort breveté de Davies, qui se baisse et se lève en rond comme la devanture.

FLAMET, fondateur de cette industrie en 1836, rue Saint-Martin, 143, Paris.

Médailles d'argent en 1849 et 1851.

Varices.

Bas sans coutures en caoutchouc, élastiques en tous genres.

GEORGE LLOYD, médaille de prix à la grande Exposition de 1851.

70, rue Gt Guildford Soutwark, Londres.

Machines à disque centrifuge, à fouler et à aspirer l'air atmosphérique et autres fluides ne faisant point de bruit.

Brevetées.

La machine soufflante est destinée aux fourneaux de fonderies, aux forges, et en général à l'entretien de la combustion, ainsi qu'à la ventilation des hospices, des navires, des puits, des égouts et des maisons.

La machine aspirante s'emploie pour faire sortir l'air vicié ou autre des mines, des navires, des maisons, des appartements en général.

La machine soufflante et aspirante est une combinaison des deux précédentes et remplace l'une ou l'autre d'elles, ou toutes les deux à la fois.

L'inventeur de ces machines garantit comme faisant autant de travail avec deux tiers de moins de force qu'aucune autre machine employée aux mêmes fins.

BLACKWELL'S, rasoirs et manches de rasoirs, coupoirs et pinces à sucre.

Fabrique, Bedford-Court, n° 3, Covent-Garden, à Londres.

Le rasoir à manche breveté est le meilleur qui ait encore été offert au public, et au meilleur marché ; il est d'une commodité remarquable et garantit de bien des accidents.

Les canifs à manche breveté, pour couper les cors aux pieds, ont gagné l'admiration universelle.

Rasoirs, qualité garantie, avec manche, depuis 4 fr. 40 c.

N. B. On repasse les rasoirs, et l'on y met des manches à la perfection, de quelque fabrique qu'ils sortent.

M. Blackwell's, qui s'est acquis une réputation hors ligne, est un de ces hommes qui ont voué toute leur intelligence à l'industrie qu'ils exploitent. Nous devons rendre cette justice à l'Angleterre, que la trempe de ses aciers est une spécialité que la France, malgré les progrès notables qu'elle a su réaliser et dont l'Exposition actuelle montre de magnifiques échantillons, spécialité que la France, disons-nous, ne peut disputer à la coutellerie anglaise.

La supériorité des produits sortis des fabriques anglaises est incontestable; les rasoirs de fabrique française sont en général trop durs; il faut, au contraire, tout en leur donnant plus de force, conserver également de l'élasticité dans le tranchant.

Il est encore essentiel de distinguer les deux espèces de trempe; elles se font toutes deux de la même manière : la seconde ne diffère de la première qu'en ce que l'on trempe les morceaux avant que la cémentation du fer soit complétement opérée, et qu'il n'y a encore qu'une couche plus ou moins épaisse transformée en acier.

Comprendre et exécuter cette partie essentielle du métier, affiler, aiguiser, passer et repasser les rasoirs, leur donner un tranchant et une souplesse que rien n'émousse, telles sont les difficultés qu'a su vaincre M. Blackwell's, et qui ont placé sa maison au premier rang de la coutellerie anglaise.

Coupoirs et pinces brevetés pour couper le sucre en morceaux de la grosseur convenable pour le thé.

La maison Blackwell's est celle de Londres, où l'on trouve aux prix les plus avantageux les bas et les ceintures élastiques, et en général tous les instruments de chirurgie.

Fabrique, Bedford-Court, n° 3, vis-à-vis de la rue Agar, dans le Strand, à Londres.

TRUCHY (E.), fabricant de perles, rue Tiquetonne, 12, ci-devant rue du Petit Lion, Paris.

M. E. Truchy, un des plus notables commerçants de la capitale; arrière petit-fils et successeur en ligne directe de M. Jacquin qui, en 1686, inventa les perles fausses. Infatigable dans ses travaux, il a déjà été honoré d'une médaille en bronze en 1839, de deux médailles en argent en 1844 et 1849, et en sus d'une médaille à l'Exposition de Londres.

Cette maison, recommandable sous tous les rapports, fabrique les perles lourdes orientales, pour la joaillerie, perles diverses pour l'exportation; les parures et nouveautés pour coiffures et garnitures de robes. Elle tient également un grand assortiment de jais et perles de Venise et d'Allemagne. Boutons et bijoux de deuil.

Une brillante collection de ces articles de fantaisie est exposée au Palais de l'Industrie, et fait l'admiration de la foule qui se presse autour de cette élégante vitrine.

OZANEAUX, fabricant de cartouchières de poche, 15, rue Richelieu, Paris.

M. Ozaneaux est l'inventeur de la cartouchière qu'il expose et qu'il nomme sertisseur, en raison de ce qu'elle enchâsse le carton des cartouches pour les fusils à bascule, en roulant ledit carton sur lui-même à l'intérieur pour fixer la dernière bourre, et, par ce moyen, éviter la colle.

Le sertisseur se compose de deux pièces principales :

La première est une matrice en buis, doublée en cuivre à la partie intérieure, qui reçoit la cartouche qu'on introduit après avoir ouvert le fond qui roule sur un pivot et qu'on referme par le même moyen ;

La seconde est un refouloir également en buis, creusé par un bout avec une rainure au fond ; on pèse sur la cartouche en imprimant un mouvement de va-et-vient, en tournant sept ou huit fois, et, comme il entre exactement dans une ouverture cylindrique, l'opération se fait instantanément.

WULFF et Cie, 57, rue Charlot ; — seule maison dans Paris. Panotypie.

Nouveau système de daguerréotype sur toile, bois, carton, glace, etc.

Par ce procédé, on obtient des épreuves d'une finesse extrême qui n'ont pas le miroitage des portraits sur plaque et qui n'exigent pas de retouches comme la photographie sur papier. Ces épreuves sont entièrement inaltérables, ce qui permet de les envoyer dans une lettre, de les conserver dans un porte-feuille.

Ce procédé, qui par sa simplicité, la constance et la beauté des résultats, par l'économie qu'il offre aux artistes, est appelé à être généralement adopté ; il se montre en peu de temps et la réussite est garantie.

M. Wulff a eu l'heureuse idée de vendre son système en pro-vince et à l'étranger, se réservant le droit exclusif de l'exploiter à Paris.

HÉRARD, graveur, 9, rue de la Harpe, à Paris.

Une collection de gravures à la mécanique en taille douce, lithographie et typographie, fonds in-contrefaisables pour mandats et actions, fonds étoilés et à rosaces, modèles variés pour talons et fonds, reproduction et augmentation de médailles pour adresses et factures, réduction de dessins au pantographe.

M. Hérard, qui fait une spécialité de son talent, est un artiste dont le mérite s'est fait jour en dépit de la modestie qui le caractérise.

LABORDE, ingénieur mécanicien, faubourg du Temple, 54, à Paris.

Mention honorable à l'Exposition de 1849 ; médaille de la Société d'encouragement, en 1851.

Un piano à constants accords.

Ce problème de physique, considéré comme insoluble, se trouve aujourd'hui complétement résolu. Chaque corde de l'instrument est tendue au moyen d'un point mobile, pourvu d'un compensateur qui en maintient l'accord ; ce système de piano devient donc indispensable pour toute personne privée d'accordeur.

FREITEL aîné, ouvrier mécanicien, rue des Jardins, à Amiens.

Télégraphe électrique imprimant.

M. Freitel est un ouvrier mécanicien ou chef monteur au chemin de fer du Nord : travailleur infatigable, il donne son temps, son intelligence, à la compagnie qui l'emploie, et consacre ses heures de sommeil et de repos à l'étude et à la recherche de découvertes importantes. Aujourd'hui, il vient recueillir le fruit de ses veilles ; la France, qui protége si noblement l'artisan laborieux, lui assigne une place parmi les illustrations de l'époque, et le Palais de l'Industrie, ce musée de l'intelligence humaine, ouvre ses portes pour recueillir dans son sein le fruit de ses labeurs.

Le télégraphe électrique imprimant. que M. Freitel expose, diffère essentiellement de ceux connus jusqu'à ce jour en, ce qu'un seul til conducteur suffit pour faire fonctionner les divers mécanismes de l'appareil.

La dépêche est imprimée en lettres alphabétiques. Les mots et les lignes qui la composent sont espacés régulièrement et peuvent former une page exactement semblable à une page d'imprimerie ordinaire. La page ainsi imprimée peut facilement être décalquée sur une pierre lithographique destinée à reproduire, par les procédés ordinaires, autant de copies qu'il est nécessaire.

L'appareil enfin est susceptible de s'appliquer presque sans modification à toute espèce de télégraphes à signaux de convention.

GUÉRET frères, sculpteurs-ébénistes. 7, rue Buffaut, Paris.

Cette maison, fondée depuis peu de temps, n'est pas cependant demeurée stationnaire ; un coup d'œil jeté sur les objets, qu'elle expose, suffit pour lui prédire un succès de vogue justifié par la délicatesse et le bon goût, qui ont présidé à la sculpture de ses œuvres.

Nous appellerons surtout l'attention des connaisseurs :

1° Sur un porte-fusil en chêne dont le groupe du milieu a obtenu une mention honorable aux Beaux-Arts ;

2° Un charmant bureau-bibliothèque, où l'utile se joint à l'agréable, et dont les sculptures légères et délicates s'harmonisent parfaitement entre elles. Ce meuble est digne en tout point de figurer dans le cabinet d'un protecteur des arts ;

3° Une riche collection d'objets de haute fantaisie en fine sculpture, tous plus gracieux les uns que les autres. M. Guéret se place au premier rang parmi les artistes qui ont pris part à l'immense concours qui s'ouvre à leur talent.

RAVETIER, mécanicien, rue de Ménilmontant, 91, Paris.

Machine à refendre les peignes et à retaper de différentes grosseurs de dents ; ingénieux système dont M. Ravetier est l'inventeur.

Autres machines pour les peignes à décrasser. — L'avantage incontestable de ces mécaniques consiste en ce que les produits sont plus lisses, mieux achevés, et qu'elles économisent une main-d'œuvre importante ; par ce système, on peut couper de quarante cinq à cinquante douzaines de peignes en une journée de onze heures, tandis que par l'ancien procédé, dit à la main, on obtenait un résultat de douze ou quinze douzaines seulement, dans le même laps de temps.

Pousser la concurrence jusqu'à un tel degré de perfectionnement, c'est doter l'industrie d'un progrès immense ; rendons donc justice au mérite de ces hommes qui consacrent leur intelligence au bien-être général, et prédisons-leur

9

bien vite un succès auquel ils ont droit de prétendre.

DENAUD, pharmacien, rue de la Grande-Truanderie, 16, Paris.

Taffetas et papier perforés de Denaud, mode de pansement nouveau et supérieur pour l'entretien régulier des vésicatoires et des cautères.

La perforation, appliquée aux taffetas et papier Denaud, est un utile perfectionnement apporté dans le pansement des vésicatoires; elle empêche efficacement le croupisseme et l'altération du pus, qui amène si fréquemment à sa suite l'extension du pourtour du vésicatoire au delà des bornes que le médecin a jugé nécessaire de lui assigner.

Ce système a du reste été seul approuvé par la Société médicale du cinquième arrondissement, dans sa séance du 29 novembre 1853, et par celle médico-pratique de Paris, dans sa séance du 9 janvier 1854,

WILLIAMS COOPERS et Cie, papetiers et fabricants de papiers. West Smith Field, 85, Londres.

Assortiment complet de papiers à tentures pour mansardes, chambres à coucher, etc.; papiers satinés, veloutés, dorés. Dessins et décorations de luxe, dessinés par les plus célèbres artistes anglais et étrangers pour salons et appartements, dans le goût de l'Alhambra, de Pompéi, de la Renaissance et autres. Leurs beaux papiers dorés sont renommés pour leur durée et la conservation de leur brillant pendant plusieurs années.

Plusieurs échantillons figurent à l'Exposition universelle de Paris.

Papeterie. Papiers à dessin, à écrire, à imprimer, enveloppes et livres de comptabilité.

Encres à écrire et sympathiques de Jakson.

Encre fluide concentrée pour l'exportation.

Vente en gros. Promptitude et exactitude.

Prix modérés.

BECKEMBACH (Jean), maison de commission à Rheydt (Prusse Rhénane).

Les lins exposés proviennent en partie de semences de Riga et ont été cultivés entre le Rhin et la Meuse, spécialement dans les environs de Rheydt et du château de Dyck dans les possessions de S. A. S. le prince J. de Salm Ryfferschein-Dyck.

Cette maison, qui tient un dépôt de lins, de laine, de coton mixtes et composés, fait les achats et ventes de lin et de tous les articles d'importation et d'exportation.

JOLY (Charles), à Paris, rue Drouot, 18, ci-devant rue de la Victoire, 18.

Parler de cette maison, c'est rappeler le succès dont jouissent à juste titre ses appareils de chauffage, qui ont, sur tous les autres, le grand avantage de consommer fort peu, d'utiliser tout le calorique en donnant une température toujours égale, et de n'exiger de combustible qu'une fois par jour. Ce qui charme encore dans ces nouveaux calorifères, c'est le gracieux de leur forme et la petitesse de leurs tuyaux, qu'une combinaison particulière permet seule d'employer.

Des divers modèles qui figurent

à l'Exposition, nous ne savons lequel doit être le plus admiré; depuis le plus petit jusqu'au plus grand, depuis le plus simple jusqu'au plus riche, tous, dans leur construction, révèlent le bon goût, comme aussi le praticien le plus consommé dans la science du chauffage.

C'est une bonne fortune à annoncer à tous ceux qui, jusqu'à présent, et c'est le plus grand nombre, n'ont pas trouvé dans les appareils, dont ils ont fait usage, les résultats et le comfort sur lesquels ils avaient compté, et qu'ils seront sûrs d'obtenir avec les calorifères Joly, qui conviennent à toutes les industries et à toutes les classes de la Société.

BOYER, rue de la Paix, 22, à Paris, porcelaines de luxe et cristaux.

Cette maison, fondée en 1814 par M. Feuillet, s'est acquis sous la direction de cet habile praticien une réputation que l'on peut dire européenne. M. Boyer, son successeur, depuis 20 ans a marché sur ses traces; il s'est efforcé non-seulement de soutenir cette ancienne renommée, mais de marcher avec le progrès des arts et des sciences; il s'est appliqué à donner à son établissement un cachet de distinction et de goût qui n'exclut plus le bon marché.

Dès l'ouverture de l'Exposition, ses produits ont attiré l'attention de Leurs Majestés l'Empereur et l'Impératrice qui sont venues le visiter déjà deux fois; elles ont daigné complimenter l'exposant sur tous ses produits, et lui ont acheté une garniture de console qui attire tous les regards par la perfection de ses peintures et le bon goût de sa décoration. S. A. I. le prince Jérôme Napoléon, dont il est le fournisseur, avait fait choix, même avant l'Exposition, d'une garniture analogue.

Cette maison fait particulièrement les services de table riches et ordinaires, les vases, soit montés en bronze, soit non montés, lampes, pendules et objets de fantaisie.

GUEYTON (Alexandre), galvanoplaste, 4, rue du Grand-Chantier, à Paris.

Auteur d'un ouvrage sur la galvanoplastie qui a déjà rendu des services immenses à MM. les orfèvres, bijoutiers et fabricants de bronzes, M. Gueyton a été honoré de la première grande médaille d'honneur à l'Exposition universelle de Londres, et d'une médaille d'argent en 1849, à l'Exposition de Paris.

Les modèles qu'il expose sont remarquables par la délicatesse d'exécution, le fini du travail et la régularité des formes.

Cette maison possède plus de 4,000 modèles variés pour la fabrique. Elle s'est acquis une réputation si bien méritée que tout éloge devient inutile.

VAUGEOIS et **TRUCHY**, fabricants de passementeries et broderies or et argent, fin. demi-fin et faux. Rue Mauconseil, 1, à Paris.

Médaille de bronze en 1844.

Médaille d'argent en 1849, et médaille de prix à l'Exposition universelle de Londres.

Exposent :

1o Un tableau entièrement brodé à Paris, représentant, comme symbole de l'Exposition universelle, les armoiries des principales nations industrielles, groupées autour de la France.

Le travail et l'exécution de cette broderie sont d'un effet magique.

2° Une paire d'épaulettes à grosses torsades tournantes brodées en cannetille. Ce spécimen est une application nouvelle de ce genre de travail.

3° Une macédoine de modèles d'épaulettes pour tous pays.

Depuis la dernière époque de leur brevet, par l'application de moyens mécaniques, cette maison a prodigieusement perfectionné ses produits.

Elle vient de fonder, comme succursale de ses ateliers de Paris, une fabrique à Lyon où l'on s'occupe spécialement de toutes espèces de dorures pour la passementerie et la broderie.

RICHER et C⍳ᵉ, boulevard Montmartre, 4.

Modèle d'un *appareil séparateur fixe*, breveté s. g. d. g., destiné à opérer dans l'intérieur des fosses la séparation des liquides et des solides au fur et à mesure de leur production, et remplissant toutes les conditions exigées par l'ordonnance de police du 29 novembre 1854.

Soupape brevetée s. g. d. g., destinée à intercepter toute communication entre les fosses et les cabinets. Elle est placée dans le tuyau de chute, et préserve les appartements contre les émanations.

Appareil séparateur mobile, breveté s. g. d. g., placé dans les localités privées de fosses, et destiné à recevoir les matières solides et d'un enlèvement facile.

Produits en bocaux provenant de la voirie de Bondy, dont la Cⁱᵉ Richer est fermière pour la ville de Paris. Ces produits sont le résultat de la distillation des eaux-vannes ou urines amenées à Bondy par la vidange de Paris. Deux de ces bocaux renferment la poudrette fabriquée par la Cⁱᵉ dans les chantiers de la ville.

EVAN LEIGH, de Manchester ; **DOBSON** et **BARLOW**, de Bollon, et **PLUTT**, frères et Cⁱᵉ, d'Oldham, constructeurs.

Machine automotrice, brevetée, de Leigh, à tiller et à carder.

Les machines à carder, briseuse et finisseuse, construites d'après ce principe, sont les plus économiques et les plus avantageuses. La qualité du travail est le point le plus important pour un filateur, parce que non-seulement cela le met à même de retirer le plus de profit possible de la matière première, mais encore toutes les opérations ultérieures accroissent la production et la valeur du fil. Après la qualité du cardage, c'est la régularité du travail qui importe le plus, et on ne l'obtient pas d'une manière satisfaisante par la méthode généralement adoptée de peser le coton à la machine soufflante. Il faut souffler et carder le coton avant de dire quel poids il donnera, car sa qualité varie selon sa longueur de soie, la crasse ou la poussière. Après l'avoir soufflé et cardé sur les briseuses, on n'a qu'à le faire passer dans la machine à tranche brevetée de Leigh, qui double de 20 à 60 bouts ensemble, dont elle fait un pan net qui se casse à une longueur donnée, et le poids est aisément mis d'accord avec l'étalon donné, en le brisant en dessous ou en ajoutant une tranche ou deux; alors on n'a plus besoin de changer les pignons, mais le travail marche doucement et régulèrement; les métiers et les machines à filer vont sans que les bouts se cassent continuellement à cause des fils épais ou minces et des pailles. Ces dernières s'extraient à moins de frais avec les plateaux mouvants qu'avec tous autres.

Ce système de briseuse et de finisseuse est sûr et d'une grande simplicité; il exige peu d'ouvriers, est peu susceptible d'usure, et fait de l'ouvrage de première qualité. A l'employer, on a économie d'espace, de force et d'intérêt de capital, car cette carde automotrice fait du travail pour plus qu'elle ne coûte en sus des autres. La force cardante de la machine s'augmente ou se réduit à volonté au moyen de la vitesse imprimée aux plateaux, dont un ou plusieurs peuvent se tiller à chaque minute. Il y a en dedans un fil de fer qui va toujours et donne une parfaite régularité au cardage. A changer les anciennes machines contre ces nouvelles, on réalise un immense bénéfice sur les déboursés.

Les témoignages nombreux et des plus flatteurs de la part des fabricants qui en font usage, attestent suffisamment la supériorité de ces machines.

S. NYE et Cie, mécaniciens, rue Wardour, 79, Soho, Londres.

Machine brevetée à faire du saucisson et du hacis.

Cette machine hache la viande, l'assaisonne et la fait entrer dans les boyaux en même temps. On peut aussi s'en servir pour hacher des viandes cuites, des graisses, des farces, des légumes pour potages, des fruits pour compotes et autres substances. Nous la recommandons aux familles, aux maîtres d'hôtel, aux pâtissiers. Elle hache deux livres à la minute.

Comme elle est tout en métal, elle n'est point altérée par le changement de climat.

CARDEILHAC fils, coutelier-orfèvre, 4, rue du Roule, Paris.

Cette maison fondée depuis 1817, a toujours marché au-devant de tous les perfectionnements de cette branche d'industrie. Nous remarquons dans son exposition une collection très-complète de pièces d'argenterie, dont la richesse et le bon goût dépassent tout ce que l'on a fait jusqu'à ce jour. Les soins, que M. Cardeilhac apporte à sa fabrication, lui assurent le concours de tous les véritables amateurs. Il vient d'adopter deux nouvelles formes de lames pour couteau de table remplaçant avantageusement le couteau rond, et qu'il désigne sous le nom de lame turque et lame arabe, toutes deux appelées à un grand et légitime succès.

Quatre médailles obtenues aux expositions précédentes.

SCHOLTUS, fabricant de pianos, 1, rue Bleue, Paris.

M. Scholtus est l'inventeur breveté des pianos à crampons, barres en fer, système le plus solide pour l'exportation.

Cette maison, qui a déjà apporté de grands perfectionnements dans une branche aussi importante, vient encore de trouver le moyen de faire répéter les pianos droits, ce qu'on a vainement cherché jusqu'à ce jour. Ce mécanisme (dit à marteaux répétiteurs), de la plus grande simplicité, est par cela même beaucoup plus solide et rend le toucher des plus agréables.

M. Scholtus expose plusieurs modèles de pianos de forme, de genre, et de bois nouveaux et variés contenant son précieux mécanisme.

Il expose aussi un *tabouret casier* dont il est également l'inventeur breveté. Ce tabouret contient le casier pour la musique et le banc pour les pieds, si nécessaire aux jeunes élèves pianistes. Le banc est encore lui-même une boite où l'on peut mettre en hiver une bouteille d'eau chaude. Comme tous les autres, ce tabouret s'élève et s'abaisse à volonté, et a de plus l'avantage de pouvoir être fixé à la hauteur voulue. Enfin pour complément d'utilité, étant déployé il peut servir de prie-Dieu.

BOISSELOT et fils, à Marseille (Bouches-du-Rhône), fabricants de pianos, médailles d'or en 1844 et 1849.

Cette maison, fondée depuis vingt-cinq années, s'est élevée depuis longtemps au premier rang, et lutte aujourd'hui avec succès contre les principaux facteurs de pianos de l'Europe, tant par la qualité irréprochable de ses produits que par la quantité de ses exportations.

Ce qui fait surtout rechercher les pianos de cette maison, par les artistes et par les connaisseurs, c'est leur sonorité à la fois douce et puissante, qualités unies à celle d'une solidité qui peut défier le temps, les climats, et les dangers de l'exportation.

Quatre cents pianos environ, parmi lesquels une centaine à queue, sortent annuellement de cette maison, et sont vivement recherchés par tous les marchands, tant de France que de l'étranger.

Diverses inventions importantes ont signalé à l'attention publique le zèle et l'intelligence des chefs de cette honorable maison. Depuis quelques années, MM. Boisselot et fils, ont fondé une suc-cursale de leur maison en Espagne, et, bien que cette nouvelle fabrique ne soit établie que depuis peu de temps, elle a déjà pris une extension considérable et obtenu de brillants résultats. Les produits exposés par MM. Boisselot et fils, proviennent de ces deux maisons.

FAURE, fabricant de meubles, 14, rue du faubourg Saint-Denis, Paris.

Manufacture à Beauvais (Oise), pour la spécialité des fauteuils, chaises et canapés en toutes sortes de bois.

M. Faure, dont la réputation est faite pour le bon goût et la solidité de confection de tous les genres de siége, explique parfaitement pourquoi il soutient si avantageusement la concurrence. Ayant monté une fabrique dans un pays où la main d'œuvre est de moitié meilleur marché qu'à Paris, il peut facilement modifier ses prix sans pour cela simplifier l'élégance de ses meubles. Depuis quatre années que ses ateliers sont organisés, les ouvriers ont atteint ce degré de perfectionnement qui les met à même de rivaliser avec les premiers ouvriers de la capitale.

Les articles que M. Faure expose, sont là pour constater les progrès introduits dans cette branche de l'industrie française.

AFFRE fils, allée Louis-Napoléon, 51, à Toulouse (Haute-Garonne).

Construction d'appareils culinaires.

L'appareil admis à l'Exposition est un fourneau économique pour faire la cuisine à douze cents personnes; il se compose de deux fours à faire le rôti et quatre étuves pour tenir les plats chauds, douze chaudières ou marmites de moyenne dimension, et d'une chaudière supplémentaire pouvant être employée à chauffer les bains et contenant 400 litres d'eau.

Ce fourneau présente une économie de combustible de cinquante pour cent, sur tous les appareils de ce genre ; et l'avantage de pouvoir faire la cuisine pour un personnel moins nombreux, en diminuant la consommation du combustible en proportion du personnel.

Les viandes rôties au moyen de cet appareil ne sont point molles et mauvaises, comme elles le sont généralement, les fours sont disposés avec un courant d'air pour enlever les vapeurs de la viande, et sont chauffés tout autour, c'est-à-dire que la flamme enveloppe les fours, ce qui rend la chaleur aussi uniforme que possible. L'intérieur des fourneaux est en fonte et maçonnerie, afin de concentrer autant que possible le calorique.

ELKINGTON, MASON et Cie, de Birmingham et de Londres, représentés par L. W. Rollason, rue des Vignes, 5, Paris.

Inventeurs brevetés des procédés de dorure et d'argenture électriques, orfèvres, travaillant les métaux précieux, et fabricants de bronze de luxe.

Leurs produits ont été honorés de la médaille du conseil à l'Exposition de Londres en 1851, et de la médaille de première classe à l'Exposition de New-York en 1853.

COLNAGHI (P. and D.) and Ce, éditeurs à Londres.

GOUPIL et Ce, éditeurs à Paris.

Galerie royale des Arts, consistant en :

Une série de gravures d'après les tableaux d'artistes anciens et modernes des diverses écoles européennes, faisant partie des collections particulières de S. M. la reine d'Angleterre et de S. A. R. le prince Albert.

En livraisons mensuelles.

Chaque livraison contient trois gravures (épreuves sur papier de Chine). Prix de la livraison : 25 fr.

Cet ouvrage consiste en une série de gravures d'après les tableaux provenant des acquisitions particulières de Sa Majesté Très-Gracieuse la Reine et de Son Altesse Royale le Prince son époux, ou faisant partie du mobilier de la Couronne, comme venant successivement des divers souverains de la Grande-Bretagne.

C'est parmi les riches collections du château de Windsor, du palais de Buckingham et d'Osborn, que Sa Majesté et Son Altesse Royale le Prince Albert ont bien voulu laisser faire un choix, comprenant les ouvrages les plus remarquables des écoles anciennes et modernes. Ce sont ces chefs-d'œuvre que la gravure a reproduits et qui sont ainsi offerts aujourd'hui à l'admiration du public. Cette publication se fait sous la sanction directe et le patronage immédiat de Sa Majesté et de Son Altesse Royale le prince Albert, qui ont accordé cette faveur, dans le but de faire connaître les plus belles productions des grands maîtres, et, par ce moyen, d'influencer et de perfectionner le goût du peuple, d'étendre et de généraliser les bienfaits et les avantages que l'art est destiné à répandre partout ; en un mot, de faire partager, autant que possible, à toutes les classes de la société l'instruction et les jouissances que Sa Majesté et Son Royal

Epoux retirent de la contemplation des chefs-d'œuvre qu'ils ont recueillis ou qui leur ont été légués, et qui forment les précieux trésors de leurs diverses résidences.

Les collections du palais de Buckingham et du château de Windsor sont connues jusqu'à un certain point. La plupart des tableaux qui les composent sont rares et d'un grand prix, et font partie du mobilier de la Couronne. Le palais de Buckingham renferme des copies célèbres, des écoles hollandaise et flamande, sans rivales en Europe; au château de Windsor sont réunies les magnifiques productions des écoles italiennes, ainsi que les superbes Van-Dyke et les merveilleux chefs-d'œuvre de Rubens, qui se trouvent dans les salons qui portent les noms de ces deux grands maîtres.

Osborn offre principalement la collection des produits de l'art moderne et surtout de l'école anglaise, sans compter de nombreuses copies des écoles allemande, belge et française, au nombre de plus de 150 tableaux, acquisitions de Sa Majesté et du Prince son Epoux, témoignages éclatants du généreux patronage dont sa munificence royale honore l'art moderne.

Ce palais, qui est la résidence la plus habituelle du couple souverain, est littéralement rempli des productions des artistes vivants, non-seulement de ceux qui se sont fait une réputation et occupent le premier rang dans leur art, mais encore de ceux dont les débuts méritent d'être encouragés, et qui, dans une pareille récompense et un si haut patronage, puisent de nouvelles forces et une ardente émulation pour atteindre à son tour, à une position honorable et distinguée.

Editeurs : P. et D. Colnaghi et Cᵉ, à Londres; Goupil et Cᵉ, à Paris.

SHAKESPERE, THOMAS et CHARLES CLARCK et Cⁱᵉ, fondeurs et fabricants brevetés d'ustensiles de cuisine et autres vases en fonte émaillée, Wohrthampton, (Angleterre).

Ayant réussi, après une longue suite d'expériences scientifiques, à trouver et perfectionner le procédé, au moyen duquel un célèbre fabricant du continent fabriquait des ustensiles de cuisine tellement supérieurs à tous les autres, que c'est en vain que les principaux fabricants de vaisselle d'Angleterre ont fait d'immenses dépenses et de grands efforts pour tâcher de découvrir cet art, appellent respectueusement l'attention de MM. les médecins, des chefs d'établissements publics, des maîtres d'hôtel, des cuisiniers, et du public en général, sur leur vaisselle émaillée. Son caractère principal, c'est qu'au lieu d'être étamée, la surface intérieure des casseroles, des chaudières, des bouillotes, etc., est recouverte d'un émail d'un blanc lisse, dur, solide, ressemblant à la plus blanche porcelaine. Au nombre des avantages résultant de cette invention, on peut assurer la propreté et la salubrité inhérentes au verre ou à la porcelaine, jointes à la solidité et au bon marché de la fonte. Jusqu'à ce jour on n'a fait la vaisselle de cuisine qu'en fer et en cuivre étamés; or, le premier de ces métaux est toujours difficile à nettoyer et se rouille à mesure que l'étamage s'use, tandis que le second devient trop souvent une source d'empoisonnements.

Ils fabriquent aussi toute espèce d'objets en fonte de fer, et entre autres, cuvettes émaillées, tables de jardin à dessus émaillés, jattes à lait émaillées, mangeoires, lavoirs émaillés. Coffres de fer, gonds en fonte avec charnières en cuivre, plaqués en cuivre par un procédé électrique, crochets de cabanes, roulettes à trois roues, moulins à café, tire-bouchons, machines à tuyauter et à gauffrer, marteaux de porte, arrête-portes, jardinières, patères pour chapeaux et habits, porte-parapluie, ferrures italiennes, grues, clous en fonte, poulies, moufles, décrottoirs, crachoirs, poids, etc. Ces articles se trouvent chez tous les marchands.

W. SIEMONS, 7, rue John-Adelphi, à Londres.

Appareil régénérateur à vapeur, breveté.

Cet appareil est construit d'après un nouveau principe qui peut aussi bien s'appliquer aux machines fixes qu'à celles qui servent à la navigation ou qui sont locomobiles. Le but de ce perfectionnement, c'est surtout l'économie de combustible.

L'appareil se compose de trois corps de pompes, au moyen desquels un volume donné de vapeur passe alternativement de son état naturel de saturation à l'état de chaleur et d'expansion, puis retourne à l'état de saturation, en changeant la pression de basse en haute pression, et en opérant chaque fois un déplacement utile du piston.

Il résulte de ce mode d'agir que le combustible consumé n'a qu'à remplacer la quantité de calorique absorbée par l'expansion derrière les pistons déplacés, tandis que le calorique latent de la vapeur, qui est à beaucoup près la plus forte source d'absorption de chaleur dans une machine ordinaire, se conserve à l'intérieur, et c'est autant de combustible économisé.

SWAINE et **ADENEY**, 185, Piccadilly, Londres.

Fabricants de fouets, fournisseurs de la Reine et du prince Albert.

Grande médaille de prix à l'Exposition universelle de Londres, en 1851.

L'Angleterre, la France, la Belgique, l'Espagne, l'Amérique ont toutes envoyé au Palais de l'Industrie de très-beaux modèles de cannes et de fouets; mais aucun ne l'emporte encore sur ceux qu'expose la maison Swaine et Adeney de Londres, fournisseurs de la Reine d'Angleterre.

On ne saurait trop admirer leurs superbes cravaches de courses avec montures de luxe et ciselures représentant des scènes ou des attributs de *Sport*, de 132 fr. 50 à 1,325 fr. — Leurs cravaches de dames, d'un genre tout nouveau, avec éventail et parasol; — leurs cravaches arabes et *chowries* perfectionnées et brevetées pour dames et cavaliers, avec plumets de crin, destinées spécialement pour les Indes ou autres contrées où les insectes importunent monture et cavalier. — Cravaches pour dames et cavaliers de modèles et de dessins entièrement nouveaux et d'une fabrication supérieure. — Fouets de poste et de postillons, fouets de voiture pour dames et messieurs avec manches en corne et sifflets. — Cravaches de chasse de luxe et pour présents, avec de superbes dessins de *Sport*. — Houssines d'équitation avec de belles montures d'un genre tout nouveau. — « Le cadenas de fouet universel, » article unique, bien supérieur à tous autres de même genre ; —enfin, fouets, cravaches, cannes de toute espèce et de la plus riche variété.

SUTTON et **ORSH**, marchands de fer et d'acier, à Birmingham, Snowhill et Crescent Wharf (Angleterre).

Traverses en fer laminé, pour constructions, à l'épreuve du feu, jusqu'à 10 pouces ; barres plates jusqu'à 12 ; rondes jusqu'à 8 ; carrées, jusqu'à 5. Barres de fer en biais, demi-rondes, ovales, octogones, pour foyers, châssis, fers à cheval ; fer pour coins, pour T (simple et double), pour river, pour câbles et chaînes de bateaux ; fleurets, fils de fer ; fer-blanc, tôle simple et double ; platines de chaudières, cercles, verges, tiges de clous, fer galvanisé et tôle plissée pour toiture.

Coudes pour navires et bateaux, versoirs de voiture et de soc de charrue, et fer battu de toute espèce. Fer pour poids et pour la coupe. Plaques et barres d'amarre. Fer à angle et à river, etc., etc. Toute sorte de fer fondu à l'air chaud et à l'air froid, du Staffordshire, du Shropshire, du pays de Galles et d'Ecosse, des marques les plus estimées.

Agents pour la vente du célèbre acier de MM. Jessap et fils, fondu, raffiné, poule, en armature, en vrille, en feuille, acier à ressorts.

Fer-blanc, enclumes ; vis, tuyères, bras, écrous, bras et essieux brevetés, attelles, chaînes, râpes, limes, claies, portes, palissades de fer, etc., etc.

HEINKE (C.-E.) et Cie, ingénieurs, 103, grande rue de Portland, Londres.

Médaille de prix à l'Exposition universelle de 1851.

Casques, costumes et appareils sous-marins.

La supériorité de ces différentes inventions a été reconnue et appréciée publiquement par le docteur Ryau, professeur à l'Institut polytechnique de Londres.

Le casque breveté garantit la vie du plongeur de tout danger en cas d'accident à l'engin pneumatique. Il contient, indépendamment de tout autre appareil, une quantité d'air suffisante pour durer un quart-d'heure, ce qui donne au plongeur le temps de remonter à la surface.

Le coulant breveté sert au plongeur, dans le cas où le verre se casse par quelque accident imprévu ; en le serrant immédiatement, le plongeur se garantit d'être noyé.

Les charnières perfectionnées ne peuvent se briser et résistent à la plus forte pression.

Au moyen du cadran de signalement breveté, le plongeur peut demander tout ce qu'il lui faut pour son travail et l'obtenir instantanément et sans risque d'erreur, lorsqu'il est au fond de l'Océan.

Peu de capitaines ou de négociants savent l'immense utilité, dont un appareil sous-marin serait à bord d'un navire dans un voyage de long cours. Dans le cas où il viendrait à éprouver quelque avarie au fond, un plongeur n'aurait qu'à attacher l'échelle de corde, à la jeter par dessus le bord et des-

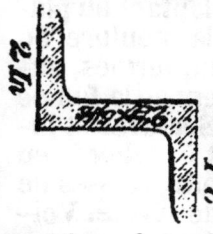

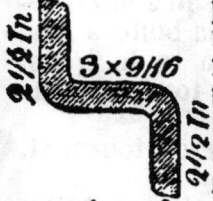

cendre, faire les réparations nécessaires, ce qui très-souvent empêcherait la perte de beaux bâtiments et de plusieurs personnes.

ROOBBYER (J. H.), rue Stanhope, 14, Strand, Londres.

Maison fondée depuis près de 200 ans. Articles de charpentiers, d'entrepreneurs, d'ébénistes et de tapissiers. Serrurerie de toute espèce.

Cuivre en gros. — Médaille de prix à la grande exposition de Londres en 1851, pour serrures supérieures.

Le compartiment du milieu de la montre renferme des roulettes d'un mouvement facile pour lits, pianos, tables, sofas, chaises, meubles de toute espèce.

Ressorts cylindriques en cuivre pour portes, dont on peut augmenter ordinairement la force suivant le jeu de la porte. — Verrous extérieurs et intérieurs en cuivre pour portes, fenêtres, de toute longueur, avec chevilles de cuivre pour empêcher la corrosion des variations atmosphériques, solides et très-commodes. Crochets en cuivre pour portes et fenêtres de cabane, d'allée, de toute longueur, et en toute matière. Charnières de cuivre pour ébénistes et coffretiers, de diverses sortes, s'ouvrant droit, à plat ou en tournant, pour paravents. Fermeture de châssis, de croisées et de fenêtres. Boutons, plaques, serrures de portes, sonnettes, dessins les plus nouveaux, riches, élégants, en porcelaine, en ivoire, en verre, en nacre, en corne, en bois et en cuivre. Tringles, crochets en cuivre, pour appartements, pour suspendre des tableaux, formant corniche et pouvant remplacer la dorure. Gonds levant pour passer par-dessus des tapis ou des surfaces inégales, avec fiches et roulettes en acier pour portes pleines, ouvrant facilement; gonds pour portes battantes. Chaînes et plaques de cuivre pour garantir les chambres à coucher et les portes d'entrée.

Ventilateurs en cuivre pour l'introduction de l'air chaud ou froid; ventilateurs vénitiens, nouveau perfectionnement, se tirant en dedans ou dehors, s'adaptant au plafond, à la base de la moulure ou à la cheminée, et qui, fermés, garantissent entièrement de la fumée ou de la poussière. Serrures et loquets à mortaise et à rebord en cuivre et en fer, pour caisses de banquiers et lieux de sûreté. Voitures de chemins de fer, portes de cabanes et à coulisses, livres, coffres en cuir, caisses pour papiers, depuis le palais et le château du gentilhomme et les plus riches cassettes, jusqu'à la chaumière du paysan et la boîte la plus simple, s'adaptant à toute épaisseur de porte et à tout système d'attache.

Inventeur du verrou tournant.

LESEURE (Nicolas), à Belleville, 20, rue des Bois, ci-devant à Paris, 35, rue du Sentier.

Broderies en bas relief et en velours.

Ces magnifiques broderies sur velours pour ameublement, qu'on a vues aux Expositions précédentes faire sensation, sont applicables aujourd'hui à beaucoup d'industries et aux tissus à palettes libres.

Les perfectionnements successifs de cette importante découverte que revêtent les robes, châles, manteaux et gilets exposés, excitent l'attention et provoquent le plus vif intérêt.

Dans le magnifique tapis appartenant aujourd'hui à Sa Majesté l'Impératrice, sont des fleurs, des fruits, des arabesques et des oiseaux, exécutés avec les nuances les plus suaves de la nature et les plus riches couleurs des Gobelins : c'est l'industrie qui exprime le mieux la vérité des choses.

M. Leseure, qui s'est imposé des sacrifices immenses pour arriver à un résultat aussi éclatant, est l'inventeur du travail à l'aiguille à fil continu.

Vingt machines à moteur continu sont en activité à Belleville. L'emploi de ces somptueuses broderies n'est plus combattu que par la concurrence naturelle des intérêts engagés ailleurs.

CHAUDET et fils, fabricants de briques, 6 et 8, Avenue des Triomphes, Place de la barrière du Trône et Chemin de Ronde, 5, Paris.

Brevet d'invention.

Poteries creuses, (nouveau système), pour planchers en fer et cloisons sourdes. Les qualités de cette nouvelle brique consistent principalement dans sa solidité, sa légèreté et sa surdité ; on obtient également une grande économie de plâtre et surtout de main-d'œuvre.

Cette maison fabrique toutes les poteries à l'usage du bâtiment, briques façon bourgogne et carrés, briquettes, grosses poteries pour cheminées, poteries anglaises, carreaux de toutes espèces et tout ce qui concerne la fumisterie. Elle tient également un magnifique dépôt de carreaux de faïence et se charge de la pose du carrelage, fournitures et façon, mitres et mitrons, carrés, ronds et ovales.

MM. Chaudet et fils sont les premiers fabricants en ce genre de la capitale ; ils ont un brevet qu'ils exploitent seuls, et qui leur permet de livrer leurs produits au plus bas prix.

REQUILLART, ROUSSEL et CHOCQUEL, fabricants de tapis et d'étoffes pour meubles, rue Vivienne, 20.

Cette maison existe depuis plus de 30 ans ; elle possède deux manufactures à Tourcoing (Nord) et Aubusson (Creuse), dont le dépôt général est établi rue Vivienne, 20, à Paris. — MM. Requillart, Roussel et Chocquel qui occupent plus de 1,500 ouvriers dans leurs établissements, ont fait faire de grands progrès à la fabrication des tapis ; et le résultat de leurs efforts a été de développer davantage la consommation de ces tissus en France, en répandant l'usage par l'attrait du bon marché. — De nombreuses récompenses nationales les ont depuis longtemps signalés à l'attention du monde industriel et manufacturier : en 1844 ils obtenaient la médaille d'argent, en 1849 la médaille d'or, enfin après l'Exposition universelle de Londres, où la médaille de 1re classe leur était décernée, ils recevaient, dans la personne de M. Requillart, la croix de la Légion d'Honneur. Le jury international de Londres avait ainsi apprécié leurs produits.

Les tapis, étoffes, exposés par MM. Requillart, Roussel et Chocquel l'emportent surtout par la richesse artistique des dessins et la beauté des couleurs.

MM. Requillart, Roussel et Chocquel font figurer à l'Exposition universelle de 1855, une collection de tapis et tapisseries de toute espèce, parmi lesquels nous citerons surtout un panneau représentant des anges flottants dans les cieux, d'une délicatesse de ton et d'une harmonie de coloris vraiment in-comparables ; un tapis d'église, rappelant avec les symboles reli-gieux le souvenir de nos gloires militaires ; un grand tapis en *savonnerie* commandé pour les sa-lons de M. le duc de Galliera; enfin des perleries du plus bel effet ac-compagnées de moquettes pour tapis et pour meubles, remarqua-bles par la nouveauté des dessins et des nuances.

STAIB fils, fabricant d'ap-pareils de chauffage, tranchées de Rive, à Genève (Suisse).

Calorifère produisant à volonté un renouvellement d'air considé-rable et dans les meilleures con-ditions de salubrité. Cette quan-tité d'air est proportionnée à la puissance de chaque numéro de dimension. Le foyer est disposé de manière à pouvoir, au moyen d'une pièce mobile, employer avantageusement le bois, la houille et autres combustibles. Ses parois sont en briques réfractaires et renfermées dans un cadre de tôle très-forte, le tout placé à l'inté-rieur même d'un coffre en fonte de fer, donnant, au moyen de ses cannelures, de grandes surfaces dans un espace réduit. Cet ap-pareil possède l'avantage d'avoir une température égale sur toute sa surface, dont aucune partie ne rougit. Cette disposition impor-tante pour conserver à l'air sa pu-reté naturelle, tout en chauffant d'une manière économique, sera bien comprise par toutes les per-sonnes ayant quelques notions sur les principales causes de la mauvaise influence de l'air des appartements chauffés au moyen de calorifères d'une construction ordinaire. Un système d'évapo-ration y est établi pour ajouter à l'air chauffé le degré d'humidité variable à volonté, et indispen-sable à sa salubrité.

Ce calorifère présente la plus grande sécurité contre l'incendie, et la dilatation n'y peut produire aucune détérioration, l'appareil en fonte étant complétement isolé de la maçonnerie.

A l'inspection des figures, on peut voir qu'il est facile de faire adapter le tuyau fumivore sur n'importe quel côté de l'appareil, ce qui en rend le placement facile dans toutes les positions.

WIRZ et Cie.—Etoffes et soie-ries à Zurich (Suisse).

1 coupon, largeur, 22. » Gros du Rhin tr. 3 bouts, tout cuit, rose vif.

1 coupon 21 ». Gros brillant tout cuit, brun et Napoléon.

1 coupon 27 1|2 ». Gros du Rhin, tr. Lustrée noir fin.

1 coupon 24 ». Lustrine 1 d., tr. Lustrée noir fin.

1 coupon 20 ». Satin turc ren-forcé, tr. gros noir.

1 coupon 20 ». Satin de Chine 2 ds., tr. gros. noir.

La richesse, l'élégance, la pu-reté du coloris, jointes à la solidité de la fabrication, donnent à ces tissus une préférence marquée. La maison Wirz et Cie, fondée de-puis nombre d'années jouit, à jus-te titre, d'une réputation bien acquise.

A l'Exposition universelle de Londres, ces messieurs ont obtenu une mention honorable avec mé-daille, et, depuis cette époque, les perfectionnements, qu'ils ont ap-portés dans la confection de leurs articles, ont prodigieusement dé-veloppé leur commerce. Cette maison est aujourd'hui une des plus importantes de la Suisse.

ACHARD (Auguste), élève

de l'école polytechnique, filateur à Chatte (Isère). Pendant l'Exposition, 25, rue Neuve-Coquenard à Paris. (Représenté à Lyon chez M. Deroche, notaire).

Machine à filer la soie, au moyen d'un mécanisme électrique nouveau qui rattache par pointe un nouveau fil de soie presque instantanément aussitôt que l'un de ceux, qui se dévident, vient à se rompre. L'ouvrière fileuse n'a qu'à placer les cocons tout battus sur une chaine sans fin.

Economie de main-d'œuvre, marche plus rapide, régularité et uniformité plus complètes.

Brevets en France et à l'étranger à céder.

KUNDERT FRITZ, graveur à Chaux-de-Fonds (Suisse).

Gravures sur or.

Une plaque en or représentant un hêtre.

Une plaque en or représentant des chênes.

La délicatesse du feuillage, le fini du travail, le goût exquis qui a présidé à la création de ces deux charmantes productions, en font des chefs-d'œuvre d'art.

Un fond de boîte en or pour montre, gravé avec une délicatesse sans exemple, le dessin représente un délicieux chalet dans les Alpes entouré d'une bordure de fleurs.

Une seconde boîte représentant la découverte de l'Amérique par Colomb, avec une bordure d'ornements habilement combinés avec le fond.

Enfin une troisième boîte représentant une Vierge, entourée d'une bordure et d'ornements isi heureusement appropriés au sujet, si délicatement burinés, qu'il est impossible de se rendre comp-

te de l'exécution d'un pareil problème.

L. D'EGUILLES, V. COUILLARD et Cie, fabricants de produits chimiques, rue des Fossés Saint-Germain-l'Auxerrois, 18, à Paris, et rue des Vignes, 44, à Vaugirard.

Ils exposent une série de produits chimiques, pour l'application à la photographie. Ces produits se font surtout remarquer par leur belle cristallisation, ce qui est le caractère distinctif d'une grande pureté. A côté de ces produits est exposé un échantillon de chloroforme pour l'usage médical; ce produit possède tous les caractères de pureté chimique, qui sont exigés pour l'emploi chirurgical de ce puissant anesthésique.

En dehors de ces produits, ils exposent une série d'objectifs pour la photographie, qui luttent avec avantage contre les instruments provenant de l'Allemagne et de la Suisse.

Cette maison qui a la fourniture exclusive des principaux photographes de France et de l'étranger, mérite à tous égards, la confiance qui lui est accordée.

MIGNOT (E.) Fabricant de bijoux et bronzes d'art, passage Jouffroy, 22, à Paris.

Parmi les quelques objets exposés par M. Mignot, nous citerons à l'attention de nos lecteurs, amateurs de style pur et correct, une délicieuse pendule mauresque, avec ses coupes et candélabres; ainsi que l'exacte reproduction d'un petit vase du seizième siècle, de la forme la plus élégante.

Cette maison s'occupe aussi très-spécialement de bijouterie fine, d'orfévrerie et de joaillerie; son assortiment en ce genre présente une grande variété de modèles dont le bon goût et la forme ne le cèdent en rien à la solidité : c'est avec le plus grand soin qu'elle fait exécuter par les premiers ouvriers de Paris, et sur dessins qu'elle soumet à l'avance, toutes epèces de commandes, tant en bronzes, qu'en bijouterie; dans ce dernier genre elle fournit les pièces les plus riches pour corbeilles de mariage.

Grand choix de bronzes d'art et de fantaisie, de pendules, candélabres, lampes, coupes et flambeaux, modèles des plus estimés, et exécution très-soignée.

DESOLLE fils aîné, quai Valmy, 189, Paris.

Fabricant de lits en fer et sommiers élastiques en tous genres, expose : 1° un sommier élastique tout en fer, à côtés ou bords mobiles. La partie supérieure de ce sommier, formée de bandes de feuillard, et brisée en plusieurs endroits, lui donne toute la souplesse désirable. Ces brisures sont reliées par des anneaux et garnies de cuirs, afin d'empêcher le bruit causé par le frottement du fer ; les ressorts dont les bords sont garnis ont la facilité de se décrocher à volonté, afin de doubler ou d'amoindrir la résistance de l'un ou de l'autre des côtés, de sorte que deux personnes d'un poids inégal peuvent par ce moyen être parfaitement couchées.

2° Un lit-canapé, avec sommier en fer, pour deux personnes. Ce lit-canapé a l'avantage de tenir moins de place que tous les objets de ce genre, faits jusqu'à ce jour, pour une personne.

3° Un lit fermant, avec sommier en fer, pouvant contenir le matelas et la literie.

4° Un lit sommier à dossier pliant : 5° Une chaise pliante en fer. 6° Un lit-fauteuil-chaise-longue avec sommier.

Cette maison fait sur commande toutes espèces de lits mécaniques et de fantaisie.

BLIN successeur, ancienne maison Niot, rue Mandar, 10, à Paris.

Médailles en 1839, 1844 et 1849. Récompenses nationales à toutes les expositions. Breveté s. g. d. g.

Horloges publiques.

Horloger mécanicien des hospices civils et militaires, des ministères, de l'école polytechnique, de la ville de Paris, etc..... Fabrique d'horloges simplifiées, de luxe, et à bas prix, pour églises, hôtels-de-ville, mairies, collèges, châteaux, usines, chemins de fer, etc.

Horloges électriques admises à l'Observatoire impérial, d'après le système de M. Liais de l'Observatoire et sous sa direction.

Construction toute spéciale de tourne-broches à ressort, à poids et à fumée, etc.

Compteurs et instruments de précision.

LECROSNIER (M. L.) N. C. Fabricant de toiles cirées et soies gommées, rue Bourg-l'Abbé, 7.

Médaille d'argent en 1849. Prize medal, Londres 1851.

M. Lecrosnier expose des tapis de diverses dimensions pour appartements et navires, deux tapis imprimés à l'huile, par rayures et points de marque, d'une solidité, d'une richesse et d'une perfection inconnues jusqu'à ce jour.

Des tapis de dessins plus simples et à prix réduits, quoique de qualité irréprochable.

Des imitations de bois en tous genres sur percale, molleton, toile unie et drapée.

Des imitations de marquetterie d'une vérité parfaite.

Différentes qualités de soies imprimées pour divers usages.

Une collection complète de toutes qualités de gazes et taffetas gommés, pour la pharmacie et les vêtements. Soies gommées.

Exportation.

PLANCHER (C.), 4, rue Lafayette, Paris, breveté s. g. d. g.

Tampons chimiques pour timbres ou cachets, griffes, composteurs, etc., garantis inusables, ne s'encrassant jamais, et produisant constamment avec la plus grande facilité des épreuves d'une netteté parfaite. Les tampons chimiques sont munis d'un régulateur breveté, au moyen duquel on peut les conserver indéfiniment en bon état.

Ces tampons sont adoptés dans la maison de l'Empereur, dans les ministères et toutes les grandes administrations publiques.

Encre à tampons chimiques, indélébile, pour marquer le linge avec un cachet.

MIGNARD-BILLINGE et fils, mécaniciens, boulevard du Combat, 18, à Belleville (Seine).

Tréfilerie de précision pour les horlogers et mécaniciens.

Tirage de fer et de cuivre de différentes formes et grosseurs, à l'usage des bijoutiers, serruriers.

Tuyaux en cuivre sans soudure, etc.

MM. Mignard-Billinge viennent d'ajouter à leurs nombreux produits une précieuse découverte que l'on voit figurer à l'Exposition, c'est celle de la fonte cémentée, que l'on peut tremper et détremper à volonté, par conséquent propre à la construction des filières à ti-

rer l'or et l'argent, et imitant celles si estimées qui existaient autrefois à Lyon.

Les produits de l'établissement de MM. Mignard-Billinge et fils sont avantageusement connus sous le rapport de la bonne exécution. Aussi la réputation dont jouit cette maison est devenue pour ainsi dire européenne.

GATTIKER. Dessinateur, rue de Mulhouse, 13, à Paris.

M. Gattiker débutant à peine dans la carrière qu'il s'est choisie, promet de devenir l'un des principaux artistes de sa spécialité ; la hardiesse de son dessin gracieux, coquet, nous promet une série d'étoffes pour ameublements, qui feront le charme de nos salons.

Ses dessins pour robes et hautes nouveautés sont de véritables chefs-d'œuvre de légèreté et de bon goût.

Il expose, des dessins pour impressions, pour meubles, robes, jaconas, barèges et sujets variés de haute nouveauté.

FIXON (E.), artiste photographe, rue Vivienne, 33, Paris.

Portraits au daguerréotype.

M. Fixon, qui depuis 1844, s'adonne d'une manière toute particulière à la photographie, est particulièrement connu et apprécié pour des épreuves sur plaque, dont il forme presque une spécialité.

En quelques minutes il livre des portraits d'une netteté et d'une vigueur irréprochables, deux ou trois secondes pour la pose suffisent.

M. Fixon est un de ces artistes consciencieux, qui développent toute leur intelligence dans la carrière qu'ils embrassent ; ainsi M. Fixon a presque créé une spécialité dans tous les genres qu'il exploite; portraits microscopiques pour broches, bracelets, bagues, etc., portraits au stéréoscope, vues et portraits artistiques pour stéréoscopes, portraits après décès, reproduction de tableaux, peintures, aquarelles, gravures, lithographies, statuettes et tous les objets d'art.

CAUDRON (Julien), cordier en tous genres, à Monville, près Rouen.

Il y a un an à peine, M. Caudron perdait son père après une longue et cruelle maladie; sa mère, impotente et sans ressources, des frères et sœurs incapables de se livrer au travail, toutes ces charges vinrent fondre à la fois sur cet honnête et courageux artisan qui, non-seulement sut, par son travail, rendre l'espoir et la vie à sa famille, mais qui trouve encore aujourd'hui le moyen de réclamer sa place à l'Exposition universelle.

M. Caudron expose, dans la vitrine nᵒ 7236, une riche collection de cordes de toutes dimensions, des cordes de chanvre, de coton de toutes couleurs, des cordes en cuivre, en fer, des cordes multicolores pour enjolivement des appartements. Un certificat de garantie vient de lui être délivré pour la fabrication d'une corde de sauvetage pour les pompiers; les nœuds sont tressés dans la corde; par un système tout particulier, elle offre donc l'avantage de ne pas blesser les mains et d'être d'une solidité sans exemple. Une corde d'un kilog. 50 ne coûte que 5 francs.

Un modèle appelé corde de cuir, composé de fil qui remplace avantageusement, comme durée et économie de prix, la corde à boyaux dans les établissements mécani-

ques; en effet, la corde à boyaux coûte en moyenne 20 francs, tandis que celle-ci, beaucoup plus solide, d'une seule pièce, ne coûte que 8 francs le kilog.

M. Caudron, aussi modeste qu'habile ouvrier, céderait à bien bas prix son brevet, qui, exploité sur une grande échelle, ferait indubitablement la fortune de l'acheteur.

THOMPSON (Warren), rue de Choiseul, 22, à Paris.

Portraits photographiques depuis la plus petite dimension jusqu'à celle de grandeur naturelle, de la plus grande ressemblance, coloriés ou non coloriés.

Daguerréotypes ordinaires, aussi de toutes dimensions, d'une perfection et d'un fini qu'on n'a pas encore atteints.

Portraits au stéréoscope, coloriés, d'une ressemblance merveilleuse et vraiment surprenante.

Vues et stéréoscopes de différentes constructions et pour divers usages.

Nous appelons surtout l'attention du public et des amateurs sur un nouveau système de stéréoscope, inventé par M. Warren Thompson, qui a été admis à l'Exposition, et que l'on peut voir au Palais de l'Industrie et chez l'inventeur.

LHOMME-LEFORT, inventeur, rue du Pré, 1, à Belleville.

Admis à l'Exposition centrale d'horticulture de Paris, ainsi qu'à celles de Versailles, Saint-Germain et Meaux.

Mastic liquide, approuvé et reconnu par plusieurs sociétés savantes de France.

Supérieur aux meilleures cires employées jusqu'à ce jour, pour greffer à froid, guérir et cicatriser les plaies et maladies des arbres, arbustes, plantes de serres-chaudes, herbacées ou aquatiques, telles que : ulcères, gommes, loupes, écorchures, chancres ou entailles; nécessaire surtout pour faire reprendre très-promptement les branches éclatées, préserver de l'humidité et de l'introduction des insectes dans les tiges des rosiers et de tous les arbres à moëlle en général. Il s'oppose également à la perte de la sève après le rabattage de la vigne, et est indispensable pour une infinité de cas que l'usage fera connaître.

Prix : le 1/2 kilog., 1 fr.; boîtes de fer-blanc à 50 c., 1 fr. et au-dessus. Privé d'air, il se conserve indéfiniment sans perdre aucune de ses propriétés.

JARRY aîné, fabricant de bijouterie, 32, rue des Deux-Portes-Saint-Sauveur, à Paris.

Bijouterie de fantaisie en or, argent, et argent plaqué d'or.

Cette maison est la seule qui expose un objet d'une très-grande importance et d'une grande difficulté d'exécution pour l'emploi du plaqué d'or sur argent. L'or se plaque habituellement sur cuivre ou autres métaux, mais il n'offre pas, à beaucoup près, les mêmes avantages. Plaqué sur argent, il conserve toute sa pureté, ne se ternit jamais et se nettoie facilement.

Parmi un choix très-varié d'articles de fantaisie, nous remarquons tout particulièrement une épée en plaqué d'or et un guéridon en argent et plaqué d'or avec un mélange de lapis d'une richesse extraordinaire.

Dans une vitrine d'honneur renfermant les produits de l'industrie parisienne, une lampe porte-ci-

garre également en argent et plaqué d'or.

Ces articles, d'une élégance rare, sont appelés à un succès brillant dans le monde aristocratique.

DURAND, fabricant de chocolats, rue de la Banque, 15, à Paris.

Les produits exposés sous le nom de chocolats-Durand se distinguent par leur fabrication et le choix des matières premières; cette maison, qui, en peu de temps, s'est créé une réputation flatteuse sans recourir aux moyens ordinaires, livre à la consommation des chocolats purs, tout en soutenant avantageusement la concurrence.

Il existe chez elle un dépôt de chocolats de Para, si recherché pour les vieillards et les jeunes enfants.

SILACCI fumiste, breveté s. g. d. g., rue Notre-Dame-de-Nazareth, 27, Paris.

Tuyaux de cheminées en terre.

M. Silacci a obtenu une citation favorable pour son système, à l'exposition de 1849.

Ces tuyaux remplacent avec un avantage incontestable les tuyaux en tôle. — L'élégance, la solidité et la durée ont été constatées par messieurs les architectes. En effet, ils peuvent durer plus de 30 ans, ils résistent au feu et à l'injure du temps; il a été constaté à l'Hôtel des Invalides, à l'imprimerie impériale et dans beaucoup d'autres établissements publics que ces tuyaux évitent le bistre; en un mot, l'usage aujourd'hui déjà si répandu en dit plus que nous ne saurions le faire en nous étendant davantage sur cette matière.

GROSSELIN (Auguste) et Cie,

successeurs de Delamarche, rue Serpente, 25, à Paris.

Au nombre des produits exposés par M. Aug. Grosselin, appa-

raissent en première ligne deux magnifiques *globes* de soixante-six centimètres de diamètre, montés sur grands pieds en ébène incrusté. A côté de ces globes non moins remarquables comme objets d'art que comme instruments de science, on voit un *planétaire* renfermé dans une sphère de cristal figurant la *sphere étoilée*; puis des *globes terrestres et célestes servant de garde-vue*; enfin une *carte murale*

représentant, à une grande échelle, le système du monde et les

différents phénomènes astronomiques.

On remarque encore dans l'exposition de M. Grosselin un cadre portant le titre de *Méthodes d'enseignement*, lequel renferme : 1° un *jeu typographique* au moyen du

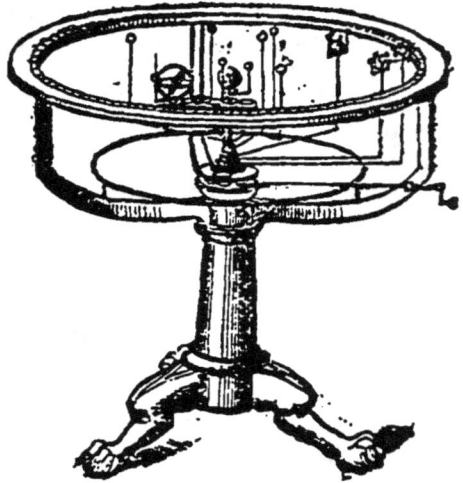

quel les enfants apprennent d'une manière récréative la lecture, l'orthographe, la grammaire et le calcul; 2° un *guide-main* destiné aux aveugles et aux personnes qui voudraient écrire dans l'obscurité; 3° des *tableaux mnémoniques* pour l'étude de la chronologie; 4° un *spécimen de carte*, avec de petits index mobiles de formes et de couleurs différentes, pour représenter les circonscriptions territoriales et les autres particularités géographiques.

TESTARD (Mlle), fabricante de poupées en gros, 278, rue Saint-Denis, en face les bains Saint-Sauveur et l'estaminet des Vosges.

Mention honorable à l'Exposition de 1849.

Les perfectionnements apportés depuis quelques années dans cette branche de l'industrie pari sienne, sont dus en grande partie à Mlle Testard, qui s'est acquis une réputation colossale dans ce genre de commerce. L'élasticité des mouvements, la grâce des formes et le luxe de leur ajustement assurent aux produits de cette maison recommandable, une vogue qui n'est pas prête à reculer devant la concurrence.

L'HOPITAL (Charles); fabrique et magasin de dents minérales perfectionnées, 17, rue Jean-Jacques-Rousseau, Paris.

Secondé par les conseils des médecins les plus distingués, M. L'Hopital est parvenu, à force de recherches, à des résultats aussi certains que satisfaisants et sanctionnés par l'expérience et à se créer une haute réputation dans la carrière qu'il a adoptée.

La solidité, la beauté et le naturel de ses produits justifient la confiance dont l'honore sa belle et nombreuse clientèle.

Les dents minérales exposées par M. Ch. L'Hopital fixeront tout particulièrement, nous n'en doutons pas, l'attention du jury.

DEROGY, opticien, gendre et successeur de Wallet. Paris 33, quai de l'horloge; usine à Cauny (Oise).

Il est des maisons dont la réputation et la probité commerciale sont tellement bien établies que, pour fixer sur elles l'attention du public, il suffit de les citer, ainsi ferons-nous pour la maison Derogy, nous désignerons seulement les objets qu'elle expose.

Verres de lunettes périscopiques et autres perfectionnés pour les vues faibles. — Nouvelles loupes achromatiques composées pour MM. les graveurs, horlogers; jumelles à 12 verres perfectionnées pour le théâtre, de beaucoup de champ et peu de volume. Jumelles à 12 verres perfectionnées pour la marine, employées de préférence aux longues-vues dont le roulis rend l'usage difficile. — Microscopes, chambres noires, chambres claires, lorgnons, faces à main, niveaux, baromètres, pèse-liqueurs, mesures de toute espèce, articles de daguerréotypie et de photographie, appareils complets, objectifs pour portraits, accessoires généraux. Fabrique de tous les instruments employés dans les sciences et les arts.

Maison de confiance.

LEVILLAYER (Henry), chemisier breveté, 9, rue Choiseul, au 1er. Seul chemisier récompensé à l'Exposition de 1849.

Les chemises, gilets de flanelle irrétrécissables, les cols-cravates et faux-cols que M. Levillayer expose, ont un cachet exceptionnel qui explique pourquoi sa maison a le privilége de fournir la fashion et l'aristocratie.

NUMA LOUVET, gravure, ciselure, outillage; 36, rue de la Verrerie. Elève et successeur de M. Bourgoing. Médailles B. 1844, A. 1849.

Fabrique de frisoirs, égrenoirs, matoirs et toutes sortes de ciselets, fait le poinçon de maître et poinçons pour gravure héraldique. Collection de ces poinçons pour MM. les graveurs sur acier, cachets et vaisselle. Marques de garantie pour brevets et inventions. Alphabets d'acier à droite et à gauche pour gravure.

L'expérience pratique et le goût d'artiste qui distinguent M. Numa Louvet ont rendu facile le soin qu'il apporte de n'avoir dans ses ateliers que des outils irréprochables sous les rapports de la forme, de l'élégance et des dessins, dont la multiplicité le met à même d'offrir le choix le plus varié pour les commandes qui lui sont adressées de France et de l'étranger.

LEGRAND, horloger mécanicien, 74, rue de Bondy, breveté s. g. d. g.

M. Legrand est un artiste très-habile pour la confection des mécanismes d'un genre analogue à l'horlogerie.

Dans son atelier, riche de tableaux-horloges, de boites et tabatières à musique, jouant polkas, valses et quadrilles, nous avons principalement admiré les deux pièces mécaniques qui figurent au Palais de l'Industrie : un pacha assis et fumant, ingénieux sujet de 45 centimètres environ de hauteur, et une marquise jouant de la serinette pour apprendre à chanter à un petit oiseau. M. Legrand est le digne successeur de Vaucanson.

BRUNIER (S.) parfumeur, passage des Petites-Écuries, 9, à Paris.

Capsules-bagues métalliques (brevetées s. g. d. g.).

Ce nouveau système de bouchage peut être appliqué à la conservation des substances alimentaires, terrines, huiles, fruits, confitures, etc., et généralement à toutes les substances dont la conservation est dépendante d'un bouchage hermétique; ce système devient précieux surtout pour les envois d'outre-mer, et les approvisionnements maritimes.

La capsule-bague donne un bouchage élégant, en raison de la possibilité de pouvoir couvrir les récipients d'étiquettes imprimées ou en relief, marques de fabrique, perspectives, etc.

Ainsi qu'un cadre dont la partie cylindrique se sertit sous le cordon de l'orifice du vase, et dont la partie supérieure prend la forme qu'on veut lui donner, elle peut assujettir le couvercle et offrir au commerçant une marque de fabrique inaltérable.

Son avantage sur l'emploi des anciennes capsules est considérable, par cela que la quantité de matière est beaucoup moindre, et que les moyens employés à sa fabrication sont aussi moins dispendieux.

On trouve, chez M. Brunier, des prix très-avantageux et un grand choix sous les rapports des grandeurs et de la forme de ses produits.

BRUNEL, coiffeur, faubourg Montmartre, 74, à Paris.

Brevets d'invention et de perfectionnement s. g. d. g.

Mécanique Brunel pour repasser soi-même et instantanément ses rasoirs, en refaire le tranchant à neuf, enlever les brèches, et leur donner un tranchant aussi fin qu'on puisse le désirer. Cette mécanique peut également servir pour repasser les instruments chirurgicaux, et sera particulièrement appréciée par les personnes qui font de longs voyages, de même que par l'armée, la marine, et en général par les personnes aimant à se raser elles-mêmes.

M. Brunel a donné à son invention un petit volume qui permet de le renfermer, ainsi que tous les accessoires nécessaires aux soins de la barbe, dans un très-joli nécessaire portatif. Prix 50 fr. et au-dessus.

M. Brunel démontre le mardi de chaque semaine, en son établissement les avantages résultant de l'emploi de sa mécanique.

Fabrique spéciale de composition pour l'entretien des rasoirs, connue depuis 20 années, 3 fr. la douzaine. Fabrique de cuirs à rasoirs de 75 c. à 2 fr. Pommade hongroise, brune et blonde, de Brunel, pour fixer et maintenir la barbe ou les cheveux dans la forme désirée. Prix, 3 fr. la douzaine. *Exportation.*

KELSEN (E.) acteur d'orgues, mécanicien, 8, rue Bertin-Poirée, Paris. Elève de Davrainville.

La vogue méritée dont jouit la maison Kelsen atteste la perfection du travail et la bonté de ses nombreux instruments, dont pas un ne sort de ses magasins sans avoir été essayé et examiné par M. Kelsen lui-même.

Bien que cette maison, fabrique toute espèce d'instruments de musique, mécaniques à cylindre et autres, elle n'a exposé qu'un orgue à tuyau et à cylindre pour appartement, jouant seul, au moyen d'un rouage et d'un contre-poids, mais c'est ici le cas de dire : *Ab uno disce omnes.*

BODEUR, ingénieur breveté, quai de l'Horloge, 11, au premier, ancien 51, à Paris.

Maison spéciale, d'instruments de physique, chimie et de météorologie.

Médailles en 1844 et 1849 : mentions honorables, 1839 et 1843.

Constructeur d'instruments de précision à l'usage des sciences et des arts, fournisseur des écoles et collèges scientifiques, fabrique les baromètres, thermomètres, hy-gromètres, thermométrographes, alcoomètres, pèse-sirops, sels, acides, etc. Manomètres avec nouveau procédé de les luter aux tube, de plomb ; baromètres de son invention pour mesurer les hauteurs, etc.

BERTRAND et Cie, à Lyon (Rhône).

Pâtes dites *d'Italie.*

Gênes et Naples ont eu longtemps le monopole presque exclusif, de la fabrication de ces pâtes auxquelles on donne différentes formes. Mais, depuis qu'elles sont entrées pour une proportion notable, dans la consommation générale (le vermicelle, le macaroni et les semoules surtout) il importait de naturaliser une industrie qui ajoute aux sources de l'alimentation. Il était réservé à la maison Bertrand de contribuer puissamment à la réalisation de cet avantage. C'est la seule, à Lyon, qui possède une machine à vapeur pour cet objet, et le matériel, qu'elle s'est créé à force de sacrifices d'argent et d'infatigables essais, constitue un important progrès dans cette fabrication. C'est avec un véritable intérêt que nous avons remarqué à l'Exposition sa collection de pâtes en blés glacés d'Italie, de pâtes et semoules en blés glacés d'Afrique, et onze flacons de blés glacés de diverses provenances.

Sa spécialité est la fabrication des pâtes dites *d'Italie*, soit de pâtes en blés étrangers et surtout en blés d'Afrique, qu'il ne faut pas confondre avec celles d'Auvergne (Puy-de-Dôme). Cette maison a été fondée en 1825, la persévérance de ses chefs, l'essor qu'ils ont su donner à une industrie naissante, les sacrifices intelligents qu'ils se sont imposés, lui ont permis d'éteindre la concurrence et l'importation en France des pâtes de Gênes et de Naples, et de prendre rang parmi les établissements industriels bien méritants du pays.

MONSELET, fabricant de lampes de cuisine, 3 et 5, passage Barrois et rue des Graviliers, 38, Paris.

De tous temps, les bons esprits se sont préoccupés de l'amélioration des ustensiles de ménage. Tout ce qui tend à apporter dans ces ustensiles perfection et économie a toujours été recherché avec empressement. Nous voyons surgir chaque jour une multitude de lampes nouvelles qui, malgré leur imperfection, sont accueillies du public, parce qu'elles répondent à un besoin ; mais enfin, les lampes Monselet viennent mettre un terme à de longs tâtonnements et résoudre le problème de la simplicité et de l'économie. Ces lampes dites à modérateur, admises à l'Exposition, sont revêtues de la marque de fabrique ; car chez M. Monselet la loyauté du commerçant s'allie à l'habileté de l'inventeur.

CHÈNE père et fils, constructeurs, 63, rue d'Angoulême-du-Temple et rue des Trois-Bornes, 30, Paris.

MM. Chêne père et fils, élèves de la maison Derosne et Cail, brevetés s. g. d. g., qui occupent deux fabriques, l'une pour la construction de la chaudronnerie, chaudières, réservoirs, tuyauteries en cuivre et en tôle, et la spécialité de tôlerie noire et galvanisée, exposent : 1° des modèles de calorifères pour appartements, étuves et séchoirs à surfaces multiples d'une puissante ventilation, construits en fonte, en tôle ou en terre réfractaire ; ces derniers ont pour but d'enlever toute odeur de fonte dans les appartements.

Ces petits appareils, d'une simplicité merveilleuse, brûlent deux kilogrammes de houille par heure et entretiennent un espace de 250 mètres cubes d'air de 11 à 15 degrés.

La disposition du foyer permet de brûler avantageusement toute espèce de combustibles.

2° Cheminée à surfaces multiples, construite tout en terre réfractaire, et, par ce fait, exempte d'odeur métallique. Le foyer, habilement combiné, renvoie la chaleur dans l'appartement, tout en consumant peu de combustible. L'installation facile et peu coûteuse de ces cheminées leur font donner la préférence sur les autres modèles inventés jusqu'à ce jour.

LEGAL (Frédéric), à Nantes (Loire-Inférieure).

Constructeur.

La distillation de l'eau de mer est l'un de ces utiles problèmes, qui font, depuis de longues années, le désespoir de la chimie. M. Legal l'a résolu, de la manière la plus heureuse, au moyen d'un ingénieux appareil, qui produit cinquante litres d'eau potable à l'heure. Son appareil sur la concentration dans le vide, avec boule de sûreté, opérant sur quatre mille pains de sucre de dix kilogrammes par jour ; son condenseur en fer inoxydable, pour appareil à eau de mer, et enfin ses peintures inaltérables et élastiques, résistant au choc et à la chaleur, et ne s'écaillant pas, lui ont acquis une renommée universelle.

LEBATARD, chef d'atelier de l'institution impériale des jeunes aveugles, ancienne maison Clavaux, existant depuis 1612, 35, rue Coquillière. Fabrique des caparaçons, carnassières, de toutes sortes d'objets de chasse et de pêche, filets pour les élèves de vers à soie. Mention honorable en 1844. Médaille de bronze en 1849.

Nous avons rencontré dans les ateliers de M. Lebatard, un grand assortiment de marchandises des plus nouvelles qui, lui assurent une vogue toujours croissante.

Parmi les objets frappés au bon coin que M. Lebatard, expose nous devons mentionner ici un caparaçon pour chevaux; nouveau filet pour le poitrail; béguin pour garantir les oreilles, un carnier à deux fins, se portant comme un sac de soldat, très-léger et très solide; carnier-cartouchière avec sac à volonté, servant à porter le linge et les provisions; douze nouveaux modèles de carniers; hamacs de famille à doubles mailles; filet goujonnière Lebatard; id. à chique nouveau modèle, épervier; hamac de jardin; fanchons; frileuses; filet à déliter les vers à soie, à 80 centimes le mètre carré; filets pour faisanderie.

BOUILLETTE et **HYVELIN**, successeurs de Morey; anciennes maisons Goughon et Verbeke, 64, rue du Temple.

Joaillerie, bijouterie avec pierres de Paris, brillants, émeraudes, saphirs, rubis, etc.

Parmi les maisons de commerce de premier ordre figure sans contredit, celle de MM. Bouillette et Hyvelin, cette maison est journellement visitée par l'élite de la société parisienne et les étrangers de distinction; cette préférence n'est certes pas due au hasard, mais bien au zèle, aux soins et au goût parfait des personnes qui la dirigent. En effet, tous les articles qu'on y rencontre ont un cachet particulier de grâce et de distinction. Les progrès apportés chaque jour dans les feux et la dureté de ses pierres ainsi que l'exécution de toutes ses œuvres les ont fait distinguer au concours universel de l'Exposition de Londres. Chaque jour sa réputation s'accroit non-seulement par les progrès matériels, mais encore par la loyauté de ses transactions et la modestie de ses prétentions. On y trouve la bijouterie garantie et de bon goût, la joaillerie élégante et riche.

CHARLET, fabricant de boutons de métal pour uniformes civils et militaires, boutons de livrée, fournisseur de la gendarmerie impériale, 41, rue Richelieu, Paris.

La maison Charlet, fondée dans la première moitié du siècle dernier, se recommande par sa fabrication spéciale de boutons en métal exécutés sur la plus large échelle. Citer cette maison c'est rappeler ses droits à la riche clientèle qu'elle possède depuis si longtemps, et dont elle continue à mériter la préférence la plus marquée tant par l'exécution gracieuse et distinguée, que par la bonne qualité de ses produits. M. Charlet expose cinq catégories de boutons de métal composées de : 1º boutons d'uniformes militaires, série des plus complètes; 2º boutons de livrées avec lettres et couronnes pour tous degrés de noblesse; 3º boutons de lycées et des écoles du gouvernement, collèges, institutions, etc.; 4º boutons pour les administrations de l'Etat et les admistrations particulières, chemins de fer, octrois, mairies; 5º riche série de boutons pour la diplomatie française et étrangère.

MOOS, successeur de Leguay, — ancienne maison Reynaud, 7, rue Richelieu, en face du Théâtre-Français, Paris.

Fabricant de boutons de métal et de boutons de soie. Boutons de livrée, boutons pour uniformes français et étrangers, pour les corps diplomatiques. Boutons de soie et laine à queue flexible, boutons de nacre, etc.

Nous avons eu déjà plusieurs fois dans ce volume à nous occuper de l'industrie du boutonnier. Encore une fois nous devons féliciter la fabrication parisienne. En Angleterre, surtout à Birmingham et à Londres. Cette fabrication est considérable, mais ses produits sont peu estimés à l'étranger. En France, Lyon, Chantilly. Méru sont les endroits où se fabriquent le plus de boutons. Ces trois villes tiennent le milieu entre Londres et Paris qui domine pour cette spécialité. Nous saisissons ici l'occasion d'enregistrer le nom d'un des fabricants qui ont le plus fait pour assurer à la capitale cette suprématie.

RUTSCHI et C[ei], à Zurich (Suisse), fabricants de soieries,

L'accroissement du luxe et le prix élevé des produits qui le constituent, ont créé à l'industrie une large voie de progrès et d'avenir. Parmi les branches qui ont reçu le plus de développements on doit citer la fabrication de la soierie, pour laquelle on obtient aujourd'hui une perfection remarquable.

Tout ce qui a été fait de mieux dans ce genre se trouve réuni dans la maison Rutschi et Cie de Zurich. Il est difficile de ne pas être frappé du bon goût que

ces habiles industriels ont déployé dans les magnifiques satins qu'ils ont envoyés à l'Exposition universelle. Nous avons remarqué des satins de Chine noir fin de 7 qualités différentes, des satins id. glacés de 5 qualités.

Cette maison produit en outre des florences, des marcelines, des lustrines noires et glacées de toutes qualités.

CHRISTIAN BUHLER et **EPPRECHT**. Hérissau, canton d'Appenzell, Suisse. Fabrication de cuirs vernis, cuirs imitant la soie pour manteaux, gilets, et bonnes etc., veau ciré, cuirs pour cylindres et cardes, etc.

L'exposition de MM. Christian Buhler et Epprecht vient démontrer la vérité du rapport de la commission de Londres, qui reconnaissait la supériorité de la Suisse pour les cuirs vernis et travaillés.

Rien n'est curieux à examiner et à toucher comme ces cuirs imitation de la soie (en peau de vache), ce manteau avec capuchon sans couture; et ce talma, ce gilet en veau si fin et si bien travaillé que MM. Christian Buhler et Epprecht exposent.

MERCIER ancienne maison Billet, fabricant de conserves alimentaires et comestibles. 129 rue Saint-Honoré.

Cette honorable maison expose des conserves alimentaires, viandes, truffes, légumes et fruits, dans des vases transparents qui laissent au visiteur la faculté d'apprécier leur parfaite conservation, et dans des boîtes en fer-blanc des conserves pour la marine: la conservation est certaine sous toute latitude, pendant un minimum de quatre années. Nous nous sommes assurés de la parfaite conservation des truffes qui ont gardé le parfum le plus suave et le goût le plus fin. Pour la consommation de Paris et de l'intérieur M. Mercier a des légumes en paquets, sans compression ni enveloppes métalliques, dont il garantit la conservation pendant une saison à la condition, qu'ils ne seront pas exposés à l'humidité et principalement à l'air de la mer.

Exportation. — Maison de confiance honorée de la plus riche clientelle.

HAYET (Henri), sculpteur, 34, rue Montpensier Palais-Royal, atelier, 109, quai Valmy.

Sculpture pour l'orfévrerie, le bronze d'art, le meuble, la décoration et le bâtiment.

La charmante coupe en argent qu'il expose lui a été commandée par Sa Majesté l'Empereur qui lui a commandé une série de r avaux en cours d'exécution. M. Hayet possède une haute intelligence des véritables conditions et des saines tendances de l'art. Il a des lignes qui ne s'égarent pas, des contours que l'œil aime à suivre, des mouvements heureux des raccourcis parfaitement réussis, une grande finesse de détails. Les fabricants les mieux posés dans le domaine de l'industrie se rendent acquéreurs des œuvres de M. Hayet dont ils aiment le genre et apprécient le talent.

MERVILLE, mécanicien-taillandier, 115, faubourg St-Antoine, 22, cour Bonne Graine, Paris.

Les villes où jusqu'à ce jour la taillanderie est la plus renommée sont celle de Foix (Ariége). Toulouse, Orléans, Mont-le-Bon et Mouthe (Doubs), Molsheim, Versailles et Nantes. La Taillanderie parisienne n'avait pas même tenté

d'entrer en ligne de comparaison. Grâce à M. Merville et à quelques-uns de ses confrères cet état de choses va cesser, et Paris, à l'Exposition universelle ne reconnaitra plus son infériorité. M. Merville expose: une meule artificielle pour user et polir le fer, la fonte et l'acier; il la fait dure ou tendre selon le travail qu'elle a à accomplir. Cette meule fonctionne indifféremment humectée ou à sec.

Fabrique de ventilateurs remplaçant le soufflet de forge et dont le bruit est presqu'insensible. — Ventilateurs pour usines, forges et fonderies.

BEAUFOUR LEMONNIER, 10, boulevart des Italiens, au coin du passage de l'Opéra, à Paris.

Articles de fantaisie en cheveux.

Nouveau genre de bijoux, formés de fleurs d'un caractère très solide, rehaussés de diamants et de pierreries fines.

M. Lemonnier (Beaufour) a obtenu la médaille de prix à l'Exposition de Londres et l'honneur d'un rapport favorable du jury.

Il expose comme spécialité de tableaux:

Un magnifique ouvrage en relief, représentant un aigle qui se précipite sur une sarcelle. Application de la photographie aux ouvrages en cheveux, l'application des bijoux en cheveux est faite aussi pour les coiffures dont l'emploi est des plus satisfaisants. Plusieurs peignes garnis de cheveux et d'or fixeront l'attention des dames; — un magnifique cache peigne — enrichi de diamants; — un joli paroissien recouvert de cheveux, enrichi d'un chiffre en brillants commandé par la princesse W****.

Plusieurs flacons, éventails, era

vaches (recouverts de cheveux), mouchoirs en tissus de cheveux et un buvard avec chiffres brodés.

JACOB (Alexandre) horloger à Besançon. Fabrique d'horlogerie, spécialité de montres en or à ancre et à cylindre.

Si Besançon partage , avec Sa lins la réputation de fournir les meilleurs ressorts, avec Montbéliard les meilleures chaînes, si Besançon est la ville renommée pour la fabrication des cadrans de montres, les habiles ouvriers qu'elle occupe savent *finir* une mon tre aussi bien qu'on les *finit* à Londres et à Paris. Parmi ces artisans habiles nous devons placer au premier rang M. Alexandre Jacob qui marche avec un nota ble succès sur les traces des Breguet fils, des Lepaute et des Leroy.

TEMPLIER, 25, rue du Faubourg-Montmartre. Maison spéciale et unique pour les lettres en porcelaine triangulaires pour enseignes et plaques pour inscriptions de rues et de numéros pour maisons, émail bleu avec lettres et numéros en porcelaine en relief (deposé). couteaux à fruits en cristal, à manche, décorés (déposé). Grand assortiment d'objets de fantaisie. — Nouveautés en cristal et en porcelaine décorées. — Service de table en porcelaine et en cristal en tous genres . Lithophanies en porcelaine de la fabrique royale de Berlin.

Toutes les lettres qui sortent de cette maison se recommandent par beaucoup d'élégance et de pureté ; quant à ses autres produits, leurs formes agréables, les moyens perfectionnés avec les quels elle les établit, lui donnent une supériorité réelle sur toutes les autres fabriques.

ROGNON (D.), mécanicien, 65 et 67, rue Saint-Maur, à Paris. Construction de machines à effilocher les tissus de laines foulés et non foulés.

M. Rognon expose encore un nouveau système de machine à effilocher les tissus de laine, procédé de pièces fixes qui *ne fait pas* de morceaux, et plusieurs spécimens d'outillages), mécaniques à raboter à la main ou par moteurs. Tours à engrenages de toutes forces, machines à percer, chariots, etc., etc.

Les moyens mécaniques et l'outillage spécial dont dispose cette maison lui permettent, tout en perfectionnant la fabrication , d'apporter dans les prix des réductions importantes ; tous les soins sont exclusivement employés à diminuer le prix de revient et à augmenter la précision du travail.

CLAIR GODEFROY aîné, facteur d'instruments à vent; rue et cité Montmartre, 63, en face le passage du Saumon, Paris.

M. Clair Godefroy a apporté les plus grandes améliorations dans le mécanisme de ses instruments qui ne laissent rien à désirer sous le rapport de la solidité et résistent à tous les climats.

Indépendamment de la perfection du travail, qu'un acquéreur sensé doit rechercher avant tout, les prix de M. Clair Godefroy sont très accessibles.

Flûtes-Bœhm perce-cylindres; flûtes en métal cylindriques, flûtes Bœhm à anneaux, flûtes ordinaires, petites flûtes Bœhm et autres, clarinettes, hautbois et bassons perfectionnés et ordinaires. hautbois nouveau système.

Médaillé pour les flûtes Bœhm perce-cylindres, médaillé en

1849 et en 1851 à l'Exposition universelle de Londres.

BRETON, 28, rue Jean-Jacques-Rousseau.

Instruments en bois et cristal. Médailles aux Expositions de 1844, 1849 et 1851. Vingt années d'une fabrication consciencieuse et progressive, une série de récompenses nationales et la confiance éclairée et unanime des artistes, tels sont les motifs qui nous portent à recommander d'une manière toute particulière les instruments qui sortent des ateliers de M. Breton.

Fabrique d'instruments en bois de tout genre, système Bœhm et ordinaire, flûtes, clarinettes, hautbois, bassons, flageolets, etc.; flûte *nouvelle-perce* système Bœhm remarquable par sa sonorité et sa justesse. — Élève de M. Laurent pour les instruments en cristal en tous genres et de toutes couleurs. — Becs de clarinettes, embouchures pour les instruments de cuivre.

Commission.

CHATELAIN (Anatole), 15, rue de Beaune, géographe et ex-délégué, dans les deux Amériques, du ministère de l'agriculture, du commerce et des travaux publics, auteur de plusieurs ouvrages de statistique graphique. Digne continuateur des Varenius, des Malte-Brun, des d'Anville, des Balbi, des Busching, des Mannert, des Ritter, M. Chatelain expose: 1° une petite carte officielle des chemins de fer de France et des pays limitrophes; 2° un atlas chronologique des chemins de fer de France, 1re concession, 8 feuilles; 3° une carte des voies de communication dans le monde entier, en 4 feuilles, dédiée à Sa Majesté l'Empereur et publiée sous les auspices des principaux ministères.

BRETON, 42, rue Saint-Sébastien, Paris.

Biberon Breton. — Médaille aux expositions de 1827, 1834, 1839, 1844 et 1849, rappel médaille d'or, mentions honorables.

Les biberons Breton ont une réputation européenne; on a, mais en vain, bien des fois jusqu'ici cherché à les imiter, n'est-ce pas là leur plus bel éloge? Ils sont construits de manière à permettre d'alimenter les enfants dans toutes les positions, soit couchés, soit en marchant, soit en voiture; leur commodité égale leur solidité.

(*Voir aux annonces.*)

ROQUEMONT (Mlle), rue des Martyrs, 38, à Paris. — Châle unique.

Mademoiselle Roquemont expose un châle tissu cachemire de l'Inde, broderie d'un genre nouveau faite sur le doigt avec fil de cachemire. Nous avons attentivement examiné ce châle et nous félicitons mademoiselle Roquemont de cette œuvre de patience et d'adresse, mais tout d'abord de l'heureux effet des dessins qu'elle même a imaginés. Pleins de finesse dans les détails, ces dessins sont ravissants et saisissants dans leur ensemble.

Mademoiselle Roquemont brode et fait la réparation des cachemires français et des cachemires de l'Inde.

POULLAIN-BEURIER, tanneur et corroyeur, 94, Faubourg-Saint-Martin.

Spécialité de cuirs pour mécanique en tout genre, — veaux et basanes pour couvertures de cy-

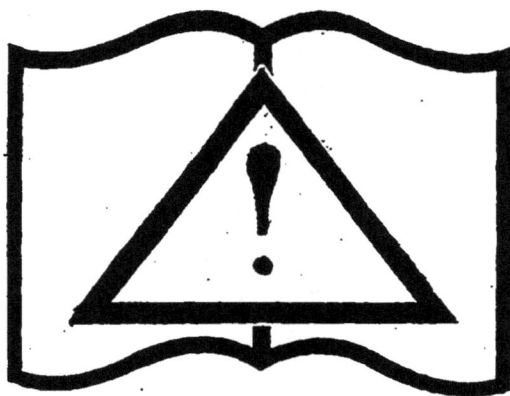

CAHIER (S) OU FEUILLET(S) INTERVERTI(S) À LA COUTUR
RÉTABLI(S) À LA PRISE DE VUE
DE LA PAGE 173 À LA PAGE ....

lindres de filatures. Veaux, vaches, plaques et rubans pour garnitures des cardes. Courroies de toutes dimensions avec jonctions en tout genre. Manchons pour tous les systèmes des peigneuses. Buffles préparés pour frottoirs de bobinoirs. Cuir pour rotta-frotteur. Cuirs pour châssis et rouleaux de lithographie.

Cette maison connue pour la première dans sa spécialité offre l'assortiment le plus complet de toutes espèces de cuirs. Lorsque nous avons visité les vastes ateliers du faubourg Saint-Martin, nous avons acquis la conviction que la tannerie et la corroierie françaises seraient dignement représentées à l'Exposition universelle. Les résultats obtenus par M. Poulain-Beurrier sont certes dûs aux progrès immenses qu'ont faits les machines destinées à abréger le travail de l'homme, et à amener dans les prix ce bon marché sans lequel la consommation, loin de s'étendre, se resserre malgré la perfection des produits, mais il est dû aussi, et nous devrions dire principalement, à l'activité et, l'intelligence du fabricant.

JOHR CON EGLI, à Richtersweil, canton de Zurich (Suisse).

Marcelines, gros de Naples extra-fort, lustrine, gros du Rhin rayé, id. glacé, poult de soie, satin de Chine glacé, satin Corinthe, satin fort apprêt, satin fort mi-soie noir, satins pour gilets mi-soie et pure soie noire.

Les Expositions des produits de l'industrie ont cet avantage immédiat qu'ils font jouir les consommateurs de toutes les nations, d'objets de consommation qui, sans ces grandes assemblées industrielles, ne se seraient répandus que lentement dans le commerce. Ces avantages sont incontestables, ils ajoutent au bien-être des populations et donnent plus d'activité au commerce et aux manufactures.

L'Exposition de 1855 ne fournira pas à cette importante maison de nouveaux débouchés; depuis longtemps ses produits sont appréciés et recherchés, mais elle la mettra à même de prouver une fois de plus qu'elle peut soutenir la lutte avec tous ceux, en présence desquels elle se trouve placée. Ses prix sont fabuleusement modérés.

HUNI et HUBERT, facteurs de pianos, à Zurich, successeurs du célèbre facteur Jacob Eck de Cologne. — Mention honorable à Londres.— Médaille à New-York, médaille d'or à Berlin. — Dépôts à Bahia, New-York, Londres, Hambourg, Berlin, Leipzig, etc.

Cette maison est des plus considérables : chaque année deux cents pianos sortent de ses ateliers ; elle a apporté les plus grandes améliorations dans le mécanisme du piano, indépendamment de la perfection du travail. MM. Huni et Hubert se recommandent par la modération des prix de leurs pianos de concert et de leurs pianos obliques, verticaux et carrés. Leurs pianos à échappement double ou échappement répétiteur ont obtenu une vogue européenne. Nous croyons devoir donner un aperçu des prix de cette maison : piano de concert, palissandre ou acajou 1,800 fr., en noyer 1,600 fr. échappement doublé; piano oblique, palissandre ou acajou 1,000 fr., en noyer 950 fr., mécanisme français perfectionné; piano vertical palissandre ou acajou 750 fr., en noyer 700 fr. même mécanisme; piano vertical très-grand en palissandre ou acajou 870 fr., en noyer 820 fr.; piano carré (grand), palissandre ou acajou 960 fr., en noyer 860 fr. mécanisme anglo-français; le même à échappement double 140 fr. en plus; piano carré grandeur moyenne palissandre ou acajou 750 fr., en noyer 700 fr. mécanisme anglo-français.

TERROLLE, à Nantes (Loire-Inférieure).

Nouveau système de machines à battre les grains avec *batteur mécanique oblique-angle* et manége portatif en fer, breveté s. g. d. g.

Par la combinaison de ce *batteur* appliqué aux machines à battre, ces dernières offrent l'immense avantage de travailler avec un tiers moins de force que celles à lames droites et produisent en plus grande quantité.

Avec ce nouveau système l'engorgement devient impossible attendu que les lames et la pression ne s'opèrent que sur un cinquième dans la longueur des nervures du contre-égraineur et la grille. Le travail en est très-net en ce que la paille et le grain ne sont point brisés en sortant et qu'il n'en reste plus à la paille.

Le tirage étant moins dur, la rupture des pièces devient beaucoup moins fréquente qu'aux autres machines, afin d'éviter tout accident pour les personnes appelées à les servir, les engrenages peuvent se couvrir à volonté. Le manége et la machine sont d'une construction excessivement solide, facile à monter, démonter et à transporter.

Les deux machines battent parfaitement avec deux chevaux, celle de première force peut par sa so-lidit́ résister à quatre chevaux ou bœufs.

LETOURNEAU, A. PARENT et T. **HAMET,** fabricants de boutons en tous genres — Magasin, 27, rue Michel-le-Comte. Fabrique, 7 et 9, rue Pierre-Levée, Paris.

Les boutons ne sont pas d'une date fort ancienne; nos ancêtres se servaient plutôt d'agrafes, de cordons, de rubans et d'aiguilles, de brochettes ou de grosses épingles. Les boutons furent d'abord formés d'une espèce de petite balle, revêtue de la même étoffe que les différentes parties du vêtement qu'ils étaient destinés à réunir. Dans la suite, on a trouvé la forme ronde des boutons fort incommode par leur grosseur et l'on a inventé la forme plate. Les boutons sont en bois, en métal, argent, acier ou cuivre, en nacre, ivoire, os, corne, cuir bouilli, en soie, en fil, en lasting, etc.

Parmi les fabricants qui ont fait faire un pas immense à l'industrie du boutonnier, nous devons citer MM. Letourneau, Parent et Hamet. Leur maison, récompensée à juste titre aux expositions précédentes, possède le choix le plus varié et le plus complet de boutons dits ve tales pour dame, soie pour habits et fantaisies, *à queue de fil par procédé mécanique breveté*, boutons, bijouterie, fantaisie sur cuivre en tous genres, boutons perfectionnés pour pantalon, pour collèges, uniformes, en corne imitant la soie.

Nouveaux boutons pour la troupe et clous en cuivre et en étoffes pour meubles, par systèmes adhérents et brevetés.

BERTHAULT - ALADENISE, fabricant de parchemins

à Issoudun (Indre), représenté par M. Duchesne, 153, rue St-Honoré.

Première médaille à Londres, 1851.

Rien ne paraît au premier abord plus simple que la fabrication du parchemin; en effet, lorsque le parcheminier reçoit les peaux préalablement lavées et dégraissées, il les *écharne*, les saupoudre de craie, procède au *ponçage*, et, lorsque la dessiccation est complète enlève le blanc avec l'*effleuroir* et livre le parchemin au commerce en grandes feuilles. Rien n'est plus simple, c'est vrai, mais quelle adresse l'artisan ne doit il pas déployer! quels soins minutieux, méticuleux exige chaque opération successive? M. Berthault-Aladenise, fournisseur de l'imprimerie impériale, de la chancellerie de la Légion d'Honneur, du greffe des criées, de la librairie militaire et des écoles chrétiennes, possède au Palais de l'Industrie la plus belle Exposition de parchemins; ce sont: des parchemins spéciaux pour écriture sans apprêt et inaltérables, — des vélins de veau et de mouton, — des peaux d'âne pour la reliure, — des parchemins de couleur, drapés et maroquinés, — des ronds de caisse et de cymbales en chèvre et en veau, — des parchemins préparés pour la filature et des parchemins du Berri classés pour les parfumeurs et les distillateurs. Le jury français sanctionnera le jugement porté sur les parchemins de M. Berthault, en 1851, par le jury de Londres.

SOHN (Benjamin), Mayer... graveur en camée et pierre fine en tous genres.

4, rue Notre-Dame-de-Nazareth, Paris.

Le mérite de cet artiste trop modeste se révèle entièrement dans les ouvrages qu'il expose.

ROY et Cie, fabricant-mouleur, 3, rue Mandar, Paris.

Nous n'avons pas à nous faire juges de la réputation de tous les industriels qui se prétendent sans rivaux dans ce genre de fabrication, mais désirant autant que possible n'indiquer dans nos colonnes que des établissements d'élite, nous citerons M. Roy et Cie avec la conscience que notre choix est tombé sur l'un des plus dignes.

Moulures en tous genres. Spécialité d'étuves de comptoirs, grand assortiment de nouveaux modèles, pièces montées et autres moules. Expédition pour la province et l'étranger.

MOISY (Jules), fabricant de corroierie, — ancienne maison Harmois fils, ci-devant rue Marivaux-des-Lombards, 4 et 6, actuellement, 8, rue de la Jussienne, Paris.

Cette maison est sans contredit l'une des plus recommandables de Paris, et nous sommes heureux d'appeler l'attention sur les remarquables produits que M. Moisy expose: ce sont: un boyau en cuir et en toile pour incendie et arrosement, des seaux en toile perfectionnés, des articles de pompes — courroies de mécanique, etc. D'heureux résultats obtenus dès 1844 lui ont fait décerner une médaille, en 1849, une seconde lui a été également décernée.

DURÉ (Ch.), 80, rue de Bondy, ci-devant rue Salle-au-Comte 22, Paris.

Ancienne maison Labbé, breveté s. g. d. g. pour divers systèmes de chenettes, becs de cannes, serrures à pompes, etc. Premier et seul inventeur des timbres montés à échappement pour portes et tables, des timbres pour omnibus, des timbres à sonnettes garantis de la rouille pour la marine impériale et le commerce.

La réputation de cette maison n'est plus à faire depuis longtemps. Ses produits aussi ingénieux que bien conditionnés ont valu à MM. Duré Charles et Labbé un brevet d'habileté et de loyauté, car toutes les pièces qui sortent de cette maison sont vendues à garantie.

PEUCHANT (Jules), fabricant de crémones. Breveté s. g. d. g. 68 et 70 rue Ménilmontant, Paris.

M. Jules Peuchant est le seul fabricant breveté pour les crémones en fer et en cuivre creux (marquées P. C.) s'appliquant à tous les systèmes connus jusqu'à ce jour. La cavité des tringles permet de réaliser une économie sensible, et a le précieux avantage de ne pas fatiguer les serrures des portes et des croisés d'un poids tout à fait inutile à la solidité de la crémone. M. Peuchant qui fabrique également la crémone en fer plein et en tous genres se voit rendre cette justice qu'il fait sous le rapport de la bonne fabrication mieux que tous ses confrères, et ceux-ci cherchent, non pas à le surpasser, mais à l'imiter.

DE PONTHIEU et Cie, entrepreneurs de v. danges atmosphériques. 8, rue Drouot, à Paris.

Voiture atmosphérique perfectionnée destinée à faire la vidange des fossés.

Cette voiture opère la vidange par la force d'attraction résultant du vide préalable.

Le vide est obtenu au moyen de pompes à air, fixées sur le train et mises en mouvement pendant la marche même de la voiture, à l'aide d'excentriques appliquées près des grandes roues de derrière, en utilisant une faible partie de la force des chevaux.

Cette manière de faire le vide présente l'économie considérable, d'une machine à vapeur et de pompes pneumatiques en permanence. 15 à 20 minutes suffisent pour arriver à un vide de 69 à 70 degrés à l'aide duquel en deux minutes et demie 2.000 litres de matières sont aspirées.

La voiture se compose d'un grand réservoir en bronze et en tôle, de forme cylindrique, d'une capacité de deux mille litres. Il est accompagné de deux gros tubes latéraux, qui sont en communication avec lui, et dans lequel viennent se loger tous les gaz qui se dégagent des fosses pendant l'opération.

Les essais faits, à la préfecture de police de Paris; ont démontré l'avantage résultant de l'emploi de ce système; avantages sous les rapports de l'économie de la propreté et de la célérité.

ALEXANDRE père et fils, inventeurs de l'orgue-mélodium, 39 rue Meslay; exportation. Tous les nombreux détails qui composent la fabrication du piano et de l'orgue ont toujours été l'objet des soins attentifs de MM. Alexandre, qui, ne s'endormant pas dans une vogue éclatante, ont toujours marché en avant dans la voie du progrès Les nombreux perfectionnements que cette honorable maison a apportés à ses instruments, lui ont valu la considération du monde musical qui les place au premier rang, la puissance des sons n'est pas la moindre qualité qui les distingue, leur construction toute particulière leur permettant de conserver plus long-temps l'accord, et de supporter les plus grandes variations de température sans se détériorer, aussi sont-ils spécialement recherchés pour l'exportation.

Les nombreuses récompenses accordées à leurs inventeurs sont du reste la meilleure garantie de leur supériorité.

Les orgues d'églises et de salons, les pianos à vibrations prolongées, le piano Litz et l'orgue à percussion système Martin de Provins, que MM. Alexandre ont exposés ne feront qu'accroître leur réputation, populaire en Europe comme en Amérique.

JOHNSON, chimiste, 189, boulevard Montparnasse St-Jacques, Paris.

Il existe une multitude d'espèces différentes de vernis, mais pas un n'est propre à peindre les carreaux de terre, ni la pierre de taille, ni les plâtres nouveaux, ni les enduits humides.

En effet, le vernis à l'*éther* tellement siccatif qu'il bouillonne sous le pinceau par l'effet de la rapide évaporation de l'éther ne peut être employé qu'en bijouterie; le vernis à l'alcool ne peut s'appliquer que sur les meubles et le carton; le vernis à l'essence sert particulièrement à vernir les tableaux, et le vernis gras est réclamé spécialement par les devantures, les portes, les voitures, les objets en tôle, les lampes, etc.

Par de nouveaux procédés chimiques, M. Johnson vient heureusement de composer plusieurs vernis, qui sur les carreaux, la pierre de taille et les plâtres nouveaux, se durcissent en quelques minutes comme une matière hydrofuge et leur donne une couleur très-brillante. Ces vernis conservent par-tout et toujours leurs tons primitifs, ne s'écaillent ni ne poudroient, ils sèchent sans aucune odeur. M. Johnson se charge de l'application de ses vernis à domicile, dans Paris et la banlieue et quelle que soit la minimité des travaux à exécuter, il met ses ouvriers à la disposition de tout requérant.

Nous avons sous les yeux les certificats les plus probants délivrés à M. Johnson.

COSSON (Mme veuve). Fabrique de billard, 56 rue de Lancry, Paris.

Pour ceux qui étudient dans le jeu de billard toutes les combinaisons savantes du choc des corps, qui calculent les angles d'incidence et de réflexion, qui savent comment on doit frapper la bille pour l'arrêter, la faire suivre, la faire revenir ou décrire des arcs, pour ces joueurs passionnés qui mettent souvent sur un coup un autre enjeu qu'un succès d'amour-propre, le billard est un instrument de précision qui doit répondre à toutes les règles d'une science aussi savante que compliquée. C'est ainsi que les billards de Madame Cosson se font remarquer par des soins évidents d'ajustage et d'exécution, aussi s'est-elle acquis la réputation d'un bon fabricant, réputation qu'elle a toujours justifiée par des travaux intelligents, témoin le billard riche style Louis XIV qu'elle expose, billard en bois de rose et en bois d'ébène, mosaïques, sculptures. ornements en bronze doré, — blouses mobiles mécaniques se fermant et s'ouvrant toutes simultanément et conservant les bloquets — bandes métalliques) brevetées.

KOCH et Cie. Saint-Gall (Suisse), fabricants de broderies fines, représentés à Paris par MM. de

Clermont et Hugel, 10, rue de Paradis-Poissonnière.

Se vouer exclusivement à une branche d'industrie, et lui faire produire tout ce dont elle est susceptible; réunir, dans un même genre, tout ce que le goût, la fantaisie, ou la science peuvent rêver de mieux accompli; en un mot, poursuivre et atteindre la perfection dans chaque spécialité: telle est l'invariable règle qui préside à la fabrication de la Suisse. Nous avons souvent parlé de ses beaux instruments de précision, il s'agit aujourd'hui de l'art exquis avec lequel elle représente, sur les plus fines étoffes, les figures et les dessins en relief les plus savants et les plus gracieux à la fois. La maison Koch et Cie dont nous venons d'admirer la charmante exposition, mérite d'être citée au premier rang de cette merveilleuse industrie. Ses broderies au plumetis, son point d'Alençon, et surtout ses broderies en long point dont les dessins sont également de la composition de messieurs Koch et Cie, et qui demeurent la propriété exclusive de la maison, font l'admiration du public élégant. Nous résumerons cette impression générale en disant que le goût le plus exquis et la plus grande perfection ont présidé à l'exécution des produits qu'elle expose:

6 cols long point, mousseline et jaconas;
1 col à long point, crêpe noir;
1 col plumetis, mousseline;
4 col plumetis, linon;
2 mouchoirs, linon.

MUSCH, inventeur, rue des Amandiers-Popincourt, 12, Paris.

Baignoire-calorifère brevetée s. g. d. g. chauffant même le bain, le linge et les appartements, en moins d'une demi-heure et avec 3 kilogrammes de bois, sans fumée ni odeur: Prix 220 fr.

Chacun connaît les propriétés hygiéniques du bain chaud et sait que sa propriété sédative est précieuse pour les maladies inflammatoires et douloureuses, telles que les rhumatismes, les courbatures, les convulsions, les névroses, la péritonite, l'entérite, l'iléus et qu'en un mot les bains sont pour la médecine un des plus puissants moyens thérapeutiques; mais on ignore combien pour le malade est dangereux la transition brusque du chaud au froid.

Cette transition n'est pas à craindre avec le calorifère Musch qui permet de conserver l'eau à une température constante et égale, non-seulement l'eau, mais bien encore l'appartement. Nous le disons hautement, M. Musch a introduit dans la fabrication de la baignoire un perfectionnement et une réforme depuis longtemps désirés.

SUSER, tanneur-corroyeur, à Nantes (Loire-Inférieure).

Chaussures en tous genres. — Cuirs tannés et corroyés.

Suser est une de ces natures d'élite qui consacrent leur intelligence aux intérêts du pays. Ses premiers débuts dans l'industrie datent de 1824. Aujourd'hui c'est le seul industriel en France et même en Europe, qui, à force de travail, de persévérance et de sacrifices de toute nature, soit parvenu à doter sa patrie de trois établissements formidables dans leur genre.

Au début de sa carrière il crée une fabrique de chaussures pour l'exportation. — En 1838, il adjoint à la fabrication de la chaussure une corroierie modèle. — En

1847, création d'une tannerie à la Morenière, en 1855; un second établissement colossal de chaussures et de corroierie à Nantes.

M. Suser prend la peau sur l'animal, et la faisant passer par ses ateliers, la conduit à son extrême limite et la transforme en chaussures d'une élégance extrême.

Cette maison occupe un personnel de 600 ouvriers et fabrique pour plus d'un million de marchandises qui alimentent la France, l'Angleterre, les États-Unis, le Brésil et toutes les colonies où notre marine a des rapports de commerce.

Pour arriver à des résultats aussi imposants, M. Suser a dû vaincre des difficultés immenses; aussi 2 médailles de bronze, 2 médailles d'argent, une médaille de prix à l'Exposition universelle de Londres, une médaille à l'Exposition de New-York et un grand nombre de mentions honorables, constatent d'une manière éclatante le mérite de ses produits.

LATOIX (G.) et **BASTARD**, fabricants de verres chevés pour montres, à Genève; verres chevés pour montres à cadran découvert, pour savonnettes, montres anglaises, montres doubles (très-épais), montres chinoises; verres chevés guillochés, pour montres à cadran d'argent; exportation.

Cette importante maison introduit chaque jour de nouveaux perfectionnements dans son industrie, et nul ne doute que le jury récompensera ses efforts persévérants. En attendant nous la recommandons comme une des plus importantes maisons de Genève et comme jouissant d'une réputation méritée.

BIZOUARD, perruquier et coiffeur, à Lyon, représenté par M. Bernardet, 43, rue Saint-Nicolas-d'Antin, à Paris.

Si la nature, l'âge et la maladie font pleuvoir sur l'espèce humaine de ces infirmités que la science ne peut prévenir, en compensation la Providence fait naître à chaque époque quelque célébrité artistique, qui sait voiler par son habileté les ravages du temps ou de l'intempérence. M. Bizouard est un de ces artistes privilégiés qui, à force de travail et de persévérance, est parvenu au plus haut degré de perfectionnement que son art puisse atteindre, imitant la nature à s'y méprendre; les perruques qu'il expose n'ont pas besoin de préface: voir c'est comprendre.

Sa vitrine renferme:

1° Une perruque d'abbé, nouveau système de tonsure, implantation sans tête et sous tresse;

2° Perruque sur gaze, avec une monture ne se déformant jamais;

3° Perruque sur gaze (simple);

4° et 5° Toupet, même implantation que le n° 1.

Ces trois genres d'ouvrages n'ont pas encore paru jusqu'à ce jour.

6° Toupet chauve, implantation sur gaze;

7° et 8° Deux perruques de femme, l'une blonde, genre Sévigné, l'autre brune, coiffure bandeaux.

ELLAM (B.), fabricant de fouets, fournisseur de LL. MM. l'Empereur et l'Impératrice des Français, de S. M. la Reine d'Espagne, etc., Piccadilly, 213, Londres.

La France, l'Angleterre, la Belgique, l'Espagne et l'Amérique, exposent des modèles de fouets et de cannes; mais les plus beaux

De tous sept ceux de M. Ellam.
Au nombre des objets exposés par lui, on admire un superbe fouet de course richement monté,

ayant un chariot de guerre au sommet et la charge de Balaclava autour de la poignée, avec un manche en soie tricolore ; un fouet de luxe richement monté en argent, avec des dessins représentant des cerfs sur les montures ; fouets de dames d'une forme nouvelle, auxquels sont adaptés un éventail et un parasol ; fouets arabes perfectionnés pour dames et cavaliers, avec plumets de crin, destinés aux Indes ou autres contrées où chevaux et cavaliers sont tourmentés par les insectes ; fouets de formes et de dessins entièrement nouveaux et de qualité supérieure ; fouets de postillons ; fouets avec sifflet de signal au manche ; fouets de chasse ornés de superbes dessins équestres ; cravaches avec magnifiques montures ; enfin fouets, cravaches et cannes de toute espèce et de la plus grande variété.

Dépôts de remèdes pour les chevaux.

HOLDEREGGER et **ZELLEVEGER**, fabricants de broderies pour ameublement et mousselines en tous genres, à Saint-Gall, (Suisse).

Tout ce que la mode et le bon goût ont pu créer de plus délicat, de plus élégant et de plus gracieux, se trouve dans les divers produits que cette maison expose. Rien n'est plus riche que son assortiment de broderies pour ameublement : ses rideaux brodés en tulle, son store en tulle, ses rideaux brodés en couleurs au crochet (en chenille) ; ses couvre-lits en tulle brodé au crochet et imitant le point anglais ; ses rideaux brodés en mousseline et en tulle à dessins splendides et pourtant d'un prix bien modéré. Puis à côté des mousselines brochées dites plumetis beaux comme dessins, beaux comme tissus ; des mousselines rayées à jours ; des bandes et *entre-deux* tissus imitant la broderie à s'y méprendre ; des jupons brodés en percale et en piqué imitant le point anglais.

Cette honorable maison produit également tous les autres articles de mousselines de Saint-Gall, soit brodés, soit tissus, tels que mouchoirs, robes, etc., tous les genres de mousselines unies et brochées, rideaux en tous genres, bordures brodées et brochées dans tous les prix.

BREGUET et Cie NC O., horlogers-mécaniciens, place de la Bourse, 4, à Paris.

La maison Breguet est au premier rang de celles que nous sommes heureux de citer. Son ancienneté et sa spécialité d'horlogerie, qu'elle a su conserver depuis sa fondation (chose rare de nos jours), la recommandent assez pour nous dispenser de nous étendre sur son mérite. Les principaux objets exposés par cette maison sont : des horloges marines, des chronomètres d'une exécution achevée et d'une grande précision, des pendules astronomiques, des montres à l'usage civil, des pendules de voyage, de cabinet et de salon, des télégraphes électriques, des thermomètres métalliques, etc.; la nouveauté et l'exécution de toutes ces pièces sont très-remarquables et le travail a dû présenter de grandes difficultés, que l'auteur a surmontées très-heureusement. M. Breguet possède éminemment la pratique et la théorie de son état, et lui seul peut maintenir la réputation de sa maison, placée si haut dans l'opinion publique, et digne de la confiance la plus absolue. Nous engageons vivement nos lecteurs à visiter les vastes ateliers de M. Breguet, 39, quai de l'Horloge, et ses magnifiques magasins, 4, place de la Bourse.

CABRIT (Alexandre), à Fleurier, canton de Neufchâtel (Suisse).

Fabrique de verres chevés, moule inventé en 1818.

Glaces pour montres à cylindre, les douze douzaines 20 francs, glaces doubles 38 francs, glaces de fantaisie et pour pièces chinoises 40 francs, glaces minces pour savonnettes 20 francs. Cette ancienne maison se recommande à la confiance du public par la bonne fabrication et le bon choix de ses verres. Tous ses produits sont exécutés d'une façon supérieure, sous la direction de M. Cabrit, qui dirige lui-même toute sa fabrication. Il jouit d'une telle réputation de loyauté que les colis qu'il expédie sont toujours acceptés sans être ouverts, chose digne d'être consignée. Les progrès, que M. Cabrit fait chaque jour encore dans son industrie, lui permettent d'arriver à la plus grande exactitude dans ses résultats ; le consommateur, constamment juge suprême de nos recommandations commerciales et industrielles, nous a donné déjà raison d'avance, par les nombreuses commandes qu'il fait quotidiennement à M. Cabrit.

SUCHARD (T.-H.-S.). Fabrique de chocolat, Neuchâtel (Suisse).

Appelé à visiter l'établissement de M. Suchard, nous nous plaisons à reconnaître qu'il répond par ses dispositions intérieures et extérieures à toutes les conditions d'hygiène et de salubrité si indis-

11

tif des procédés de fabrication adoptés par M. Suchard, et que nous avons suivis dans les moindres détails, nous a laissé en outre cette conviction, que tous les efforts ont été tentés pour perfectionner un produit, qui tient par ses qualités bienfaisantes une place importante dans l'alimentation. Il nous a été facile de constater que les méthodes défectueuses, trop souvent employées dans cette industrie, ont été remplacées par un ensemble e procédés nouveaux; que les soins les plus éclairés sont apportés dans les opérations délicates de cette fabrication; que tout concourt enfin à la supériorité des produits que M. Suchard offre au consommateur, soit au point de vue du goût, soit à celui de la santé. — Mention honorable à Londres 1851.

NAUDINAT, 19, rue de la Cité, à Paris. Ancienne maison Petit.

Inventeur d'un système de clyso-pompe, dont le mérite, l'utilité, la supériorité lui ont valu des médailles de bronze, d'argent, et plusieurs mentions honorables aux différentes expositions, M. Naudinat expose un nouveau clyso-pompe remarquable par ses effets et les avantages qu'il réunit : jet continu, puissant, ne donnant pas d'air, d'un mince volume, fonctionnant avec la plus grande facilité. Ce clyso-pompe, dit *hydroclyse*, est d'une surprenante simplicité; sans piston, et par conséquent n'exigeant aucun entretien; il est avidement recherché pour l'exportation.

M. Naudinat fabrique également d'ingénieuses petites pompes de jardin, que nous avons remarquées à l'Exposition de l'horticulture.

Ces petites pompes lancent facilement l'eau à 10 mètres de hauteur, mais on peut porter la puissance du jet à 25 mètres en y ajoutant un tuyau de fil.

CLOQUET-NORBERT, à Feluy (Hainaut), Belgique.

M. le docteur Cloquet a exposé deux cubes de marbre florentin d'autant plus remarquables qu'ils ont les couleurs les plus vives et la pâte la plus homogène. Ce marbre est exploité depuis deux ans par le docteur Cloquet, qui l'a découvert au-dessous d'un calcaire bleu à spirifères.

Ses bancs puissants offrent des surfaces de huit à dix mètres carrés, sans pailles ni fissures. On n'y rencontre pas ces teintes désagréables et ces taches inhérentes à presque tous les marbres belges, et qui sont dues aux substances métalliques qui, primitivement, se sont infiltrées entre leurs molécules.

Ce marbre se vend en blocs et en tranches de toute dimension — poli ou non poli — à des prix excessivement modiques. Il peut servir comme pierre de taille, ainsi qu'on peut le voir en visitant la belle chapelle gothique élevée à Argenteuil, près de Waterloo, d'après le nouveau système de construction en fer de l'architecte Carlier de Nivelles.

GASTÉ (L.), 58, rue Paradis-Poissonnière, Paris.

Papeterie, impression. Nouveaux registres à dos métallique apparent.

M. L. Gasté, dont la maison est unique pour la variété et la beauté de ses produits, car la supériorité d'intelligence et de bon goût qu'il a déployée dans sa spécialité devait forcément placer sa fabrique en première ligne, expose un nouveau système de registre breveté s. g. d. g., dont le dos est entièrement métallique et apparent, et qui réunit les trois conditions indispensables du registre parfait.

D'une solidité à toute épreuve, il ouvre entièrement à plat et se ferme d'un seul coup, à quelque endroit que ce soit, et quelle que soit la grosseur du livre.

L'aspect gracieux et régulier de ce registre contribue à le placer au-dessus de tout ce qui s'est fait jusqu'à ce jour.

Le commerce, les administrations, les officiers ministériels, reconnaissent cette supériorité ; aussi son emploi tend-il à devenir général et exclusif.

A cet avantage vient se joindre, nous allions oublier de le dire, une modicité de prix dont nul autre ne peut approcher.

MOURAUX (J.-R.), constructeur de machines, à Roubaix, Nord.

La maison Mouraux, la plus ancienne de Roubaix, est connue avantageusement pour la construction de ses machines à préparer et à filer la laine et le coton.

Le fini de l'ouvrage, la régularité de la marche de ses machines et l'élégance de la construction, lui ont assuré, depuis grand nombre d'années, une supériorité que des efforts intelligents ont su maintenir.

Construites d'après les meilleurs systèmes connus, toutes les machines sortant des ateliers de M. Mouraux peuvent permettre (en ne changeant que l'écartement) de filer depuis les plus gros jusqu'aux plus fins numéros.

Nous mentionnerons tout particulièrement une *peigneuse* (nouveau système), dont la simplicité seule égale l'élégance. Cette peigneuse peut, selon le numéro de finesse de la laine, produire de quatre-vingts à cent kilogrammes par jour.

Cette nouvelle peigneuse a été expérimentée dans plusieurs manufactures de Roubaix, et son ingénieux inventeur a obtenu l'assentiment général.

PARIS, constructeur d'instruments aratoires, 115, faubourg d'Isle, à Saint-Quentin (Aisne). Onze médailles : une de bronze, neuf d'argent, une d'or.

Le jury de l'Exposition de Londres a constaté, malheureusement pour la France, l'infériorité de matière dans les outils vulgaires, égalité dans les instruments de second ordre, et supériorité dans l'instrument par excellence. La France rurale n'a pas à côté d'elle, comme l'Angleterre, une population nombreuse d'ouvriers mécaniciens qui puissent multiplier rapidement les exemplaires des instruments conçus par ses habiles inventeurs, ni même les réparer en tout lieu, ce qui s'oppose à leur propagation dans les communes un peu éloignées des grands centres de l'industrie manufacturière. Il en résulte toutefois que l'exemplaire de l'instrument français, conçu dans un excellent système, est rare, tandis que l'instrument anglais le plus médiocrement conçu est toujours parfaitement exécuté. Entre mille exemples de notre supériorité dans l'*invention* proprement dite, nous citerons aujourd'hui les inventions de M. Paris, l'intelligent constructeur d'instruments aratoires, et nous signalerons à l'attention du public les deux instruments qu'il expose cette année. Ce sont : 1° un brabant double en fer avec rosettes adaptées aux coutres pour servir dans les trèfletières, elles se démontent à volonté ; il pèse 145 kil. 500, à 1 fr. 50 c. le kil. ; 2° et une herse en fer à bascule, ayant neuf dents avec pointes en acier, avec une petite herse mobile derrière servant à diviser la terre ; poids, 195 kil., prix 1 fr. 20 le kilo.

ROSEY (Louis), fabricant de broderies, 8, rue Saint-Thomas, à Saint-Quentin ; 28, rue d'Enghien, à Paris ; maison spéciale de fabrication, à Epinal (Vosges).

A l'Exposition, au premier près l'escalier du Nord-Est.

L'œil exercé du connaisseur aura bientôt de la peine à distinguer l'imitation du vrai ; cette branche d'industrie, principalement en ce qui concerne les colifichets de femme, a poussé si loin ses perfectionnements, qu'il faudra presque être du métier pour ne pas se laisser tromper par l'apparence.

M. Rosey expose : des bandes guipures, au point vénitien, imitant la dentelle à s'y méprendre ;

Des cols et manches brodés, parures riches, d'une composition et d'une exécution sans égales ;

Des bandes de jupons, peignoirs et volants au plumetis, mélangés à l'anglaise, d'un travail et d'un fini irréprochable ;

Des broderies, guipure noire, soie, laine, pour lesquels M. Rosey a été breveté, et a obtenu des certificats constatant la supériorité de ces produits particuliers.

Cette maison expose encore des bandes à petit dessin avec entre deux pour la confection ; des basins brodés et des jupons communs et apparents pour l'exportation ;

Un choix considérable de devants de chemises guirlandés brodées ; plis mécaniques, impressions ; des broderies Jacquart, bandes lambrequinées, etc.

Tous ces articles sont d'une fraicheur et d'un achevé qui charment la vue et sont destinés à compléter l'élégante toilette de nos dandys.

BÉCHARD. — Maison spéciale d'orthopédie pour la déviation de la taille et des membres ; — mécanicien-bandagiste, rue Richelieu, 20. — Médailles d'argent aux expositions nationales de 1839, 1844, 1849, pour perfectionnements introduits dans les appareils.

M. Béchard expose cette année divers genres de corsets-redresseurs, plusieurs appareils pour jambes torses, pieds-bots, ankyloses—nouvelles jambes et mains artificielles plus légères et plus solides que celles connues jusqu'à ce jour, et copiant la nature. Ceintures hypogastriques, dont il est le premier modificateur.

Cette ceinture est destinée à soutenir, dans les cas si nombreux de relâchement des ligaments du bas-ventre, à prévenir les chutes de la matrice ; elle a plus d'action que toute autre, grâce à deux ressorts à charnières et à développement ; sa pression est douce et élastique.

Cette maison est toujours placée hors ligne pour ses inventions et l'importance de ses affaires dues à la perfection de ses travaux.

CHEVALIER-APPERT, rue des Trois-Bornes, 15, Paris. Conserves alimentaires.

Une des plus belles découvertes, dans l'intérêt de l'humanité, a été celle des conserves alimentaires.

Cette découverte, faite par M. Appert, a reçu de M. Chevalier-Appert, successeur de sa maison, des perfectionnements considérables; il ne suffisait pas de se tenir dans la limite de conserver telle ou telle substance; car, si le marin qui traverse l'Océan, le voyageur qui parcourt le désert, sont assurés de ne pas mourir de faim, il fallait encore, en agrandissant ce cercle de bien-être, offrir partout et à tous, dans tous les climats, l'avantage de pouvoir manger ce que le sol ou la saison ne permettent pas de produire.

C'est le problème que vient de résoudre M. Chevalier-Appert; dans son établissement, on conserve tout ce qui se mange, et, ce qui est plus étonnant encore, c'est que ces aliments subissent les températures les plus élevées sans perdre leur délicatesse.

Les appareils de l'invention de M. Chevalier-Appert, pour lesquels il a pris un brevet d'invention, sont des plus curieux; la science y est jointe à la pratique.

En effet, la conservation s'opérant au bain-marie, on comprend que ce procédé doit être différent pour une substance molle, friable, d'une contexture délicate, de celui d'une nature dure, compacte et tenace. Ainsi, parmi les objets exposés, le bœuf bouilli, par exemple, a dû naturellement subir une préparation différente de celle qui conserve les œufs dans leur fraîcheur primitive; donc le grand mérite de cette industrie est de savoir appliquer à chaque substance le degré de cuisson qui lui convient.

Une autre amélioration a été apportée à la confection des boîtes; après avoir passé par trois appareils ingénieux, une feuille de fer-blanc sort de ces matrices en forme de boîte hermétiquement soudée; ces avantages, en simplifiant considérablement la main-d'œuvre, permettent à la maison Chevalier-Appert de livrer ses denrées à un prix modéré qui les mette à la portée de toutes les bourses.

SORRÉ-DELISLE et LIMOUSIN. Fabrique de rubans, 31, place de la Bourse, Paris; place Montaud, à St-Étienne.

Rubans velours façonnés et brochés à lisière fixe par un nouveau système breveté. Nous entendons citer souvent des maisons qui sont parvenues à un très-haut degré de considération et de fortune. Si l'on se renseigne exactement sur ces maisons, que l'on peut dire privilégiées, on apprend qu'elles doivent leurs succès à des efforts constants et bien dirigés, à un travail hors ligne, à une tenue digne et irréprochable. C'est ainsi que la maison Sorré-Delisle et Limousin s'est élevée jusqu'au premier rang dans son genre d'industrie. Là on rencontre les dessins les plus riches, les dispositions les plus heureuses, une exécution prompte et un bon marché surprenant.

SORRÉ-DELISLE, 31, place de la Bourse, Paris (au Croissant-d'Argent.) — Fabrique de passementerie. Atelier et fabrication, 9, rue des Filles-St-Thomas. Brevet d'invention, médaille à l'Exposition de 1849.

Nous ne pouvons que répéter pour cette maison ce que nous

venons de dire pour la précédente; ajoutons toutefois que pour ses hautes nouveautés en passementerie pour robes, confection et coiffure, elle jouit de la plus haute estime aussi bien à Paris qu'à l'étranger.

Magasins au 1er pour la vente en gros. — Exportation.

MICHEL, 37, rue Volta, Paris, fournisseur du théâtre impérial de l'Opéra. Mention honorable à l'Exposition de 1849.

Parmi les nombreux produits exposés par M. Michel, on remarque dès l'abord son taffetas dit d'Angleterre qui, par son imperméabilité et son état agglutinatif a l'action la plus heureuse sur l'appareil dermoïde, en ce sens qu'il empêche l'inflammation; puis son rouge et son blanc pour toilettes. Ces produits extraits des fleurs, étant à base essentiellement végétale, sont rafraîchissants, bien différents des rouges et des blancs livrés journellement au commerce, qui ont une action siccative et irritante, qui durcissent la peau et parfois lui donnent ces teintes bistrées si désagréables à l'œil. M. Michel, ex-officier de santé, possède les connaissances chimiques les plus étendues et n'emploie pour tous ses produits que les substances dont la nature bienfaisante est reconnue et sanctionnée par la science. Nous avons encore remarqué son rouge en poudre pour colorer les pommades; sa corbeille de fleurs, dont chaque fleur est un flacon d'extrait d'odeur, pour le mouchoir; enfin, ses sachets parfumés, ses cartonnages de fantaisie et ses charmantes nouveautés que les confiseurs et les parfumeurs se disputent.

FOUJU (Paul), fabricant d'appareils de chimie, 20, rue Cadet, Paris.

Appareils divers d'hygiène et d'économie domestique. — Congélateurs artificiels conservateurs. — Cafetières dites concentrateurs. — Barattes rotatives. — Rôtissoires à côtelettes ou à poissons sans fumée ni odeur. EXPÉRIENCES PUBLIQUES, LES MARDI ET VENDREDI de DEUX HEURES A CINQ HEURES.

Nous signalerons surtout la cafetière, dite concentrateur. Cet appareil aussi simple qu'il est utile, a pour principe la circulation des liquides, c'est-à-dire la force de décoction et de dissolution; simple comme tout ce qui est bon, son usage ne demande pas plus de temps et de soins qu'il n'en faut pour mettre l'eau chauffer dans une bouilloire ordinaire; à cette économie de temps et de soins, il faut ajouter l'économie non moins précieuse de 40 pour 100 sur la substance. Cet appareil a en outre la propriété de concentrer l'arome des substances; seul il est inexplosible, la circulation entretenant toujours alimenté d'eau, l'appareil en contact avec le feu. Enfin, par un choix intelligent des formes et des matières, l'inventeur a pu établir une diversité d'appareils du prix le plus varié. Du reste, tous les appareils vendus dans ce bazar sont les meubles obligés de tous les ménages.

VAN OVERBERG, facteur de pianos, breveté, 9, rue de Choiseul, Paris. — Piano à double table d'harmonie; invention nouvelle donnant aux pianos droits plus de puissance et de sonorité que n'en ont les incommodes pianos à queue. Ces pianos se recommandent par une solidité à toute épreuve, leur construction en bois et en fer leur permet de résister à toutes les températures. Le public trouve dans les beaux salons de M. Van-Overberg un splendide assortiment de pianos de luxe, de tous styles, bois de rose, marqueterie, genre Boule, ornés de bronze, chêne antique sculpté, ébène et or, etc.

Le mérite et toutes les qualités des pianos de M. Van-Overberg sont depuis longtemps appréciés. La confiance éclairée et unanime de l'élite des pianistes corrobore l'opinion que nous avons conçue du talent de cet ingénieux facteur; sa nouvelle invention est venue doubler les sympathies, que déjà depuis longtemps les artistes lui prodiguaient, et en quelques mois a escaladé la pente rapide du succès.

MOREL, fontainier-marbrier, 52, rue de la Roquette, faubourg Saint-Antoine, au fond de la cour, Paris.

Grande fabrique de fontaines épuratoires de toutes dimensions.

Les fontaines Morel se trouvent dans toutes les maisons, où l'on comprend combien une eau chargée peut être nuisible à la santé. Le système Morel est tellement simple qu'on en comprend de suite l'efficacité hygiénique; il n'y a là aucun charlatanisme, c'est l'application d'un principe vivifiant et régénérateur. Les fontaines Morel sont de véritables sources thermales sans cesse renouvelées à domicile, sources qui recèlent la santé, la vigueur. Jamais eau n'a eu plus de limpidité, plus d'exquise saveur que celle qui s'est filtrée dans les fontaines de ce fabricant.

M. Morel entreprend les raccommodages, pose les robinets, travaille à garantie; ses prix sont excessivement modérés. Il fait la commission pour la province et l'étranger.

JACQUET-HENRI, armurier à Genève (Suisse.)

Stimulée sans cesse par la concurrence, l'arquebuserie suisse a marché d'un pas rapide dans la voie des perfectionnements, et le jury de 1849 a pu dire : que ses heureux efforts sont parvenus à faire considérer la préférence accordée à l'arquebuserie anglaise plus souvent comme un caprice de ton et de mode que comme une appréciation raisonnée. Il est certain, continuait le rapporteur, que pour leur qualité, l'élégance de la forme, le fini du travail, les fusils de Genève ne le cèdent en rien aux meilleurs fusils anglais, et qu'ils ont sur eux l'incontestable avantage de coûter, à mérite égal, infiniment moins cher. Aussi voit-on des Anglais adopter pour leur usage des fusils et des carabines de fabrication genevoise.

M. Henri Jacquet a exposé une carabine de forme nouvelle et d'une grande légèreté ainsi que le mannequin-cible qui a servi aux expériences de ladite arme. 25 coups tirés à une distance de 200 mètres témoignent en faveur de la bonne confection de cette carabine, car les 25 coups ont porté, et le plus éloigné n'a été qu'à 15 centimètres du centre. Cette justesse de tir ne recommande-t-elle pas assez éloquemment l'arme de précision exposée par M. Henri-Jacquet ?

MARQUIS, armurier, 4, boulevard des Italiens, Paris.

Les fusils de chasse ont principalement, depuis 20 ans, excité le zèle de l'aquebuserie; leurs formes sont variées à l'infini et leurs prix n'ont pas de limites; leur fût est ordinairement en bois de noyer, de riches ornementations embellissent la crosse et les garnitures, le canon est en bronze pour le préserver de la rouille; au lieu d'être rond, il est à faces longitudinales. Les canons moirés sont aujourd'hui préférés aux canons damassés qui eurent longtemps la vogue. Il ne faut pas s'étonner si l'on apporte tant de soin à la fabrication des fusils de chasse; en général la chasse est un plaisir réservé aux riches habitants des campagnes; c'est souvent le seul moyen de se dérober à l'ennui, d'entretenir l'activité de l'esprit et du corps. Aussi ce plaisir devient-il souvent une passion; et les chasseurs s'attachent-ils à leurs fusils comme à leurs chiens, et soignent-ils avec amour ces amis toujours prêts à les aider dans la satisfaction de leurs désirs.

La maison Marquis a reçu la sanction des connaisseurs; depuis qu'elle existe, il n'est sorte de perfectionnements qu'elle n'ait tentés; il est plus que probable que le jury de l'Exposition récompensera les efforts intelligents et persévérants de M. Marquis, l'armurier par excellence.

ENAUX aîné, fabricant de moules, 176, rue Saint-Martin, 2, passage de la Réunion, cidevant, 67, rue Quincampoix, Paris.

Fabrique de moules à l'usage des cristalleries et verreries, tels que moules de chandeliers, bénitiers, vases, salières doubles, à tiges et autres, carafes, assiettes, verres à pied et autres; moules de bouteilles à bière et à eau de Seltz; moules de flacons pour la pharmacie et la parfumerie; moules à savons de toilette et de ménage; spécialité de presses et soufflets à l'usage de ces moules; moules de commande sur modèles et dessins; grand choix de modèles nouveaux; grande modération de prix. M. Enaux qui s'est toujours appliqué aux perfectionnements de sa spécialité et au maintien d'une bonne fabrication, est le seul inventeur des moules de gobelets demi-côtes, moulés à la presse (gobelets dits gobelets *marchand de vins*). Nous regrettons que l'espace, qui nous est accordé pour rendre compte de son intéressante industrie, soit trop restreint pour nous permettre de passer en revue toutes les améliorations dues à ce fabricant habile. Expédition en province et à l'étranger.

MANUFACTURE DES CUIRS DE LA TERRASSIÈRE, société anonyme, à Genève (Suisse). Spécialité pour l'exportation.

Cette immense manufacture a envoyé au Palais de l'Industrie de magnifiques peaux de veaux rasés blancs et des peaux de veaux cirés. On ne saurait sans injustice ne pas proclamer la belle apparence et la qualité transcendante de ces cuirs. Genève, dont l'industrie est si splendidement représentée à l'Exposition universelle, comptera, grâce à l'envoi de la manufacture de la Terrassière, un succès de plus. Ces cuirs peuvent rivaliser avec tout ce que la province expose de plus beau. Nous savons que la société de la Terrassière a fait d'énormes sacrifices pour arriver aux résultats qu'elle obtient aujourd'hui; mais elle ne doit pas les regretter, car les produits ont répondu à l'énormité de ses sacrifices.

Déjà, la Société des Arts de Genève a accordé la grande médaille aux produits de cette manufacture, si habilement dirigée par M. Larchevêque.

WICKHAM et HART, chirurgiens herniaires, 16, rue de la Banque, Paris. (N° 4040.)

Bandages herniaires à ressorts *dits du côté opposé.*

Ces Bandages compriment les hernies sans avoir besoin de sous-cuisses et sans gêner les hanches. On peut en augmenter ou diminuer la pression à volonté au moyen d'une vis adaptée au ressort.

MM. Wickham et Hart ont obtenu un brevet d'invention en 1854 pour de nouvelles plaques auxquelles on peut donner l'inclinaison que l'on désire ; au moyen d'une petite vis on rend cette inclinaison permanente, sans enlever au ressort sa mobilité.

Cette maison, fondée en 1814, rue St-Honoré, n° 257, est la première qui ait fabriqué en France ce genre de bandages. Admis à toutes les expositions de l'industrie, elle a fixé l'attention du jury qui lui a décerné plusieurs mentions honorables. On peut remarquer que tous les appareils qui sortent de cette maison remplissent les deux conditions les plus importantes : bonne fabrication et bonne construction, en rapport avec la nature des besoins anatomiques.

HERPIN-LEROY, fleurs et parures, 9, rue Notre-Dame-de-Nazareth, à Paris,

Spécialité de fleurs blanches et de parures, pour mariages, baptêmes, ornements d'église, etc.

Par l'emploi d'un procédé chimique, dont il est seul possesseur, M. Herpin-Leroy est parvenu à garantir la cannetille et le clinquant d'or et d'argent contre toutes émanations sulfureuses ou volcaniques.

On lui doit également l'invention des fleurs en gutta-percha et du papyrus infriable.

On trouve dans ses magasins un grand assortiment de fleurs d'art, imitation d'orangers, lilas, jasmins, myrte, seringa, etc.

M. Herpin a apporté aux magnifiques objets, qu'il fabrique, un perfectionnement et un fini vraiment merveilleux et inconnus jusqu'à ce jour ; c'est la nature dans ses moindres détails.

HODIN, membre de l'Académie des arts et métiers, rue Saint-Honoré, 89, à Paris.

Lettres en cuivre, médailles, lettres en relief, armoiries, écussons en tôle, vernis au four applicable sur verres.

L'art de frapper les médailles a marché avec l'étude de la numismatique, cette science à la fois poétique et historique, qui s'est élevée à une telle hauteur aujourd'hui, qu'on se croira transporté, en s'y livrant, au milieu des contrées et des siècles d'où elle nous est parvenue. La maison Hodin mérite, à tous égards, ce rapprochement, qui se présente à l'esprit, quand on examine ses produits. Non-seulement ses riches médailles, mais encore ses lettres en relief, en tous genres, sont marquées au coin d'une exécution profondément artistique. Par la variété de leurs formes, elles rappellent les caractères en usage au quinzième siècle ; lettres armoiriées, bâtardes, bénéventines, pisanes, jusqu'à l'anglaise la plus pure. Lettres en cuivre, applicables sur le verre et sur le bois. Tout ce qui sort des mains de M. Hodin réunit l'exactitude du style à la pureté de l'exécution. Ses armoiries, dignes des beaux temps de la chevalerie, ses écussons moins nobles, mais plus utiles aux professions dont ils sont l'emblème ; enfin, ses nouvelles lettres transparentes brevetées, garanties pour dix ans, justifient, comme tous les produits de cette maison, la médaille qui lui a été décernée à l'exposition de 1851, avec cette noble devise : « Les arts améliorent l'homme et le consolent. »

BANZIGER (J.-J.) et Cⁱᵉ, à Saint-Gall (Suisse), canton de Saint-Gall, commissionnaires pour l'achat et la fabrication de tout article en mousseline, jaconas, tulles unis, brochés, brodés, mouchoirs, façon des Indes et de Pinghams.

Leur exposition représente principalement les articles le plus généralement demandés sur les marchés d'outre-mer et se borne aux qualités de bas prix pour prouver qu'avec tous les articles en coton la Suisse peut lutter avec tout pays.

Là, nous rencontrons non-seulement les dessins des vrais mouchoirs des Indes, mais encore une qualité relative au tissu et aux couleurs.

Tout ce que l'Inde a pu créer de plus délicat, de plus élégant, de plus riche, et également de plus simple et de plus gracieux se trouve là réuni.

Il est difficile de ne pas être frappé du bon goût qui a présidé au choix de ces produits qui sont tous irréprochables sous ce rapport et sous celui du prix bien minime auquel ils sont établis. Nous ajouterons que les relations de cette maison avec toutes les grandes villes du monde entretiennent un mouvement d'affaires qui renouvelle plus fréquemment la fabrication et donne aux produits un cachet de fraîcheur qu'on ne rencontre pas toujours ailleurs au même degré.

GUIBOUT (Jules) et Cⁱᵉ, rue Rambuteau, 70, Paris. (*A la Chaise-d'Or*), ci-devant rue aux Fers, 16. Maison à Lyon, place des Carmélites, 3.

Passementeries, broderies civiles et militaires, fournitures pour l'exportation, étoffes pour ornements d'église, tapisseries riches, bas d'aube et nappes d'autel, etc.

Articles d'une richesse et d'un bon goût merveilleux.

CAPTIER (Émile), 56, rue du Château-d'Eau. Dessins pour ameublements, soieries, toiles peintes, papiers de tentures et tapis.

M. Captier a doté Paris d'une industrie pour laquelle nous avons été longtemps tributaires de la Prusse. Non-seulement les produits de ce fabricant égalent en beauté les dessins de Berlin, mais ils sont à des prix qui rarement s'élèvent à la moitié de ceux de l'industrie étrangère.

L'exposition de M. Captier est sans égale. Rien ne saurait rivaliser avec ses dessins damas de soie (genre gothique) grisaille sur fond violet avec bouquet pour siège et dossier, ses lampas brochés, bouquets coloriés se *quinquonçant* et reliés entre eux par une guipure riche en trois tours gris : le tout sur fond grenat. Nous avons admiré principalement : 1° une brocatelle fond jaune, dessins en bleu, végétation ornementée. Cette composition est la propriété de la maison Despréaux de Saint-Sauveur ; 2° un papier peint, tenture riche avec enroulement d'ornements renaissance en grisaille et ombre portée en or ; 3° deux portières, l'une brochée, entourage d'ornements (sculpture bois) avec fond d'arbres et ruines, fleurs coloriées, fontaine au milieu ; l'autre, paysage colorié à la palette libre, entourage de feuilles de vigne vierge et de marronnier, dans lequel se jouent des oiseaux, cinq tons or ; enfin un croquis, pastel pour lasting ou toile peinte, représentant un berceau de fleurs, et disposé de manière à pouvoir s'employer facilement pour rideaux et fauteuils.

POPON, fabricant de bronzes, 77, rue Charlot, Paris. Bronzes d'ameublement, pendules, candélabres, bras, coupes et statuettes ; grand assortiment de lustres, torchères, suspensions, lanternes, etc.

Nous ne sommes plus au temps où le volume et la matière constituaient la principale valeur d'un bronze d'ameublement ; la question de métal et de poids n'est même plus aujourd'hui une question agitée : la grâce des formes, le cachet d'originalité, le brillant, l'élégance, l'arrangement, l'harmonie, l'intelligence de l'ornementation et de la composition, l'entente du détail et de l'ensemble, telles sont les seules qualités appelées à donner du prix au bronze aujourd'hui. M. Popon l'a compris, rien n'est plus remarquable que tous ses produits qui, grâce à cette perfection et à ce goût avec lesquels ils sont travaillés, seront toujours classés en première ligne et soutiendront avec avantage la comparaison avec les plus beaux bronzes émanant de la fabrication étrangère.

La maison Popon se recommande surtout par sa spécialité de monture de porcelaines gros-bleu de Sèvres dont elle a le plus bel assortiment en pendules, lampes et vases.

GOSSE. Porcelaine dure allant au feu, de la manufacture de Bayeux (Calvados). Dépôt à Paris, 42, rue de Paradis-Poissonnière et, 3, rue des Messageries. Médaille de bronze 1849, médailles d'argent à l'exposition régionale de l'Ouest à Lisieux 1850, et à différentes expositions.

Chacun sait que la porcelaine dure qui a pour base le *kaolin*, terre argileuse blanche et le *petunsé* ou feldspath pur, qu'on remplace quelquefois par un mélange de craie, de sable et de feldspath, est vendue toujours à un prix très-élevé, parce que la moindre négligence dans les difficiles opérations que sa fabrication exige, peut déterminer des accidents ou des défectuosités ; mais à force d'études, d'efforts et de recherches, M. Gosse est parvenu à résoudre le problème dont la solution paraissait impossible : l'alliance de la bonne qualité et du bon marché.

Les échantillons que M. Gosse expose cette année dénotent ses progrès incessants dans la fabrication des articles pour la chimie qui sont sa spécialité depuis si longtemps. Il expose également une grande quantité d'articles précieux pour les ménages : cafetières, casseroles, plats, tasses, saladiers, etc., etc.

MARTINET et **LACAZE**, ancienne maison Lioudonnat, rue Saint-Maur, 51, Paris.

Maison fondée en 1827. Spécialité de machines Jacquart et autres ; plomb, fil, maillons, lisages, etc., etc. Métiers pour passementerie.

Cette ancienne maison a toujours obtenu les premières distinctions et récompenses aux diverses Expositions de France et à l'Exposition universelle de Londres. Il est peu de villes en France où la fabrication de MM. Martinet et Lacaze ne soit connue et favorablement appréciée. Ce qui fait le mérite de cette maison, ce qui la dis ingue des autres, c'est que MM. Martinet et Lacaze, tout en offrant des machines et des métiers dans tous les prix, se sont néanmoins et spécialement attachés à ne les fournir que d'une bonne, solide et durable confection, et à n'employer que des matières premières de premier choix. Donner du médiocre à bon marché n'est pas chose difficile, mais ces habiles industriels ont préféré augmenter leurs affaires, diminuer leurs bénéfices et rester bons et loyaux fabricants. La maison Martinet et Lacaze est la seule maison non-seulement à Paris, mais en France, qui fasse tous les accessoires nécessaires à la fabrication des tissus sans avoir recours à d'autres ouvriers que ceux qu'elle occupe dans son intérieur.

ERCHARD SCHIEBLE, gravure sur pierre pour les cartes topographiques et géographiques, plans de machines et vignettes, 42, rue Bonaparte, Paris.

L'Exposition de M. Erhard Schieble, remarquable sous tous les rapports, se compose de cartes gravées pour le dépôt de la guerre et levées par les officiers de l'état-major d'études topographiques

servant à l'enseignement à l'école polytechnique, de cartes géographiques dressées par les plus savants géographes et géologues, de cartes et de plans divers.

Nous citerons particulièrement:

La carte des environs de Rome publiée par le dépôt de la guerre;

La carte de la Guadeloupe levée par M. Ch. Sainte-Claire Deville;

La carte de la Thrace, dressée par M. Viguesnel;

La carte de la Crimée dressée par M. Vuillemin et publiée par MM. Garnier frères.

Ces cartes nous mettent à même de comparer les résultats de la gravure sur pierre et de la gravure sur cuivre. La gravure sur pierre s'exécute avec une économie de 50 pour 100 comme temps et comme argent.

L'importance de l'établissement de M. Erhard Schieble lui permet d'exécuter et de livrer dans le plus bref délai, toutes les commandes qui lui sont adressées, et le mérite répond à la promptitude de l'exécution.

CAMPAN (Charles), peintre héraldique, rue du Luxembourg, 44, Paris.

Graveur de la grande chancellerie de la Légion d'Honneur, du collège héraldique de France et de l'Académie britannique, peintre à l'aquarelle des titres généalogiques, dessins héraldiques à l'usage des fabriques de porcelaine, tapis, meubles, bijouteries, peinture d'armoiries sur les équipages, ci-devant rue de Choiseul.

Il est à Paris bien des artistes qui prennent le titre de peintres héraldiques et qui n'ont pas même la connaissance de l'*écu* des *émaux*, des *pièces* et des *meubles*. M. Campan est l'un des hommes les plus versés dans la science des armoiries ; nous avons en outre admiré son talent d'artiste dans les meubles ou ornements intérieurs de l'écu; nul mieux que lui ne représente les figures naturelles et les figures artificielles, telles que châteaux, instruments de guerre ou de métiers, besants, tourteaux, billettes, alérions, merlettes, canettes, étoiles, croissants, croisettes, molettes d'éperons, ni les ornements extérieurs qui meublent le champ de l'écu, tels que les casques et couronnes, les lambrequins, supports et tenants, les insignes et ordres de chevalerie.

FROMONT (H.), bijoutier, successeur de son père, 13, rue Chapon, Paris.

Fabrique spéciale de cachets de bureau et boîtes à tampons. Commission, exportation.

M. H. Fromont possède la fabrique la plus complète dans sa spécialité. On ne saurait se faire une idée de l'immense choix qu'on y rencontre de cachets en cuivre, maillechort, argent de toutes formes et dimensions pour graveurs et papetiers avec manches en bois, nacre, ivoire et pierre dans les formes les plus nouvelles, les plus variées. A cette vaste fabrique est joint un atelier spécial pour la gravure des cachets et timbres d'administrations et de commerce. Là, on rencontre une collection incroyable de cachets à deux initiales (tout préparés) pour papetiers. Nous donnerons encore la nomenclature de quelques articles:

Nécessaires de bureaux ou nouvelles boîtes à tampons (déposés), à plusieurs usages, encre compacte, composition brevetée pour tampons, donnant les plus belles épreuves en toutes couleurs,

s'employant avec facilité, propreté, économie, ne laissant aucun dépôt dans le flacon. et s'utilisant jusqu'à la dernière goutte.

Bronzes, statuettes fantaisie, argent et vermeil, ivoire et pierres d'Allemagne. Montures ordinaires et de fantaisie.

ZAMMARETTI, entrepreneur de fumisterie, 4, rue des Colonnes,— addition de brevet pris le 20 mai 1851.

Nouveau système de poêles de toutes dimensions avec cages, socle, corniche, baguettes à moulures, panneaux en faïence à moulures avec filets dorés, panneaux genre laque, portes, bouches de chaleur; — nouveau modèle, mêmes poêles avec ou sans ornements.

Nouveaux systèmes de calorifères en fonte, avec nouveaux appareils dans l'intérieur.

L'art du fumiste, auquel on a donné le nom de CAMINOLOGIE, était fort négligé avant le 19e siècle. On parle néanmoins des éolipyles de Vitruve, des soupiraux de Cardan, des moulinets de Jean Bernard, des chapiteaux de Sébastien Serlio, des tabourins et girouettes de Paduanus ; Franklin lui-même s'est occupé du perfectionnement des cheminées.

Toutes les connaissances de ces savants sont bien pâles comparées à celles que possèdent aujourd'hui nos fumistes à la tête desquels brille M. Zammaretti, artiste consciencieux et inventeur habile. Ce fabricant a la clientèle des plus riches propriétaires, et c'est toujours à lui qu'on s'adresse, quand des cheminées récalcitrantes ont épuisé la patience et les connaissances de ses confrères.

FAUVEL (Henri) et Cie, Grules économiques brevetées s. g. d. g., système Roucout, 12, rue de la Michodière.

Appareils à insufflation d'air chaud complétement fumivores.

Lorsqu'il nous a été donné pour la première fois d'examiner cet appareil de grilles économiques, nous n'avons pas dissimulé tout le bien que nous en pensions, et aujourd'hui nous n'avons rien à retrancher des éloges que nous lui avons donnés alors. Les résultats ont été ceux qu'on en attendait, comme le constatent les nombreux certificats que nous avons sous les yeux. Disons en deux mots que cette grille consiste dans un assemblage de barreaux à diverses dispositions nouvelles et à double rangée de courant d'air. Le combustible, déposé sur la grille au moyen d'une trémie s'avance progressivement dans le foyer jusqu'à ce qu'il soit complétement brûlé : alors le mâchefer tombe par le mouvement naturel de la grille. Il y a par ce système absence de fumée, combustion complète, chaleur uniforme, possibilité d'employer des houilles de toute qualité, et en résumé une immense économie de combustible.

La pose de ces grilles ne nécessite aucun changement aux foyers et ne demande pas plus de temps que la pose d'une grille ordinaire. Nous avons assisté à Lyon, aux moulins à vapeur de Perrache, à une expérience faite sur ces grilles. Deux épreuves furent successivement faites avec de la houille de qualité différente, et dont le poids et la quantité ont été rigoureusement constatés ; on reconnut une économie de treize vingt-cin-

quièmes pour cent sur le combustible employé par les grilles ancien système ; en outre, on constata un tirage plus fort ; une combustion plus complète, on remarqua aussi que le service du feu était plus facile. Deux cents certificats émanant de tous nos plus grands industriels viennent d'être publiés par M. Henri Fauvel : un pareil chiffre parle assez haut pour que nous soyons dispensés de tirer une conclusion.

GIRARD, faubourg Saint-Martin, 59. Fabrique Chapelle-Saint-Denis. Veaux vernis pour chaussure. veaux de couleur; vaches et génisses grainées pour chaussures d'hommes et pour la sellerie.

Les veaux pour chaussure sont garantis comme qualité, c'est-à-dire pour le montage et le faïençage, leur durée surpasse celle des veaux cirés et ils arrivent en parfait état aux colonies.

Les produits de la maison Girard figureront dignement à l'Exposition et captiveront l'attention du jury. D'une incomparable beauté, d'une solidité, d'un brillant sans égal, ses veaux sont absorbés par le commerce de l'exportation.

Quant à des produits irréprochables une maison réunit une réputation de loyauté et de probité commerciale incontestée, elle-même arrive invariablement au succès : c'est ainsi que la maison Girard est arrivée à la prospérité. L'industrie des cuirs aura un grand nombre de représentants aux comices de 1855. M. Girard sera à coup sûr un de ceux à qui le jury octroiera la juste récompense due aux efforts intelligents, à la persévérance, au mérite. Si nous nous permettons de préjuger ainsi, c'est que notre opinion n'est pas personnelle, c'est celle de tous ceux qui, comme nous, ont visité la fabrique de la Chapelle-Saint-Denis et les magasins de M. Girard, faubourg Saint-Martin.

LEROY-NOTTA (Mme), 57, rue de Provence, et 200, rue de Rivoli.

Nouveautés.

A Paris on va partout, chez les roturiers s'ils sont riches, chez les nobles, même s'ils sont pauvres; mais les uns et les autres sont tenus de ne pas s'écarter de ce *comme il faut* exigé, premier blason demandé avant tous les autres. Le monde vous accepte sans fortune, le monde ne vous accepte pas si vous n'avez en vous une part d'élégance dans votre mise, dans votre parole ou dans votre maison, sur laquelle il n'y ait point de prise et qui marche de pair avec les exigences aristocratiques. Pénétré de cette immuable loi, nous ne recommandons que les maisons où nous avons l'assurance qu'on rencontrera des objets d'un goût parfait.

L'éclatant succès obtenu jusqu'à ce jour par les toilettes qui proviennent de la maison Leroy-Notta, maison de confection et de nouveautés, la place à la tête de celle qui briguent le suffrage des dames du grand monde. Ce qui a fait la réputation de madame Leroy-Notta, ce sont ses innovations ingénieuses, ses heureuses inspirations qui ne laissent pas vieillir la mode; aussi à l'ouverture de chaque saison toutes les dames s'empressent-elles, certaines de rencontrer un choix de garnitures aussi riches que recherchées, de s'adresser à madame Leroy, véritable artiste, dont l'incontestable habileté sait satisfaire à tous les goûts, à toutes les exigences comme elle sait aplanir toutes les difficultés d'exécution.

DOTIN (Charles), 40, rue Montmorency, Paris, successeur de Bedier-Dotin, émailleur en bijoux, fabricant d'objets en émail à l'usage de la bijouterie, graveur en camée coquille, peintre en émail, porcelaine, ivoire.

M. Charles Dotin a exposé 1º un magnifique plateau émaillé sur argent, le plus grand qui jamais ait été fait en ce genre, destiné à recevoir dix-huit verres et trois carafons également émaillés sur argent, le tout constituant un porte-liqueurs; 2º un déjeuner et un verre d'eau dans le même genre. Le travail de M. Dotin est une innovation qui va lui susciter bien des imitateurs; car rien n'est gracieux et réussi comme ce porte-liqueurs et ce déjeuner. M. Ch. Dotin imite admirablement les émaux de Limoges, et est en mesure d'offrir à sa nombreuse clientèle le plus grand choix de pièces d'étagères, de bonbonnières, de cassolettes de peintures, de fleurs et de feuilles propres à être montées en bijoux.

Nous allions commettre un crime de lèse-industrie en omettant un produit merveilleux que nous avons encore rencontré dans les beaux magasins de la rue de Montmorency. C'est un grand vase de cinquante-cinq centimètres de largeur monté en bronze. Ce vase d'un splendide effet est l'attestation la plus palpable des progrès si rapides que l'industrie fait chaque jour, car ce vase qui est d'un prix excessivement modéré eût été, il y a quatre ans, d'un prix décuple. M. Ch. Dotin a fait faire un grand pas à l'art de l'émail.

M. **VAILLAT**, artiste-photographe, 43, Palais-Royal et galerie Montpensier.

M. Vaillat est l'artiste-photographe qui a porté le plus loin la perfection des reproductions sur plaque. C'est un des glorieux vétérans de la daguerréotypie. Tout ce que nous avons vu de lui est bon, il est parvenu à ôter à la plaque presque la totalité de son miroitage. Ses portraits sur plaque, ses groupes sont infiniment remarquables et méritent des éloges sans restriction. Ses physionomies sont heureusement rendues, les expressions sont artistiques et la vigueur des tons ne nuit pas à la pureté. Pour quelques portraits M. Vaillat possède un coloris qui, sans poisser l'épreuve, lui donne un ton chaud et doré. Tous les journaux qui se sont occupés de photographie ont toujours accordé des louanges bien méritées aux portraits de M. Vaillat qui, ainsi que nous le disions tout à l'heure, a porté si loin la perfection des reproductions sur plaque sans être resté en arrière pour la photographie sur papier. Nous avons visité ses ateliers, nous avons vu cent portraits incroyablement expressifs, d'un modelé parfait, d'une rare finesse de détails, d'une pose naturelle et comprise, bien éclairés, purs, vigoureux; des portraits de femmes souriants, poétiques, suaves, et surtout deux têtes de jeunes filles aux grands yeux limpides, aux longues boucles soyeuses, cadres charmants entourant de délicieuses figures qui feraient croire que tous les anges ne sont pas au ciel. Nous avons rencontré des épreuves qui, bien qu'elles ne fussent pas longtemps étudiées et travaillées, mais bien qu'elles fussent tout simplement des portraits prêts à être livrés au public, n'offraient pas le plus léger point à critiquer et dans lesquelles on ne pouvait qu'admirer le fouillé, la transparence des noirs, la vigueur des tons, du relief, le naturel des poses, le charme des demi-teintes, la pureté, la bonne venue des détails, le fondu des contours, l'habile disposition de la lumière, le bonheur de l'expression et de l'ensemble. Enfin, constatons un fait tout à fait à la louange de M. Vaillat et au détriment de bon nombre de ses confrères, ses épreuves (nous en avons vu dont l'exécution remonte à huit ans) conservent toute la vivacité de leurs tons et ne se détériorent en quoi que ce soit.

Toutes les personnes qui posent devant l'objectif de M. Vaillat sont pleines d'expression, de mouvement et de vie; en voyant leurs épreuves on pourrait deviner ce qu'elles sont, deviner leur caractère, leurs habitudes, leur vie intime, car M. aillat fait plus que de photographier, il *biographie*.

Nous appelons l'attention du public et des amateurs sur sa magnifique exposition au Palais de l'Industrie, où sans aucun doute il va obtenir une nouvelle récompense; *nouvelle*, car artiste consciencieux, praticien habile, professeur recommandable, M. Vaillat qui depuis longtemps fait partie du corps d'état-major de la photographie a été médaillé en 1849,

FOUBERT, 88, rue Vieille-du-Temple, Paris.

Tableaux mécaniques pour dentistes.

Les ateliers de M. Foubert offrent, du bout de l'année à l'autre, une exposition de pièces mouvantes les plus curieuses à visiter. En ce moment encore on peut voir son grand tableau exceptionnel (on l'évalue à huit mille francs), qui contient trente-sept systèmes mécaniques ; ce tableau figurera, cela va sans dire, à l'Exposition universelle.

Nous ignorons si au Palais de l'Industrie M. Foubert aura des concurrents sérieux, mais nous savons que jusqu'aujourd'hui nous n'avons encore rien rencontré de comparable à son œuvre comme précision, patience, fini de travail, te comme invention.

Nous sommes convaincu qu'il y aura lutte et enchères pour l'acquisition de ce tableau entre les dentistes de Paris et les dentistes d'Outre-Manche. M. Foubert fabrique encore des pièces mouvantes pour les salons des dentistes et dans cette spécialité il est seul fabricant en France.

TRUCHELUT et Cie, à Besançon, (Doubs).

M. Truchelut est l'ingénieur-inventeur d'un appareil de ménage appelé tout simplement *laveur*. Il consiste en une forte brosse mue par un levier coudé à la surface du plancher qu'il s'agit de nettoyer. Le même levier porte à son extrémité un mécanisme de cylindre en bois sur lequel passe un feutre qui absorbe et éponge l'eau nécessaire au lavage, et la verse par la pression que subit cette grossière étoffe dans une boîte d'où cette eau est extraite pendant l'opération. C'est ainsi que sans se mouiller et sans se salir, presque sans se baisser, on peut entretenir chez soi la propreté avec moins de fatigue et de frais de temps qu'il n'en a fallu jusqu'ici pour mener à bien la difficile besogne du lavage.

Prix 6, 8 et 10 f. selon les dimensions.

Dépôt à Paris chez M. Salières, 175, rue du Temple.

A cette invention si utile M. Truchelut joint celle de la *Linotypie* ou Photographie sur toile. Les épreuves sur toile présentent la même finesse que les épreuves sur plaqué d'argent ; et elles n'ont pas le grave inconvénient du miroitage métallique ; de plus elles sont redressées.

M. Truchelut est le premier qui ait obtenu des résultats satisfaisants sur toile ; il possède en outre un procédé de coloris qui fait de ses portraits, de véritables miniatures.

Leçons par correspondance.

CAUSSIN et LAURANSON, fabricants-bijoutiers-joailliers, 320, rue Saint-Martin, successeurs de MM. Poulet et Cie.

MM Caussin et Lauranson ont poussé leur art aussi loin qu'il est possible ; tout ce qu'ils exposent a un cachet de bon goût remarquable. Successeurs de MM. Poulet et Cie qui étaient certes des artisans habiles, il faut leur rendre cette justice qu'ils ont mieux fait encore que leurs prédécesseurs et qu'ils se sont placés au premier rang de leur belle industrie.

Leur grand assortiment de parures, broches-bracelets, boucles d'oreilles, boutons de chemises, de manchettes et de gilets, les met à même de satisfaire à toutes les demandes. En fait de nouveautés, nous avons remarqué, dès l'abord, une garniture de boutons de gilet à double usage, formes d'une fleur, pour soirée, qu'on recouvre au besoin d'une capsule en or guilloché et qui deviennent ainsi une garniture de boutons pour la ville. Cette capsule facilite le *boutonner* qui sans cela ne s'obtiendrait pas sans peine, vu l'extrême délicatesse de l'œuvre. Cette maison est honorée de la plus riche clientèle en France et reçoit les plus fortes commandes de l'Etranger.

GRINGOIRE (Madame). Corsets avec élastiques, nouveau procédé. 14, rue de Castiglione, Paris. — Le nom de Mme Gringoire est célèbre en France comme à l'Etranger. L'Angleterre, l'Allemagne recherchent ses produits et, chaque année, sa renommée brille d'un plus vif éclat. Ses corsets ont l'agrément de ne gêner en rien ; on les sent à peine, ils donnent à la taille tant de souplesse, de grâce et de distinction que les dames que l'aristocratie, la finance et l'élite de la bourgeoisie qui composent sa nombreuse clientèle, lui ont donné la palme de la supériorité. Mme Gringoire expose de nouveaux corsets perfectionnés, brassières à boucles, nouvelle coupe, rendant la taille ronde et mince, et un procédé d'élastiques recherché, principalement par les dames enceintes, et empêchant les corsets de remonter. La méthode que Mme Gringoire a inventée, donne aux dames la facilité de pouvoir, sans se déranger aucunement, envoyer en toute sécurité les mesures et les instructions nécessaires pour une parfaite exécution. Cette maison est une des plus honorables de Paris.

MARESCHAL (Jules), ingénieur-mécanicien breveté, rue Grange-aux-Belles, 51, Paris. Trois médailles 1849 - 1851 -1854.

M. Mareschal, dont les connaissances en mécanique lui ont valu les récompenses les plus flatteuses en même temps que les plus méritées, expose cette année une machine à hacher et à mélanger les savons, les pâtes et toute substance molle. Un garçon qui ne sait pas hacher peut, avec cet appareil, hacher onze kilog. de chair à saucisse en onze minutes, autant de chair à saucisson en quatre minutes. Le travail se fait sans bruit dans un récipient en fonte étamée ; on ne peut y mettre de débris de bois, il n'y a pas de déchet. Le hachage renferme tout le jus de la viande. On trouve dès à la fabrique de M. Mareschal appareils de trois grandeurs : les premiers contiennent 7 kilog. de viande ; les seconds 14 kilog. les troisièmes de 35 à 40 kilog.

Les appareils 1 et 2 sont mus à bras ; l'appareil n° 3 est mis en mouvement par un moteur de la force d'un cheval. Plus de huit cents machines ont été livrées et fonctionnent tant en France qu'à l'étranger.

M. Mareschal construit aussi des scieries à lame sans fin (système Perrin breveté) pour le chantournage des bois à l'usage des ébénistes-modeleurs. — Grande rapidité, parfaite précision. On crée avec cette machine les produits les plus variés.

TOPART frères, successeurs de Lelong, 31, rue Chapon, Paris, A 1844, B 1853, à New-York, pour imitation de la perle fine ; inventeur de la perle lourde 1824 et orientoïde 1843 ; admis au cabinet de minéralogie de Londres en 1851. Nouvelle imitation de corail brevetée s. g. d. g. 1854.

La fabrication des perles artificielles ou fausses perles obtenue au moyen de la nacre ou avec des boules de verre remplies d'essence d'Orient, matière nacrée composée d'écailles d'ablette, est à Paris l'objet d'un commerce considérable ; mais la maison qui dans ce genre de fabrication s'est acquis la réputation la mieux établie est celle MM. Topart frères. Pour l'imitation de la perle fine ils n'ont à redouter aucun parallèle. La perfection de leurs travaux leur a valu des récompenses qui habituellement ne sont pas prodiguées dans ce genre d'industrie et qui prouvent que MM. Topart sont des fabricants d'un mérite tout à fait exceptionnel. Cette maison tient encore la spécialité des perles pour la bijouterie et ses nombreuses transactions avec l'étranger, attestent que ce n'est pas seulement en France qu'on rend justice à la supériorité de sa fabrication.

HUNZIKER et Cⁱᵉ, manufacturiers, à Aarau (Suisse).

La maison Hunziker et Cⁱᵉ est depuis soixante-dix ans une des maisons les plus considérables et les plus considérées de la Suisse. L'Europe entière, les Etats-Unis, les Indes connaissent ses cotonnades, ses coutils et ses mouchoirs. Le chiffre des affaires que font MM. Hunziker et Cⁱᵉ, sur tous les grands marchés, est colossal. Deux mille ouvriers sont employés dans leurs ateliers immenses. Les moyens mécaniques dont ils disposent leur permettent, en livrant les produits les mieux fabriqués, d'apporter dans leurs prix des réductions très-importantes. Chaque jour MM. Hunziker et Cⁱᵉ font ainsi faire les plus grands progrès à leur industrie ; car, nous avons déjà eu occasion de le dire, la réduction dans les prix, lorsqu'elle n'est achetée par aucune altération de la qualité, constitue un progrès en mettant la marchandise à la portée d'un plus grand nombre de consommateurs, et est favorable au développement du travail par l'augmentation de production qui en est la conséquence. En effet, sans la connaissance exacte des prix, le mérite relatif des produits et leur véritable valeur commerciale ne peuvent jamais être sainement appréciés.

DERRIEN (Edouard), fabricant, à Chatenay, près Nantes.

Les guanos artificiels de M. E. Derrien qui ont paru pour la première fois avec tant d'avantage aux expositions agricoles de 1852 ont été successivement l'objet spécial des récompenses honorifiques les plus flatteuses.

A l'encontre de ce qui s'est trop de fois produit sous un titre analogue, *les engrais artificiels de M. Derrien* sont parfaitement dignes de la plus sérieuse attention de la part des cultivateurs.

On peut être certain, en effet, que les nombreuses distinctions de premier ordre, uniques en France, décernées à M. Derrien par le gouvernement français et par diverses sociétés savantes appelées à examiner ses engrais, n'ont été remises que sur des preuves très-multipliées, incontestables et continues de la richesse et de la puissance fertilisante de ces engrais.

Trois médailles d'or, trois médailles d'argent, un premier prix et une première médaille obtenues aux expositions agricoles, telles sont les armes honorables qui ornent l'écusson de M. Derrien.

Nous devons ajouter que *les guanos artificiels Derrien* vendus sur analyse sous toute garantie, en sacs plombés portant la marque du fabricant, sont relativement à leur valeur intrinsèque, d'un prix inférieur à celui du *guano péruvien* et sont particulièrement supérieurs pour les froments et les betteraves.

RAY, bijoutier, 57, rue Saint-Honoré, Paris.

Chaînes et bracelets.

Aujourd'hui que les bijoux sont si généralement recherchés et que le goût s'en est répandu dans toutes les classes de la Société, on ne suffirait plus à faire l'énumération des différentes innovations apportées dans la parure, soit comme recherches dans la manière d'afficher le luxe, une certaine distinction de rang ou de fortune. L'usage du bracelet, cet ornement classique que les Grecs et les Romains portaient au bras, n'a été adopté en France que sous le règne de Charles VII, et une remarque assez curieuse, c'est que la forme sous laquelle, de nos jours, s'est le plus produit le bracelet, est un serpent roulé sur lui-même, ou entrelacé, ou se mordant la queue, et que c'est cette même forme qu'affectionnaient également le plus les Romains, et surtout les Grecs. — Mais laissons là cette divagation, et retournons devant la vitrine de M. Ray, où nous pouvons admirer une riche collection de bracelets et de chaînes de toute beauté, chaînes plates et galbées, gourmettes doubles carrées et à moulures, chaînes émaillées, grande variété de modèles et de grandeur : on y remarque également des chaînes *brutes* pour la fabrique. M. Ray, qui s'est acquis une haute réputation dans sa spécialité, est le seul fabricant en France qui tienne ces différents genres.

HAFFNER frères, fabricants de coffres-forts incrochetables et incombustibles, brevetés s. g. du g. 8, passage Jouffroy, à Paris. Usine à vapeur à Sarreguemines (Moselle).

MM. Haffner frères se sont placés à la tête de cette fabrication, ainsi que de la serrurerie de précision. Leur exposition ne renferme que des articles de nouvelle invention. On y admire principalement une heureuse innovation de coffres-forts.

Jusqu'à présent cette masse informe n'avait été qu'un meuble disgracieux ne pouvant se placer que dans un cabinet ou un bureau, aujourd'hui MM. Haffner en ont fait un meuble d'une rare élégance, imitant le genre Boule, c'est-à-dire que la marqueterie se trouve appliquée sur le fer, il peut donc figurer avec avantage dans un salon, où son utilité lui assigne une préférence marquée sur les meubles qui ne rendent aucun service et ne servent par conséquent que de parade.

Ce coffre se ferme avec une serrure à combinaison entièrement nouvelle, et qui se trouve placée dans l'intérieur.

MM. Haffner frères ont encore exposé un *coffre-fort en fer*, d'une construction toute nouvelle ; les pièces principales sont rainées et les tôles s'emmanchent dans ces rainures. Par ce système entièrement de leur invention on peut faire des coffres et des chambres en fer de toutes dimensions et les rendre incombustibles par une garniture spéciale dans l'intérieur.

Serrurerie de précision nouvelle.

(Serrure Haffner frères). Cette serrure est d'un mécanisme tout nouveau. Sa marche est celle de la pompe douce, et le mouvement s'opère par des gorges bien différentes de celles déjà en usage. Ces dernières s'usent avec facilité et ont des clefs à pannetons désagréables dans la poche, tandis que la serrure Haffner a des pannetons ronds et petits. — Serrure à pompe ne pouvant pas se forcer, supérieure à tout autre produit du même genre, et enfin, divers autres articles nouveaux, que les connaisseurs peuvent apprécier.

GEFFIER - WALMEZ et **DELISLE** frères, 80, rue Richelieu, à Paris.

Compagnie des Indes.

Entrepôt de cachemires des Indes.

- Fabriques de dentelles à Alençon, Bruxelles, Chantilly.

- Fabrique de cachemires français.

Les produits de ce riche magasin exposés au Palais de l'Industrie, nous dispensent de tout éloge.

LAVOISY, mécanicien, rue Montmartre, 176, à Paris.

Le progrès obtenu par l'invention de la baratte mécanique Lavoisy mérite d'être consigné dans cette liste particulière.

Cette baratte perfectionnée présente des avantages qui la font distinguer de toutes celles inventées jusqu'à ce jour, et lui promettent une grande popularité, surtout dans les campagnes.

En effet, elle offre tout à la fois une notable économie de temps et de force résultant de son mécanisme et de ses ingénieux engrenages qui réduisent considérablement la force motrice néces-saire aux ustensiles de cette nature.

Extrait du rapport du jury de Londres.

« Treize barattes ont été jugées dans la première expérience et cinq dans la seconde; toutefois, dans ces deux expériences, la petite baratte Lavoisy a tellement bien fonctionné, que nous l'avons jugée digne de la médaille. »

Avec 2 litres 27 centilitres de crème de bonne qualité on a obtenu en deux minutes, à la première expérience, près d'un kilo de beurre d'excellente qualité, sans résidu; et dans la seconde la même quantité de crème a produit en 45 secondes plus d'un kilo de beurre exquis, également sans résidu. Ce résultat n'a pu être obtenu par aucune autre baratte.

Des dépôts sont établis au bazar de l'industrie française, boulevard Poissonnière, 27 et rue Montmartre, 180, à Paris.

RICHARD (Louis), horloger, au Locle (Suisse).

Médaille d'or de la société d'émulation patriotique de Neuchâtel. Grande médaille à l'exposition de Londres 1851.

M. Richard expose : 1° une pendule astronomique avec échappement libre à force constante et de son invention. Le but, qu'il se proposait et qu'il a obtenu, consiste à rendre le pendule ou régulateur tout à fait indépendant du rouage et même de la roue d'échappement, les arcs décrits par le pendule sont d'une étendue rigoureusement et forcément toujours les mêmes, l'on obtient donc un isochronisme parfait. Cette pendule est tout entière son propre travail. Longtemps soumise à des observations astronomiques, M. Richard a pu se convaincre par les résultats qu'il a obtenus qu'il était arrivé au but qu'il en attendait. Ce genre d'échappement a été appliqué à un chronomètre de marine qui a obtenu le plus éclatant succès ; 2° un chronomètre de poche pareillement l'œuvre de ses mains, avec perfectionnement apporté à l'échappement libre et ressort simple d'Arnchaw : il consiste en une double roue d'échappement à double denture ; il a pour effet de donner le dégagement de l'échappement beaucoup moins dur, puis, de parer à l'inconvénient grave que présente ce genre d'échappement, qui est sujet à s'arrêter au doigt et par une forte secousse, mouvement qui est considérablement diminué ; du reste, l'auteur a pu se convaincre que par la marche que l'on obtient cette modification constitue un perfectionnement ;

3° Enfin, un mémoire explicatif avec plans ; M. Richard a ajouté le plan de l'échappement à ancre tel qu'il doit être exécuté et comme il l'exécute à toutes les montres de ce genre sortant de son atelier, sans qu'il y ait augmentation de prix. Il ne connaît aucun traité d'horlogerie où la théorie de cet échappement ait été donnée conformément aux principes mathématiques : les résultats supérieurs qu'il a obtenus par l'application de ce genre d'échappement, même à des montres non chronomètres, mais d'une exécution fidèle, l'ont convaincu que ces principes, tels qu'il les conçoit, sont en effet les seuls applicables.

MUIR (William) et Comp., ingénieurs, taillandiers et fondeurs. Britannia Works, Strangersways, Manchester (Angleterre).

Maison établie en 1842.

A la grande Exposition de 1851, M. Muir avait exposé un tour à pied, une poulie à visser, des presses à copier, des presses à imprimer en relief, etc., etc., pour lesquels il obtint une médaille de prix. Cette même année, il a installé sa taillanderie des "Britannia Works" cet immense établissement qui, dès son début, a acquis une grande réputation pour la perfection et le fini des outils sortant de ses ateliers, et surtout pour la machine à imprimer les billets de chemins de fer, les tours et autres outils pour amateurs et mécaniciens.

M. Muir expose cette année au Palais de l'Industrie : son tour à pied breveté ; il est muni de roues de rechange pour varier la coulisse de traverse, ce nouveau mécanisme peut s'adapter à toute espèce de tours à coulisse à deux pieds au-dessus du centre.

Les pierres à repasser les outils tranchants. A l'aide d'un mécanisme particulier les deux pierres se maintiennent exactement dans leur périphérie respective l'une par rapport à l'autre, lorsqu'on les met en mouvement. C'est une grande et avantageuse amélioration.

Un perçoir avec engrenage pour percer des trous du plus petit diamètre jusqu'au plus grand;

Et un assortiment complet de poulies à visser.

Pour la liste des prix, s'adresser à M. Muir ou à ses dépôts.

DELESSALLE et Comp., 61, rue Hauteville, Paris. Fabrique de bronzes d'art, commission et exportation, articles de Paris.

Nous avons visité les salons de M. Delessalle et nous devons constater que ses bronzes et ses réductions, obtenues d'après des procédés mathématiques qui ne permettent aucune erreur, ni dans les proportions, ni dans la ressemblance, ni dans l'expression, sont recherchés à cause du goût, du soin et du sentiment artistique qui ont présidé à leur exécution.

M. Delessalle est l'heureux éditeur du Bonaparte en Italie, monument appartenant à Sa Majesté l'Empereur, modèle dû à l'habile ciseau de M. Leveel. Ses statuettes *tambour* et *trompette* détachées du socle se vendent séparément, et forment la base d'un charmant candélabre qui, avec la réduction de la statue équestre, complètent une magnifique garniture de cheminée.

M. Delessalle traite, pour l'exportation, la bijouterie doublée d'or, les meubles, pendules, tissus, articles de Paris, etc. Pour l'intérieur, les fournitures de lycées, collèges, les passementeries et broderies pour uniformes, etc.

ZIEGLER et Comp., à Winterthur (Suisse).

Manufacture de coton. Teinturerie du rouge d'Andrinople et impressions sur rouge. Fabrication d'indiennes, jaconas, organdis, baréges et mousselinettes, étoffes pour meubles, fichus, cravates, mouchoirs, châles à franges pour l'exportation.

La presse commerciale a, selon nous, un rôle important à remplir, c'est de faire servir sa publicité à vérifier les sources de la richesse publique, d'interroger les efforts de ceux qui se dévouent avec le plus de persévérance aux travaux industriels et de les signaler aux regards de la grande famille des producteurs comme ces explorateurs hardis qui ont agrandi le champ de la découverte. C'est là un enseignement utile en ce qu'il signale au consommateur les meilleurs produits. Mais le rôle de la presse serait incomplet si elle *n'excitait* pas par l'exemple une honorable émulation. C'est cette émulation que nous chercherons toujours à exciter surtout quand il nous sera donné de parler des produits aussi remarquables que ceux de MM. Ziegler et Comp. de Winterthur, produits que nous recommandons d'une façon toute particulière à l'attention générale.

BARTHÉLEMY, 234, faubourg Saint-Martin, Paris.
Pierre chimique.

M. Barthélemy expose une pierre chimique pour affiler toute espèce d'outil tranchant, outils de sculpteurs, instruments de chirurgie, etc. Chacun sait que la pierre à aiguiser est un grès siliceux, à grains fins, propre à aiguiser le fer et l'acier : on en distingue à gros grains, et d'autres à grains fins. Les couteliers se servent des unes pour repasser les couteaux et les outils, et des autres pour repasser les rasoirs. Plusieurs carrières de France, notamment les carrières de Marcilly et de Celle près de Langres, de Passavant près de Vauvilliers, fournissent beaucoup de ces pierres. On tire les pierres à aiguiser les plus fines, de l'Archipel et de Salm-Château près de Liége, et des environs de Nuremberg. Au dire des couteliers, des sculpteurs, des chirurgiens, qui ont expérimenté la pierre chimique de M. Barthélemy, cette invention nouvelle sera d'ici quelques mois substituée aux diverses pierres à aiguiser que nous venons d'énumérer plus haut. Nous nous empressons d'enregistrer cette opinion.

DUCHESNE, 153, rue Saint-Honoré, Paris.

Manufacture d'armes blanches, fournisseur du ministère de la guerre, de la garde de Paris, de la gendarmerie, de la garde impériale, et de toute la gendarmerie départementale.

M. Duchesne n'est pas seulement fabricant intelligent et consciencieux, il est encore inventeur habile.

Ses épées à plaques mobiles dites à pompe, ses fourreaux de cavalerie à développement, ses garnitures mobiles pour sabres d'officiers d'infanterie, ses poignées guillochées imitant le filigrane et adoptées récemment par le ministère de la guerre, pour MM. les officiers de gendarmerie, le prouvent surabondamment.

Nous voyons à l'Exposition figurer de magnifiques produits sortis de ses ateliers, qui par leur solidité, leur bon goût, leur distinction, leur richesse et en même temps leur bon marché, lutteront avantageusement avec tous ceux en présence desquels ils se trouveront placés.

Le public élégant, l'aristocratie, récompensent dignement les efforts et la persévérance de l'inventeur, par l'empressement qu'ils montrent à s'adresser à la maison Duchesne.

Grand choix d'armes de luxe pour l'armée, la marine, la magistrature et la diplomatie.

SCEURAT et **CEBERT**, 18, rue Beaurepaire, Paris.

Chaussures en gros.

Cette maison a depuis longtemps une renommée européenne, qui tend à s'accroître chaque jour sous l'habile direction de MM. Sceurat et Cebert, qui ont réussi par leurs divers perfectionnements à rendre les chaussures plus souples et plus légères. L'emploi de l'élastique combiné dans d'ingénieuses proportions, explique le problème qu'ils ont résolu, à la satisfaction générale de leurs pratiques. Nous ne savons pas de maisons où les articles de chaussures soient aussi variés en fantaisies des plus distinguées et d'un cachet de meilleur goût. La supériorité de la maison Sceurat et Cebert est notoire, et les nombreux négociants de l'Amérique du Sud, du Chili, du Pérou, qui lui accordent leur confiance, n'ont qu'à se louer de leurs relations avec elle; exactement informés de ses importantes expéditions, nous nous complaisons à la classer, sous tous les rapports, parmi les maisons qui soutiennent le plus dignement à l'étranger la fabrication française. MM. Sceurat et Cebert ont exposé plusieurs articles de gros, et des bottines chevreau blanc à élastique brodées or, chiffre, couronne.

ROUVENAT (Léon), 62, rue d'Hauteville, Paris.

Cette maison, dont la fondation remonte à 1812, est une de nos premières fabriques de joaillerie et de bijouterie de Paris.

Ses produits lui ont valu, en 1844 et 1849, la médaille d'or.

On remarque dans sa vitrine une des pièces capitales de l'Exposition, c'est un ostensoir d'une grande richesse, en or massif, du poids de 8 kilogrammes, enrichi de diamants, rubis et émeraudes. Le premier plan des rayons est entièrement formé de brillants et de rubis, les nuages sont en or vert mat, la croix qui en forme la partie supérieure est en brillants, émeraudes, cabochons. Le second plan est en or rouge poli, le pied est enrichi d'émeraudes et de rubis, avec ornements en or de couleur.

Une garniture de robe forme de Berthe, en diamants, garnissant entièrement le corsage et les épaules. Cette pièce, de forme toute nouvelle, est très-gracieuse et se démonte en plusieurs parties qui forment bandeaux, broches, bracelets, ce qui permet d'en varier l'usage et de la transformer à volonté.

Un sabre turc d'un bel effet, or et argent, orné de diamants grenats et émeraudes.

Une épée artistique ornée d'un chiffre en diamants.

Une broche en diamants montés en or, contenant 1,450 pierres, d'un travail aussi beau que difficultueux, et d'un dessin très-correct. (Un aigle défendant son nid attaqué par un serpent.)

Et enfin, un choix tout particulier de parures, bracelets, bagues, etc., extrêmement riches, d'une grande variété de formes et composant un ensemble remarquable.

VAN HALLE (Joseph), ornements d'église de Bruxelles (Belgique).

Sous un baldaquin d'une grande richesse de sculpture, de dorure, et de broderies en or fin sur velours cramoisi, de Gênes (style renaissance). Notre Seigneur J.-C. avec un splendide vêtement Byzantin, qui resplendit d'or et de pierreries; autour de l'auréole en or, sont incrustés en lettres d'ivoire, ces mots: *Ego sum via, veritas et vita.*

Au bas de la robe en dama d'argent, richement brodé en or et argent fins, avec ornements en pierreries, on lit sur un fond d'or cette inscription brodée en caractères d'argent: *Qui sequitur me non ambulat in tenebris.*

Le bord du manteau du Christ en damas d'or ponceau porte également deux inscriptions brodées en lettres d'argent sur fond d'or avec ornements de pierreries, etc., — d'un coté: *Tu es Petrus, et super hanc petram ædificabo ecclesiam meam, et portæ inferi non prævalebunt adversus eam;* de l'autre coté: *Tu aliquando conversus confirma fratres tuos.*

Les deux lettres A (Alpha) et Ω) omega) décorent l'agrafe du manteau au milieu de laquelle brille dans un entourage de pierreries le nom du Sauveur Χριστος; sur l'étole brodée en or fin et scintillante de pierreries, on lit en lettres richement brodées: *Pasce ovesmeas.*

Le tapis en velours violet, en tous points brodé en or fin et soie, dans le même style, porte cette inscription: *Rex regum et Dominus dominantium.*

Enfin, les deux panneaux à côté du baldaquin sont tapissés en soie verte; sur une face latérale est brodé en lettres majuscules en or;

Dieu seul est grand. Sur l'autre: *A lui tout honneur.*

A côté du Christ une magnifique chape dans laquelle sont entrées quinze mille pierres et cinq livres de filets d'or. Cette chape vraiment papale, a demandé pour sa confection deux années de travail, elle est en tous points brodée en or à passer, et soie, avec des figures allégoriques. Au milieu de de la croix de la chasuble, la cène est représentée; sur les côtés et au bas de la croix, on voit les quatre Evangélistes, et sur la colonne de face, la sainte Vierge et saint-Joseph.

Une splendide chasuble pontificale brodée en or: au milieu de la croix brille le nom de Jésus, enrichi de diamants et de rubis; dans les bras et au haut de la croix figurent des anges brodés en or fin, qui se détachent en relief. Des brillants forment la prunelle des yeux de ces anges.

Il y a là encore d'autres chasubles, des aubes, etc., qui rivalisent d'élégance et de richesse. En somme, la vitrine de M. Van Halle est une des plus riches de la galerie d'honneur; aussi voit-on continuellement la foule s'extasier devant tant de luxe réuni.

CALLEBAUT, machine à coudre, 6, rue de Choiseul, Paris.

Machine à coudre.

Il y a longtemps que les journaux nous entretiennent des machines à coudre que l'Amérique a, pense-t-on, inventées et perfectionnées; et fort peu de personnes savent que l'invention primitive est toute française. Or, bien que le premier inventeur n'ait pas atteint tout d'abord la perfection et soit aujourd'hui dépassé par ses concurrents, il n'en a pas moins le mérite, très-grand à nos yeux, d'avoir, le premier, démontré par le fait la possibilité de faire la couture par un procédé mécanique.

Nous donnerons d'abord quelques détails sur les procédés des principaux inventeurs, et enfin nous ferons connaître une dernière machine récemment brevetée que nous venons de voir fonctionner sous nos yeux chez M. Callebaut, 6, rue de Choiseul.

Thimonnier, qui ouvre la longue liste de chercheurs, était, en 1825, tailleur à Amplepluis (Rhône); il avait depuis quelque temps déjà conçu la pensée d'un métier pour opérer la couture mécanique, et, voulant se mettre en mesure de réaliser lui-même son projet, il s'était livré assidûment à l'étude de la mécanique. Cinq ans plus tard, en avril 1830, il prenait en France le premier brevet qu'on eût songé à prendre pour une machine à coudre. Sa machine, à laquelle il fit plus tard subir différentes améliorations, faisait le point de chaînette et donnait une couture régulière. La pièce principale de sa machine est une aiguille verticale à crochet qui perfore l'étoffe en s'abaissant, va saisir le fil qui est au-dessous et le ramène en dessus; de cette manière le point arrière se forme en dessous et le point de chaînette en dessus, comme dans la broderie au crochet.

Walter Hunt, de New-York, inventa, en 1834, l'aiguille avec un œil près de la pointe, et lui donna pour auxiliaire une navette, agissant en dessous de l'étoffe et destinée à passer un second fil dans la boucle formée par le fil de la première. Mais souvent cette boucle s'aplatissait contre l'étoffe; aussi est-ce pour parer à cet inconvénient que Thompson, en 1853, essaya d'aimanter une des parois de la coulisse afin de commander la navette.

Le système de Morey et J.-B. Johnson fut un retour vers l'aiguille à crochet de Thimonnier.

Heilmann, l'inventeur du métier à broder, y employait une aiguille à deux pointes avec l'œil au milieu. C'est cette même aiguille que Phélizon en 1840, et Canonge en 1852, appliquèrent à leurs métiers à coudre.

Enfin, nous arrivons au système Singer, le dernier et le plus parfait de tous, celui dont nous voulons surtout entretenir aujourd'hui nos lecteurs.

Cette machine est à un seul fil et à une seule aiguille. L'aiguille est fixée dans une broche verticale, l'œil est percé tout au bas de l'aiguille près de la pointe, le fil qui se dévide d'une bobine placée au haut de la machine passe dans l'œil de l'aiguille qui s'enfonce verticalement dans l'étoffe qu'on veut coudre. Au moment où l'aiguille va remonter, le fil qu'elle retire en haut s'ouvre en une boucle dans laquelle s'engage un crochet horizontal qui se retire

presqu'aussitôt et en même temps que l'aiguille remonte, et qui entraîne avec lui la boucle formée de manière à empêcher qu'elle ne remonte avec l'aiguille. Celle-ci étant remontée, l'étoffe poussée par le mécanisme avance de l'espace nécessaire pour former un point, puis l'aiguille s'enfonce de nouveau et en remontant ouvre une nouvelle boucle dans laquelle s'engage encore le crochet horizontal. Ce crochet en se retirant attire à lui cette seconde boucle et laisse libre la boucle du point précédent, laquelle se trouve serrée sur l'étoffe par le mouvement de retraite du crochet qui tire sur la seconde boucle. La même opération se renouvelle à chaque point suivant, et il en résulte ainsi un double point de chaînette en dessous et un arrière-point en dessus.

Une vis de rappel permet de donner au point l'étendue qu'on désire depuis 1 centimètre jusqu'à 0 m., 000,01. Enfin, un petit mécanisme que nous ne pourrions décrire sans des figures compliquées, permet de faire de huit en huit points un nœud fort serré qui arrête nettement le travail à des espaces fort rapprochés et donne ainsi à la couture mécanique une solidité au-dessus de celle des coutures à la main.

Une autre machine du même inventeur, tout en faisant sur l'étoffe une couture en point arrière, fait à la surface inférieure une espèce de double ou triple point de chaînette très-saillant, ressemblant à la soutache, et pouvant parfaitement remplacer ce genre d'ornement comme effet, en même temps qu'il est beaucoup plus solide.

Le nœud qui se fait de huit en huit points rend la couture absolument indécousable, puisque les fils coupés même avec intention ne peuvent faire lâcher la couture au delà des nœuds qui ferment, tandis que dans les machines à navettes, le fil étant coupé en un seul point, si l'on vient à tirer sur les deux côtés de l'étoffe, il s'opère un glissement qui laisse en peu d'instants une large ouverture.

La machine Singer peut faire avec une régularité parfaite et une solidité étonnante tous les travaux des couturiers et des tailleurs. En résumé, elle paraît avoir résolu d'une manière complétement satisfaisante la couture mécanique, et nous félicitons sincèrement M. Callebaut de l'avoir introduite en France où elle doit avoir un grand succès.

BACQUEVILLE, boulevard du Centre, 7, Paris.

Briquet-pèse lettres.

On a dernièrement fait grand bruit avec une petite balance dite Pèse-lettre, dont l'invention a été, on ne sait trop pourquoi, attribuée à M. Marion. Nous croyons aujourd'hui rendre un véritable service au public, en luisignalant une création bien plus intelligente et bien plus ingénieuse, c'est le *briquet pèse-lettres*. Ce briquet, qui satisfait à toutes les exigences du luxe, et qu'on peut porter dans une poche de gilet, contient une boîte à timbre-poste, des petites bougies ou de l'amadou, et un pèse-lettres, qui dit avec une précision infaillible ce que coûtera une lettre à la poste.

Ce briquet en métal aussi brillant que l'or devient de première nécessité, il est indispensable à tout employé d'administration ou de maison de commerce. Ce pèse-lettres est un véritable petit chef-d'œuvre artistique. Son prix modéré doit nécessairement en populariser l'usage, et les diverses commodités qu'il réunit, le faire préférer à tous les pèse-lettres existants. On trouve ce briquet bijou chez tous les marchands de tabac et chez les papetiers.

BOITUZET, artiste-peintre-photographe, rue Saint-Marc, Paris.

Photographie artistique.

A propos de la photographie au Palais de l'Industrie universelle, nous avons une juste et sévère observation à soumettre à MM. les photographes.

La plupart des photographes qui ont eu le bonheur de faire admettre leurs épreuves à ce grand concours des arts et de l'industrie, n'ont pas su ou voulu comprendre leur devoir. L'Exposition devait être pour eux l'occasion de montrer que dans l'art photographique comme dans tant d'autres branches artistiques, scientifiques et industrielles, la France marchait au premier rang. Ils devaient travailler longuement et sérieusement les épreuves qu'ils destinaient à l'Exposition. Qu'ont-ils fait? Ils ont décroché tout simplement les montres qu'ils exposent sur la ligne du boulevard, montres tapissées de portraits exécutés pour flatter l'œil et allécher le public, mais qui ne sont nullement exécutés au point de vue de l'art. Au lieu de voir dans l'Exposition, comme nous venons de le dire, un moyen de prouver que la photographie française n'est point restée en arrière, ils n'ont vu dans ces grands comices artistiques et industriels qu'un prétexte à réclame. Tant pis pour ceux qui comprennent ainsi le juste orgueil de la nationalité,

Nous avons pourtant et heureusement quelques exceptions à enregistrer. M. Boituzet, entre autres, a fait tout ce qu'on devait attendre d'un artiste d'intelligence et de cœur. Son exposition est une des plus remarquables. Toutes ses épreuves sont d'une finesse charmante, enrichies d'étonnants effets d'ombre ; les demi-teintes, et les transitions sont parfaitement ménagées ; elles frappent surtout par la gracieuse facilité de la pose par l'expression, le modelé et les oppositions de lumière. Les effets sont profondément sentis, vigoureusement accentués, les accessoires sont disposés avec goût et sentiment, les fonds sont bien teintés, et l'harmonie de l'ensemble caresse le regard.

M. Boituzet est en outre inventeur d'un procédé nouveau, dont plusieurs charmants spécimens font l'éloge plus que tout ce que nous en pourrions dire.

Artiste consciencieux et habile, M. Boituzet est le photographe de prédilection du public.

(*Voir aux annonces.*)

PELLETIER (L. E.) et Cie, fabricants de chocolats ; dépôt central, 71 , rue St-Denis ; usine à vapeur, 31 , rue St-Ambroise, Paris.

M. Pelletier, qui est l'inventeur d'une machine à malaxer , peser et mouler le chocolat mécaniquement, et d'un nouveau système de broyage des cacaos par un moulin à disques annulaires, a été honoré de 2 médailles en argent en 1839 et 1849.

Il est le directeur-gérant de la *Cie Française des chocolats et des thés.*

La Compagnie française a été fondée dans le but de propager l'usage *des chocolats et des thés*,

en apportant dans le commerce de ces deux précieuses substances une réforme depuis longtemps nécessaire.

L'association seule pouvait faire atteindre ce but ; la Compagnie s'est constituée avec le concours des marchands intéressés ; elle a réalisé cette grande pensée: *La production mise en rapport direct avec la consommation.*

L'idée , on le comprend aisément, est on ne peut plus heureuse ; le marchand, au moyen de son titre d'actionnaire, est devenu producteur par l'association ; il établit des relations directes entre sa fabrique et le consommateur, et supprime ainsi l'intermédiaire dont les remises surélèvent encore le prix de vente ; enfin , il offre par son cachet d'actionnaire-fabricant dont il revêt les articles de la Société, une garantie nouvelle à ses clients envers qui il assume en quelque sorte la responsabilité des produits qu'il leur vend.

Le mécanisme si simple de cette institution suffit pour expliquer comment il se fait que la Compagnie française puisse livrer ses marchandises de première qualité à des prix relativement si inférieurs à ceux des autres fabriques ; il fait aussi comprendre la certitude du placement des produits dont l'écoulement est confié à des vendeurs directement intéressés à multiplier les affaires de la société dont ils sont actionnaires et l'avantage immense qui résulte pour la fabrication elle-même de cette certitude de placement.

L'expérience a déjà prouvé que la Société ne s'est point exagéré l'importance de son idée ; les actionnaires vendeurs sont allés au-devant de leur appel pour y prendre un double intérêt.

Fondée en 1770, l'ancienne fabrique, régénérée sous le titre de *Compagnie française*, est assez connue par son ancienneté et sa réputation, pour qu'on puisse la considérer à juste titre comme une des premières de la capitale. Depuis cette création cette maison a toujours réuni le suffrage des connaisseurs et celui des médecins les plus distingués ; c'est la maison mère d'où sont partis tous les perfectionnements apportés dans l'industrie chocolatière ; d'ailleurs un rapport fait par les comités des arts chimiques et économiques sur la perfection des produits de la Compagnie, nous dispenseront de tout autre éloge.

SENNEQUER (Philippe-Pierre), ingénieur-mécanicien à la Chapelle-St-Denis, 33, rue Marcadet, breveté s. g. d. g. Nouveau système d'appareil électro médical, guérissant la migraine et les douleurs névralgiques, deux affections contre lesquelles la médecine est à peu près impuissante. L'électricité n'avait pas encore reçu toutes les applications utiles qu'on était en droit d'attendre de cet agent merveilleux. On l'avait utilisée depuis ces dernières années dans l'argenture, la dorure, la galvanoplastie, la télégraphie, l'extraction des métaux de leurs minerais ; on avait essayé de l'appliquer à l'éclairage : les chimistes s'en étaient servis pour la décomposition de la plupart des corps. Les médecins l'avaient employée comme agent thérapeutique dans la paralysie, la gastrite chronique, l'empoisonnement par les narcotiques. M. Sennequer l'a heureusement appliquée à la guérison des névralgies. Ses bracelets, bagues, jarretières, ceintures et serre-têtes lui ont valu les attestations les plus honorables.

Dépôt au Bazar européen et chez l'inventeur. Chefs-d'œuvre d'automates mécaniques. — Exposition permanente à sa fabrique où l'on trouvera : tableaux avec orgues, — salon de magicien, — atelier de menuisier, pièces détachées, etc.

HETZEL et Cie à Bâle, — filature-mécanique de filoselle ou shappe. Chacun sait que la filoselle, dite aussi *bourre de soie* et *fleuret*, est la partie de la soie qu'on rebute au dévidage des cocons. Elle se compose de la partie de la coque qui recouvre immédiatement la chrysalide et qui y est comme collée, de la soie de bourre qui forme l'enveloppe extérieure du cocon, des bouts cassés, etc. — On carde la filoselle, on la file, on la met en écheveaux comme la soie, on en fait des rubans, des ceintures, des bas, du cordonnet, etc. Toutes ces opérations, qui paraissent de la plus grande simplicité, exigent les plus grands soins, la surveillance la plus active et là est le mérite de la maison Hetzel. En outre, les admirables moyens mécaniques dont elle dispose et une organisation toute exceptionnelle lui permettent de faire profiter d'un avantage réel, ses nombreux clients. Ceci explique sa vogue toujours croissante. Les ordres les plus importants qui lui sont adressés, sont remplis ponctuellement et avec une rapidité rendue facile par son nombreux personnel.

LECOUTEUX, mécanicien, constructeur de machines à vapeur de tous systèmes, rue Ménilmontant, 74, Paris.

Annexe-Pile 79 et 80.

1° Machine à vapeur à balancier, de la force de 30 chevaux, à deux cylindres avec enveloppes fondus ensemble, à détente variable par le modérateur et à condensation.

La force peut être réduite jusqu'à huit chevaux et la dépense du combustible proportionnellement, par suite d'une disposition combinée dans la distribution de la vapeur, qui permet de marcher avec l'un ou l'autre cylindre seul, soit à condensation, soit sans condensation, ou avec les deux cylindres à la fois avec ou sans condensation. La vapeur étant introduite à volonté par des moyens faciles dans les deux cylindres, ou dans l'un ou l'autre seul, ou bien encore dans le petit pour passer dans le grand, et le tuyau d'échappement de vapeur de chaque cylindre pouvant être mis en communication avec l'air extérieur ou avec le condensateur suivant le besoin; ce système, entre autres avantages, offre celui de pouvoir réparer un des pistons sans arrêter complétement le travail.

2° Une machine à vapeur de la force d'un demi-cheval, à balancier, à un seul cylindre à haute pression sans condensation.

POULLIER-DELERME, fabricant de tissus, à Roubaix. — Tabliers pure laine, tabliers orléans, satins brochés pure laine, satins de Chine pure laine, satins de Chine chaîne coton, robes chaîne soie et chaîne coton, trame pure laine, armures chaîne coton, trame pure laine pour paletots, popelines chaîne soie et trame fil, tabliers foulards chaîne soie et trame laine. Tels sont les principaux objets exposés par la maison Poullier Delerme de Roubaix.

« Il fut une époque glorieuse, a dit le baron Charles Dupin, où l'homme supérieur qui plaçait son titre de membre de l'Institut avant son titre de général, parcourait avec ses illustres amis, Berthollet le chimiste, Monge le géomètre, et le ministre Chaptal, les ateliers et les grandes manufactures de Paris, de Rouen, de Lyon, de Liége, de Bruxelles et d'Aix-la-Chapelle, excitait partout le besoin du progrès, avec son regard d'aigle, pénétrait dans les mystères de la production industrielle, avec sa parole incisive et mémorable éveillait les esprits, stimulait l'indolence et donnait à l'éloge le parfum de la gloire. Rencontrait-il un homme rare, un Ternaux, créant de nombreux et beaux établissements, il détachait sa croix pour la poser de sa main sur la poitrine de l'industriel en présence de ses milliers d'ouvriers. Voilà comme le grand homme honorait les sciences, les arts et le peuple. » Autant que son oncle illustre, l'Empereur suit avec orgueil les développements vitaux des manufactures et des ateliers. Chacun le sait et, en vue des récompenses instituées par lui pour provoquer, soutenir l'émulation des industriels, chacun fait des efforts dont le moindre est un germe fécond de prospérité. Parmi ceux dont les efforts sont couronnés de succès nous citerons M. Poullier-Delerme, l'honorable fabricant, dont les tissus attirent par la finesse et leur bonne qualité l'attention générale au Palais de l'Industrie universelle.

SERPH et Comp., rue Pagevin, 4, à Paris; usine, rue du Chevaleret, 7, à Ivry.

Granit et enduit hydrofuge Grassay.

Le granit Grassay est propre à toute espèce de dallages; il s'emploie comme les bitumes ou mieux en dalles moulées de toutes formes et de toutes dimensions. Il peut donc servir au pavage des trottoirs, cours, magasins, caves, ateliers, caniveaux, bassins, etc.

Ce pavé étant hydrofuge comme l'enduit, est susceptible de préserver de toute infiltration les terrains exposés aux inondations, et, réuni à l'enduit posé sur les murs, il fait du lieu le plus humide, un lieu sec, parfaitement habitable, et dans lequel peuvent se conserver les matières les plus délicates.

L'*enduit* posé verticalement sur les murs préserve les intérieurs de toute humidité, et, placé par couches horizontales sur les fondations il en garantirait complétement les murs eux-mêmes. Il est d'une adhérence très-grande; il peut recevoir aussitôt des couches de peinture ou de plâtre, ou un collage de papier, et les conserver intacts comme les murs les plus secs.

Posé en couches sur les bois ou les métaux, il les conserve et les garantit contre la décomposition ou l'oxydation. Les applications du granit et de l'enduit sont donc infinies, et leurs propriétés hydrofuges répondent à un besoin qui a été en tous temps la préoccupation des constructeurs. La même matière, délayée, recouvre les tuyaux de manière à les préserver de toute oxydation, et les papiers de couverture ou d'enveloppe de façon à les rendre imperméables à l'humidité.

SOCIÉTÉ DES FABRIQUES VÉNITIENNES UNIES, représentée par Bigaglia et Comp., Dalmedies frères, Dalmistro Erera Flantini (veuve et fils), Coen frères, Lazzari, Zecchini à Venise, Verroterie et Email. Mé-

daille à Vienne 1839, 1845. Médaille de prix en 1851. — Verrerie impériale, perles de toutes sortes, émaux pour mosaïques et cadrans, filigrane et aventurine. Fabrique de minium et de céruse. Cinq médailles en or, trois médailles en argent décernées par Sa Majesté l'Empereur d'Autriche et par l'Institut de Venise.

Cette importante société offre une réunion de produits qui font le sujet perpétuel de l'admiration de ceux qui visitent son magnifique établissement. Les intelligents propriétaires ont su grouper avec un rare bonheur tout ce qui fait l'objet de la fabrication des verreries européennes et sont à même d'offrir le choix le plus varié pour les commandes qui leur sont adressées de l'Italie, de la France et de tous les coins de l'Europe. Les récompenses si honorables et si flatteuses dont cette société a été l'objet, ne sont accordées qu'aux industries les plus sérieuses et les plus nécessaires. Notre rôle ne peut que se borner à enregistrer la vogue méritée dont elle jouit et à signaler à l'attention de nos lecteurs ses produits d'une supériorité incontestable.

(*Voir aux annonces.*)

LHOEST, 57, rue Fontaine-au-Roi, à Paris. Admis à l'Exposition de Londres B. Société libre des Beaux-Arts 1852. Seul inventeur de deux appareils mécaniques, dont le premier dit appareil réducteur permet d'obtenir la *réduction* des bas-reliefs partie et contre-partie, et toutes espèces de rondes-bosses, monnaies, médailles, médaillons, et la *reproduction* par le procédé numismatique. Avec ces deux moyens combinés on peut aujourd'hui imprimer les statues en taille-douce.

Avec le second appareil on obtient la reproduction de trois manières différentes : 1° réduction et augmentation du *sens*, procédé qui a tous les avantages du système Collas et Sauvage sans en avoir les défauts ; 2° réduction et augmentation, mais en contre-partie, immense commodité pour l'ornementation puisqu'on évite ainsi de modeler les deux parties d'un même sujet ; 3° reproduction en ovale d'un sujet rond, de toutes proportions, partie ou contre-partie.

Avec ces deux appareils mécaniques onze transformations mathématiques d'un même sujet ont été obtenues, bien qu'elles eussent été proclamées impossibles par les habiles de l'art. Nous félicitons sincèrement M. Lhoest de sa magnifique invention, car son procédé infaillible et facile aura pour conséquence de vulgariser les chefs-d'œuvre des maîtres.

LIVIO (Mlle Marie). Fantaisies, ouvrages au crochet, applications en relief, 145, rue Saint-Honoré.

Mlle Livio expose un devant de Saint-Sacrement en or, un coussin de canapé, fleurs de couleur, une descente de lit et plusieurs charmantes fantaisies telles que vide-poches, corbeilles, cordons de sonnettes, embrasses de rideaux. Tous ces divers objets sont des applications de crochet, applications qui remplacent la broderie ; leur solidité et la modération des prix leur fait déjà depuis longtemps donner la préférence. Ce système pour lequel Mlle Livio a pris un brevet, comme on peut le penser, s'emploie avec une égale supériorité pour objets de toilette et pour ameublement.

La broderie est une des branches où l'industrie française l'a toujours emporté sans conteste. Elle a eu ses époques comme les arts, mais si, au temps passé, on a fait des broderies d'une richesse et d'une solidité extraordinaires, jamais on n'a rien imaginé de plus élégant ni de plus gracieux que l'ensemble des applications de crochet exposées par Mlle Marie Livio. Sa maison a naturellement une belle clientèle française et étrangère, clientèle composée de cette société d'élite qu'on peut appeler l'aristocratie du bon ton.

HAYEM (S.), maison du Phénix, 38, rue du Sentier, Paris. — Cette maison, la seule qui à l'Exposition universelle de Londres a obtenu une médaille pour la perfection du col-cravate, le bon goût et la richesse de ses étoffes, expose au Palais de l'Industrie des nouveautés qu'on ne saurait rencontrer que chez elle. — Tout les genres de cols-cravates, de faux cols, chemises et gilets de flanelle qu'on trouve dans les principales maisons de la France et de l'étranger, sortent de la maison du Phénix. Pour ces articles elle n'a pas de concurrent, car sa fabrication est établie sur une si haute échelle que nul ne peut égaler ses qualités et son bon marché. L'expérience de M. Hayem dans les affaires et son goût incontestable lui ont acquis la totalité des commissionnaires exportateurs de la capitale, et les nombreux négociants qui lui accordent leur confiance n'ont qu'à se louer de leurs relations avec lui. Nous avons à faire pour la maison du Phénix une observation aussi importante pour le public qu'honorable pour elle. c'est que le consommateur trouvera sur tous les articles sortant de la rue du Sentier la griffe du Phénix, c'est une garantie de fabrication supérieure.

SEEGERS (A.), doreur sur cuirs, étoffes et papiers, cuirs reliefs imitant les bois sculptés, 83, rue du Temple. — Dorure sur papier veloutés et tous papiers de tentures, imitation du point de dentelles, plat, relief et brodé, ornements en tout genre, satins et draps dorés pour ameublements ; garnitures de rideaux et tentures de salons ; crêpe doré pour modes, cartonnages, éventails ; velours frappé à froid et relief.

Au nombre des maisons les plus honorables nous signalerons un établissement qui mérite une attention toute particulère de la part des acheteurs. La maison A. Seegers qui expose des produits dont le bon goût, la distinction et en même temps le bon marché réunissent toutes les conditions exigées par le luxe et l'usage, n'excelle pas seulement dans les différents articles que nous venons d'énumérer, elle se recommande surtout à nos yeux par sa variété de genres de dorure ; rien n'égale entre autres choses le *mat* que M. Seegers obtient. Quant à ses cuirs reliefs imitant les bois sculptés, ils sont tout simplement admirables : sveltes, coquets, découpés comme les dentelles de Malines, avec assemblage d'arabesques qui se poursuivent et forment une chaîne sans fin, ils révèlent chez l'artiste l'inspiration et la fantaisie et rappellent ces œuvres patientes auxquelles les sculpteurs du moyen âge donnaient une perfection qu'on n'atteint pas aujourd'hui.

ALABOISSETTE et Comp.,

fabricant de tuiles, 17, rue Grange-Batelière, à Paris, fabrique à Ecommoy (Sarthe).

Tuiles Alaboissette.

Cette tuile en grès, c'est-à-dire, en terre de poterie, est beaucoup plus mince que les tuiles employées jusqu'à ce jour et cependant elle est plus forte, elle pèse plus de moitié moins que la tuile de Bourgogne (35 kilogr. le mètre superficiel au lieu de 88 kilogr.) qui cependant a toujours passé à juste raison pour être la meilleure couverture.

Le grès est cuit à un degré de chaleur très-élevé, il devient aussi solide que le fer, et il a l'avantage sur lui de ne pas s'oxyder, de n'être pas accessible à l'humidité, cause première d'une végétation moussue qui nécessite un grand entretien sur toutes les autres couvertures en terre cuite.

Les différentes formes de cette tuile évitent entièrement les inconvénients du plâtre ; son faible poids, sa forme, sa rainure inférieure, ses deux crochets très-prononcés qui peuvent s'agrafer dans des lattes en fer, dans des voûtes en briques, permettent de couvrir, même sans le secours du bois, les combles en fer de la plus grande portée, d'un usage indispensable presque pour la couverture des halles, marchés, gares de chemin de fer, etc. Enfin cette tuile est la plus durable, elle est incombustible et évite tout entretien.

BOUTIER et Cie, mécaniciens, 70, boulevart Beaumarchais, à Paris, quai de l'Hôpital, 35 et 36, à Lyon.

Fourneaux et calorifères économiques brevetés.

1° Un fourneau de 2 m. 30 c. sur 1 m. 30 c., avec quatre marmiles en cuivre, alimentées par deux cols de cygne ; deux fours, deux réservoirs, deux étuves; simplicité de mécanisme, économie de combustible et surtout d'espace. Dans cette dimension, on peut y préparer le diner de 250 à 300 personnes, ce qui le rend par conséquent précieux pour les hospices, lycées, communautés, etc.

2° Un fourneau de 1 m. 60 c. de longueur sur 0 m. 70 c. de largeur, propre à alimenter une broche à hélices, une poissonnière, un four étuve et mêmes d'autres ustensiles d'une utilité journalière.

3° Un petit modèle pour restaurant, avec bain-marie, fours, étuves, etc., d'une combinaison savante, tenant fort peu de place. Ce modèle peut se faire de toutes dimensions.

Calorifères dits thermostats.

N° 1. — Calorifères consommant 450 grammes de coke par heure et chauffant mieux que tout autre foyer un espace de 50 à 60 mètres cubes ;

N° 2. — Calorifère orné, en fonte, consommant 600 grammes de coke par heure et chauffant 100 mètres cubes.

N° 3. — Un élégant calorifère octogone, avec ornements en fonte et surmonté d'une tablette en marbre, consommant 750 grammes de coke par heure, et chauffant 150 à 170 mètres cubes ;

N° 4. — Enfin, un calorifère rond, d'une dimension un peu plus forte, dessus de marbre, consommant à peu près 900 grammes de coke par heure et chauffant tout appartement, magasin, etc., de 200 à 220 mètres cubes.

Ces résultats obtenus, nous croyons pouvoir nous dispenser de tout commentaire.

KRIEGELSTEIN (Georges), né à Riquewyhr (Haut-Rhin), facteur de pianos de S. M. l'empereur, fournisseur du mobilier de la Couronne, rue Laffitte, 53, Paris.

Médailles d'argent aux Expositions de 1834 et 1839. — Première médaille d'or, en 1844 et rappel de la médaille d'or en 1849.

Dès la fondation de sa maison, en 1831, M. Kriegelstein fabriqua avec de si éclatants succès les pianos carrés, qui ont eu tant de réputation, qu'il fut placé immédiatement au premier rang des facteurs de la capitale.

Quelques années plus tard, il apporta un grand perfectionnement aux pianos à queue et droits, par l'invention d'un mécanisme simple et solide, réunissant avec l'effet du double échappement toutes les bonnes qualités que l'on peut exiger d'un clavier.

Les pianos, qu'il a faits pour l'Exposition universelle de 1855 sont des instruments remarquables par leur sonorité; la facilité et la précision du mécanisme ainsi que par l'élégance de leur forme extérieure et la richesse de leurs ornements.

Entre les six qui figurent à cette solennité industrielle, nous remarquons surtout un piano à queue en mosaïque d'un goût et d'un fini parfaits. Le poli mat, dont il est revêtu, est d'un aspect sévère tout en conservant aux couleurs une vivacité naturelle. La préférence donnée à la cire sur le vernis au tampon est heureuse et offre bien le caractère du style de l'époque.

Il est à regretter qu'on ait été aussi exigu dans la place accordée à nos industriels distingués. M. Kriegelstein aurait réuni dans sa belle exposition six spécimens de pianos remarquables.

Nous regrettons de ne pouvoir parler d'un petit piano à trois octaves et demie, forme de pupitre, destiné aux compositeurs en voyage.

LAMICHE, artiste photographe, rue du Pont-Louis-Philippe, 14, Paris.

M. Lamiche, photographe, a exposé cinq magnifiques reproductions des plâtres de Pradier dont M. Marchi est l'heureux éditeur, et plusieurs épreuves stéréoscopiques. Parlons d'abord de ces dernières épreuves. Pour ce genre de photographie M. Lamiche marche de pair avec les premiers praticiens. Pour chacune de ses épreuves, M. Lamiche fait poser deux, trois, quatre et parfois cinq modèles. Nous n'avons pas besoin de signaler les difficultés que l'artiste doit surmonter en pareil cas : d'abord la question d'optique, tout doit être au foyer pour qu'il puisse obtenir la netteté désirable; puis la pose, puis le motif, car il ne s'agit pas de planter trois femmes au milieu d'un champ, d'une grotte ou de rochers, de telle sorte qu'il faille se demander : Que diable font-elles là? Pour comprendre les trois quarts des épreuves stéréoscopiques il faudrait un livret explicatif comme au Salon. Chez M. Lamiche tout est expressif, l'intention est saisie dès l'abord, l'intention qui est toujours fine, coquette, charmante et poétique. Ses compositions sont variées et intéressantes, il ne se borne pas aux reproductions académiques, il fait encore la vue, la nature morte, les accessoires, et, seul, a la propriété des reproductions de Pradier. Dans tout ce qui sort des ateliers de M. Lami-

che, et il ne laisse rien sortir que d'irréprochable, on sent la profondeur, le relief, le lointain, la perspective. Ses détails, ses attitudes, ses poses rendent bien les idées de beauté, de grâce et d'élégance que l'art doit toujours éveiller. Rien ne respire l'afféterie ni la vulgarité. Tout est coquet, facile, noble, hardi, délicat. Son *modelé* est habile, ferme, gras, abondant; ses petits *tableaux* d'une touche vive, d'une allure cavalière, les ombres bien descendues, estampent admirablement les contours; l'unité de l'expression est toujours séduisante. Il possède aussi d'une manière merveilleuse la science de disposition des accessoires, tout y est vrai, naturel. Tous les effets qu'il cherche il les trouve.

Les diverses qualités que nous venons d'énumérer, se retrouvent, sans exception, dans ses belles reproductions de Pradier, et, grâce à son goût et son savoir-faire, le privilège qu'il a acquis de M. Marchi est une fortune.

ANCIAUX-ROBERT, administrateur-gérant de la Société des meules belges.

Carrières d'exploitation à Flavion (province de Namur, Belgique). Administration à Lode-Linsart (province de Hainaut).

Les gisements de silex molaire exploités par cette Société sont les plus beaux et les plus considérables qui soient connus, ce qui leur permet d'entreprendre la construction de toutes espèces et de toutes dimensions de meules. Les échantillons qu'elle a exposés à Dublin lui ont valu de nombreuses demandes de plusieurs pays étrangers. Les meules de Flavion défient toute espèce de concurrence, tant sous le rapport de la qualité de la pierre que sous celui du travail qu'elles effectuent. Dans tous les essais comparatifs qui ont été faits, il a été constaté qu'elles donnent un rendement plus grand en farine, première qualité, font moins de gruaux, et une fleur plus blanche. — Le choix des pierres se fait suivant le désir des clients, en fragments plus ou moins éveillés. Toutes les meules fournies sont garanties de première qualité.

TAHAN, fabricant d'ébénisterie, rue de la Paix, 34, et rue Basse-du-Rempart, 10, Paris.

Dès qu'on arrive en face des produits de cette maison, on est soudainement émerveillé du goût exquis qui a présidé à l'exécution de ces petits meubles de fantaisie et de luxe; et, si l'on en examine attentivement les détails, on reconnaît un fini de travail, dont les yeux ont de la peine à se détacher. Aussi n'ont-ils besoin d'aucune description, et se recommandent-ils d'eux-mêmes aux véritables amateurs.

On trouve dans les magasins de ce fabricant hors ligne, des petits meubles, tels que prie-Dieu, tables, bureaux, étagères, pupitres, boîtes à gants et à cachemires, des coffres, coffrets, caves à liqueurs, nécessaires de diverses grandeurs avec pièces en or, argent et vermeil, des objets en ivoire, en écaille, etc., enfin tous ces petits riens élégants qui ornent si poétiquement les boudoirs.

Cette maison est d'ailleurs trop avantageusement connue pour qu'il soit même besoin de la signaler à l'attention du voyageur.

MAILLOT et **OLDKNOW**, fabricants de tulle, rue Princesse, 11, à Lille (Nord).

Tulles unis, brochés de tous les genres, fabriqués par des procédés spéciaux. Large concurrence aux produits anglais, élégance, solidité, et prix modérés.

ROBERT (Gustave), horloger-mécanicien, 24, rue Charlot, ancienne rue de Berry, 10, au Marais.

Horlogeries et pièces mécaniques telles que automates en tous genres, pendules, tableaux-mécaniques, chemins de fer, chutes d'eau, navires, ballons, etc. — Chacun connaît le pigeon d'Archytas qui volait; mais c'est aux progrès de l'horlogerie que le mécanisme doit les plus grandes merveilles. Vers la fin du 13e siècle, plusieurs horloges, entre autres celles de Strasbourg, de Lubeck, de Prague et d'Olmütz, faisaient déjà mouvoir des mécanismes remarquables. Le joueur de flûte et le canard de Vaucanson excitèrent l'admiration publique au siècle dernier. Droz de la Chaux-de-Fonds et Frédéric Knauss de Vienne sont aussi connus pour leurs automates. On cite encore l'*Androïde* d'Albert le Grand qui ouvrait en saluant ceux qui venaient frapper à sa porte, les têtes parlantes de l'abbé Mical, enfin le fameux joueur d'échecs du baron de Kempelen, automate qui, en 1809, fit sa partie à Schœnbrunn avec l'empereur Napoléon.

Marchant sur les traces de tous ces mécaniciens célèbres, M. Robert (Gustave) s'est acquis une réputation méritée dans cet art à qui il fait faire chaque jour un nouveau progrès. Les limites dans lesquelles nous devons nous tenir renfermés ne nous permettent pas de faire la description de ses produits. A défaut de la description, en voici la nomenclature: Effets de neige, têtes, tableaux de genre, fleurs, tableaux fixés, peintures à l'huile sur toile, fixés sur glace bombée, copies de Greuze, de Watteau, de Boucher, tableaux sans être fixés, copies de nos premiers maîtres, fumeurs-pipe-nègre, odalisque avec sa guitare, danseurs de corde, oiseaux chantant et sautant de branche en branche, pendules, arbres, tableaux mécaniques, tableaux relief pour salles à manger, poissons, fruits, gibiers, légumes, etc.

HIPPEL, frères, ébénistes, rue Saint-Gille, 9, à Paris,
Entre-deux-bibliothèque.

L'usage des bibliothèques remonte presque aussi haut dans l'antiquité que la culture de la science et des arts: tant que l'écriture fut le seul moyen de reproduire la pensée, elles furent peu nombreuses, mais depuis l'invention de l'imprimerie, elles se sont multipliées à l'infini. Aujourd'hui que la civilisation et le goût des sciences se propagent dans toutes les classes de la société, chacun est désireux de posséder de beaux et riches ouvrages; il faut donc nécessairement un meuble en rapport avec les exigences du siècle.

MM. Hippel frères viennent de créer un chef-d'œuvre en ce genre. La variété des bois dont ils se servent, la richesse des dessins et la beauté des nuances qu'ils donnent, impriment à cette bibliothèque un cachet de supériorité incontestable. C'est le goût enrichi et épuré par l'étude des bons modèles, l'élégance et la simplicité substituées aux lourds placages des années précédentes. La façade est en maroquinerie de bois mosaïque et bronze (modèle nouveau) mélangé, en bois de rose avec frisures en bois violet. Le travail d'ébénisterie est sans rival; il serait à notre avis difficile de rencontrer un ouvrage plus beau et mieux fini.

VILLARD et **L. GIGODOT**, mécaniciens (b. s. g. d. g.), Lyon (Croix-Rousse).

Machine à tisser toutes espèces d'étoffes façonnées de *deux mille cinq cents crochets*, substituant l'emploi du papier sans fin à celui du carton avec une économie de 30 0/0 sur les frais occasionnés par l'emploi des cartons. Elle fonctionne dans leurs ateliers. Machine à lisage et repiquage. La machine à tisser ne change rien au travail de l'ouvrier, le tissage travaille avec la même vitesse que ceux des autres systèmes, le repiquage avec une vitesse triple. Sur le repiquage même existe une économie de 30 0/0, plus une économie plus précieuse encore des deux tiers du temps nécessaire pour repiquer le dessin sur les cartons. La machine à repiquer peut indifféremment repiquer avec la même vitesse le papier sur papier ou le carton sur papier, avantage très-grand. Le nombre des crochets n'est pas limité.

RICHARD (Louis), horloger à Locle (Suisse).

Fabrique de chronomètres et montres de précision. —Les chronomètres qu'on construit aujourd'hui permettent d'apprécier exactement un dixième de seconde. Ils servent en mer pour trouver la longitude, on les emploie aussi dans les recherches de physique pour évaluer le temps avec précision. On est parvenu à corriger les effets de la dilatation, à rendre parfait l'isochronisme du spiral régulateur, à régulariser le mouvement des engrenages, et à rendre presque nul le frottement de toutes les pièces, mais il n'a pas encore été possible de détruire les effets des forces magnétiques ou électriques, auxquelles les pièces métalliques, dont se compose l'instrument, sont successivement exposées dans les différentes parties du globe qu'elles traversent. M. Louis Richard, marchant sur les traces de Berthoud, Leroy et Breguet, apporte dans la fabrication de ses chronomètres et de ses montres de précision, une habileté que chacun se plaît à reconnaître et dont les nombreuses commandes qui lui sont faites sont un témoignage éclatant. Au palais de l'Industrie, M. Louis Richard soutiendra avantageusement la lutte avec tous ceux en présence desquels il se trouve placé.

PIERSON fils, 146, rue Saint-Martin, près de la rue de Rambuteau, — fabricant ornementiste d'articles du jour de l'an pour commissionnaires et confiseurs. Articles d'utilité pour dames et salons. Vannerie artistique.

Il ne s'agit pas ici du vannier qui fabrique les vans, bannes, hottes, paniers, et en général tous les ouvrages qui se font avec des brins d'osier et de saule, il est question d'un artiste qui, avec les tiges les plus flexibles, compose plutôt qu'il ne fabrique ces adorables petits paniers, ces charmantes corbeilles et jardinières que nous admirons dans les plus riches salons. Ceux qui prétendent que Vervins (Aisne) est aujourd'hui, avec les bourgs voisins d'Origny et de Landauzy, le centre de la vannerie fine, n'ont assurément pas visité le charmant magasin de M. Pierson fils. Tout ce qui sort de ce magasin privilégié a ce cachet artistique recherché par l'aristocratie et la finance, et bien que M. Pierson ait la spécialité des articles du jour de l'an, la foule se porte chez lui d'un bout de l'année à l'autre. M. Pierson n'a pas besoin de signer ses produits, ils ont tous une élégance, une richesse et une grâce qu'on ne saurait rencontrer dans les articles qui sortent de chez ses concurrents.

PETITPIERRE (D.-L.), fabricant d'horlogerie à Couvet (Suisse).

Si jamais outils doivent être d'une précision extrême et d'une fabrication hors ligne, ce sont bien ceux qu'on emploie en horlogerie. Depuis que l'horloger Lépine a trouvé le moyen de faire des montres plates en supprimant l'une des deux platines, entre lesquelles étaient renfermées toutes les pièces du mécanisme, et en les remplaçant par des ponts destinés à recevoir des pivots, l'outillage d'horlogerie a nécessairement dû marcher en raison du progrès.

Le nombre des maisons qui se livrent à la fabrication de ces outils est restreint, car cette fabrication exige plus de connaissances qu'on ne saurait le supposer dès l'abord, et il faut une grande persévérance pour arriver au succès. M. Petitpierre a su se faire un nom dans cette branche de l'industrie, et nous croyons donner un conseil utile aux horlogers qui visiteront le palais de l'Industrie, en leur recommandant d'examiner attentivement les divers outils qu'il a exposés.

TILMAN. — Fleurs artificielles, 104, rue Richelieu, Paris. Spécialité de coiffures et pa-

rures de bal et de mariage.
— L'aristocratie prend ses fleurs
dans la maison Tilman ; quand
nous disons *prend*, nous avons
tort, c'est *cueille* qu'il faut dire,
tant elles sont fraiches et coquet-
tement suaves. On trouve dans
cette maison, rendez-vous de toutes les dames du bon ton, depuis
les fleurs des jardins, les fleurs
des champs, les simples pâquerettes des prairies,jusqu'aux fleurs
de serre-chaude, les fleurs exotiques et rares. Mais pour la fabrique des fleurs, il ne suffit pas
de copier seulement la nature, la
fantaisie provocante et poétique
est la favorite de la mode capri-
cieuse. Or, pour la fantaisie, la
maison Tilman est la reine,
reine partout, reine toujours. Les
gracieuses fantaisies, le cachet de
parfaite élégance, qui distinguent
toutes ses créations, la placent,
nous ne dirons pas à la hauteur,
mais au-dessus de sa brillante
renommée. Il est une chose difficile à comprendre, c'est, qu'en
ne fabricant que des fleurs d'un
goût irréprochable et ayant un
parfum caractéristique d'aristocratie, la maison Tilman puisse
apporter dans ses prix des réductions qui la font envahir par la
foule des commissionnaires exportateurs.

MOUSSARD, ingénieur-mécanicien, 64, rue du Faubourg-
du-Temple, à Paris.
Ventilateurs, forges portatives, etc.
Le ventilateur est un appareil
propre à renouveler l'air dans les
endroits où il peut acquérir des
propriétés nuisibles par un trop
long séjour. Il existait depuis longtemps des ventilateurs de toute
espèce et de tout système ; malheureusement le bon ventilateur
était encore à trouver. Car,
le bruit qu'ils faisaient et la force
qu'ils exigeaient par leur mise en
mouvement, les rendaient désagréables et dispendieux. M. Moussard nous paraît avoir résolu le
problème : ses ventilateurs de toutes dimensions pour forges et fonderies fonctionnent sans bruit, et,
en raison du peu de masse à mettre en mouvement, ne réclament
qu'une force modérée. M. Moussard expose et fabrique en outre :
des forges portatives à ventilateur
ou à pompe entièrement métalliques, à vent concentré ou divisé,
pour fondre ou forger les métaux ; leur action est de la plus
grande puissance, ainsi que l'atteste le rapport du comité d'artillerie.
Machines à vapeur, à pression et
à condensation, alimentation à
eau distillée, avec pompe alimentaire, disposée pour aspirer l'eau
bouillante sans pomper la vapeur,
et n'admettant dans la chaudière
que la stricte quantité d'eau nécessaire pour le niveau constant.
— Régulateurs très-sensibles. Appareils simples à brûler les gaz.

BADOUREAU, imprimeur-li-
thographe, 302, rue Saint-Denis,
et, 9, passage Basfour, Paris.
Impression de tableaux et d'étiquettes de luxe à l'usage du commerce.
La foule des visiteurs s'arrête
au Palais de l'Industrie devant le
cadre exposé par M. Badoureau ;
rien n'est plus digne du reste d'attirer les regards, et quiconque a
quelques connaissances en impression lithographique rend
justice aux divers tableaux exécutés par ce lithographe habile,
pour diverses maisons de parfumerie, et, entre autres, à celui
qui représente la Reine des Fleurs,

riche et charmante fantaisie exécutée pour la maison L. T. Piver. Nous remarquons encore des étiquettes en chromo-lithographie ou litho-chromie, étiquettes gauffrées, or et argent, rehaussées en couleur. En voyant ces divers tableaux, on peut, sans être taxé d'exagération, dire que M. Badoureau *peint par l'impression*. Au pied du cadre se trouvent des étiquettes en noir, reports de planches en taille douce, planches très-finement gravées, ce qui, pour le report, présentait de grandes difficultés que M. Badoureau a surmontées heureusement. Le nom de M. Badoureau peut figurer avantageusement au milieu de ceux de MM. Engelmann, Motte, Bry, Lemercier, Chevalier, Langlumé, les habiles artistes qui ont fait progresser l'invention de Senefelder.

FLORANGE (Eugène), planeur en orfévrerie. Spécialité d'ouvrages de marteau, 8, place du Vieux-Marché-Saint-Martin.

La plane est une des branches où l'industrie française a toujours obtenu une supériorité marquée. Chacun sait combien de précautions, de soins méticuleux, la plane exige, combien il faut de *main*, de temps et d'expérience pour qu'un ouvrier devienne bon planeur. Parmi les différents planeurs qui font au Palais de l'Industrie exhibition de leur savoir-faire, nous avons remarqué plusieurs planeurs en plaqué d'argent pour daguerréotype, qui ont un mérite réel; mais pour la plane en orfévrerie, aucun, selon nous, ne saurait être mis en ligne de comparaison avec M. Eugène Florange.

Toutes les qualités qu'on est en droit de demander dans le travail d'un planeur émérite, se rencontrent dans les échantillons exposés par M. Eugène Florange, et nous avons la conviction que le jury ne manquera pas de récompenser les efforts persévérants d'un artisan aussi habile.

HUBER frères, — fabricants de carton-pierre, sculpteurs sur bois et pierre, rue de Montyon, 3, à Paris, successeurs de leur père, Joseph Huber.

Le carton-pierre est un mélange de pâte de carton, de gélatine, de terre bolaire, de craie et d'huile de lin, qui prend en séchant la consistance et la dureté de la pierre. M. Romagnesi, qui a importé en France cette composition suédoise, en a fait la plus heureuse application à la sculpture; on en fait des ornements pour moulures et corniches, des statuettes, des candélabres, etc. MM. Huber frères en ont fait encore des applications plus larges, et cela avec un talent que nous nous complaisons à signaler.

Les travaux immenses entrepris et achevés par cet établissement, le placent, sous le rapport commercial et sous le rapport artistique, à la tête de cette industrie. Ses antécédents nous dispensent de tout éloge. Les palais de Saint-Cloud, de Versailles, de Fontainebleau, l'Hôtel-de-Ville de Paris, les palais du Luxembourg et des Tuileries, sont là pour attester les services rendus par MM. Huber frères aux arts, à l'ornementation et à la décoration architecturale.

Nous avons visité les ateliers et les magasins de ces ingénieux et habiles fabricants, et l'immense quantité de modèles que nous y avons rencontrés nous permettent d'assurer qu'il n'existe pas en France une collection de ce genre aussi nombreuse, aussi belle, aussi choisie.

MALBEC, constructeur-mécanicien, rue d'Angoulême-du-Temple, 18, à Paris. Pompe perfectionnée et applicable à tous les usages domestiques, les jardins, les irrigations, les épuisements, les navires, les bains, les brasseries, les tanneries, les exploitations agricoles, pour épuiser les fosses à purins, etc., etc.

(*Voir aux annonces.*)

VORUZ ainé, mécanicien-constructeur, à Nantes.

1° Grue hydraulique avec son moteur à vapeur.

Cette grue peut fonctionner au moyen d'un réservoir d'eau placé à une certaine hauteur. Dans ce cas, elle évolue dans toutes les positions avec sa charge, et parcourt une circonférence complète.

La force maximum de cette grue est 2,000 kilog.; le travail qu'elle peut effectuer en dix heures est de 260,000 kilogr.; elle est disposée pour se prêter à tous les services.

2° Grue-treuil pour navires.

Cet appareil porte cette double désignation, parce qu'il remplit ces deux fonctions. Lorsque la bigue est en place, l'appareil est une grue ordinaire, qui décrit toute une circonférence et décharge les colis à tribord et à babord; l'appareil devient un treuil qui dessert toutes les manœuvres de voilure, de vergues, etc.; il supprime les poulies de retour, et ce qu'on appelle, en terme de marine, le tourniquet.

3° Pile de papeterie.

Cette pile en fonte, exécutée sur les dessins de M. Callon, comporte des avantages appréciés par tous les fabricants. M. Voruz est le premier qui soit parvenu à la fondre d'une seule pièce.

4° Lanternes en fonte pour l'éclairage public.

Ces lanternes sont fondues d'une seule pièce; pour les genres spéciaux, la réussite du coulage serait presqu'un problème, si cette fabrication n'était pas devenue courante par la simplicité des moyens employés. Le système d'attache des glaces est simple et tout à fait nouveau.

5° Plaque tournante en fonte, en tôle et en fer de 14 mètres.

Cette plaque ne diffère des autres plaques employées par les compagnies des chemins de fer, qu'en ce que tous les angles sont reliés par des cornières qui seules peuvent empêcher le déhanchement.

6° Changement de voie double, et l'un de ses croisements en fer rectangulaire.

La détérioration et l'usure qui se produisaient dans cette fraction des voies de fer, ont porté M. Voruz à rechercher un système plus sérieux. Il a cru devoir substituer au fer ordinaire de la voie qui servait à la construction des changements et croisements, un dessin de fer qu'il appelle rectangulaire; ce fer présente une stabilité et une résistance supérieures et ne laisse plus, comme dans les fers à champignon, le bord s'asseoir sous la pression des convois. Le croisement se compose d'une pointe forgée en forme de lance, dont la queue vient s'assembler avec les rails de la voie par un ajustage parfait et de toute solidité à l'endroit du coussinet; la pointe et les pattes de lièvre, ainsi que les pièces du changement sont cémentées et trempées. La cémentation, bien moins coûteuse que l'aciérage, donne d'excellents résultats, lorsqu'elle est appliquée sur du fer de bonne qualité ; deux croisements ont été placés, l'un dans la gare d'Orléans à Paris, l'autre dans la gare de Tours : depuis deux ans qu'ils fonctionnent, ils sont aussi sains que le premier jour.

7° Nouveau système de croisement.

Ce système a pour but de supprimer les boulons et les écrous ; le talon de la pointe, forgée d'une seule pièce, s'emmanche dans un coussinet spécial avec les rails de la voie au moyen d'un coin.

COESNON jeune, boulevard de Strasbourg, 44, à Paris.

Chapeaux hygiéniques en crin.

M. Coesnon exposa en 1849 divers articles en crin, l'encouragement qu'il reçut à cette époque lui donna l'heureuse idée d'étendre son établissement de crins à la fabrication des chapeaux; aujourd'hui nous voyons figurer dans sa vitrine des chapeaux pour dames en crins blancs, couleurs variées ou mélangées d'or ou de soie, et des chapeaux et casquettes pour hommes et pour enfans.

Ces articles supérieurs à la paille et à tout ce qu'on a fait jusqu'à ce jour, ne craignent en aucune façon les atteintes du soleil ou de la pluie. et réunissent la beauté et la solidité à la plus grande légèreté.

Ces chapeaux peuvent se blanchir à neuf 4 ou 5 fois avant qu'ils ne soient usés, et en leur donnant chaque fois la forme nouvelle du jour; ils sont élastiques et se prêtent facilement suivant la forme de la tête; l'air pouvant circuler à travers le tissu empêche toute transpiration.

Ce chapeau présentant d'aussi grands avantages est appelé à un immense succès.

CHARLES (Louis), fabricant d'instruments d'arpentage et de géodésie, d'optique et de mathématiques, 34, rue des Rosiers, à Paris.

Agronomètre breveté.—Lunette se tenant à la main pour mesurer les distances (accessibles ou non) sans l'emploi de tables trigonométriques;

Théodolithe répétiteur, niveau d'égouts, niveau cercle, graphomètre.

Polymètre, instrument avec lequel on peut faire toutes les opérations d'arpentage sans calcul et avec très-peu de connaissances géométriques.

Compas de station pour l'usage de la planchette.

Boussoles, équerres divisées en octogones, cassettes de mathématiques et pièces détachées d'une qualité supérieure.

Nouvel appareil breveté, s'adaptant à tous les niveaux d'eau et au moyen duquel on obtient instantanément sans urgence de vérification : 1° plusieurs pentes en sens inverse; 2° la distance entre deux points (accessible ou inaccessible); 3° la hauteur d'un objet quelconque, un arbre, une maison, une tour, etc., une ligne horizontale.

Enfile-aiguilles breveté, avec lequel les plus mauvaises vues peuvent sans difficulté enfiler les aiguilles les plus fines.

M. *Charles* (*Louis*) dont les produits sont scrupuleusement vérifiés avant d'être livrés au commerce, construit également sur dessins toute espèce d'instruments simples et compliqués.

GELOT, rue Notre-Dame-des-Victoires, 26, à Paris.

Ameublements.

Aujourd'hui que le luxe est poussé au plus haut degré, chacun désire se distinguer par la richesse et la beauté des meubles qui ornent ses appartements; quand on fait l'acquisition d'un meuble de salon, il ne suffit pas que l'œil seul soit flatté, il faut encore rechercher la bonté et la solidité, et c'est là où l'acheteur est très-souvent trompé : en effet, il est bien difficile de voir lorsque ce meuble est recouvert d'une brillante étoffe, s'il a été confectionné avec du bois bien sec et avec le soin nécessaire; il faut donc dans ce cas s'adresser à une maison de confiance.

La maison Gelot, fondée en 1830, a vieilli et grandi avec sa réputation d'honnêteté et de probité ; il suffit, de voir les meubles pour juger de la beauté et du bon goût de ces objets ; on trouve dans ses vastes magasins un grand choix de meubles de salon, de chambre à coucher, pendules, candélabres, bronzes d'art et une foule d'objets précieux.

RUDOLPHI, orfèvre bijoutier, boulevard des Capucines, 23, à Paris.

On sait que Pandore fut le nom de la première femme formée par Vulcain, elle fut douée par les dieux de toutes les grâces et de tous les talents; Jupiter lui donna une boîte qui renfermait tous les maux et l'envoya à Epiméthée; celui-ci l'épousa et ouvrit la boîte ; les maux se répandirent sur la terre et il ne resta au fond que l'espérance.

Cette histoire est représentée sur un vase d'un travail admirable exposé par M. Rudolphi.

On remarque également parmi les objets exposés par ce dernier :

Un bouclier argent représentant le combat des Danois avec les Livoniens en 1219.

Un vase acier incrusté d'or, d'argent et turquoises ;

Deux coupes lapis sculpté d'une grandeur extraordinaire ;

Plusieurs coupes et flambeaux en lapis et un grand nombre de bijoux, argent, lapis et bysantin.

Tous ces objets sont d'un goût exquis et d'un travail parfait.

A. GOMBAULT et Cie, fabricants de maillechort perfectionné, rue Moreau, 9, Faubourg-St-Antoine, près le chemin de fer de Lyon, à Paris.

Le maillechort est une composition formée de nikel, de zinc et de cuivre de Rosette ; elle fut imaginée par deux ouvriers lyonnais qui s'appelaient Maillot et Charlier et qui s'associèrent pour exploiter cette nouvelle découverte; cette composition forme une matière extrêmement dure et qui va au feu, elle convient particulièrement à l'orfévrerie.

La maison Gombault et Cie a déjà obtenu une médaille de bronze à l'Exposition de 1849, et depuis elle a encore apporté de grands perfectionnements dans la fabrication de son orfévrerie en maillechort blanc et argenté par les procédés Ruolz et Elkington. Ces mêmes perfectionnements lui ont permis de faire une grande diminution sur tous ses produits, tout en leur donnant plus de blancheur, de solidité et de sonorité.

Les agents chimiques employés dans la composition de son métal lui permet de garantir sans piqûres la fonte sur tous modèles.

MACÉ, fabricant de corsets, rue Neuve-St-Augustin, 5, à Paris.

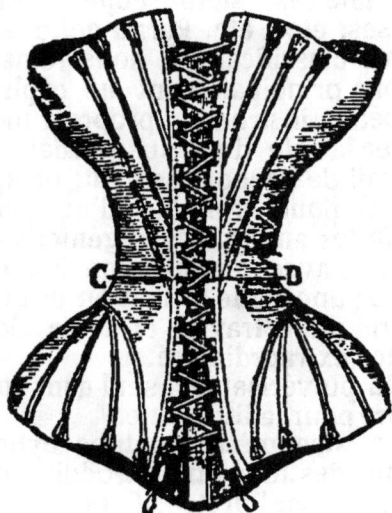

Le corset est à la fois l'objet le plus indispensable à la femme et celui qui exige la plus parfaite confection, il soutient le corps et forme la taille. Il n'est pas une dame qui n'ambitionne une taille belle et fine et, pour cela, il ne suffit pas de l'emprisonner dans un corset extrêmement serré, il

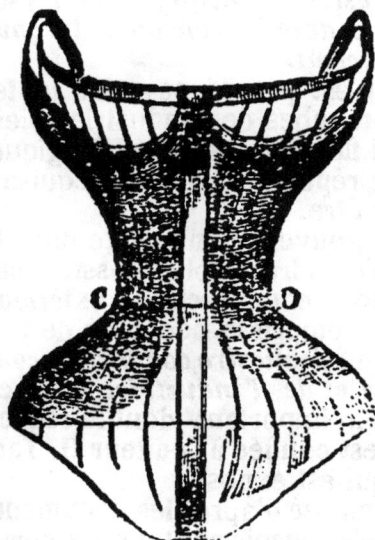

aut encore que ce dernier ne

gêne pas les mouvements et laisse au corps la souplesse qui rend la femme si gracieuse ; la maison Macé fondée depuis 15 ans et qui déjà a reçu une récompense à l'Exposition de 1849 et une médaille à l'Exposition de Londres, est très-connue pour ses corsets perfectionnés, elle expose cette année :

Un corset nouveau pour dames enceintes ; des élastiques se trouvant sur les côtés se prêtent au fur et à mesure que l'enfant se développe et permettent de le conserver même dans les derniers temps de la grossesse ;

Un corset de soutien de la taille ; des baleines placées sous les bras font arrondir la taille et soutiennent parfaitement sans gêner le corps ;

Et une ceinture élastique nouveau genre.

JUNDZILL, (Adam), mécanicien, 396, chemin neuf de Plain-Palais à Genève (Suisse).

Atelier de construction pour instruments d'astronomie, de physique, de mécanique, d'arpentage, de géodésie et de mathématiques.

Paris passe à juste titre pour le principal centre de l'industrie de ces instruments, mais Paris trouve en Suisse, en Angleterre, en Allemagne, des concurrents sérieux qui le forcent à réaliser des progrès quotidiens sous peine d'être distancé.

En Suisse, parmi les mécaniciens qui se livrent à la construction des instruments de précision brille au premier rang M. Jundzill de Genève. Ses instruments de mathématiques qui, comme personne ne l'ignore, se subdivisent en instruments de cabinet (règles, compas, équerres, rapporteurs, échelles de proportion, tire-lignes, etc.), et en instruments propres à opérer sur le terrain (chaîne d'arpenteur, jauge, hodomètre, planchette, graphomètre, niveaux, théodolite, etc), sont d'un tel fini que Charrière le lui envierait. Dans ses instruments de physique, d'optique, d'astronomie, de pneumatique, d'électricité et de magnétisme, de météorologie, etc., la perfection est portée à un degré aussi élevé. M. Jundzill tiendra une place remarquable au Palais de l'Industrie.

ROBERT, fabricant d'instruments de chirurgie, 92, rue de la Harpe, Paris.

La chirurgie, cette partie essentielle de la médecine qui réclame une main habile pour cicatriser une blessure, amputer un membre, panser une plaie, etc., a été puissamment secondée dans ses progrès par l'addition d'instruments ingénieux, créés pour la plupart par des fabricants dont l'intelligence savait calculer la portée certaine de tel ou tel mécanisme pour arriver à un perfectionnement important.

M. Robert s'est appliquée d'une manière toute spéciale à donner aux instruments qu'il fabrique le plus haut cachet d'élégance, de solidité et de précision. Les spécimens qu'il expose parlent assez haut en faveur de leur mérite pour nous dispenser d'autres éloges.

Forceps pour accouchements, instruments pour amputation, becs de lièvre, etc. Bistouris, lancettes, une collection complète de dents; une série d'instruments pour les maladies des femmes; hydrocèle, lithotritie, opération au moyen de laquelle les calculs urinaires sont pulvérisés dans la vessie, œsophage, oreilles, polypes, ponctions, trachéotomie, fistule lacrymale, strabisme. — Instruments pour l'anatomie, l'autopsie, plissimètres, stéthoscopes, ventouses, etc., etc. Parmi cette savante classification, nous remarquons principalement un céphalomètre, instrument propre à mesurer la tête du fœtus pendant le travail de l'accouchement; un appareil pour trancher d'un seul coup les amygdales, ingénieux et simple, avec modification importante; une riche collection de bistouris d'un travail et d'une élégance extraordinaire.

Un pulvérisateur, seul dans son genre pour la lithotritie.

Un alcalimètre ou tube cylindrique destiné à être introduit dans la vessie par l'urètre, d'une invention nouvelle et d'une simplicité étonnante.

Enfin des couteaux à amputation se démontant avec facilité, et réduisant par là le volume de la boîte qui les renferme.

TARLIER, éditeur, 51, rue de la Montagne, Bruxelles.
Almanach du commerce et de l'industrie de Belgique pour 1856 publié avec le concours du gouvernement.

Il n'est pas de pays où toutes les branches de l'industrie soient aussi florissantes qu'en Belgique. Cette réputation lui est acquise à juste titre.

Le gouvernement belge dans le but d'étendre le plus possible ses relations commerciales extérieures a compris la nécessité de publier un *Annuaire complet du commerce et de l'industrie*. C'est ce recueil important dont la rédaction est confiée à l'éditeur H. Tarlier qui est exposé.

Composé d'après les documents officiels fournis par tous les corps administratifs et tous les fonctionnaires du royaume, patronné par le gouvernement, l'*Almanach du commerce de Belgique* constitue une publication d'une utilité générale. C'est la 3e édition, poue l'année 1856, dont cette maison vient annoncer la mise en vente.

Cette édition formera un volume grand in-8° de mille pages, contiendra la liste méthodique des cent mille principaux fabricants de la Belgique, et tous les renseignements commerciaux qu'il importe de connaitre; tels que : les tarifs des douanes, des postes, télégraphes, chemins de fer, etc., les brevets d'invention, etc., etc.

L'*Almanach de commerce de la Belgique* a pour représentant à Paris, MM. Borrani et Droz, 9, rue des Saint-Pères.

BÉCHU fils, 826, fondeur en fer, rue Saint-Ambroise-Popincourt, 12, à Paris, expose un bassin en fonte à seize pans représentant les douze signes du zodiaque et l'emblème des quatre saisons.

Ce modèle est la propriété de l'exposant. Son établissement, l'un des plus anciens de Paris, exécute spécialement dans toutes les dimensions, les fontes à usage des matériels de chemins de fer, machines à vapeur et généralement tous les emplois mécaniques; il y existe un grand nombre de modèles et on y fond tous les jours.

BÉCHU fils, 826, constructeur mécanicien, avenue Parmentier, 15, quartier Popincourt, représenté par Fauconnier. Machines à vapeur de toutes forces et d'un système breveté s. g. d. g. Transmissions de mouvement, grues de gares et d'ateliers, machines, outils; moulins pour toute espèce de mouture, pressoirs, casse-pommes, etc.

Cet établissement par ses moyens d'action est à même d'exécuter à bref délai, les commndes les plus importantes.

MAUVIELLE (veuve) et **ROCKENBACH**, fabricants de bluteries en gaze de soie. Brevetés s. g. d. g. Rue Coquillière, 14, Paris.

Fondée depuis plus de 160 ans de père en fils, cette maison s'est acquis une réputation universelle pour la fabrication des bluteries en gaze de soie, fil retors, organsin, pour le tamisage de la farine, des gruaux, sons, fécules, amidon, poudres impalpables et tous produits chimiques.

En 1839, il lui a été décerné une médaille de bronze par la Société d'agriculture, science et arts de Meaux, une médaille de bronze par la Société d'encouragement de Paris, et une mention honorable à l'Exposition nationale de France ;

En 1834, une médaille de bronze par la Société d'encouragement de Paris et une mention honorable au concours général de Paris.

Cette maison a su attacher son nom à des inventions et des perfectionnements notables, qui ont déterminé dans la bluterie un véritable et immense progrès. En 1832 et 1833 elle eut l'idée de faire filer les fils de soie dans des proportions graduées, ce qui a permis de fabriquer les tissus avec une régularité et une solidité parfaites, et par là, d'obtenir en plus un cinquième de farine qui se perdait dans les sons.

On lui doit aussi l'heureuse découverte des bluteries lacées. Par cet ingénieux moyen on peut poser et déposer les bluteries en soie sans avaries, quelle que soit la variation des saisons.

L'invention des lés de rechange,

œillets et agrafes métalliques et crochets épinglés ; l'invention d'une nouvelle bluterie, à bluter la fécule, l'amidon, les poudres impalpables, etc.

Pleins de zèle et d'amour pour la profession à laquelle ils se sont voués, Mᵐᵉ Mauvielle et Rockenbach, dont la probité commerciale et les soins minutieux qu'ils apportent dans toutes les parties du travail sont généralement connus, recommandent à la bienveillance cette maison qui est toujours par son activité habituelle et une expérience éprouvée, en mesure de satisfaire, même sur une grande échelle, à toutes les demandes qui peuvent lui être faites.

DELMAS (A.), statuaire, 2, rue d'Antin, aux Batignolles.

Si vous vous arrêtez un instant dans le passage des Panoramas, devant le magasin d'un marchand de statuettes, nommé Gauvain, vous aurez le regard attiré tout d'abord sur une collection de statuettes de 8 à 10 centimètres de hauteur, et vous serez forcé de convenir que le pinceau de Callot et de Goya n'a jamais su inventer rien de plus pittoresque.

Examinez les types si variés de cette collection, appelée les *cris de Paris*. Regardez ce chiffonnier, cet étameur, ce marchand d'habits, ce ramoneur, ce marchand de mort-aux-rats, ce chanteur des rues, cette balayeuse, et vous reconnaîtrez les types vrais de cette partie de la population qui vit sous les voûtes enfumées, ces hommes à figure hâve, terreuse, ravagée, et ces enfants déguenillés, aux jambes réduites, aux yeux sans regards. Quelle vérité saisissante! Comme tous ces personnages ont l'accent de la nature! Comme ils vivent de la vie réelle!

Ils font mieux que de se mouvoir, ils sentent, ils rient, ils pleurent, ils souffrent, ils crient. Il n'y a pas là reproduction pure et simple du modèle, il y a création. Nous appelons l'attention du public principalement sur le marchand d'habits, la balayeuse, le petit ramoneur, le portier, l'Anglais, le chiffonnier et son marchand de mort-aux-rats, cousin du vieux Marcasse du *Mauprat*, de Georges Sand. Nous signalons encore un groupe, celui du maître d'école et de deux ou trois petits garnements inattentifs. Quelle entente de pose! Quelle expression! C'est facile, c'est heureux, c'est fin et d'un charme attachant. Delmas est l'inventeur de son genre, et n'a pas d'imitateur. Un seul artiste a essayé cependant de le copier, mais ce qu'il a produit était si froid, si maigre, si inerte, si lourd et si sec, qu'il a abandonné son œuvre. Si ce ne fut point un statuaire habile, ce fut un garçon d'esprit. Si Delmas excelle à saisir ainsi la nature sur le fait, c'est qu'il a vécu lui-même avec les personnages qu'il reproduit. Delmas n'a pas été élevé sur les genoux d'une duchesse, ses commencements furent pénibles. Longtemps il a parcouru la province en bohème, déguenillé comme ses héros, et, comme eux, ne mangeant pas tous les jours. C'est à Marseille où il resta près d'une année que sa réputation commença à percer, mais il comprit que la réputation est un œuf qui ne peut éclore qu'au soleil de Paris. Aujourd'hui il est en voie de réussite. La *Revue des Beaux-Arts* et plusieurs autres journaux, voués aux questions artistiques, ont consacré quelques pages à l'appréciation de son sympathique talent. Quant à nous, enchantés de toutes les choses charmantes qu'il nous a montrées, nous lui disons : Ne sortez pas du genre que vous avez adopté, multipliez vos types et surtout vos groupes, gardez-leur cette cohésion d'ensemble dont vous les dotez, et le sentiment plastique, la science de composition que vous possédez, votre nom avant deux ans aura la popularité de Gavarni, de Goya, de Callot, vos modèles.

SCARIANO (Basile), ingénieur, 4, boulevard des Italiens, Paris.
Psalizomètre.

Nouvelle invention, et grand progrès théorique dans l'art du tailleur.

Breveté en France (s. g. d. g.) et à l'étranger.

Le psalizomètre sert à la coupe des habits d'homme d'après une nouvelle méthode établie sur la justesse des mesures du dos. Cette machine, inventée par M. Basile Scariano, de Palerme, approuvée et brevetée par l'Institut royal de cette ville, présente l'incontestable avantage de faire d'une manière précise les mesures de la personne à laquelle l'habit doit servir, quels que soient sa conformation physique et ses défauts; elle sert ainsi à éviter les longs essais préventifs et indispensables jusqu'à présent dans la pratique de l'art des tailleurs. Son application n'entraîne aucune espèce de calcul; elle est d'un usage aussi facile qu'utile.

On trouve chez l'inventeur la description théorique et la manière pratique du psalizomètre.

Exposé dans la galerie nord-est, département des États pontificaux.

LAISNÉ (Victor), artiste peintre photographe, 21, boulevard des Capucines, Paris.

Il est, dans ce volume, souvent question de la photographie, c'est que cet art, né pour ainsi dire d'hier et si rapidement parvenu à l'apogée de la perfection, est dignement représenté au grand congrès artistique et industriel de 1855. Il s'agit aujourd'hui d'un artiste dont le nom, bien connu, peut être placé dans la même ligne que ceux des Defonds, des Vaillat, des Disdéri; M. Victor Laisné est l'auteur de la belle galerie photographique des peintres célèbres, publiée sous les auspices de M. Sylvestre. On se rappelle parmi les magnifiques épreuves dont cette publication se composait, la sensation que firent dans le domaine de la photographie, les magnifiques portraits de Courbet, d'Ingres, de Delacroix, de Decamp, de Barye, de Corot, de David d'Angers : toutes les célébrités de la sculpture et de la peinture avaient trouvé en M. Victor Laisné un digne reproducteur.

M. Laisné semble s'être créé une spécialité, celle des portraits, grandeur nature. Chacun sait combien l'objectif grossit les traits, et l'on peut s'effrayer du grossissement proportionnel de la tête, grandeur nature. Il n'en est rien cependant, grâce au procédé spécial que M. Laisné emploie. Comme ressemblance, fidélité d'expression, disposition des ombres et de la lumière, modelé et demi-teintes, rien ne laisse à désirer. M. Laisné retouche ses portraits, et ses épreuves retouchées en noir ou en couleur, ont toutes les qualités qui distinguent ses épreuves sans retouche. L'aristocratie connaît le chemin de l'atelier de M. Laisné, et la presse rend souvent à son talent l'hommage que nous lui rendons nous-même.

BOVET frères et Comp., horlogers bijoutiers, à Fleurier (Suisse).

Une magnifique collection de montres de toutes les formes dont voici le détail :

2 montres, boîtes émaillées à perles, mouvements grande sonnerie, échappement *Duplex*, 28 lignes. Ces deux précieux ouvrages sont destinés à l'empereur de la Chine ;

2 montres à 8 jours, boîtes émaillées avec perles, mouvement en acier, genre chinois, 24 lignes; échappement *Duplex*;

2 montres, boîtes en or, fonds joaillerie, mouvements acier *Duplex*, 14 lignes, genre chinois ;

2 montres, boîtes argent simple, mouvements acier *Duplex*, 21 lignes, genre chinois;

2 montres, boîtes argent simple à 8 jours, genre chinois, échappement *Duplex*, 24 lignes;

2 montres, boîtes argent simple, à 8 jours, *Duplex*, genre chinois, 24 lignes ;

2 paires idem, 21 lignes;

2 montres, richement émaillées sur or, mouvements en acier, échappement à cylindre, 10 lignes, genre chinois;

2 montres boîtes argent, mouvements en cuivre émaillé, *Duplex*, genre chinois, 21 lignes;

2 montres, boîtes cuivre doré, mouvements émaillés, *Duplex*, genre chinois, 21 lignes;

1 montre, boîte en or, échappement *Duplex*, 18 lignes, genre anglais.

La rare et intelligente confection de ces magnifiques articles de luxe, assignent à la maison Bovet frères, une des plus honorables positions dans cette riche industrie.

GIARD (A), fabricant de papier de fantaisie, 5, rue Jacob, et rue Furstenberg, 2. Fabrique rue d'Enfer, Paris.

Vitrine renfermant des papiers dits *stucs;* papiers gélatinés pour cartonnage, papiers porcelaine blancs et de couleurs pour l'impression, et gaufrés pour la reliure.

Ces papiers de fabrication nouvelle ne contiennent pas, comme les autres, des matières nuisibles à la santé; la céruse, le blanc de plomb et le blanc d'argent en sont entièrement exclus.

La vogue croissante de cet établissement prouve d'une manière éclatante la supériorité de ses produits.

Pierres et presses lithographiques; ustensiles d'imprimerie, papiers de porcelaine et de couleurs pour impression, reliure et cartonnage. *Bronze* en poudre et en feuilles.

CHARLES et **WERLING**, à Luxembourg.

Mégisserie, teinture, commerce de peaux teintes et dorées, et fabrique de gants glacés.

Cette maison, qui occupe environ 100 ouvriers et 500 ouvrières, possède une immense clientèle en Allemagne, en Russie, en Hollande et aux États-Unis.

Elle a puissamment contribué à la renommée que se sont acquise les gants du Luxembourg.

Des agents, échelonnés dans toute l'Allemagne, achètent les peaux de chevreaux et d'agneaux des premières et meilleures sources; ces peaux sont mégissées et teintes dans leurs ateliers, et comme la main-d'œuvre de l'ouvrier et des couturières est excessivement modique dans le Luxembourg, elle peut établir ses prix de vente plus bas que ceux des principales fabriques de Paris, sans pour cela que la qualité soit inférieure.

Cette maison est la seule en Allemagne qui fasse couper ses gants par des machines construites d'après le système Jouvin. Indépendamment des gants de chevreau, cousus à l'ordinaire et à double mécanique, ainsi que piqués demi-anglais, elle fabrique des gants d'agneau qui sont par la finesse de la fleur et le brillant des couleurs, difficiles à distinguer de ceux travaillés avec le chevreau.

Fabrique spéciale de gants à dentelles, gants Suède et de castor.

La maison possède également l'important secret de la fabrication des peaux *bronze-dorées* et noir-glacées, dont elle fait principalement un article d'exportation.

MOUSSERON, fabrique et réparation d'appareils pour gaz, 9, Faubourg-Saint-Denis, Paris.

Plomberie, compteurs, entretien à l'année des compteurs et des appareils en location, envois en province et à l'étranger. Eclairage pour illumination. Nous ne parlerons pas de la solidité et de la confection supérieure des divers appareils qui sortent des ateliers de M. Mousseron; mais parmi les choses ingénieuses que nous avons été admis à visiter dans son magasin, 9, rue du Faubourg Saint-Denis, nous signalerons son appareil d'éclairage pour lettres et attributs, enseignes et motifs quelconques. Cet appareil diffère de tous ceux qui jusqu'à ce jour ont été répandus dans le commerce, en ce que le sujet qu'on veut représenter n'a pas besoin d'être formé par l'appareil. Si l'on veut représenter un aigle, une couronne, ou des initiales, M. Mousseron applique le dessin sur son appareil, et à l'aide de trous qu'il y perce, on obtient la facile et économique reproduction.

GAISSAD, coiffeur breveté, 25, passage Choiseul et rue Dalayrac, 22, Paris.

Depuis longtemps les coiffeurs ont cherché un tissu qui, propre à l'implantation des cheveux, fût en même temps d'une nature imperméable à la transpiration, toutes les recherches étaient restées vaines, les plus persévérants y avaient échoué.

M. Gaissad, plus heureux, a inventé le tissu dermoïde pour postiches en cheveux, qui, en cheveux lui-même, donne le résultat si longtemps attendu. Imperméable à la transpiration et par conséquent irrétrécissable, il conserve indéfiniment sa fraîcheur. Il est en outre d'une solidité telle qu'il dure trois fois plus que les tissus ordinaires et que l'usage en est plus économique et plus efficace.

Ces diverses qualités sont complétées par l'imitation la plus parfaite d'un cuir chevelu et amènent dans l'art du postiche une véritable révolution qui se traduira par un incontestable progrès.

BURAT et Cie, 12, rue Mandar, Paris, médecins-chirurgiens herniaires de la marine impériale et de l'administration des postes. Brevets d'invention et de perfectionnement, s. g. d. g.

Depuis longtemps MM. Burat et Cie se sont acquis dans leur spécialité une réputation qu'aucune autre n'égale. A l'Exposition de 1849 leurs travaux leur ont valu la médaille. En 1851, à Londres, ils ont obtenu la même distinction. Il est à remarquer que cette dernière médaille fut la seule qui ait été décernée à cette industrie.

MM. Burat et Cie sont renommés principalement pour leurs nouveaux bandages à brisures, à ponts, pelotes à pivots excentriques exerçant le point de compression sur toutes les faces de la pelo e, et pour de nouvelles ceintures hypogastriques à pivots et à clef. Ces appareils s'ajustant d'eux mêmes sans sous-cuisses et sans fatiguer les hanches, ont été approuvés et reconnus supérieurs à tous autres par l'Académie Impériale de médecine de Paris. N'est-ce pas la plus honorable des sanctions?

BON, ingénieur, rue de l'Orillion, 6 et 8, Faubourg-du-Temple, Paris.

Breveté de la Cour en 1830, de S. M. Louis-Philippe, en 1841, — 3e brevet en 1841, 1846 et 1854. — Brevet de perfectionnement pour 15 années en 1855.

Roue d'agrément avec engrenage et manivelle, à l'usage des canots. Cet appareil ingénieux, simple et commode, évite la fatigue que l'on éprouve avec la rame, et remplace avec avantage la voile qui, dirigée par des mains inhabiles, cause tant de malheurs. et qui, d'ailleurs, par les vents contraires, ne peut être d'aucune utilité.—La rame exige de la force et de l'habitude, tandis que toute personne peut, avec le moindre effort, tourner une légère manivelle.

Ce système offre le double avantage d'avancer beaucoup plus vite. et de pouvoir se démonter à volonté.—Prix raisonnables.

BRUNOT (Mlle), fabrique de glands, rue de l'Orillion, 6 et 8, Faubourg-du-Temple, Paris.

Fabrique de glands pour ornements et ameublements, dont la jupe est en verre filé et perles.

Ces glands ont l'immense avantage sur ceux en soie, de ne jamais se détériorer, et de produire à la lumière l'effet du diamant. — Les embrasses se font avec la même matière.

Fabrique de jarretières riches en soie avec blondes, et rosaces en or fin et demi-fin.— Jarretières en pluches, à agrafes, à ressorts et avec élastiques.—Grand choix de bracelets en rubans avec rosaces d'une élégance extraordinaire.

PREISWERK DIETRICH et Cie, fabricants de rubans de satin et de taffetas unis et à basse lisse à Bâle (Suisse).

Les rubans, ces riens si nécessaires à la toilette d'une femme du monde, ont certes une vogue méritée lorsqu'ils sortent de nos belles manufactures de St-Etienne, mais cette vogue est la même lorsqu'on sait qu'ils proviennent de la maison Dietrich Preiswerk, de Bâle. M. Preiswerk depuis longtemps s'est fait, dans sa spécialité, un nom connu et estimé dans toutes les villes de la Suisse et les principales villes de l'étranger. Homme de goût et de persévérance, il avait les deux qualités indispensables pour réussir dans son industrie; aussi a-t-il obtenu tout le succès qu'il avait lui-même pu espérer. En 1851, à l'Exposition de Londres, une mention honorable est venue le récompenser de ses intelligents efforts; sans nul doute le jury de 1855 lui tiendra compte des progrès qu'il a réalisés depuis lors.

MEYER et Cie, fabricants de soieries à Zurich (Suisse). Tissus de soie, unis, rayés et quadrillés.

La maison Meyer et Cie expose au Palais de l'Industrie des tissus de soie de la plus grande beauté. Ces tissus sont destinés à *donner la mode*; leurs dispositions des plus nouvelles sont appréciées comme elles méritent de l'être, ainsi que leurs qualités. La solidité des nuances est encore un avantage qu'on ne rencontre pas souvent ailleurs. La maison Meyer de Zurich met tous ses soins à perpétuer cette ancienne réputation d'une maison connue et généralement aimée. Tous ses tissus sont vendus à un prix exceptionnel, et leur bon marché ne s'explique que par l'importance des commandes dont MM. Meyer et Cie sont quotidiennement honorés.

BERNARD SALLE et **BRIEUSSEL.** *aux Sultanes*, 9, rue Vivienne. Soieries et hautes nouveautés, baréges et confections.

Il n'est pas étonnant qu'une année aussi importante pour le commerce de la soierie que celle d'une Exposition universelle ait produit un aussi grand choix de nouveautés en ce genre. On ne sait que citer de plus remarquable. Cependant, en ce genre, la maison *des Sultanes* expose les soieries les plus ravissantes, les nouveautés du meilleur goût et du plus grand ton. Nous ne pouvons trop recommander à nos lecteurs d'aller visiter cette importante maison où l'on trouvera le choix le plus merveilleux de soieries qui soit au monde, et des confections de la forme la plus gracieuse et la plus élégante. Tous les produits *des Sultanes* sont au-dessus de l'éloge, aussi chaque année cette maison voit-elle l'aristocratie e

la haute bourgeoisie lui accorder la plus flatteuse préférence.

DUVAL (Étienne), peintre, place Saint-Antoine, à Genève (Suisse).

Elève de Calame.

Il y a dans l'histoire de l'art de ces dates glorieuses qui s'écrivent avec des noms au lieu de chiffres. 1855 sera une de ces dates-là. Au milieu de tant de tableaux de maîtres illustres, on remarque deux charmants paysages émanant du pinceau de M. Etienne Duval, élève de Calame; un ravin, souvenir des Apennins, n° 2052, et une moisson, site des environs de Salerne, n° 2053. C'est encore un talent nouveau que l'Exposition nous révèle. Il y a dans ces deux toiles une vérité qui saisit et flatte en même temps, une disposition heureuse, des lignes qui ne s'égarent pas, des contours que l'œil aime à suivre. Il est certain que les amateurs ne laisseront pas ces deux charmants paysages retourner à Genève.

GUILBERT. fabricant de peignes d'écaille, de corne et de buffle, rue Notre Dame-de-Nazareth, 27, Paris.

Cette maison date depuis plus d'un siècle, et de père en fils elle a éternisé la vogue qu'elle s'est acquise par le bon goût, la nouveauté et la bonne forme qu'elle sait donner à ses modèles. En 1827, elle prit un brevet pour la fabrication des peignes imprimés, et à la première exposition, en 1834, il fut décerné à M. Guilbert une médaille de bronze, en 1844 un rappel de médaille, et en 1849, le jury lui vota un diplôme.

Depuis quelques années cette maison a pris une extension extraordinaire ; à cette première branche d'industrie, M. Guilbert a ajouté une fabrique de tabletterie d'écaille, telle que la tabatière, le porte-monnaie, porte-cigare, et la confection toute spéciale de livres de messe, d'objets de fantaisie. On exécute sur commande divers articles d'art, et toujours avec le plus éclatant succès.

Les articles exposés au Palais de l'Industrie sont autant de petits chefs-d'œuvre qu'il est curieux d'examiner de près pour se rendre compte du fini du travail, de la délicatesse des formes et de la minutie des détails.

DUCHATEAU et Cie., rue Saint-Sébastien.

Zinc galvanisé.

Sur le premier plan, deux statues (par M. Aizelin), en zinc galvanisé d'un grand fini, représentant le jour et la nuit. Comme objets artistiques, ces statues sont admises à l'Exposition des beaux-arts; quant à la question industrielle, il y a ceci de remarquable, que ce sont les premières statues de cette grandeur obtenues par le procédé des creux au renversé. Ces statues pourront donc remplacer avantageusement dans les jardins, vestibules, niches et pour le gaz surtout, les statues grossièrement finies en plâtre ou fonte de fer. Entre ces deux statues, une pendule représentant une jeune fileuse cessant son travail pour écouter une charmante enfant qui lui parle à l'oreille.

Plus haut, Franklin sur une borne marbre; il est entouré de ses œuvres. La figure est d'une grande exactitude de ressemblance; — une machine électrique placée à sa droite rappelle ses découvertes sur cet élément. La pendule dorée mat qui se trouve au-dessus est digne de remarque, elle montre à quel point le zinc est susceptible de se revêtir de tous les beaux effets du bronze. Cette pièce est entièrement dorée mat par les nouveaux procédés; tout connaisseur conciencieux reconnaîtra la supériorité de ton de cette dorure.

Une autre pendule, sujet Bayard équestre, est dans les mêmes conditions.

Au-dessus des objets ci-dessus énoncés, se trouve une grande garniture de cheminée, représentant, pour pendule, la loi sous la figure d'une femme appuyée sur un glaive; à ses pieds, une table de loi et des balances.

De chaque côté deux statuettes, l'une l'Histoire, l'autre la Poésie, montées sur des piédestaux marbre noir d'un bel effet. — Autres statuettes, sujets divers.

BROCHON, fondeur en fer, rue du Faubourg-Saint-Denis, 112, à Paris, expose:

une fontaine pour place publique, — un calvaire, — un magnifique candélabre de ville, — un lutrin pour église — et des ornements pour bâtiments, des poteries de ménage émaillées et une riche collection d'objets d'art.

La fontaine placée dans la nef est d'un goût parfait, quoique d'une simplicité merveilleuse, elle est coquette, gracieuse et légère. Le modèle de cette fontaine est disposé de telle sorte qu'elle peut être moulée et coulée en plusieurs morceaux du poids de 80 kilog. chacun; ainsi divisée elle peut facilement être expédiée en pays étranger.

La composition de cette pièce capitale est de M. Liénard sculpteur, ce nom nous dispense de tout éloge.

Le calvaire placé à l'entrée de l'Exposition d'agriculture est encore une œuvre remarquable.

Les trois statues latérales sont d'une rare perfection, elles sont l'œuvre d'un jeune sculpteur de mérite, M. Poitevin, qui a développé dans son exécution, un grand sentiment religieux ; sa vierge est *douloureuse*, mais d'une douleur noble, chrétienne. Saint Jean est inspiré, il prête serment au *maître* de répandre la doctrine divine, dont il est pénétré. Au point de vue artistique, ces trois statues sont admirables de réussite. Le Christ est de Richardson. Il est à regretter, sous tous les rapports, que ce magnifique groupe n'ait pu obtenir une place plus en rapport avec sa nature et son mérite.

Le candélabre de ville placé dans la galerie du Panorama est d'un fort beau style, et l'exécution d'un rare mérite.

Le lutrin et les bustes des douze apôtres attirent les regards des vrais connaisseurs, l'espace nous manque pour en faire ressortir les beautés, mais nos lecteurs sauront les apprécier en les voyant.

M. Brochon possède une des plus belles galeries religieuses de la capitale; les objets qu'il expose ne sont que des spécimens de sa riche collection.

BURGERS et Cie, fabricants d'instruments et de fournitures de précision, Neumarkt, à Cologne (Prusse).

Divers instruments de mesure en bois, ivoire, os et baleine, des calibres avec nonius et vis micromètre; des cadrans de verre; des cylindres, des mesures géométriques, des pèse-lettres, des niveaux, des scies d'une précieuse finesse et d'une trempe inappréciable.

MM. Burgers et Cie fabriquent également toutes espèces d'outils de précision et de presses, des micromètres, division de 50/10,000 par millimètre. Tous ces articles sont garantis de qualité supérieure.

Cette maison, dont la réputation est faite en Allemagne, en France et en Angleterre, exécute toutes les commandes avec un soin tout particulier et une promptitude sans exemple. Moins ambitieuse que beaucoup de ses concurrentes, elle se conforme scrupuleusement aux modèles qu'on lui soumet et suit à la lettre les instructions qu'on veut bien lui donner à l'égard des commandes qu'on lu propose.

Elle exécute avec une précision remarquable les scales ou échelles du levant pour la navigation, dites de Don. En un mot elle occupe le premier rang parmi ses rivales.

GAILLARD et **DUBOIS**, fabricants d'appareils à eau de Seltz, rue Amelot, 70, près le boulevard Beaumarchais.

Purogène pour faire soi-même l'eau de Seltz, Soda water, Vichy, limonade gazeuse, vin mousseux et en général, toutes les boissons gazeuses que l'on peut désirer chez soi. Commission, exportation. Brevetés en France s. g. d. g.; brevetés en Angleterre et en Belgique.

Au moyen de cet appareil apprécié pour sa simplicité et les bons résultats qu'il donne, on peut faire soi-même instantanément, selon la grandeur de l'appareil, deux, trois ou quatre bouteilles d'eau saturées d'un gaz pur et sans mélange d'acide. Il est en cristal et clissé en rotin à jour afin qu'il soit préservé de tout accident et qu'on puisse le voir fonctionner. Pour bien fermer l'appareil, il suffit de serrer la petite bouteille et d'arrêter aussitôt qu'on sent un peu de résistance. Pour fabriquer 2 bouteilles, 15 francs l'appareil; pour 3 bouteilles 21 francs.

MM. Gaillard et Dubois obtiennent avec leur utile invention une vogue méritée.

JEANRENAUD (Gustave-Henri), pierriste à Fleurier, canton de Neuchâtel (Suisse).

La maison de M. Jeanrenaud est trop avantageusement connue en Suisse et en France, pour que nous fassions ici l'éloge de la bonne qualité, de la parfaite façon de ses produits et de sa haute honorabilité commerciale. Nous dirons seulement combien sont dignes d'attention les objets qui composent son exposition au Palais de l'Industrie. Nul, mieux que M. Jeanrenaud, ne façonne le rubis et autres pierres fines pour l'horlogerie, tels que rouleaux pour échappement Duplex, palettes pour échappement à ressort ou à bascule, grands et petits plateaux-palettes pour le même en rubis, trous foncés coniques pour boussoles, et pignon également

en rubis. Nous avons scrupuleusement examiné l'Exposition de M. Jeanrenaud, et nous ne craignons pas d'avancer que sa fabrication n'a pas à redouter de concurrence sérieuse.

SCHLAPFER (J. U.), fabricant de mousselines à Waldstatt, canton d'Appenzel (Suisse).

L'article mousseline est largement représenté au grand concours industriel de 1855, et nous sommes convaincus que, lors de la distribution des récompenses, la tâche du jury ne sera pas facile, tant est grand le nombre des fabricants qui ont exposé d'admirables mousselines. Parmi ceux dont, cependant, la supériorité ne peut manquer d'être proclamée, nous citerons M. Schlapfer, de Waldats, qui expose le plus riche assortiment de mousselines qui se soit jamais rencontré. La maison Schlapfer a travaillé en vue de l'Exposition, elle a compris qu'en pareille circonstance, faire ce qu'on peut n'est pas assez, et elle a transgressé les limites du possible. Cette maison est avantageusement connue en Suisse, en France et à l'étranger. La belle qualité, la solidité de ses produits lui ont assigné la première place dans son industrie, aussi devait-on attendre d'elle presque ce qu'elle a donné.

COLLADON, professeur; place Saint-Antoine, à Genève (Suisse).

M. Colladon n'est pas seulement connu et apprécié à Genève, il l'est encore dans toutes les principales villes de Suisse : sa haute expérience et son habileté lui ont valu les certificats les plus flatteurs et les plus honorables, et le grand concours industriel de

1855 est une nouvelle occasion qu'il n'a pas laissé échapper, de faire preuve de ses capacités. Le nouveau moteur hydraulique, dit moteur hydronautique, pour fleuves et rivières, qu'il expose, est, au dire de tous les connaisseurs, un véritable chef-d'œuvre d'une utilité inniable, et sa machine excavatrice mue par l'air, révèle en lui un inventeu: habile. Le grand nombre d'élèves qui suivent les cours de M. Colladon doublera infailliblement lorsque ses compatriotes connaîtront l'opinion de la presse parisienne sur les travaux de cet honorable professeur.

BIDART (Vve), 43 et 45, rue du Faubourg-du-Temple, Paris.
Fabrique de dents minérales.

La fabrication de Mme Bidart comporte les dents de toute espèce, telles que dents ordinaires à trois crampons, dents transparentes à trois et quatre crampons, dents à pointes, à trous sans tubes et à tubes molaires, dents à crampons avec gencives, dents à tubes avec gencives, dents à anneaux et crampons, dents à deux anneaux. Chacun sait combien dans ce genre d'industrie peu sont appelés à réussir ; les soins extrêmes, le choix des matières premières et leur pureté que réclame impérieusement cette fabrication, nécessitent chez le fabricant les connaissances les plus étendues en chimie, une surveillance incessante, et une habileté qui ne soit jamais en défaut. Mme Bidart possède toutes les qualités requises et ses dents minérales ont une vogue justement méritée. Sa maison est la plus forte de Paris, toutes les commandes considérables lui sont adressées. Ses nouvelles dents transparentes, perfection-nées d'une solidité extraordinaire, résistent au feu, même après avoir séjourné dans la bouche un assez long laps de temps. Outre qu'elles se recommandent par leur beauté, l'imitation de la nature est telle que l'œil exercé ne les distingue pas du premier abord des dents naturelles. La position des crampons à crochet dans la masse présente un avantage réel sur lequel nous ne saurions trop insister. Ses dents à tubes supportent également le feu, et l'expérience la plus concluante a été faite sous nos propres yeux à dix reprises différentes et sur des dents prises au hasard ou choisies par nous-même. La maison Bidart est connue pour l'inaltérabilité de ses dents et la concurrence a jusqu'à ce jour tenté bien des essais infructueux pour obtenir les résultats qu'elle seule obtient. Toutes les dents Bidart sont garanties et la modicité de leur prix ne s'explique que par l'importance de la vente quotidienne. Mme Bidart a pris le meilleur moyen pour faire de sa maison une maison hors ligne ; elle s'est contentée d'un minime bénéfice. Dès l'abord, elle a compris que celui qui trompe l'acheteur est le premier trompé lui-même, et que le public désapprend bien vite le chemin de la maison, qui ne fournit que du médiocre : elle s'est attachée, tout en apportant dans sa fabrication toute l'économie possible, à n'employer que des matières de première qualité ; elle n'a jamais promis plus qu'elle n'a donné. Aujourd'hui une nombreuse clientèle la récompense de sa probité commerciale, et le jury international va la récompenser sans aucun doute de ses persévérants efforts et du succès qui les a couronnés.

(Voir aux annonces.)

ROUX (S.), ancienne maison Egly Roux et Comp., fabricant de tissus, rue Saint-Maur-Popincourt, 85, et rue Ménilmontant, 138, Paris.

Cette maison fondée en 1826, a obtenu une médaille d'argent en 1827, une médaille d'or en 1832, et le rappel de la médaille d'or en 1839 et 1844 : depuis cette dernière époque la maison Roux n'a figuré à aucune Exposition.

Ce fabricant est l'un des plus avantageusement connus pour la fabrication des étoffes nouveautés, dites de Paris ; nous avons remarqué avec plaisir que cette année encore M. Roux a voulu recueillir les suffrages de la commission et les éloges qui lui sont dus pour la fabrication de ses produits, pour ainsi dire sans rivaux. Nous devons à cet intelligent manufacturier la création d'un article demi-léger dit mousseline de Chine et que nous retrouvons sous des qualités et des dessins différents, dans presque toutes les vitrines de ses confrères ; mais lui seul a su lui donner cette supériorité incontestable qui résulte de la réduction u tissu et de la parfaite exécution des dessins brochés. Nous avons aussi remarqué un article gaze, tout soie avec combinaison de volants Jacquart qui mérite une mention particulière. Il en est de même de ses robes gaze de Chambéry : cet article que jusqu'ici la Savoie avait seule le privilége de nous fournir à des prix d'une cherté excessive, a obtenu un succès de vogue toujours croissant, pour la confection des robes de bal, si bien portées par nos élégantes Parisiennes. Il est à regretter que le peu d'espace qui a été alloué à cette maison ne lui ait pas permis d'exposer quelques-uns de ses articles d'hiver, nous savons qu'elle excelle également dans la fabrication des étoffes de chaque saison. Nous avons seulement remarqué en haut de son exposition quelques robes popeline moirée, article créé par M. Roux et qui a obtenu un grand succès de nouveauté.

CROUSSE (Victor), graveur, 16, rue du Faubourg-Saint-Denis. Fabricant d'outils pour fleurs. Elève de feu M. Gaite, inventeur des outils pour fleurs. Médaille en 1839, récompense nationale en 1844, rappel en 1849.

La fabrication des fleurs est à Paris d'une colossale importance ; c'est à Paris que l'étranger et principalement les Amériques achètent leurs élégantes parures de femmes et leurs gracieux ornements de salons ; mais si Paris dans cette industrie n'a pas de rivales à craindre, si la supériorité de ses produits décourage la concurrence, l'honneur ne saurait en revenir au fabricant de fleurs seul, une part en revient de droit à ces fabricants d'outils qui, par leurs intelligentes et ingénieuses inventions, ont su non-seulement abréger le travail, mais donner aux fleurs et aux feuilles, avec des proportions vraies, le cachet du naturel. M. Victor Crousse est trop connu par la fabrication parisienne pour que nous insistions sur la confection tout à fait hors ligne de ses outils, mais nous signalons à l'attention générale les divers out ls qui composent son exposition au Palais de l'Industrie.

BRACARD, 3, rue des Vinaigriers, Paris, fabricant de porte-moules à bougie. Brevet d'invention pour les porte-moules en fonte d'une seule pièce.

M. Bracard, un des fabricants les

plus estimés dans cette spécialité, expose, outre ses moules en fonte les moules à cierge les plus remarquables. Ces moules sont en étain, et leur variété de formes, de dimensions et de modèles, doit être particulièrement signalée, leur solidité et l'élégance de leur confection sont appréciées par une clientèle nombreuse et toujours satisfaite.

Les moules à bougies et à chandelles ont toutes les qualités qui caractérisent les moules à cierges. Nous signalons à l'attention de nos lecteurs les produits exposés par M. Bracard qui, ce n'est pas peu dire, s'est dans cette occasion surpassé lui-même. Ses efforts constants l'ont amené à des perfectionnements qui n'échapperont pas au jury. Nous ne saurions recommander trop vivement tout ce qui sort de cette honorable maison.

GOODYEAR (Charles), inventeur du caoutchouc vulcanisé, de New-York, États-Unis d'Amérique.

Paris, avenue Gabriel, 42.

Jamais la merveilleuse invention de M. Goodyear de New-York, à laquelle l'industrie et les arts sont redevables de tant de nouvelles applications du caoutchouc, n'avait figuré aussi avantageusement qu'aujourd'hui au Palais de l'Industrie. La collection des objets fabriqués en vertu des brevets de M. Goodyear, forme en quelque sorte une section entière de l'Exposition universelle, et certes ce n'en est ni la moins intéressante, ni la moins curieuse. Elle occupe une grande partie de l'espace réservé aux États-Unis dans l'édifice principal des Champs-Elysées. Tout juste en face de la grande entrée sur l'avenue, se trouvent deux larges montres, ouvrant sur la nef, et remplies des plus gracieux modèles d'articles en caoutchouc. Plus loin, à gauche du passage qui conduit à l'annexe, un vaste emplacement est consacré aux applications moins élégantes, mais non moins curieuses ni moins importantes de cette merveilleuse substance dont M. Goodyear a tant contribué, et a si bien réussi, à propager l'usage et à perfectionner la fabrication.

Les articles, qui font l'objet des brevets pris par M. Goodyear, se manufacturent aujourd'hui dans les diverses contrées de l'Europe; mais, comme l'inventeur du système est américain de naissance, et habite l'Amérique, on a cru devoir ranger toutes les applications du caoutchouc, dans le département de l'Amérique. Ces articles ne sont pas tous en vente pour le moment; ce sont des échantillons de ce que l'on peut faire en caoutchouc, et, comme tels, ils se recommandent particulièrement à toutes les personnes qui s'occupent d'industrie.

Ils forment naturellement deux classes: ceux qui sont faits de caoutchouc dur ou solide, et ceux qui le sont de caoutchouc mou ou fondu.

Le caoutchouc mou est déjà connu du public, qui a su en reconnaître et apprécier l'utilité incontestable et les nombreux avantages pour garantir de l'humidité et donner aux objets de la souplesse et de l'élasticité. C'est ainsi qu'on en a fait depuis longtemps des vêtements et des souliers-socques. Aujourd'hui nous voyons exposé un nouveau genre de chaussure à ventilateur, exempt de l'inconvénient qu'ont les souliers-socques ordinaires, d'entretenir aux pieds une transpiration désagréable.

La guerre, dans laquelle sont actuellement engagées les grandes puissances de l'Europe, donne une importance toute particulière aux applications du caoutchouc, aux besoins des armées, qui sont parvenues à rendre le camp aussi *comfortable* que la caserne. Tentes, lits, couvertures, cantines, pontons, seaux; en un mot, le centre de la section du caoutchouc nous présente tout un attirail de siége et de campement.

Une des plus curieuses nouveautés que nous remarquons dans ce même département, ce sont les papiers de tenture en caoutchouc, susceptibles de recevoir les brillantes couleurs du papier ordinaire, ils ont de plus l'avantage d'être imperméables et inaltérables à l'humidité.

Quant au caoutchouc dur, il était pour ainsi dire encore inconnu au public; car les quelques échantillons qui en avaient figuré à l'Exposition de Londres en 1851, n'étaient pas à même de donner la moindre idée de ses propriétés particulières et vraiment remarquables. Aujourd'hui on s'en sert avec le plus grand succès pour faire les plus riches bijoux, comme les objets de l'usage le plus ordinaire. On ne saurait trouver une matière plus convenable pour la confection des nécessaires et autres articles de tabletterie de goût et de fantaisie. Pour les meubles de luxe, il a le beau noir et le poli de l'ébène.

Pour la fabrication des cannes, des peignes, des cadres de tableaux, des manches de couteaux, des crayons, des gardes d'épées, et de toute espèce d'outils, il est bien supérieur au bois, à la corne, à l'ivoire ou au métal. On en a fait également des porte-voix, des violons, des flûtes, et autres instruments de musique; et, dans tous les cas, on n'a eu qu'à se louer de l'emploi de cette matière.

Ce n'est là qu'une faible portion des applications ingénieuses auxquelles a donné lieu la précieuse invention de M. Goodyear. Une nomenclature complète de tous les objets que l'on fabrique maintenant, ne remplit pas moins de deux volumes d'impression in-8°, renfermés dans une des montres de la nef. Traitant du caoutchouc, écrits par l'inventeur du caoutchouc vulcanisé, imprimés sur caoutchouc, composés de feuilles de caoutchouc, et reliés en caoutchouc, ces volumes sont peut-être la plus rare curiosité bibliographique que l'on ait jamais vue, et l'une des plus intéressantes que renferme l'Exposition.

CROCHU dit ALLAIN, mécanicien, breveté s. g. d. g., rue de l'Empereur, 41, Montmartre.
Fauteuils pour malades.

Le fauteuil exposé sous le n° 1, dont l'élégance et le confortable sont très-remarquables, représente dans sa forme primitive un voltaire pouvant se placer avec avantage dans le salon le plus élégant. Il a l'avantage par sa conformité de prendre toutes les positions que l'on veut lui donner, et cela avec la plus grande facilité.

Il peut servir de lit de repos, de divan ou de siége pour les personnes blessées, indisposées ou atteintes d'une infirmité quelconque.—Ce fauteuil, muni d'un mécanisme entièrement nouveau et placé à l'intérieur, porte une manivelle mobile au moyen de laquelle l'on peut à volonté, sans se déranger et sans le moindre effort, le faire mouvoir, l'allonger pour supporter les jambes, ou renverser le dossier.

L'inventeur s'est proposé particulièrement d'effectuer ces changements par un mouvement continu, doux, et sans saccades, à l'aide de vis et de leviers coudés appropriés. Tantôt le marchepied s'élève, et en même temps le dossier s'abaisse, ou bien ces deux mouvements sont rendus indépendants l'un de l'autre; d'autres fois, le marchepied, divisé en deux parties égales, par un plan passant par l'axe du fauteuil, l'une des jambes du convalescent peut arriver à la position horizontale, lorsque l'autre conserve encore sa verticalité. — Ainsi une personne atteinte des douleurs les plus sensibles peut prendre toutes les positions désirables sans éprouver aucune sensation douloureuse, avantages que n'ont pas encore eu jusqu'à présent les fauteuils à rouages ou à crémaillère, sur lesquels les changements de position ne s'opèrent que par secousses toujours fort incommodes.

Ce fauteuil peut encore être muni d'un pupitre mobile qui peut prendre toutes positions au moyen d'une vis à pression; il est supporté par une colonne en cuivre fixée sur le bras du fauteuil. — Ce pupitre peut également être adapté à un petit bureau muni de tous ses accessoires.

Sans nul doute, M. Allain n'a pu obtenir ces divers résultats que par des mécanismes très-ingénieux qui seront, nous n'en doutons pas, appréciés par le jury de l'Exposition universelle de 1855.

MÜLLER (Joseph), fabricant de produits chimiques, à Rueil (Seine-et-Oise).

Fertiliser la terre avec économie, voilà ce qui depuis longtemps occupe la science et l'industrie : aujourd'hui ce problème d'une si haute importance est résolu : avec le nouvel engrais, dont M. Müller est l'inventeur, le cultivateur peut enrichir sa terre et augmenter ses récoltes. La question pécuniaire avait été longtemps un obstacle à ce progrès, mais enfin, grâce aux efforts de M. Müller, qui met ses engrais à la portée de toutes les bourses, l'agriculture acquiert une véritable source de richesse, et le laboureur reçoit la récompense de ses pénibles travaux.

La portée de cette précieuse découverte est immense pour le pays. En effet, combien de terrains incultes peuvent être utilisés à peu de frais, véritable richesse nationale, non-seulement sous le rapport de la production, mais encore du travail.

(*Voir les détails aux annonces.*)

SIEBE (A.), fabricant d'appareils de plongeur pour l'amirauté et le bureau d'artillerie de la compagnie anglaise des Indes orientales, pour la France, la Russie, l'Espagne, la Suède et la Turquie.

Après vingt-cinq années de recherches et d'un travail assidu, M. Siebe est parvenu à construire un appareil de plongeur de la plus grande perfection.

Ceux faits jusqu'ici à Londres ne sont qu'une mauvaise et défectueuse imitation de celui-ci, et ne peuvent être d'aucun usage.

M. A. Siebe, dans différentes occasions, est descendu au fond de la mer (jusqu'à 160 pieds et plus de profondeur) pour en retirer des objets de valeur ayant appartenu à des vaisseaux naufragés. Il est parvenu même à répa-

A. SIEBE, 5, rue Denmarket, sohe, Londres.

rer et remettre à flot des navires qui avaient coulé par suite d'avaries, voies d'eau, etc.; entre autres faits de cette nature, il peut citer celui du *Royal-George*, qui a eu assez de retentissement pour qu'il soit inutile d'en parler plus au long dans cette simple notice.

L'appareil du plongeur consiste principalement en une sorte de vêtement d'une nouvelle invention et à l'épreuve de l'eau, au moyen duquel le plongeur peut travailler dans quelque position que ce soit, et une pompe à air à trois cylindres pour donner au plongeur le moyen de respirer librement à l'aide d'un tuyau indien à double courant et de plusieurs autres articles accessoires dépendant de l'appareil et qu'il serait trop long de détailler ici.

1re qualité d'appareil de plongeur coûte 160 l. sterl., soit f. 4,000
2e 140. 3,500
3e 120. 3,000
4e 100. 2,500

C'est le premier dont la marine anglaise ait fait usage.

M. A. Siebe est fier de pouvoir annoncer au public que MM. Deanes et lui sont les seuls inventeurs de l'appareil à plonger et qu'il est aussi lui-même le premier inventeur du casque clos à plonger, aujourd'hui mis universellement en usage.

M. A. Siebe saisit cette occasion de recommander sa très-puissante batterie voltaïque pour détruire sous l'eau les ouvrages du génie militaire et des mines.

Le prix de la batterie et du loch en fil d'archal est de 20 l. sterling, soit f. 500.

L'établissement est situé, n° 5, Denmarket-Street, Soho, London.

OVERBECK et **LODING**, fabricants de tissus à Galdbach (Prusse Rhénane). Tissus de laine et coton pour robes et pantalons.

Cette importante maison, qui s'est fait remarquer par les grandes améliorations apportées dans sa fabrication, expose des tissus de laine qui ont un cachet tout nouveau et de bon goût.

La fabrique de MM. Overbeck et Loding, montée sur l'échelle la plus large, se fait distinguer par la bonne qualité de ses matières et par une consciencieuse exécution.

WOLFF et **SHLAFHORST,** fabricants de tissus à Gladbach (Prusse Rhénane).

Flanelle de coton, imitation de peau de tigre, et calmouc de coton. La fabrique de MM. Wolfet et Shlafhorst est sans contredit une des plus importantes de la Prusse, dans cette spécialité; ses produits que nous avons longuement examinés à l'Exposition universelle, se distinguent par leur nouveauté, leur légèreté, leur élégance, et surtout par leur incontestable solidité. Nous signalons tout particulièrement ses imitations de peau de tigre.

LEMONNIER-HUARDEAU, 48, rue du Faubourg-Saint-Antoine, Paris.

L'industrie des meubles est presque exclusivement parisienne. L'acajou, l'érable d'Amérique, le bois de citron, le colliatour; et parmi les bois indigènes, le houx, l'if, et surtout le noyer, se transforment, au faubourg Saint-Antoine, en autant de chefs-d'œuvre de goût et de commodité.

La maison Lemonnier-Huardeau marche en tête de cette fabrication, l'extrême variété des bois dont elle se sert, la dureté et la finesse du grain, la richesse des dessins et la beauté des nuances qu'elle leur donne. impriment à ses produits un cachet de supériorité incontestable: quant à l'exécution manuelle de ses meubles, on peut dire qu'elle est sans égale.

M. Lemonnier expose un ameublement en bois de rose et noyer, garni à l'intérieur en marronnier verni.

Cet ameublement attire journellement l'attention des connaisseurs par sa composition et son fini, comme ébénisterie, et nous osons affirmer que c'est une des plus belles pièces qui figurent à l'Exposition.

M. Lemonnier Huardeau, dont le nom est synonyme de loyauté et de confiance, est entré dans cette voie pour sortir des sentiers battus et pour imprimer à ses produits le cachet de nouveauté artistique qui les distingue.

BORNEFELD (Guillaume,) fabricant de tissus à Gladbach (Prusse Rhénane). — Canevas de coton mélangé de soie, de laine et de lin.—L'heureux mélange introduit dans sa fabrication par M. Guillaume Bornefeld est une ingénieuse innovation dont nous devons le remercier au nom du commerce. Depuis longtemps les produits de cette maison sont appréciés à leur juste valeur, et par conséquent ont une vogue que, malgré leurs efforts constants, ses concurrents n'ont encore pu obtenir. L'exposition de M. Bornefeld, au Palais de l'Industrie, est des plus remarquables.

LOTZ, fils aîné, constructeur-mécanicien, quai de la Fosse, n° 84, à Nantes (Loire-Inférieure).

Machines à manége direct sans courroies ni arbres de couche, brevetées s. g. d. g., bâties en bois et panneaux en tôle, appliquées au battage des grains et au broyage des chanvres et lins.

Machine à battre, prenant la paille en travers sans la froisser.

Machine locomobile à vapeur (tout métal), de la force de 3 à 4 chevaux, pour battre les grains. montée sur un charreti en fer, pouvant battre de 160 à 250 hectolitres par jour, suivant la longueur des pailles, le plus ou moins grené des épis et l'activité des personnes qui la font fonctionner. Tout l'appareil est monté sur deux roues, ce qui permet de le transporter facilement dans tous les chemins. Elle coûte, prise à Nantes, 4,200 francs.

Moulin à vanner, nouveau système.

Machine à battre, à chaudière séparée. Cet appareil, breveté s. g. d. g., a un avantage très-marqué sur celles ci-dessus, en ce sens, que l'on peut mettre la machine à battre et celle à vapeur (qui ne font qu'une), dans une grange, et la chaudière à l'extérieur, à l'aide d'un tuyau qui conserve la puissance de la vapeur.

Pompes à eau, presses hydrauliques, soufflerie, scieries, moulins à farine et autres, chaudières, tuyaux, etc. Cette maison, une des plus importantes de la France, n'a pas besoin de se recommander. Un premier prix, *médaille d'or,* au grand concours du Champ de Mars, à Paris, en juin 1854. — 12 médailles d'or, 10 en argent, 3 de bronze, sont des distinctions trop marquantes pour ajouter quelques mots banals à une si haute renommée.

CROON frères, fabricants de tissus à Gladbach (Prusse Rhénane). Tissus de coton.—Réunissant dans leur vaste établissement les tissus de coton les plus complets, MM. Croon frères peuvent offrir à leurs innombrables clients les plus hautes nouveautés en coton. Nulle autre maison ne saurait présenter un assortiment aussi considérable. Les tissus exposés par MM. Croon n'ont pas besoin de notre recommandation pour attirer l'attention des visiteurs du Palais de l'Industrie.

PULVERMACHER, inventeur, rue Favart, 18, à Paris.
Pile électrique,
Mise à la portée de tout le monde.

Pour la guérison des maladies rhumatismales, nerveuses et musculaires, par la chaîne hydro-électrique Pulvermacher, approuvée et recommandée par les premières autorités médicales de l'Europe.

Breveté en France, en Angleterre, en Belgique, en Hollande, aux Etats-Unis.

Dépôt général et comptoir de vente, rue Favart, 18, au coin du boulevart Italien.

L'influence salutaire et presque miraculeuse des courants électriques dans les affections morbides les plus invétérées et les plus rebelles, n'est plus contestée par personne, elle est confirmée par l'expérience.

Ces courants ont été appliqués à la guérison d'une foule de maladies, telles que les rhumatismes, les névralgies, la goutte, les paralysies, les amoroses, la colique, la sciatique, les convulsions, les crampes, les catarrhes, les indigestions, les hémorroïdes, les foulures, l'hystérie, l'épilepsie, les maux de tête, d'yeux, d'oreilles, de poitrine, etc.

M. Pulvermacher, à force d'études, a résolu un grand problème.

Dans ses nombreuses recherches sur les différentes applications de l'électricité, cet habile physicien est parvenu par une disposition très-ingénieuse à construire la chaîne hydro-électrique médicale, qui par sa légèreté et son peu de volume peut se porter sous les vêtements les plus légers.

Les preuves irrécusables de guérisons surprenantes obtenues par ce moyen dans les cas les plus compliqués, sont innombrables. Le cadre restreint de nos colonnes ne nous permet pas de les citer, mais la notice détaillée se vend au dépôt, avec les chaînes.

L'importance de cette invention ayant provoqué de nombreuses contrefaçons, et pour défendre le fruit légitime de son labeur, M. Pulvermacher a dû soutenir un long procès; de là l'interruption momentanée de son exploitation; une sentence judiciaire qui lui alloue 250,000 francs de dommages et intérêts lui permet aujourd'hui de la reprendre.

Le public est donc averti que les véritables chaînes Pulvermacher sont revêtues du cachet et de la griffe de l'inventeur. Les prix des chaînes hydro-électriques portatives varient, suivant le nombre de leurs éléments, depuis 3 f. 50 jusqu'à 22 fr.

BORNEFELD (G.) et Cie, fabricants de tissus à Gladbach (Prusse Rhénane).
Tissus de coton.
Cette maison doit sa juste réputation à son assortiment si complet de tissus de coton, à sa probité commerciale, à la grande modération de ses prix. Ses tissus, d'une grande solidité qui n'excluent ni la légèreté ni l'élégance, luttent avantageusement au Palais de l'Industrie avec tous les pro-

duits de cette même industrie, en présence desquels ils se trouvent.

DAFRIQUE, fabricant-bijoutier en or, 8, rue J.-J. Rousseau, expose, sous le n° 5081, une riche collection de chaînes en or et émaillées pour la France et l'exportation, des dentelles en or et en argent, des camées habillés, des parures, des bracelets, des châtelaines, des léontines, etc.

Cette maison, créée en 1829, a obtenu plusieurs brevets, et reçu, pour sa première Exposition, en 1839, la médaille de bronze; en 1844 et 1849, des médailles d'argent, et en 1851, à l'Exposition de Londres, la médaille de prix.

Il est à remarquer que son exposition est celle dans laquelle on reconnaît le plus de nouveautés en chaînes. Cette notable maison conservera encore à notre Exposition artistique la réputation qu'elle s'est acquise par la variété des modèles qu'elle a fournis au commerce.

Nous remarquons aussi le goût avec lequel M. Dafrique emploie l'émail et les pierres fines qui ornent ses chaînes de montres et de bracelets, et nous devons reconnaître que pour ce genre il n'a pas de concurrent. Ce qui ajoute un fleuron de plus à sa renommée, c'est de la dentelle genre guipure, aussi souple que celle en fil, et dont il a une berthe en argent dans son exposition. Ce travail est d'une élégance remarquable et attire les regards de tous les visiteurs, et aussi une couronne en argent point de dentelles qui n'est pas sans mérite. D'ailleurs, nous ne pouvons rendre un plus éclatant témoignage de l'estime accordée au talent de M. Dafrique, qu'en disant hautement qu'il fut choisi par ses confrères pour participer au trophée d'honneur du Palais de l'Industrie, où on remarque de lui des bracelets et des chaînes de belle et nouvelle exécution. Nous terminons en disant que ce fabricant a contribué pour une large et glorieuse part au progrès de son industrie.

PFERDMENGES frères, fabricants de tissus à Gladbach (Prusse Rhénane).

Tissus de coton pur, tissus de laine et coton pour pantalons et habits, tissus de soie et coton pour habits. Cette maison, dont les produits, exposés au Palais de l'Industrie universelle, se recommandent par la bonne qualité, la solidité, la variété des nuances et des dessins, opérant sur des masses et se contentant de bénéfices restreints, est à même plus qu'aucune autre de faire profiter ses clients du bon marché sérieux et réel de toutes ses marchandises de consommation habituelle.

FARINA (Jean-Marie), distillateur, fabricant d'eau de Cologne, vis-à-vis la place Juliers, à Cologne (Prusse Rhénane).

La véritable eau de Cologne, composée des aromes les plus fins et les plus spiritueux du règne végétal, est, relativement à ses qualités admirables, répandue et appréciée, non-seulement en Europe, mais encore dans les pays d'outre-mer.

Il suffira donc d'en faire une mention superficielle.

Elle occupe à juste titre le premier rang parmi les parfums tant simples que composés, et forme, pour cette raison, une partie essentielle de la toilette du monde élégant.

La composition de cette eau, d'un parfum si suave et douée de qualités si bien connues, est restée un secret qui est la propriété de M. Jean-Marie Farina. Avant que les excellentes qualités de la véritable eau de Cologne fussent connues, le débit en était, comme cela se conçoit, très-minime, et il ne pouvait augmenter qu'au fur et à mesure que sa réputation gagnait du terrain ; la guerre de Sept-Ans (1756 à 1762) contribua beaucoup à l'agrandir. Les Français, dont l'armée occupait alors les provinces rhénanes, étant en général très-passionnés pour les objets de toilette, trouvèrent ce nouveau parfum de leur goût, s'en servirent et contribuèrent beaucoup à son immense réputation : elle fut en peu de temps bien connue en France et en Allemagne. Dès lors l'eau de Cologne devint le sujet d'un commerce important dont les expéditions se répandaient, non-seulement en Europe, mais encore dans toutes les régions du monde.

M. Jean-Marie Farina a fait à Paris plusieurs dépôts de ses produits : chez MM. Piver, 55, rue Saint-Martin ; place de la Bourse ; 9, boulevart Poissonnière ; 23, boulevart des Italiens ; Latour, 17, boulevart de la Madeleine ; Deudon, 92, rue Richelieu ; Moubigand-Chardin, faubourg-Saint-Honoré ; Shortose, 23, place Vendôme ; Lorré-Delisle, 31, place de la Bourse ; Vilhems, 7, rue de l'Arcade : Durand, 22, Chaussée-d'Antin ; Pollin, aux messageries impériales, rue Notre-Dame-de-Victoires, 22.

Agent général, M. Auguste Bel, 68, rue de Bondy.

PEIGNÉ, serrurier, à Nort (Loire-Inférieure.)

Pêne coulant.

Ce système de pêne coulant, a sur tous ceux connus jusqu'à ce jour, un avantage incontestable : la facilité avec laquelle il entre dans la serrure, n'ayant d'autre résistance à vaincre que le frottement qu'il éprouve sur la gâche intérieure, résistance en grande partie atténuée par la forme toute nouvelle du pêne qui diffère des autres, en ce qu'au lieu d'être coupé en biseau, il est au contraire arrondi, ce qui diminue considérablement le frottement.

Le mouvement intérieur repose sur un axe, avantage incontestable sous le rapport de la solidité et de la précision.

Cette serrure se place au dedans comme au dehors des appartements, par le simple changement de trois vis, et peut être très-avantageusement adaptée aux serrures à deux pênes dites : *serrures anglaises*.

Les ateliers de M. Peigné, situés dans une position excessivement avantageuse pour l'écoulement de ses produits, sont renommés dans tout le département de la Loire-Inférieure, par les soins que cet habile industriel apporte à la fabrication de ses articles.

Les spécimens exposés au Palais de l'Industrie, sont autant de preuves irrécusables de leur mérite supérieur.

BORNEFELD et **KNOPGES**, fabricants de tissus à Gladbach (Prusse Rhénane.)

Tissus de laine cardée, coton et soie, pour robes et pantalons. L'établissement de MM. Bornefeld et Knopges occupe une place éminente dans cette branche industrielle. Ses produits répandus dans toute la Prusse et à l'étranger où une notable partie est exportée chaque année, y jouissent d'une haute et légitime réputation. A l'Exposition universelle de 1855, MM. Bornefeld et Knopges n'ont pas de concurrents sérieux à craindre.

DÉGARDIN, monteur et marchand de pierres à brunir en tous genres, rue du Temple, 140, ancien 62, Paris.

M. Degardin qui a obtenu la médaille de bronze à l'Exposition des produits de l'industrie agricole et manufacturière de 1849, se présente avec de nombreux perfectionnements introduits par lui depuis cette époque dans sa spécialité. Ses brunissoirs en acier sont tout ce que nous avons vu de beau en ce genre. Son rouge anglais, ses pottées, ses cuirs et buffles à polir obtiennent l'assentiment de tous les corps d'état formant sa nombreuse clientèle. Le fini et la bonne qualité de tout ce qui sort de ses ateliers l'ont depuis longtemps désigné à la confiance publique, et l'Exposition de 1855 lui fournira l'occasion de démontrer hautement sa supériorité sur tous ceux qui, jusqu'à ce jour, ont tenté, mais en vain, de lui faire concurrence, soit comme exécution, soit comme modicité des prix.

FONTROBERT (S.), teinturier en soie, 40, rue Neuve-Saint-Denis, Paris.

Pour quiconque aura, comme nous, visité l'établissement de M. Fontrobert, il en résultera la conviction que cet habile teinturier en soie peut établir avec Lyon une sérieuse concurrence. Nous avons confronté les produits de Lyon avec ceux de M. Fontrobert et nous les avons classés sur la même ligne. L'exposition de matous de soies nuancées groseille, rouge, jaune et noir excite l'admiration des visiteurs au Palais de l'Industrie ; le noir surtout provoque les éloges sincères des connaisseurs. Rien n'est plus riche, plus délicat, plus délicieusement combiné que les nuances; il y a là une pureté qui défie la comparaison. Aux différentes Expositions passées, la teintureie parisienne était, nous devons l'avouer, restée en arrière de ce qu'elle devait être ; grâce à M. Fontrobert, si Paris ne surpasse pas la province et l'étranger pour cette branche d'industrie, il marchera de pair du moins avec eux.

POIVRET (Jules), bonnetier, rue Faillant à Troyes (Aube).

Métiers circulaires sans aiguilles. Bonneterie et tricots de laine et de coton.

La maison Jules Poivret, de Troyes, est une des maisons les plus estimées en Champagne, tant sous le rapport de l'honorabilité commerciale que sous celui de la supériorité de ses produits. La faveur dont elle jouit est donc la conséquence naturelle de sa manière d'opérer. Toute marchandise qui ne convient pas est immédiatement échangée. Les métiers circulaires de M. Jules Poivret sont extrêmement ingénieux et remarquables; ils expliquent la vogue qui s'attache à tous les articles de bonneterie, aux tricots de laine et de coton principalement qui sortent de cette maison, où le consommateur est sûr de rencontrer le bon goût, la variété et la plus grande modération de prix. Les articles de M. Poivret figurent avec avantage parmi les nombreux et brillants produits de même genre établis au Palais de l'Industrie universelle.

M. NICK, fabrique spéciale d'articles de voyage, 374, rue Saint-Denis, au fond de la cour Saint-Chaumont, au premier.

Cette maison de premier ordre, où l'on trouve des malles en tous genres imperméables, des chauffe-pieds de voyage, des filtres de poche et de voyage, se recommande spécialement par certains articles dont M. Nick est l'ingénieux inventeur, tels que : Etuis de chapeaux pour civil et militaire, qui garantissent la forme pendant le voyage, sacs de nuit à compartiments mobiles pouvant s'agrandir à volonté, boîtes à robes, montage d'un genre nouveau, d'une solidité plus grande que celle connue jusqu'à ce jour, sans que la grâce et la légèreté en soient altérées.

M. Nick se charge de la fabrication sur commande de tous articles concernant sa partie, et du montage de toutes tapisseries et fourrures de voyage. Comme variété et assortiment d'articles de voyage, la maison Nick est la plus importante; comme bon goût, confortable et élégance, la plus renommée.

FAURE, serrurier, 235, rue du Faubourg-Saint-Martin.

M. Faure est trop avantageusement connu non-seulement à Paris, mais en province et à l'étranger, pour que nous ayons besoin d'énumérer les différents mérites de sa fabrication. Nous nous bornerons donc à donner la liste des principaux outils qu'il fournit en si grande quantité au commerce.

Outils de mouleurs pour la fonte du fer et du cuivre, assortiment d'outils en tous genres et de tous modèles, tels que truelles carrées et à cœur, truelles à gouge, spatules plates, pointues et à gouge, crochets à talons minces, épais et demi-ronds, à gouge et ronds, lissoirs en cuivre en tous genres, ébauchoirs, tranchets, aiguilles, spatules pointues et à couteau Bruxelles, spatules à anneaux.

M. Faure travaille sur commande, et expédie en province et à l'étranger. Sa belle clientèle apprécie la bonté et la perfection de ses outils, garantis en acier fondu. Seule fabrique à Paris.

BUXTORF (Emmanuel), mécanicien, à Saint-Martin-ès-Vignes, près Troyes (Aube.)

Bobinoirs et moulins circulaires.

Les progrès obtenus par les bobinoirs et les moulins circulaires de M. Buxtorf, méritent bien d'être consignés. Ces ingénieux instruments présentent des avantages qui les font distinguer de tous ceux qui ont été inventés jusqu'à ce jour et leur promettent une grande popularité.

En effet, ils offrent une grande économie de temps et une économie de force, résultant du mécanisme ingénieux de leurs engrenages. Nous avons vu fonctionner ces deux appareils, et nous avons constaté des résultats qui n'ont pu être obtenus par les appareils des concurrents de M. Buxtorf. Les perfectionnements apportés par cet habile mécanicien, ne sauraient passer inaperçus du jury, toujours à l'affût des inventions utiles, et toujours prêt à récompenser les efforts du travailleur intelligent.

BAPTISTE (B.), 8, rue Thévenot, Paris.

Fabrique de fleurs artificielles en tous genres.

Il n'est guère, à Paris, de fabriques de fleurs qui puissent prétendre à être placée sur la même ligne que la maison Baptiste, 8, rue Thevenot. Là, MM. les acheteurs et commissionnaires trouvent un inimaginable assortiment de fleurs en bottes ou montures, fleurs à la grosse, parures de bal et de mariage. Le prix des bottes ou montures varie de 1 fr. 25 à 6 fr. la pièce, celui des fleurs à la grosse, depuis 10 fr. à 4 fr. la douzaine.

On y rencontre des coiffures de bal et de mariage, depuis 1 fr. 25 jusqu'à 20 fr. la pièce. Il est fait un escompte de 10 p. 0/0 aux acheteurs en gros qui déclarent leur qualité avant de commencer leurs achats. Les demandes par correspondances ne sont reçues que franco ; les demandeurs sont priés de désigner approximativement le chiffre auquel ils désirent faire monter leurs factures et le genre d'article le plus en rapport avec leur vente habituelle.

JAPY frères, horlogers-mécaniciens, à Beaucourt (Haut-Rhin).

Horlogerie, pièces de quincaillerie, de serrurerie, vis, etc.

Les premières années de l'Empire, brillante continuation du consulat, furent des années prospères pour le commerce et l'industrie de la capitale et de nos provinces. Une activité prodigieuse se faisait remarquer dans nos villes manufacturières et dans nos ateliers de tous genres. De toutes parts se développaient, comme par enchantement, des germes féconds de prospérité. Parmi les industriels qui, à la voix de l'Empereur, firent faire les pas les plus rapides à leur industrie, il faut citer les Japy frères, dont le nom retentit à l'égal de ceux de Ternaux, d'Oberskamp, de Bouteau, de Mar-

zéline, etc. En 1806, MM. Japy obtenaient une médaille de bronze. Depuis, ce ne fut pour eux qu'une continuité de succès; en 1823, c'est une médaille d'or, et consécutivement en 1827, 1834, 1839, 1844, 1849. En 1851, ils obtiennent la médaille du conseil de l'Exposition universelle de Londres. Le jury international de 1855 va couronner dignement cette longue série d'honorables récompenses; mais cette distinction suprême ne pourra en rien augmenter la colossale réputation des Japy.

LÉTRANGE (David) et Cie. Fers, aciers, quincaillerie, rue des Vieilles-Haudriettes, Paris.

Cette industrie compte de nombreux représentants au grand congrès industriel, l'étranger semble cette fois ne pas vouloir abandonner sans conteste la palme à la France. L'Angleterre, surtout, par les riches envois de fers, d'aciers et de quincaillerie qu'elle a faits, nous paraît, dans cette branche de l'industrie, s'apprêter à nous disputer le terrain pied à pied. Il est heureux pour nous que bon nombre d'industriels, à la tête desquels nous nous complaisons à placer M. Létrange, aient compris le devoir que leur imposait la grande et solennelle lutte de 1855; grâce à eux si nous ne remportons pas l'avantage sur toute la ligne, la victoire ne nou en restera pas moins. Les fers, aciers et articles de quincaillerie exposés par M. David Létrange, méritent toutes nos félicitations, et nous sommes heureux de désigner sa maison comme une des premières et des plus recommandables dans ce genre d'industrie.

LEFORT aîné. Apprêts pour

fleurs, rue Mauconseil, 12, à Paris. Tissus colorés, papiers, gaze, taffetas; médaille de bronze 1844, à l'Exposition française, médaille de prix à l'Exposition universelle de Londres.

M. Lefort, dont la manufacture (à Sèvres) fabrique en si grande quantité étoffes, papiers et tous apprêts en général pour fleurs et feuillage, *rose* végétal et couleurs fines, est placé sous le rapport commercial, aussi bien que sous le rapport de l'art, à la tête de cette industrie. En dehors d'une exposition bien susceptible de fixer l'attention du jury, M. Lefort se présente avec des antécédents qui peuvent nous dispenser de tout éloge. N'est-ce pas, en effet, assez de rappeler que la perfection des produits de cette maison, a paru telle à deux jurys, qu'ils l'ont jugée digne d'être signalée par la plus flatteuse et la plus éclatante des récompenses. M. Lefort fait faire chaque jour d'importants progrès à son industrie; son exposition de cette année est là pour prouver ce que nous avançons.

DROZ JEANNOT et FILS, horlogers aux Brenets, canton de Neuchâtel (Suisse).

Nous avons eu souvent l'occasion de rendre à l'horlogerie suisse toute la justice qu'elle mérite, à celle de Genève en particulier, voici encore un artisan habile dont la réputation marche de pair avec celles des intelligents horlogers que nous avons cités dans ce volume. Les montres exposées par MM. Droz, Jeannot et Fils des Brenets ont toutes les qualités qu'on admire dans les productions des princes de l'horlogerie. La nombreuse clientèle de cette honorable mai-

son justifie la haute place qu'elle a prise dans la fabrication des objets de son industrie et confirme notre appréciation.

En répondant à l'appel fait à l'industrie du monde entier, MM. Droz, Jeannot et Fils étaient certains de rencontrer un succès.

VINCENT, fabricant de veaux cirés, rue des Tanneurs, 9, à Nantes. Veaux cirés et vernis, tiges de bottes.

Ce n'est point par la grande quantité de produits de ce genre envoyés par la ville de Nantes que nous pouvons juger de l'importance de l'industrie nantaise, mais la qualité est substituée à la quantité. L'exposition de M. Vincent, fabricant de veaux cirés et vernis, est une des plus belles que nous rencontrons au Palais de l'Industrie et nous comprenons l'importance des affaires que notre correspondant de Nantes nous assure être faites par la maison Vincent. Ses produits se font remarquer par le beau choix des matières, par un travail consciencieux; ses tiges de bottes, d'une solidité à toute épreuve, ont surtout un brillant que ses concurrents n'ont pas encore pu égaler.

MAGNIN, père et fils, maîtres de forges à Dijon. Fonte de fer.

Cet établissement recommandable sous tous rapports, occupe la première place parmi les usines exploitant la même industrie dans le riche département de la Côte-d'Or. Ses fontes répandues dans toute la France y jouissent de la plus légitime réputation, et soutiennent une heureuse concurrence avec celles de l'étranger. On trouve chez MM. Magnin, père et fils, la plus grande variété de fontes, et l'intelligence des directeurs égale seule l'activité de leur surveillance et la haute qualité de leurs produits.

Au grand concours de l'Industrie où les maîtres de forges ont envoyé les pièces les plus parfaites, MM. Magnin sont distingués tout d'abord, et la préférence que le public leur accorde ne peut manquer de leur être accordée par le jury appelé à discerner la supériorité et de lui distribuer les plus honorables récompenses.

ARNAUD, fabricant de papiers peints à Genève (Suisse).

Nous venons d'examiner la belle collection de papiers peints exposés par M. Arnaud, au Palais de l'Industrie, il nous a été rarement donné de rencontrer un aussi riche choix de dessins, des nuances aussi délicates, avec une originalité du meilleur goût. M. Arnaud peut entrer en lice avec les fabricants de Paris les plus en renom, ses produits ne seraient pas déclarés inférieurs à ceux des Berthier, des Brière, des Delicourt, des Messener, des Desfossés. M. Arnaud peut être fier de l'attention que les visiteurs à l'Exposition universelle accordent à ses papiers peints qui, au dire de tous, sont une merveille de fabrication, surpassant par la richesse du dessin, la variété et la perfection du travail, les productions du même genre exposées dans la vaste enceinte.

MERVISSEN (G.), filateur à Dulken (Prusse Rhénane).

Lin écru et peigné, fil de lin et d'étoupe, fils de lin retors.

Price medal à Londres, en 1851, médaille à Munich, 1854. Exposés pour la première fois à Londres, en 1851, les produits de M. Mervissen y obtinrent tout d'abord une médaille de prix; en 1854 le jury de Munich les a jugés dignes de la plus haute récompense qui ait été accordée à ce genre d'industrie, c'est dire assez la place importante qu'occupe dans l'Industrie prussienne l'établissement si habilement dirigé par M. Mervissen.

PICOT, canotier à Asnières.

S'il est un nom bien connu des canotiers de la Marne et de la Seine, c'est celui de Picot, l'intelligent constructeur de canots à Asnières. Sur dix canots qui remportent le prix annuellement aux régates huit au moins sortent des ateliers de Picot. Il va sans dire que le canot que ce constructeur devait exposer laisse bien en arrière tout ce qu'il a fait jusqu'à ce jour: ses proportions élégantes, sa structure fine, sa coupe hardie excitent les bravos unanimes de tous les équipiers qui vont en foule le visiter dans ses ateliers. Deux cents amateurs se sont déjà disputé ce canot modèle, nous regrettons de ne pas connaître le nom de son heureux acquéreur.

CAMPHAUSEN (T.-H.) et **CUPPERS**, fabricants de tissus à Gladbach (Prusse Rhénane). Buckskins de laine, fil et coton. Les progrès réalisés chaque jour par la maison Camphausen et Cuppers méritaient d'être longuement consignés dans ce livre, archives de l'industrie, et nous regrettons sincèrement que l'espace dont nous pouvons disposer soit si restreint, lorsque, comme aujourd'hui, nous avons à parler de fabricants aussi intelligents et aussi consciencieux.

Nous ne doutons pas que les remarquables produits de la maison Camphausen et Cuppers ne frappent tout particulièrement l'attention du jury international.

BEAU, étoffes d'ameublement, 216, rue St-Maur, Paris. Les velours, soies, damas et autres étoffes riches pour ameublement, de M. Beau, surpassent tous les autres par le goût artistique des dessins et la beauté des couleurs. Cette maison, dans sa spécialité, est toujours à la hauteur de sa vieille réputation qu'elle sait rajeunir chaque jour avec un goût parfait qui honore le chef intelligent de cet établissement. Les étoffes d'ameublement sont au nombre des branches de l'industrie française qui ont pris beaucoup d'extension depuis quelques années, le nombre des fabricants a plus que doublé, et c'est à qui fera le mieux maintenant; mais parmi les fabricants qui rivalisent en offrant au public leurs étoffes aux riches dessins, c'est toujours M. Beau qui se trouve en première ligne. La maison Beau, qui se distingue par un goût exquis, est une maison de confiance et recommandable en tous points. Nous avons visité les vastes magasins de M. Beau et les étoffes qu'il expose au Palais de l'Industrie, et ce qu'il nous a été donné de voir mérite à coup sûr beaucoup mieux que l'appréciation si courte et si restreinte que nous venons d'en faire.

BÉDUWÉ (Joseph), mécanicien à Aix-la-Chapelle (Prusse Rhénane). C'est après de longues années de travaux que M. Béduwé vient offrir à l'industrie le fruit de ses études et de ses expériences. La pompe à incendie aspirante et foulante, et la pompe alimentaire qu'il expose sont de véritables chefs-d'œuvre de mécanique. Ce qui prouve la valeur réelle des pompes exposées par cette maison, c'est qu'elles ont été adoptées avec la plus grande faveur en Prusse et en Allemagne. M. Béduwé s'est particulièrement attaché aux perfectionnements mécaniques des pompes et au maintien d'une bonne fabrication. Longtemps la fabrication des pompes a été imparfaite, mais lorsque M. Béduwé entreprit courageusement leur perfectionnement, ni les efforts, ni les sacrifices, ne lui ont coûté, ni la persévérance ne lui a manqué pour vaincre les obstacles et développer son industrie. C'est à ses efforts, c'est à l'énergie soutenue qu'il a déployée contre la concurrence étrangère que cet habile mécanicien devra l'honorable récompense que sans nul doute le jury international lui décernera.

DOLLFUS et **NIFENECKER**, teinturiers à Héricourt (Haute-Saône). Indiennes et châles de coton imprimés à la main.

Nous ne saurions signaler trop particulièrement les châles de coton et les indiennes imprimés à la main qu'expose la maison Dollfus et Nifenecker d'Héricourt. La perfection de l'exécution, la richesse des dessins, la délicatesse des nuances et le bon goût dont chacun fait l'éloge recommandent à l'attention du jury ces habiles industriels. Rien ne leur a coûté pour doter Héricourt de cette nouvelle source de richesses, mais leurs efforts et leur énergie ont été dignement récompensés par la considération qui leur est accordée dans la Haute-Saône et les départements circonvoisins. Au palais de l'Industrie les produits de MM. Dollfus et Nifenecker réunissent les suffrages unanimes des connaisseurs et du public qui instinctivement rend toujours justice à tout ce qui est bon et beau.

LINGENBRINOK et **VENNEMANN**, fabricants de velours à Viersen (Prusse Rhénane). Velours et rubans de velours unis et façonnés.

Cette maison qui expose les velours les plus remarquables est une de celles qu'on ne saurait trop recommander à l'attention de tous les acheteurs. Sa réputation aujourd'hui européenne, la faveur dont elle jouit auprès de sa nombreuse clientèle, sont la conséquence naturelle de l'excellence de sa fabrication. L'élégance et le bon goût de ses velours façonnés lui assurent sur tous ses concurrents une supériorité depuis longtemps acquise.

SAINT-DENIS, fondeur en bronze, 15, rue des Trois-Bornes, Paris.

L'Exposition française au Palais de l'Industrie l'emporte sur les objets exposés à Londres en 1851 par les fabricants français; cette supériorité se fait remarquer par les progrès que ces diverses industries ont faits sous le rapport du goût, de l'élégance, de la forme, du sentiment, de l'art en un mot. L'exposition de M. Saint-Denis qui comprend : la Vierge d'après Rochet, statue en bronze haute de 5 mètres, Spartacus d'après Foyatier, Napoléon Bonaparte d'après Rochet, et autres bronzes, témoignent de la voie nouvelle où il a fait entrer son industrie. Ces diffé-rentes productions sont remarquables par le mérite d'une exécution portée par M. Saint-Denis aux dernières limites de la perfection, et par le cachet artistique dont elles sont empreintes et qui se retrouve dans tous les beaux bronzes sortis de cette maison. A voir tous les modèles de cet intelligent fondeur, auxquels les reproductions obtenues conservent la valeur d'œuvres originales, on ne saurait douter qu'ils n'ouvrent pour l'industrie française une ère nouvelle que pour sa part M. Saint-Denis aura devancée.

NÈLE, fabricant de chocolat et moutarde, porte Saint-Pierre à Dijon (Côte-d'Or).

Pour que le chocolat vienne en aide à l'hygiène, pour qu'il profite à la santé, pour qu'il offre aux estomacs délicats, paresseux, fatigués ou malades une nourriture fortifiante et d'une digestion facile, pour qu'il soit en un mot non-seulement une nourriture agréable, mais encore une nourriture salutaire, il faut qu'il n'entre dans sa composition que des matières premières d'excellente qualité et que sa préparation soit l'objet des plus grands soins. C'est ce que M. Nèle de Dijon a compris, aussi a-t-il introduit dans la fabrication de ce précieux aliment des perfectionnements et des réformes depuis longtemps désirés, et ses produits sont appelés à rendre au chocolat la place importante que par ses vertus spéciales il doit occuper dans l'alimentation. Ses chocolats sont de la plus grande pureté. Nous recommandons également sa moutarde dont la qualité supérieure est justement appréciée à Paris comme en province.

LIEBMANN, fabricant de meubles, 54, rue de la Roquette, à Paris.

Fabrique et magasin de meubles de fantaisie, genre Boule et bois de rose, garnis de porcelaine et de bronze, meubles incrustations en bois de couleurs, jardinières, bureaux, étagères, corbeilles de mariage, tables à ouvrage, encoignures, meubles de hauteur d'appui, tables de salon, nécessaires en tous genres, le tout garanti sur la facture. Envois en province et à l'étranger.

M. Liebmann s'est acquis la plus belle réputation comme fabricant consciencieux et habile, et nul mieux que lui ne réussit dans la réparation des meubles anciens. Connaissant à fond toutes les ressources de sa profession, et guidé par un goût qui ne le trompe jamais, M. Liebmann a confectionné pour l'Exposition de 1855, des meubles qui figurent dignement à ces grandes assises de l'Industrie, et dont la beauté séduit la foule.

LAURENT, blanchisserie de cire, 54, rue de l'Arbre-Sec, et à Antony.

Successeurs de Trudon et fils, entrepreneurs de la manufacture des cires d'Antony, bougies blanches et citronnées, flambeaux, bougies stéariques.

Chacun sait combien exige de soins le blanchiment de la cire; un grand nombre de procédés sont employés, peu donnent des résultats entièrement satisfaisants. Nous avons visité la blanchisserie de M. Laurent, et reconnu que le procédé qu'il a adopté lui permet de blanchir la cire sans lui rien ôter de son homogénéité. Malgré son extrême blancheur, la cire qui sort des ateliers de M. Laurent conserve sa pureté primitive, ce qui permet de l'employer pour tous usages. Les cierges et les bougies confectionnés avec cette cire, donnent une lumière d'une blancheur supérieure à celle du gaz. Tous les chimistes qui emploient les produits de M. Laurent ont proclamé leurs qualités incontestables; aussi au Palais de l'Industrie universelle M. Laurent aura peu de concurrents sérieux à redouter.

LARCHER, 7, rue des Fossés-Montmartre.

Caoutchouc et gutta-percha.

Manteaux, paletots confectionnés, articles de voyage, chauffe-pieds, chancelières en caoutchouc se chauffant à l'eau bouillante... Maison recommandée.

(Voir aux annonces.)

BOSSELUT (Noël), lampiste, 1, rue des Trois-Bornes, à Paris.

M. Bosselut réunit dans ses magasins tout ce que son genre d'industrie offre de plus élégant et en même temps de plus solide. Tous ses produits révèlent un soin extrême, l'ensemble du travail dénote une fabrication habilement dirigée. L'industrie du lampiste a fait d'immenses progrès durant le cours de ces dernières années, M. Bosselut a été un des premiers à y apporter son contingent de perfectionnements. Les lampes que cet industriel habile expose au Palais de l'Industrie, fixent tout d'abord l'attention du public, qui y découvre les capacités du fabricant, et le bon goût de l'artiste, car, outre les qualités inhérentes à une fabrication exceptionnelle, M. Bosselut présente le choix le plus varié de gracieux modèles. Cette maison mérite au plus haut titre la confiance du consommateur, et se recommande par un bon marché incompréhensible.

PETIT, ébéniste, 6, rue de Lesdiguières, Paris.

Nous avons eu souvent dans cet ouvrage l'occasion de donner de justes éloges à l'ébénisterie parisienne. Notre faubourg Saint-Antoine peut en effet soutenir la lutte avec le monde entier, et en sortir victorieux pour ce genre d'industrie. A la longue liste d'ouvriers habiles que nous avons déjà cités, nous venons ajouter le nom de M. Petit. Dans tout ce qui concerne son état, tout ce qui s'y rattache et s'y rallie, M. Petit fait preuve de la plus grande habileté d'exécution, et du meilleur goût qu'on puisse voir. Parmi tous les articles que nous avons visités chez lui, nous avons principalement remarqué ses chaises et ses fauteuils; leur forme exquise, leur élégance et leur bonne confection, les recommandent à l'acheteur ami du gracieux, du solide et surtout du confortable.

HUMBERT DE MOLARD
3, rue Meslay, Paris.
Botanique et beaux-arts.
Collection carpologique des végétaux de l'Inde modelés de grandeurs et de couleurs naturelles, par feu Robillard d'Argentelle, capitaine d'artillerie de marine.

La foule se porte au pavillon Indien de la société d'horticulture pour visiter la belle collection des fruits de l'Inde de M. d'Argentelle, recueillie par les soins de M. Humbert de Molard. L'obligeance de M. de Molard, nous met à même de donner, sur cette admirable collection, les renseignements qui vont suivre:

Les plus merveilleuses productions intertropicales, le cocotier à noix gigantesque, le cocotier de mer, le gambare ou igname de Java, le sagoutier, le vaquois, le jacquar, l'arbre à pain, sont exposés au pavillon Indien de la société d'horticulture, dans toute la splendeur de leur végétation.

Formes, dimensions, couleur, éclat, tout est reproduit avec une fidélité telle, qu'elle a souvent arraché des cris de joie et d'admiration aux exilés de Maurice, de Bourbon et des Indes, qui ont pu contempler les merveilles de ce charmant musée.

Des banquiers anglais ont offert des sommes immenses pour cette magnifique collection; mais M. de Molard l'a conservée intacte et complète au prix des plus onéreux sacrifices. Il a compris qu'elle ne devait pas abandonner la France, et, puisque, grâce à Dieu, le règne des calculs étroits, des économies mesquines est à jamais fini; qu'avec Napoléon III commence une nouvelle ère de gloire, de grandeur, de générosité impériales, nous avons voulu, plein d'espérance, tenter un nouvel et dernier effort.

Après avoir passé plusieurs années à Rome, à Naples, à Florence, où il perfectionna ses études d'artiste, et laissa dans les musées diverses pièces anatomiques grandement estimées encore aujourd'hui, M. Robillard d'Argentelle, ancien capitaine d'artillerie, fut attaché à l'état-major du lieutenant-général de Caen, commandant l'expédition des Indes. Les somptueuses productions de la nature dans ces climats privilégiés, les plantes au feuillage monstre, épais et luisant, les fruits gigantesques, de formes souvent bizarres et étranges, frappèrent vivement son imagination d'artiste; il se sentit capable de les reproduire dans leurs plus curieux détails, et il résolut aussitôt d'engager avec cette nature luxuriante une lutte glorieuse, de l'imiter et de la fixer, en dépit de ses transformations si rapides et de ses caprices.

Nous ne raconterons pas la vie si laborieuse et si bien remplie de M. d'Argentelle, nous ne reproduirons ni les éloges que lui ont décernés le naturaliste Lesson (qui fit avec lui le tour du monde), et tous les journaux anglais, nous citerons seulement la fin du rapport fait en 1829 par MM. Cassini, Desfontaines et Labillardière à l'Académie des sciences.

« Vingt-cinq années ont été employées à ce travail, dont le résultat est une collection de 112 plantes représentées de grandeur naturelle, en tout ou partie, avec une perfection telle, qu'elle peut faire illusion aux yeux d'un botaniste exercé, etc.

» Indépendamment du mérite de l'exactitude la plus minutieuse, les ouvrages de M. d'Argentelle ont sur tous ceux du même genre un avantage qui mérite d'être signalé : c'est celui de la solidité et d'une solidité à toute épreuve, puisqu'ils ont subi sans aucune dégradation le transport de l'Ile de France à Paris, etc.

» En résumé, les beaux ouvrages de M. d'Argentelle sont très-supérieurs à tout ce que l'on connaît en ce genre, ils ont atteint toute la perfection désirable et sont dignes de figurer honorablement dans un musée ouvert au public, où ils attireront infailliblement les regards des spectateurs en leur procurant la parfaite et facile connaissance d'objets intéressants auxquels est acquise une sorte de célébrité. »

En 1832, les héritiers de M. d'Argentelle proposèrent l'acquisition de cette collection au gouvernement du roi Louis-Philippe.

Voici textuellement la réponse ministérielle que reçut à cette occasion le maréchal de camp baron Humbert de Molard, beau-frère de M. d'Argentelle.

« 26 mars 1833.

» Monsieur le général,

» J'ai demandé à MM. les professeurs, administrateurs du Muséum d'histoire naturelle, au Jardin-du-Roi, un rapport sur l'importance et la valeur de la collection de fruits modelés par feu M. d'Argentelle, dont vous avez proposé l'acquisition au gouvernement.

» Il résulte du rapport de ces messieurs que cette collection remarquable serait, aux yeux des nombreux curieux qui visitent le Muséum d'histoire naturelle, un ornement digne de la magnificence du gouvernement, mais que, avant de consacrer à son acquisition une somme de *cent mille francs au moins* à laquelle ils l'ont évaluée, il serait nécessaire de pourvoir aux besoins urgents qu'éprouve leur établissement, et pour lesquels des augmentations de budget seraient, disent-ils, indispensables.

» Vous voyez d'après cet exposé qu'il y a, dans ce moment du moins, impossibilité pour le gouvernement d'acquérir la collection laissée par M. d'Argentelle; j'en éprouve un véritable regret.

» Agréez, M. le général, etc.

» *Le ministre secrétaire d'Etat au département de l'instruction publique,*

» Signé: Guizot. »

Tout en resta là, aucune négociation n'eut lieu depuis, tant par l'effet des événements politiques, qui ne cessèrent de se succéder, que par suite de fréquents décès de famille qui mirent plusieurs fois en question la propriété ou l'indivisibilité de cette collection.

Mais il appartenait à l'esprit conservateur de M. Humbert de Molard fils de sauvegarder cette œuvre de famille, créée, exécutée, apportée à si grand prix par M. d'Argentelle, son oncle, dont il avait été lui-même l'aide et le préparateur pendant quelques années.

Nous avons dit que divers pourparlers ont eu lieu à l'endroit de l'acquisition de cette collection magnifique avec plusieurs notabilités étrangères. La France laissera-t-elle échapper de ses mains un pareil objet d'art où se distinguent à un si haut point de perfection les talents réunis du peintre et du sculpteur, guidés par la science de la botanique?

Non, nous vivons dans un siècle où les belles et grandes choses qui touchent à nos gloires s'exécutent en un clin d'œil, et nous avons la foi profonde que notre gouvernement ne tardera pas à rémunérer dignement l'œuvre remarquable d'un artiste français, en lui donnant une place d'honneur dans notre Muséum d'histoire naturelle ou dans une des galeries de nos châteaux impériaux, dont elle sera à tout jamais un des plus beaux et des plus riches ornements.

LUTZ-CELANIS. fabricant de spiraux, rue Cornavin, 1, à Genève (Suisse).

Spiraux trempés pour chronomètres.

Cette maison est depuis longtemps avantageusement connue pour la précision des ressorts qu'elle fabrique. Bien des fabricants ont fait des efforts infructueux pour arriver à donner aux spiraux toute la justesse qu'exige et comporte une pièce aussi importante dans les chronomètres, puisqu'elle commande le mouvement. M. Lutz-Celanis a vu, lui, ses persévérants efforts couronnés du plus complet succès, et nous avons la conviction que les résultats heureux qu'il a obtenus sont dus à une trempe dont lui seul a le secret. De la trempe, on le sait, dépend la souplesse et la solidité des spiraux. M. Lutz-Celanis est le fournisseur privilégié des fabricants de chronomètres.

ENFER, mécanicien breveté, rue de Malte, 38, à Paris.

Trois brevets d'invention, cinq médailles, dont deux aux Expositions nationales de 1844 et 1849, deux par des sociétés savantes, et enfin la médaille de deuxième classe, la seule accordée à l'Exposition de Londres pour la fabrication des soufflets de divers genres, sont venues récompenser les fruits des recherches et des expériences de M. Enfer.

On trouve dans sa fabrique des machines soufflantes de toutes espèces en usage dans les grandes usines métallurgiques, aussi bien celles employées par les mécaniciens, serruriers, forgerons, bijoutiers, émailleurs, orfèvres et chimistes.

C'est surtout à la confection d'un nouveau système de soufflets, d'une construction remarquablement simple, solide et élégante en même temps, qu'il a consacré tous ses efforts.

Ces soufflets sont cylindriques, à piston, sans frottement et à double ou simple vent, à volonté pour les grosses forges ; ils sont renfermés dans deux cylindres en tôle qui sont adjacents et fixés à des rainures entre deux madriers en bois. Cette disposition est des plus favorables, attendu qu'elle préserve le cuir des soufflets de la poussière et de toutes les avaries qui surviennent dans l'ancien système. Les cylindres sont maintenus entre les madriers par des boulons d'assemblage, de sorte que le montage et le démontage du soufflet est une opération aussi prompte que facile. Malgré cette réduction de moitié dans les dimensions normales de ces appareils, ils donnent le double de vent que ceux de l'ancien système. Ainsi, un ancien soufflet de 1 mètre de large sur 1 mètre 80 de longueur, et 1 mètre 50 de hauteur est avantageusement remplacé par un de ces soufflets cylindriques à double vent de 0 mètre 55 de large sur 1 mètre 20 de long et 0 m. 55 de haut. A l'aide dudit soufflet on peut souder des barres de fer de 20 centimètres carrés.

Tous ces soufflets sont extrêmement doux à manœuvrer, et au moyen d'une bascule on les met à simple vent pour forger des pièces moins fortes que celles désignées ci-dessus. Enfin, ce qui en prouve la valeur réelle, c'est qu'ils ont été adoptés par MM. les ingénieurs des chemins de fer, par l'Université, les arsenaux maritimes, le Conservatoire des Arts-et-Métiers, l'Ecole Polytechnique, etc., etc., et, dernièrement encore, pour le service des maréchaux des écuries de l'Empereur.

LAMBERTZ (Antoine), fabricant de tissus à Gladbach (Prusse Rhénane).

Castor et calmouc de coton. Price medal 1851. Médaille à Munich 1854.

La maison Lambertz (Antoine) se présente au grand congrès industriel de 1855, avec le plus glorieux passé. A l'Exposition universelle de Londres ses produits ont été couronnés par le jury qui lui a décerné sa médaille de prix, et l'an dernier, à Munich, ils obtenaient une nouvelle médaille. Ses castors et calmoucs de coton, d'une incomparable finesse et d'une qualité hors ligne, viennent prouver que M. Lambertz (Antoine) ne se repose pas dans le succès et que sa devise est celle de l'Amérique : *Go ahead*, en avant. Les progrès, réalisés par M. Lambertz depuis les Expositions dernières, nous semblent avoir fait arriver son industrie aux dernières limites du progrès, et, selon nous, ses concurrents stimulés par ses succès et obéissant à un noble élan, parviendront à l'égaler peut-être, mais ils ne le surpasseront jamais.

BECKER (Barthélemy), sellier du ministère de la guerre, 30, rue de Provence, Paris.

Les accidents qui ont lieu chaque jour par suite des nombreux inconvénients qui existent encore dans la manière d'atteler, font naître d'innombrables inventions. Les hommes les plus étrangers à la science hippique cherchent à apporter des modifications dans les harnais, mais souvent les rouages compliqués des innovations qui pullulent et partant la difficulté de leur emploi, les ont fait rejeter dès leur apparition. Nous avons si rarement l'occasion de signaler à l'attention publique quelques inventions sérieuses et utiles dans le domaine de la sellerie, que nous nous empressons de constater les perfectionnements que M. Barthélemy Becker a introduits dans ses harnais qui, outre les soins tout particuliers apportés à leur confection, ne laissent rien à désirer sans le rapport du luxe et de l'élégance.

CARL BERG, horloger, rue de l'Hôpital, 16, à Neuchâtel (Suisse).

Chronomètres de poche avec thermomètre et échappement à tourillon.

La plupart des instruments de marine ont l'inconvénient de s'altérer par l'oxydation et de se déranger; grâce aux perfectionnements apportés par M. Carl Berg dans la fabrication du chronomètre, il peut en garantir la précision constante et l'inaltérabilité. Avec les instruments qui sortent de ses ateliers, toute erreur est matériellement démontrée impossible. Les éloges que nous accordons à M. Carl Berg ne sont pas le résultat de notre propre appréciation, mais de celle de plusieurs officiers de marine distingués qui ont eu l'occasion de se servir pendant un long laps de temps des chronomètres sortant des ateliers de cette honorable maison.

JACOT (Henri-Louis), au Locle (Suisse). Pièces d'horlogerie, aiguilles de montres.

Les pièces d'horlogerie exposées par M. Henri Jacot sont d'un fini et d'une précision au-dessus de tout éloge; le mérite de ce fabricant est d'autant plus grand qu'il a parmi ses compatriotes des rivaux qu'il n'est parvenu à surpasser qu'à force de persévérance et de soins. Quant à son assortiment d'aiguilles, rarement il nous a été donné d'en voir de plus complet et d'un fini plus parfait.

En contemplant les échantillons de l'industrie de M. Henri Jacot, nous comprenons la vogue qui s'est attachée à sa fabrication, et nous avons la certitude que le jury appelé à discerner et à récompenser le mérite lui rendra toute la justice qui lui est due.

MENTHA et **METTON,** fabricants de cadrans d'or, rue Cendrier, 104, à Genève (Suisse).

La maison Mentha et Metton, si connue par les nombreux et magnifiques produits qu'elle fabrique pour la France et l'Europe entière, expose au Palais de l'Industrie universelle des cadrans d'or dont la vue peut seule donner une idée de l'excellence et de la supériorité de sa fabrication. Si les cadrans d'or qu'un instant la faveur du public a semblé abandonner, ont reconquis toute leur vogue ancienne, c'est grâce aux efforts incessants de fabricants à la tête desquels se placent MM. Mentha et Metton, et aux perfectionnements qu'ils y ont journellement apportés.

Nous ne craignons pas de poser cette maison comme sans rivale, et nous engageons les visiteurs de l'Exposition à s'arrêter devant leur montre qui renferme les plus beaux produits qu'on peut rencontrer en ce genre d'industrie.

DEPLASSE (Baptiste), fabricant de tissus à Roubaix (Nord). Linge de fil de lin damassé.

M. Deplasse possède une réputation des mieux établies et des plus fondées dans ce département du Nord si riche en manufactures de sa spécialité. Le linge de fil de lin damassé qu'il livre à sa nombreuse clientèle est d'une rare finesse de tissu et d'une richesse incomparable de dessins. Les lins qu'emploie cette honorable maison dans la fabrication de ses tissus, peuvent hardiment rivaliser avec les plus beaux produits de la Hollande, produits qui, depuis nombre de siècles, ont dans le monde entier la vogue la plus méritée.

Malgré l'extrême beauté et la qualité incontestable de ses tissus, la maison Deplasse est connue pour la grande modération de ses prix. Les importantes commandes dont elle est honorée et ses nombreux envois sur les marchés français et étrangers sont les meilleurs garants de sa haute supériorité.

DRIER (Fd.), opticien, 83, rue des Marais-Saint-Martin, Paris.

La maison Drier est connue avantageusement pour la confection supérieure de ses instruments d'optique. Les matières premières qu'elle emploie sont toutes d'un choix irréprochable. Ses instruments de mathématiques, ses chambres claires perfectionnées pour le dessin, d'après nature, ses lorgnettes pour le spectacle, la marine, et les voyages, ne craignent pas la comparaison avec ceux qui sortent des ateliers les plus justement en renom. M. Drier est aussi habile inventeur, que fabricant consciencieux. Dans sa spécialité toute de précision, il importe beaucoup que l'ajustage soit d'un fini tout particulier, et c'est surtout par là que brille M. Drier, et qu'il s'est acquis la réputation dont il jouit.

Cet intelligent opticien met dans la fabrication des plus simples articles, les mêmes soins qu'il apporte à la confection des instruments les plus compliqués, nous avons été à même d'en juger, et c'est ce qui explique la vogue qu'il obtient.

FOURCY (Henry), fabricant de cadrans d'émail, place de Temple, 172, à Genève (Suisse).

L'application de l'émail sur les métaux par M. Henry Fourcy, est faite avec une telle habileté, que ses cadrans sont d'une dureté inaltérable, et qu'ils n'ont l'inconvénient ni de se fêler ni de s'écailler. C'est un progrès poursuivi par tous les fabricants, et qu'il est donné à bien peu d'atteindre. Les vastes ateliers de cet habile industriel renferment l'assortiment le plus complet de cadres d'émail de toutes espèces; la quantité immense de cadrans fabriqués par la maison Henry Fourcy, et la légitime réputation attachée à ses produits, la placent à Genève à la tête de cette industrie. Entièrement remarquable sous tous les rapports, l'exposition de M. H. Fourcy au Palais de l'Industrie lui vaut les bienveillants témoignages des connaisseurs.

DARBOVILLE, dentiste, 1, rue du Helder, Paris.

Nouvelle invention, perfectionnement et garantie des dents et dentiers. Dentiers à *bases monoplastiques*, garantis pour dix ans. Toutes les pièces qui portent le cachet de ce praticien habile sont d'une solidité et d'une précision si parfaites qu'elles remplissent les mêmes fonctions que les dents naturelles, tant pour la prononciation que pour la mastication. Il est un fait sur lequel Paris entier est unanimement d'accord, c'est que les dents et dentiers Darboville réunissent à un suprême degré toutes les qualités requises, et ceux qui n'ont pas visité le cabinet de ce praticien émérite, ne peuvent pas se douter des bienfaits et de la supériorité de ses dents. Ses dentiers ont une durée que n'atteignent pas ceux de ses concurrents. Mais il ne suffit pas pour être véritablement dentiste de savoir limer, plomber ou extraire une dent, ce n'est pas assez de remédier par des pièces artificielles aux ravages de la maladie, il faut savoir prévenir le mal et c'est en quoi excelle M. Darboville, dont l'expérience et les connaissances théoriques et pratiques lui ont assuré la plus nombreuse clientèle.

CLARAZ (Ambroise), fabricant de chapeaux, à Fribourg (Suisse), tresses de paille, fleurs et ornements en paille, chapeaux de paille. Price medal 1851.

L'industrie de M. Ambroise Claraz a de nombreux représentants au palais de l'Exposition universelle et exhibe des produits réellement remarquables sous tous rapports. M. Claraz marche en première ligne ; ses chapeaux de paille d'une incroyable finesse et en même temps d'une solidité éprouvée, excitent d'unanimes approbations. Rien n'est plus élégant, plus mignon, ni de meilleur goût. Les tresses en paille qu'il expose, semblent émanées de la main des fées. Les fleurs et ornements en paille sont des tours de force, de patience, des chefs-d'œuvre de délicatesse. La qualité des matières premières répond, cela va sans dire, à la haute supériorité d'exécution et M. Claraz qui, en 1851, s'est vu à Londres honoré d'une médaille de prix, est en droit d'attendre du jury international une distinction aussi flatteuse.

MEYNIER frères, dessinateurs, 3, rue de la Paix, à Paris. Dessins pour châles imprimés.

L'imagination de MM. Meynier frères ne tarit pas en fait de nouveautés. Leurs dessins sont d'une richesse infinie, leur finesse et leur délicatesse charmantes. Le bon goût préside à toutes les conceptions de MM. Meynier; il y a chez eux un cachet d'élégance et de distinction, malheureusement trop rare parmi les œuvres des dessinateurs pour cette spécialité. Nous avons vu chez MM. Meynier des dessins de la fantaisie la plus attrayante, on ne saurait rien rêver de plus gracieux, de plus original, de plus coquet; la multiplicité et la variété de ces dessins égalent seules leurs charmes. L'Exposition de MM. Meynier au Palais de l'Industrie éveille l'attention du public et des sympathies méritées, car nous ne saurions croire qu'aux Expositions précédentes des dessins d'un goût et d'une perfection tels aient été offerts à la curiosité de la foule et aux appréciations d'un jury.

FOXWELL (Daniel), fabricant de cardes à carder le coton, la laine, la soie et l'étoupe. Manchester, Angleterre.

Annexe n° 310.

Cette maison expose au Palais de l'Industrie un nouveau système de cardes en feuille, pour lesquelles elle a pris un brevet en Angleterre. Ces cardes méritent à tous égards l'attention des filateurs et des fabricants, et les avantages qui résultent de leur forme particulière les feront sans aucun doute substituer bientôt à toutes celles qu'on emploie ordinairement. Elles diffèrent des autres cardes en ce qu'elles ont la tête placée en sens inverse, ce qui fait tenir les dents plus fermes lorsqu'on s'en sert, et les fait durer plus longtemps.

Ces cardes sont appliquées sur cuir, caoutchouc vulcanisé, drap et gutta-percha. L'emploi de cette dernière substance est une invention récente et se recommande par sa solidité et la modicité de son prix.

LECOQ, ingénieur-mécanicien, 56, rue des Vieux-Augustins, Paris.

La maison Lecoq est spéciale pour la fabrication des presses en tous genres, presses à copier, presses à timbre sec et humide, s'encrant seules, composteurs pour timbrer les initiales, nouvelles combinaisons pour composer en relief les cartes de visite et les raisons de commerce, presses à rogner, à satiner et autres.

Les presses mécaniques de M. Lecoq sont trop connues pour que nous en fassions ou la description ou l'éloge, leur solidité, l'extrême simplicité de leur système les rendent supérieures à toutes autres et en facilite l'emploi. Admis à l'Exposition du Palais de l'Industrie, M. Lecoq a attiré sur ses travaux l'attention du jury international et ses produits font un tort réel à tous les mécaniciens qui ont exposé des presses du même genre. La supériorité des presses Lecoq est confirmée du reste par la nombreuse clientèle qui fréquente ses ateliers.

MATIGNON et Cie. Garnitures de cardes, 111, rue de la Roquette, à Paris.

Plaques et rubans de cardes boutés sur cuir, feutre et gutta-percha.

M. Matignon peut, à juste titre, être placé en première ligne parmi les fabricants de garnitures de cardes. Les soins qu'il apporte dans la confection de ses plaques et rubans de plaques boutés sur cuir, feutre et gutta-percha, sont depuis longtemps appréciés par les propriétaires des nombreuses filatures qu'il fournit. Leur durée est leur première garantie pour le consommateur, et ils n'ont pas l'inconvénient de s'engorger comme cela arrive avec les anciens systèmes. Le cardage, en un mot, soit des laines ou des cotons, se fait avec une régularité parfaite sans déchirer ou altérer les lainages. Nous avons été à même de juger du mérite de la fabrication de M. Matignon, nous avons vu fonctionner plusieurs cardes dont les garnitures, plaques et rubans sortaient de ses ateliers.

PIERRON (Eugène), successeur de M. Forr, fabricant de chaussures, rue Richelieu, 72, à Paris. Succursale à New-York.

Médaille de bronze.

Cette maison qui, depuis plus de trente ans, s'occupe exclusivement de la fabrication des chaussures, expose cette année plusieurs articles qui laissent bien en arrière tout ce qui a été fait par celles qui ont voulu entrer en rivalité avec elle, et nous voyons avec plaisir que ses produits sont en tout dignes de l'admiration dont ils sont l'objet de la part des connaisseurs. Les bottes, les souliers, les brodequins de M. Pierron sont tout ce que l'on peut voir de mieux fait, et alliant à la fois la plus grande solidité à l'élégance la plus recherchée.

La succursale que M. Pierron a fondée à New-York a répandu dans les Etats-Unis la marque de sa maison de Paris, qui y exporte

— 264 —

chaque année pour un chiffre considérable de chaussures de toute espèce, qui y sont appréciées et recherchées avec autant d'empressement qu'elles le sont à Paris.

Le jury américain de New-York a admiré la magnifique exposition de cet habile cordonnier, et lui a décerné une médaille, juste récompense due au talent de M Pierron, et qui est venue approuver les suffrages qui lui avaient déjà été accordés par le public.

METZ et Cie, à Eich, près Luxembourg.

Dans l'œuvre immense de régénération qui s'accomplit chaque jour, l'art a sa mission à remplir; le monde en est arrivé au point que les satisfactions matérielles ne peuvent plus lui suffire. Loin de se plaindre de ce progrès, il faut au contraire l'accepter avec empressement et lui donner de l'aliment. On ne saurait trop applaudir au penchant de l'homme qui cherche au moyen des arts à donner du charme à son intérieur. Si ce progrès se développe chaque jour, nous le devons aux artistes qui, comme MM. Metz et Cie, comprennent la tâche qu'ils ont à remplir et qui n'émettent que des œuvres du goût le plus pur et de la valeur artistique la plus remarquable. L'exposition de MM. Metz et Cie est au Palais de l'Industrie entourée d'une foule nombreuse de visiteurs qui ne se lassent pas d'exprimer leur admiration pour le magnifique buffet en fonte bronzé dont le panneau du milieu, orné de statuettes enlacées de feuillages de vignes, à colonnes torses, aux compartiments semés de statuettes ornementées, est du plus splendide effet. A côté de ce buffet brillent deux statuettes pleines de morbidesse dont le soleil lèche voluptueusement les contours.

Point n'est besoin ici de rappeler les difficultés inhérentes à semblable exécution, difficultés de coulage d'ornementation et autres ; disons seulement que les nombreuses commandes dont les visiteurs de l'Exposition accablent les habiles propriétaires de ces chefs-d'œuvre savent bien lui prouver qu'ils apprécient leur talent.

FREMONT fils, horticulteur, à Versailles.

L'établissement de M. Fremont est consacré à la culture générale des arbres fruitiers et d'agrément, de pleine terre normale et de bruyère, des plantes et des arbres forestiers ainsi que des rosiers. L'augmentation que M. Fremont donne annuellement à ses cultures lui a fait atteindre le but qu'il se proposait, de livrer à des prix très-ordinaires des sujets de premier choix et disposés selon les vrais principes de la taille, qui, chez lui, a atteint le dernier degré du perfectionnement. Son sol est très-favorable, et des soins minutieux rendent les sujets parfaits et d'une forme remarquable. Nul mieux que M. Fremont ne *conduit* les jeunes arbres fruitiers et ne cultive une pépinière. Tenant à conserver religieusement la réputation qu'il acquiert chaque année, cet intelligent horticulteur offre aux personnes qui veulent bien lui accorder leur confiance des garanties suffisantes sur l'identité des variétés demandées et le choix des articles.

LAMBERTZ GUILLEAUME, fabricants de tissus à Gladbach (Prusse Rhénane).

Parmi les villes de la Prusse Rhénane qui ont fait des envois au Palais de l'Industrie, Gladbach est une de celles dont les produits ont été les plus remarqués. Les fabricants de tissus de Gladbach sont en grand nombre à l'Exposition universelle et tous, à des degrés différents, il est vrai, étalent des produits qui, comme qualité, beauté et solidité, ont un mérite réel. M. Lambertz Guilleaume dont la maison est si honorablement connue et qui s'est toujours attaché à conquérir les suffrages et les sympathies des acheteurs en alliant le bon marché à une grande supériorité de fabrication, se présente avec des tissus qui ne redoutent la comparaison avec aucun autre. Les signaler d'une manière toute spéciale à l'attention des visiteurs du Palais de l'Exposition, c'est faire un acte de justice et agir véritablement dans l'intérêt du public.

FREY, fils, ingénieur-mécanicien breveté s. g. d. g., impasse Saint-Laurent, 2, à Belleville, près Paris.

Machines à vapeur, machines à clous d'épingles, rivets et béquets.—Machines à fabriquer les vis à bois, machines à peigner la laine, système entièrement nouveau, machines à faire les agrafes découpées.

Par cette nomenclature très-sommaire, on voit que M. Frey fils a dans son genre d'industrie, une des maisons les plus importantes du département de la Seine. La grande variété de sa fabrication prouve que la mécanique n'a guère de secrets pour lui. Si le public admet avec nous l'étendue des connaissances théoriques de M. Frey, il nous reste à le renseigner sur le mérite pratique de cet ingénieur-mécanicien : rien ne nous sera plus facile, nous n'avons pour cela qu'à nous reporter aux expositions passées, à voir de quelle manière M. Frey y a figuré et si ses travaux ont fixé sur eux l'attention des jurys. Aux Expositions des produits de l'industrie française en 1839, 1844 et 1849, ses machines lui ont valu successivement trois médailles auxquelles l'Exposition universelle de Londres, en 1851, a apporté un digne corollaire. En ce moment aux grandes assises qui se tiennent au carré Marigny, M. Frey a envoyé cinq machines nouvelles qui rivalisent entre elles de perfection et obtiennent un unanime assentiment. C'est d'abord une machine à vapeur de la force de quarante chevaux, à détente variable par le modérateur et à condensation. Cet imposant échantillon de son industrie atteste les progrès que M. Frey, novateur infatigable, réalise chaque jour, et donne le plus éclatant démenti à ceux qui prétendent que nos usines françaises ne sont point encore en mesure d'accepter la comparaison et de lutter avantageusement avec les premiers établissements d'Angleterre. A côté de cette machine puissante, en voici deux plus modestes, l'une d'une force de six chevaux, l'autre de la force d'un seul cheval. Si la puissance est moindre, la perfection est la même. Dans leur construction, autant de soins, autant de science mécanique ont été dépensés. Enfin c'est une machine à peigner la laine et une machine à clous d'épingles qui font l'admiration du public visiteur. Si ces ingénieuses machines pouvaient être mises en mouvement et fonctionner en présence du public, nous avons la conviction que M. Frey obtiendrait un succès tout exceptionnel. En attendant que le jury chargé de récompenser les intelligents inventeurs qui ont fait tous leurs efforts pour que la France ne voie point sa gloire industrielle éclipsée ou amoindrie dans ce grand concours des forces vitales des nations du monde entier, nous payons ici au mécanicien habile le juste tribut que doit payer au nom du pays celui qui tient la plume et qui comprend sa mission. Le devoir des fabricants français, dans cette solennelle circonstance, était de se surpasser; le nôtre, en constatant qu'ils ont rempli dignement leur tâche, est de leur donner la seule récompense que nous puissions décerner, l'assurance de notre sympathie personnelle et de celle des gens de cœur, heureux de voir leur pays tenir le premier rang dans les grandes luttes pacifiques de l'industrie.

OSMONT (Louis-Philippe), tapissier, fabricant de meubles, Faubourg-Saint-Antoine, 24, Paris.

L'un des côtés les plus remarquables de l'Exposition universelle, celui devant lequel l'étonnement et l'admiration sont à leur comble, est sans contredit l'ameublement qui place l'industrie parisienne sur ce grand terrain de la lutte pacifique du travail de toutes les nations.

Chaque époque a eu son style, porte son empreinte, son cachet particulier. Ici le gothique plus original, là la renaissance plus élégante,—ici encore Louis XIV, plus sévère et plus lourd, suivi de près par le style Louis XV, ou rocaille, fort estimé quoique souvent plein d'afféterie : mais que dire à l'aspect des merveilles que le visiteur a sous les yeux?—L'acajou, le palissandre, l'ébène, pleins ou se mariant agréablement ensemble, s'incrustant avec élégance comme les meubles de Boule, deviennent sous le ciseau du sculpteur de véritables chefs-d'œuvre, où l'art prend une large place. Jamais, on peut le dire, on n'avait en aucun temps atteint un si haut degré de perfection.

Parmi les productions les plus remarquables en ce genre, nous avons principalement distingué les meubles sortant des ateliers de M. Osmont, et entre autres une superbe armoire à glace en palissandre violet de la Guyane, dont le goût parfait est rehaussé encore par la charmante sculpture qui orne la corniche de ce meuble princier.

Enfin, nous ne pouvons parler, sans donner les éloges les plus complets à M. Osmont, du lit en palissandre devant lequel nous avons dû rester, comme tout le monde, pétrifié d'étonnement. Qu'on s'imagine ce meuble style renaissance, en bois de palissandre, tête sculptée représentant un amour, au pied un très-joli médaillon sculpté et enfin deux colonnes torses supportant un baldaquin garni de damas, de soie boutons d'or, et on se fera à peine une idée de ce travail d'une éblouissante richesse.

(*Voir aux annonces.*)

DUNLOP, sellier, Haddington (Angleterre).

Breveté de S. M. la reine d'Angleterre et S. A. R. le prince Albert.

Sellette brevetée, s'ajustant d'elle-même sur le dos du cheval, dont elle suit tous les mouvements, et par laquelle le frottement est évité.

Cette invention de M. Dunlop a été honorée d'une médaille d'argent par la Société agricole d'Ecosse, en 1852, et d'un grand prix à Berwick en 1854. Elle a été hautement approuvée et recommandée par le comité de la société royale d'agriculture d'Angleterre à Glocester, en 1853, et à Lincoln en 1854.

La meilleure description que nous puissions donner de la nouvelle selle de M. Dunlop, c'est de reproduire l'article suivant du « *London agricultural magazine and Farmer's journal* » par lequel il rend compte du comice tenu à Glocester par la société royale d'agriculture d'Angleterre.

« .... Les coussinets de la selle s'ajustent au dos du cheval au moyen d'un genou. Ils sont rembourrés et attachés au sac, par lequel, ainsi que par le genou, passe un boulon en fer; au sac, est fixée une plaque de fer assez large pour faciliter le jeu des coussinets sur le genou et les faire s'ajuster d'eux-mêmes aux mouvements du cheval. La selle, quelle qu'en soit la forme, se maintient toujours de niveau sur le dos du cheval, en se pliant à la position qu'il prend, et en prêtant invariablement aux points où il peut y avoir excès de pression. Le frottement occasionné par le cahotement de la voiture, porte sur le sac et le genou, et épargne ainsi au cheval la moindre incommodité.

« Nous nous empressons de recommander à nos lecteurs une invention aussi utile et aussi importante. »

Nous ajoutons de grand cœur notre recommandation à celle du journal anglais.

SEBIRE (Alexandre), mécanicien, rue Saint-André, à Charonne, près Paris, breveté s. g. d. g.

M. Alexandre Sebire se présente au grand Congrès industriel avec les antécédents les plus significatifs. En 1849, à l'Exposition de l'industrie française, il obtint une mention honorable et il a reçu la médaille de bronze de la Société d'horticulture de Saint-Germain. M. Sebire est un chercheur habile et heureux, tous les outils et machines dus à son ingénieuse imagination sont grandement prisés par les horticulteurs, pépiniéristes et les amateurs de jardins. Abréger le travail et le rendre plus facile, tel est le but que s'est proposé M. Sebire et que toujours il a atteint. Dans un jardin dont le propriétaire aura fait acquisition des instruments et des outils pour culture, inventés par ce mécanicien intelligent; un seul homme fera dans un seul jour l'ouvrage de trois, sans plus de peine ni de fatigue.

Ses râteaux, ses ratissoires, ses cisailles ont été depuis longtemps adoptés exclusivement dans le département de la Seine et quelques départements circonvoisins, mais l'Exposition de cette année va donner un nouvel élan à la juste faveur qui leur est accordée, car les horticulteurs de province, visiteurs et spectateurs intéressés au grand tournoi industriel, prendront bonne note des utiles inventions de M. Alexandre Sebire. A côté de ses râteaux et ratissoires nous avons vu dans ses ateliers des petits chariots pour transports de caisses, et des petites charrues qui nous ont paru appelées à une grande popularité.

Ses chariots (l'un d'eux figure au Palais de l'Industrie), destinés aussi bien au transport des caisses qu'à celui de toute espèce de matières, sont à bascule et manœuvrent (selon la force et la grandeur) avec une charge de 500,000 kilog. aussi facilement qu'avec 2,000.

Le système est uniforme et identique pour les grands chariots comme pour les petits, une seule personne suffit pour les faire manœuvrer et les conduire.

L'exposition de M. A. Sebire se compose en outre de cisailles mobiles, propres à tondre le gazon, le buis, etc., et qui peuvent être appliquées à mille autres usages;

De râteaux en fer avec lame d'acier à chaque coin, que nous garantissons incassables et qui peuvent servir à couper l'herbe; une petite cisaille qui nettoie le râteau étant adaptée à son manche.

Il va sans dire que ces différents instruments et outils, bien que toutefois ils eussent pu trouver leur place au milieu des chefs-d'œuvre de la mécanique, figurent dans la section d'horticulture; il était en effet plus rationnel d'exposer à côté de tant de remarquables produits horticoles les instruments et les outils qui ont aidé aux efforts, au travail de l'horticulteur, et qui,en définitive, sont pour une certaine somme dans les succès qu'il a obtenus.

JAILLON, MOINIER et Cie, fabricants de bougies et d'acide stéarique, d'acide oléique, de glycérine, etc. Etablissement central à La Villette, près Paris. Médaille de prix à l'Exposition universelle de Londres, 1851.

Cette usine, la plus importante de France, produit et écoule annuellement plus de trois millions de paquets ou 1/2 kilogrammes de bougies et d'acide stéarique. Propriétaires des brevets Dubrunfant pour la distillation des corps gras, MM. Jaillon, et Moinier ont trouvé, dans ces procédés de nouveaux moyens de produire à bon marché, tout en maintenant la parfaite qualité de leurs produits. Ce progrès explique le rapide développement de cette usine fondée seulement à la fin de 1849.

MM. Jaillon et Moinier ont exposé, quoique dans un espace bien restreint, de nombreux échantillons de leur fabrication qui permettent d'apprécier le mérite de leurs travaux, et qui justifient la réputation dont jouissent les produits qu'ils livrent journellement au commerce.

WHITEHEAD (John), Preston (Angleterre).

Machine pour fabriquer les tuyaux de drainage.

Premier prix aux concours de la Société royale d'agriculture d'Angleterre en 1848, 1849, et mention honorable en 1850.

Médaille à l'Exposition universelle de Londres 1851, prix au concours de la Société royale d'agriculture d'Angleterre en 1853, mention honorable en 1854.

Cette machine est toute en fer, elle consiste en un bâtis en fonte avec une boîte dans laquelle se trouve un piston muni de deux tiges qui s'engrènent avec deux pignons. Le couvercle de la boîte est en fer forgé, très-fort; pour lever et pour abaisser le couvercle, il y a un manche, qui sert aussi à fermer et à consolider la boîte par le moyen de trois grosses griffes qui s'accrochent au bord supérieur; sur la face de la boîte qui est ouverte, il y a en bas une rainure, et en haut un loquet. Le tablier est une espèce de table en fer forgé, dont la planche consiste en plusieurs rouleaux couverts de bandes de drap imperméable à l'eau. Le châssis du tablier est muni de quelques fils d'acier, qui travaillent à travers le tablier, entre les interstices des bandes de drap.

Pour faire manœuvrer la machine, il faut mettre d'abord à la face ouverte de la boîte une filière quelconque propre à la fabrication des produits qui sont exigés, soit des pipes, soit des briques, etc. La filière se place dans la rainure du bas et se ferme en haut avec le loquet.

On commence par emplir la boîte de terre glaise, et, après avoir fermé le couvercle avec des griffes, on tourne la manivelle pour faire marcher le piston qui pousse en avant la terre glaise de telle sorte qu'elle passe à travers la filière en prenant la forme du mo-

dèle. Les tuyaux (ou les produits de la fabrication quels qu'ils soient) s'allongent jusqu'à ce qu'ils arrivent au bout du tablier. On arrête la machine pour un instant pendant que le garçon fait couper les tuyaux à l'aide du châssis, ce qui se fait en un clin d'œil, et alors les tuyaux sont emportés.

Il ne faut pour faire fonctionner cette machine, qu'un homme qui remplit la boîte et fait tourner la manivelle, et un garçon qui coupe et emporte les tuyaux; on peut y fabriquer des tuyaux qui ont jusqu'à 18 centimètres de diamètre et même jusqu'à 38.

Devant le jury de la Société royale d'agriculture d'Angleterre, au concours d'Exeter en 1850, cette machine a fait en dix minutes 250 tuyaux de 6 centimètres de diamètre et de 37 centimètres de long, mais aujourd'hui on peut dépasser de beaucoup cette vitesse de fabrication.

La machine est locomobile.

VOGELSANG (Jos), à Soleure (Suisse).

Représenté à Paris, rue Geoffroy-l'Asnier, 11.

Nous croyons remplir un devoir en appelant l'attention publique sur un travail, qui ne peut manquer d'exciter l'admiration de tous les amateurs de la belle nature et de l'art. M. Jos. Vogelsang a entrepris et exécuté en relief microscopique l'ermitage de Saint-Vérène près de Soleure en Suisse. A en juger d'après l'idée admise sur le travail en relief ordinaire, cette reproduction peut paraître d'une exécution peu difficile, terminée en peu de temps et qu'il est exagéré d'entendre que l'auteur lui a consacré sept années d'études et de travail; mais, en examinant son ouvrage, on s'en fait une idée très-différente.

Sur des rosiers de deux lignes de hauteur on aperçoit des petits points rouges, qui, vus au moyen de la loupe, sont des roses cent-feuilles, des églantiers et d'autres espèces de roses. Chaque feuille peut en être reconnue botaniquement à ses nervures, son pétiole, ses dentelures. Ce relief représente la flore végétale par de nombreuses espèces comme elles se trouvent dans la nature. Chacun y reconnaitra distinctement et admirera les gentianes à tige courte et printanière; la campanule à feuilles rondes sur les rochers, les renoncules, les pâquerettes et les chrysanthèmes parmi le gazon; le populage, la cardamine, le myosotis au bord du ruisseau; le fraisier avec ses fleurs et ses fruits sur les rochers, parmi les broussailles et dans la forêt. L'observateur attentif découvrira aussi le rosage des Alpes sur ses écueils de rochers.

L'ermitage de Soleure exécuté par M. Vogelsang est plus qu'une imitation, c'est la nature elle-même reproduite en miniature, avec une vérité, une adresse, une patience et une persévérance au-dessus de tout éloge.

ROTTEINSCHWEILLER HUNI, fabricant de soieries, à Orgen, près Zurich (Suisse). Tissus soie de unis, rayés et à carreaux.

Les grandes assises de l'industrie universelle ont mis en présence tous les produits des différentes fabriques les plus appréciées. Nous avons nous-mêmes, dans le cours de cet ouvrage, été appelés à reconnaitre le mérite d'un assez grand nombre de fabricants de tissus de soie. A la longue liste de ceux qui se sont attiré des éloges sans réserve, il est de notre devoir d'ajouter encore le nom de M. Rotteinschweiller. En effet, ses tissus rayés, unis et à carreaux, qui excellent par la finesse de leur trame, le bon goût de leurs dessins, le choix bien compris de leurs couleurs et leur grande variété, enlèvent les suffrages de tous les visiteurs de l'Exposition.

Malgré l'embarras où doit nécessairement se trouver un jury chargé de décerner les récompenses, en présence de tant de productions remarquables, nous croyons que les tissus de ce fabricant émérite, attireront son attention dès l'abord et rendront sa tâche plus facile.

SERPETTE LOURMAND, fabricant de savons, à Nantes (Loire-Inférieure).

L'une des premières conditions de l'hygiène, et la science l'a depuis longtemps prouvé, repose sur une propreté extrême. L'industrie savonnière, si bien représentée au Palais de l'Exposition universelle par M. Serpette Lourmand, est donc appelée à rendre les plus importants services. Des savons de toute nature sont journellement employés, dont l'usage occasionne des accidents regrettables. Il est une chose dont on doit se préoccuper dans cette fabrication, c'est le choix des substances premières. A ce point de vue, il nous a semblé que le mode employé par M. Serpette Lourmand est à l'abri de tout reproche, nous n'hésitons pas à vanter hautement les produits que nous avons été à même d'analyser.

Cet honorable industriel ne livre au commerce que des savons possédant des qualités réelles bien constatées et exempts de toute innocuité.

VAN SCHENDEL, artiste peintre, rue de l'Arbre-Bénit, 137, faubourg de Namur-lez-Bruxelles (Belgique).

No 1. Marché à La Haye, effet de lumière, 84 centimètres de hauteur, sur 122 de largeur, avec un plan mathématique n° 5.

No 2. Vue de Rotterdam, effet de lune, 88 1/2 centimètres de hauteur, sur 120 de largeur.

No 3. Marché au poisson hollandais, effet de lumière, 64 1/2 centimètres de hauteur, sur 51 de largeur.

No 4. Paysage, clair de lune, 42 centimètres de hauteur, sur 57 de largeur.

No 5. Plan géométrique du tableau n° 1, avec description.

No 6. Modèle de géométrie descriptive, pour démontrer qu'à l'aide de cette science, on peut rendre invisibles des surfaces planes, ou un corps ayant des surfaces planes, étant vus d'un point de vue donné; 105 centimètres de hauteur, 104 de largeur et 74 de profondeur.

No 7. Un dessin démonstratif du modèle de géométrie descriptive n° 6, 223 centimètres de hauteur, sur 143 de largeur.

No 8. Dessin désignant tous les points requis pour dessiner perspectivement sur quatre faces, de quatre inclinaisons différentes, des objets, de manière que ces faces disparaissent et soient remplacées par d'autres voulues par l'auteur, et que les objets dessinés sur les faces réelles, semblent dessinés sur d'autres faces qui n'existent qu'en apparence aux yeux du spectateur.

No 9. Dessin ou plan d'une roue hydraulique pour bateau à vapeur, inventée par l'exposant en 1840; 62 centimètres de hauteur, sur 86 de largeur.

No 10. Modèle en fer d'une roue hydraulique du plan n° 9, 33 centimètres de hauteur, sur 31 de largeur et 25 de profondeur, exposé pour l'utilité publique.

No 11. Deux cadres réunis contenant trois plans avec texte, pour éviter le mouvement de lacet des voitures de chemin de fer, 131 centimètres de hauteur, sur 266 de largeur. Cet ouvrage, qui est fait pour être offert gratuitement aux principales administrations de chemins de fer qui en feraient la demande, ne se trouve pas dans le commerce.

Le modèle n° 6 doit être placé sur une table et éclairé sous un angle de 45 degrés, c'est-à-dire que les trois faces doivent être éclairées également, et qu'une surface ne soit pas plus éclairée que l'autre.

Les numéros ici désignés sont ceux que l'exposant a donnés à ses ouvrages, lors de l'expédition; on les trouvera probablement encore indiqués sur chacun de ses ouvrages.

La description de ces objets est en vente à Paris, chez le Mandataire universel. 10, rue Jean-Goujon, Champs-Élysées.

DOBSON et **BARLOW**, constructeurs de machines pour filature et tissage en tous genres, à Bolton (Angleterre).

Annexe n° 319.

Parmi les plus importantes améliorations dernièrement apportées à la construction des machines pour filature, on peut citer à juste titre celle des chapeaux de cardes se nettoyant seuls selon le brevet de *Evan Leigh*. Il a toujours été reconnu que les cardes à chapeaux produisent un meilleur résultat sous beaucoup de rapports que celles à hérissons, les chapeaux se trouvent mieux placés pour allonger les filaments de coton et en arrêter les boutons et les ordures ; et si les moyens d'ajustage et de débourrage avaient été plus parfaits, il est à croire que ces cardes auraient été employées presque exclusivement. La carde brevetée ne possède aucun des inconvénients de l'ancien système, les chapeaux qui sont en fonte se nettoyant seuls par un moyen aussi simple qu'efficace ; au lieu de les ajuster un à un on les ajuste tous à la fois au moyen de vis d'appel, agissant sur les courbes sur lesquelles ils glissent, et qui ont exactement le même contour que le grand tambour.

Les chapeaux en entrant étant toujours nettoyés, c'est-à-dire toujours en état d'agir sur le coton, on obtient un produit beaucoup plus fort et d'une qualité qui ne laisse rien à désirer.

La machine à réunir, de *Evan Leigh*, remplace avec beaucoup d'avantage l'ancien système du couloir dans les fabriques où l'on carde deux fois ; à l'aide de cette machine on obtient une nappe pour le second passage composée de 50 à 60 rubans. Afin d'assurer l'uniformité du produit, si importante pour les numéros élevés, la machine est montée avec des déclinches à bascule pour arrêter quand un ruban se casse ; on est ainsi assuré d'avoir toujours les nappes au grand complet.

Le batteur au volant, breveté de *Stardacre*, dont les lames sont divisées et font le tour de l'arbre en forme de spiral, a été reconnu travailler avec moins de vibration, exiger moins de force motrice, et ouvrir le coton d'une manière plus parfaite que tout autre.

Aux bancs à broches, tant en gros qu'en fin, on a appliqué un deuxième collet qui, soutenant les broches au milieu, empêchent le tremblottement et permet une augmentation de 25 0|0 dans la vitesse des mouvements.

Les métiers de *Selfacting*, de *Sharp* et de *Potter* ont aussi subi de nombreuses améliorations, ayant pour objet une plus grande simplicité d'arrangement et une solidité augmentée.

On a réussi à appliquer aux métiers à tisser un appareil pour dérouler la chaine mécaniquement, supprimant les bascules et les poids, toujours exposés à être dérangés par l'ouvrier.

A l'aide de cet appareil recherché depuis longtemps, on est sûr d'obtenir un tissu uniforme d'un bout jusqu'à l'autre.

Pour des prospectus ou des plans détaillés, on est prié de s'adresser directement à la maison ou à son représentant M. John L. Wrigley.

HARDY (J.-E.-V.), rue de Lyon, 32, près de la Bastille, Paris.

Ornements d'architecture en cuivre et en zinc, décors pour fêtes, théâtres, ameublement et marquises.

Il y a quelques années l'industrie du zinc était encore au berceau, et l'on peut s'étonner avec raison en voyant aujourd'hui ses productions si parfaites et si utiles, du court laps de temps qui lui a suffi pour se développer d'une manière aussi complète. Cet essor rapide trouve cependant son explication dans les efforts constants et consciencieux de quelques hommes intelligents qui ont consacré à l'accroissement de cet industrie toute leur énergie et toutes leurs connaissances.

La France n'est pas la seule na

tion qui puisse s'enorgueillir de ces perfectionnements incessants et de tant d'applications heureuses, la Prusse et la Belgique l'ont suivie dans cette course au progrès. Nous avons été à même d'examiner les échantillons de l'industrie zinguière belge et prussienne, et bien que portés par esprit national à faire quelque peu pencher la balance en faveur de la fabrication française, les visiteurs de l'Exposition, les fabricants français reconnaissent avec nous le mérite des zingueurs prussiens et belges. Dans la lutte glorieuse et pacifique qui s'est établie entre les trois puissances, la France a conservé encore jusqu'à présent un avantage assez marqué, et parmi ceux à qui elle doit d'être placée en première ligne, il est de toute justice de citer M. Hardy.

Rarement, nous qui suivons pas à pas les progrès et les innovations de l'industrie, nous avons eu à décerner de sincères éloges à une production plus remarquable que le kiosque ou pavillon mobile en zinc ornementé, exposé par ce fabricant au Palais de l'Industrie.

En considérant attentivement ce délicieux kiosque, nous émettions l'opinion que l'industrie zinguière ne pourrait guère produire mieux. Notre avis n'est pas celui de M. Hardy, il reconnaît qu'on a beaucoup fait, mais prétend qu'il reste plus à faire encore. Qui de nous ou de lui est dans le vrai? M. Hardy assurément; car à ses grandes connaissances pratiques, M. Hardy joint celles d'un théoricien distingué. Avant de s'adonner à cette industrie, M. Hardy n'était pas, comme la plupart de ceux qui essaient de marcher sur ses traces, chaudronnier ou poseur de gouttières, c'était un artiste de talent et un mouleur des plus ha-

biles. Son jugement sûr en fait d'art, son esprit créateur d'artiste, il a tout apporté dans le camp de l'industrie, voilà pourquoi ses productions ont ce cachet qui séduit, tantôt bizarre, original, simple ou saisissant.

Ses vases, ses tuyaux ornementés en tous styles, ses marquises élégantes, légères, découpées comme les dentelles de Malines ont obtenu la vogue la plus méritée.

C'est à M. Hardy qu'a été confiée la décoration des vitrines de Lyon, de Tarare, de Limoges, de la Vieille-Montagne et de la Suisse, à l'Exposition universelle; c'est à lui que pour l'ornementation de leurs théâtres se sont adressés le directeur de l'Opéra-Comique et le fameux prestidigitateur Hamilton.

Ce n'est pas assez pour M. Hardy d'avoir si bien réussi dans tous les genres qu'il a entrepris, il vise infiniment plus haut, son ambition est d'arriver à faire adopter le zinc par MM. les architectes pour la décoration des façades, en un mot à remplacer la sculpture en pierre par l'ornementation en zinc fondu.

Il est homme à y parvenir. N'y a-t-il pas déjà dans Paris vingt maisons, en France vingt châteaux, dont la décoration extérieure et intérieure sort de ses ateliers? puis le bon marché auquel il livre, n'est-il pas un argument puissant en faveur de son innovation?

Engager M. Hardy à persévérer dans sa voie, c'est souhaiter à l'une des branches les plus importantes de notre industrie nationale un avenir de prospérité.

TOURASSE (P.-J.-B.-J.,) ingénieur mécanicien, 21, rue Duval, Paris.

En présence des accidents nombreux qu'ont enregistrés, durant le cours de ces dernières années, les annales des chemins de fer, nos ingénieurs et nos mécaniciens se sont appliqués à chercher un moyen préservateur. Bien des essais ont été tentés, bien des systèmes ont été expérimentés, quelques-uns ont été adoptés, parce que sans présenter une entière sécurité, ils offraient la possibilité de diminuer le chiffre des accidents, mais aucun n'avait, jusqu'à ce jour, donné de résultats entièrement satisfaisants. M. Tourasse, l'habile mécanicien dont la réputation est aussi bien établie en province qu'à Paris, croit avoir résolu le problème. Nous partageons cette croyance. Son train de tender que chacun peut étudier au Palais de l'Industrie à frein résistant, disposé de manière à empêcher de monter sur l'arrière de la locomotive, n'a rencontré encore aucune objection sérieuse. Les connaissances étendues de M. Tourasse en mécanique étaient du reste un sûr garant de réussite. Les administrateurs de différents chemins de fer se préoccupent fort de cette nouvelle invention. Nous savons particulièrement qu'une commission vient d'être instituée pour en faire un examen attentif. Nous attendons son rapport et la décision du jury international avec une juste impatience, nous avons la conviction qu'ils ne viendront pas démentir les espérances que nous avons conçues.

DERRIEY (Jules), mécanicien, chaussée Clignancourt, 9, à Montmartre.

Parmi les mécaniciens qui, par la perfection qu'ils ont su apporter à tout ce qui est sorti de leurs ateliers, se sont distingués d'entre leurs confrères moins heureux ou moins intelligents, M. Derriey est l'un de ceux auxquels nous devons une mention particulière.

Sans relater ici toutes les inventions et les perfectionnements dont il a enrichi la mécanique industrielle, nous nous bornerons à l'analyse de quelques-unes de ses nouvelles inventions, telles que machines à percer, à mortaiser; machines doubles à raboter, opérant sur 1 mètre 50 de longueur à la fois, ainsi que ses tours parallèles et autres. Toutes ces machines peuvent être mues à bras ou par tout autre moteur.

La pharmacie lui doit aussi la construction d'une nouvelle machine pour la fabrication des pastilles. Les avantages résultant de son emploi lui assurent un grand succès; cette machine peut en une journée et avec le concours d'un seul homme fabriquer, c'est-à-dire laminer, découper et timbrer des deux côtés 50 à 200 kil. de pastilles, suivant les dimensions de la machine qui est de trois grandeurs différentes.

(*Voir aux annonces.*)

MILLET (Désiré-François), artiste daguerréotypiste et photographe, rue Montesquieu, 6, à Paris.

L'art de la daguerréotypie qui jusqu'alors était rejeté par beaucoup de personnes à cause du grand nombre de ses imperfections, telles que le miroitage de la plaque, l'oxydation à l'air et à l'humidité, le ton ardoisé, etc., doit à M. Millet beaucoup de ses perfectionnements; il est le premier qui ait trouvé le moyen d'obtenir à l'aide de préparations chimiques les tons de chair et les d mi-teintes transparentes, plusieurs couleurs naturelles, et surtout de rendre parfaitement la couleur des cheveux, c'est-à-dire de ne pas faire un brun d'un blond, défaut qui se trouve fréquemment sur les portraits au daguerréotype ; il est aussi parvenu à produire des instantanéités qu'on peut aller admirer dans ses collections, et parmi lesquelles on trouvera des manœuvres du camp de Satory, une vue de l'office divin au même lieu, prise au moment de l'élévation de l'hostie ; une vue de la fête du champ de Mars représentant le siége de Silistrie ; rien n'y manque : la fumée des pièces d'artillerie des assiégeants et des assiégés est fidèlement saisie dans cette épreuve miraculeuse ; la revue de la garde impériale dans la cour des Tuileries le 20 mars dernier au moment de son départ pour la Crimée ; une de ces épreuves représente l'instant où sa Majesté l'Empereur donne la croix de la Légion d'Honneur à l'un des officiers de grenadiers de cette garde ; une, le moment de la distribution des drapeaux ; une autre, lors de l'inspection de l'Empereur dans les rangs, etc. Toutes sont obtenues instantanément à l'aide de la substance connue dans l'art photographique sous le nom d'accélérateur Millet. Ses portraits sont incontestablement les chefs-d'œuvre de la daguerréotypie ; ce sont de véritables miniatures, d'un goût exquis de poses et d'expression.

La stéréoscopie et les perfectionnements de cet art lui ont valu la médaille d'or de la Société d'encouragement de Londres ; ses groupes de famille vus au stéréoscope sont les vivantes expressions de la nature prise sur le fait, le relief en est si vrai et les tons si doux que les sujets semblent parler.

Il est l'inventeur breveté s. g. d. g. de l'émail transparent qui rend les épreuves daguerriennes, stéréoscopiques et photographiques sur plaques métalliques, toile, papier, verre, etc., inaltérables à l'air et à l'humidité ; elles peuvent être épongées, grattées et encadrées sans verre. Ses épreuves photographiques sur verre sont laissées, contrairement à celles de ses confrères, sur la surface du verre, ce qui leur conserve tout leur relief ; puis il les recouvre de son émail. Cette vitrification rend l'épreuve à l'état d'une peinture sur porcelaine, ce qui a valu à M. Millet les félicitations des membres de l'Académie des Sciences et de la Société d'encouragement, qui ont reconnu un grand perfectionnement dans cette nouvelle découverte. M. Millet est le premier artiste photographe qui possède une galerie où le public est admis à visiter ses œuvres et, de là, chacun à son tour et par ordre de numéro, passe au lieu des poses : le portrait obtenu à la chambre noire passe de mains en mains et dix minutes après, il est non-seulement fixé mais encore colorié et encadré suivant la demande des clients. Tout cela se passe à la vue du public qui peut voir, par là même, la perfection apportée par M. Millet dans l'art photographique.

10,000 portraits sont livrés annuellement aux clients qui viennent dans son établissement que nous pourrions à juste titre appeler une manufacture de portraits.

3746. — **TRABLIT** (Marie-Charles), pharmacien, rue J.-J. Rousseau, 21, Paris.

Essence de café.

L'usage du café est déjà fort répandu, mais il était réservé à

M. Trablit de le populariser davantage au moyen de l'essence de café qui porte son nom. L'essence de café qu'il prépare, est en effet tellement concentrée, qu'une seule cuillerée à café versée soit dans une tasse d'eau bouillante soit de lait chaud, donne de suite et sans aucun embarras, un café bien supérieur à celui que l'on peut préparer chez soi. Chacun comprendra l'avantage qu'offre *cette essence de café* qui vous dispense de cafetières qui, le plus souvent, fonctionnent mal et donnent par conséquent de mauvais café. Cette essence, pouvant se conserver plus d'une année, est appelée à rendre de grands services aux personnes qui voyagent ou qui habitent la campagne, et cela avec avantage puisque le flacon qui contient quinze tasses ne se vend que 1 fr. 50 c. On trouvera donc dans cette essence de café, non-seulement une bonne préparation très-commode, mais encore économie de temps et d'argent.

HESS (R.-H.), sellier, fabricant de harnais, Chapel Cottage, Holloway, Londres.

La sellerie anglaise a envoyé à l'Exposition universelle des produits de son industrie, et, pour être juste, nous devons avouer que ces produits nous ont semblé tout d'abord devoir être d'une grande supériorité sur la concurrence.

La nation anglaise plus hippique, du moins s'occupant beaucoup mieux des races chevalines et de leur amélioration que les autres peuples, devait naturellement prendre un soin plus particulier des détails qui concernent l'entretien du cheval. — Aussi, les selles et généralement tout ce qui concerne le harnachement,

est-il travaillé par eux avec une entente des plus parfaites. — M. Hess doit être spécialement noté parmi les meilleurs selliers. — Les selles et les harnais qui composent son envoi sont, d'après notre jugement et ceux des nombreux connaisseurs que nous avons vus, aussi bien exécutés qu'ingénieusement compris.

DIERGARDT, conseiller intime de commerce de S. M. le roi de Prusse, président du conseil de Prud'hommes, membre du jury à l'Exposition universelle de Paris, à Viersen (Prusse rhénane).

Médailles à Berlin en 1827, à Mayence en 1842, à Dusseldorf en 1852, et grande médaille de prix à l'Exposition universelle de Londres.

Cette maison, dont la réputation est européenne expose cette année la plus riche collection de velours de soie et de velours de soie et coton.

Les perfections que M. Diergardt a su appliquer à la fabrication des velours en soie et coton font de cet article un objet tout spécial qu'on distingue à peine des velours de soie pure. En effet, rien n'est comparable aux spécimens qu'on admire à notre Exposition; et les témoignages de sympathie dont ses collègues l'honorent disent assez que M. Diergardt a su remporter une glorieuse victoire, vu les difficultés qu'il avait à vaincre pour arriver à un tel degré de perfectionnement.

M. Diergardt est un de ces noms qu'on cite avec gloire: homme intègre et généreux, il sème le bien-être dans toute la contrée qu'il habite; aussi nous n'imaginons pas qu'il puisse ambitionner une plus douce et plus noble récompense que celle de voir le souvenir de son nom étroitement lié par la reconnaissance publique à une industrie aussi utile.

Cette honorable maison expose encore une belle collection de rubans de soie qui rivalisent avec ce que la France fait de mieux dans cette partie, et la Prusse se glorifie à juste titre de voir à la tête de son commerce un homme aussi intelligent et aussi supérieur que M. Diergardt.

TAMPIED (E.), cordier, successeur de Mme veuve Prevost (ancienne maison Lauriau), rue Saint-Denis, 361, et fabrique au Petit-Montrouge, route de Châtillon, 40.

Médaille de bronze en 1849.

M. Tampied, cordier du gardemeuble impérial, du Grand-Opéra et des théâtres impériaux, est parvenu à force de soins et d'applications heureuses, à convertir les matières même les plus grossières, en cordages et en tissus élégants d'une solidité incontestable. Tout ce qui sort de son atelier est revêtu d'un cachet de bon goût tout particulier, et les nombreux visiteurs qui s'arrêtent devant la curieuse vitrine de cet intelligent industriel, reconnaissent avec nous la supériorité de ses produits sur tout ce qui, jusqu'à ce jour, a été fabriqué dans ce genre d'industrie, et qu'ils réunissent en même temps l'utile et l'agréable. Hâtons-nous de faire l'énumération des principaux produits dont cette maison a exposé quelques échantillons, et qui se composent de cordes de diverses grosseurs et dimensions, en soie, coton, laine, crin, ainsi que des tissus de ces diverses matières, cordes métalliques en fils de laiton et de fer pour conducteurs de paratonnerres, échelles de cordes et appareils de gymnastique, hamacs, balançoires et articles pour tapissiers, etc.

DROINET (F.), **OVERDUYN** et Cᵉ, ingénieurs, passage Saulnier, 13, Paris.

Vélocimètre, instrument pour mesurer le sillage des navires et la vitesse des courants d'eau et d'air.

(Voir aux annonces.)

CHIAPORI, artiste, rue Saint-George, 37, Paris.

Dessin et peinture au pastel.

(Voir aux annonces.)

ISOARD (M.-Fr.) et Cᵉ, constructeurs-mécaniciens, rue Saint-Sébastien, 50, Paris.

Machine avec générateur, à production de vapeur instantanée.

MASSARD, menuisier en bordures, rue des Couronnes, 3, à la Chapelle-Saint-Denis, près Paris.

M. Massard qui est l'ingénieux inventeur de la cannelure mécanique, fabrique la cannelure en banc à l'usage de MM. les doreurs et les peintres. Sa nombreuse clientèle atteste la perfection de ses produits. Il fabrique également la bordure pour encadrements et obtient la même vogue pour cette autre spécialité. Les spécimens de son industrie que nous avons remarqués à l'Exposition attirent avec juste raison à M. Massart des éloges sans restriction, nous sommes heureux d'y pouvoir joindre les nôtres.

COPE et **COLLINSON**, fabricants brevetés.

Londres et Birmingham.

B. Vue de profil du premier

brevet : trois rouleaux coniques sur un tourillon à cône.

C. Second brevet, non adopté pour toutes les roulettes fabriquées par eux, consistant en une boule jouant dans un godet qui y correspond, à frottement réduit, et à mouvement constant et aisé.

D. E. F. G. Echantillons de roulettes à coussinet rond, d'ornement, françaises pour lit et à plaques de fer.

H. Roulettes de Windsor, de profil et pleines, convenables pour jouer debout.

I. Mouvement de miroir breveté. Il fonctionne par une boule au centre renfermée par une vis fixe dans une rognure. On obtient une résistance suffisante pour retenir la glace à l'angle que l'on veut. Il est plus commode que tous ceux dont on se sert ordinairement.

J. Store breveté, d'après le même principe que le mouvement de glace. Il marche commodément et sans faire de bruit; grâce à sa simplicité, il ne se dérange jamais.

K. Cadre de glace avec mouvement.

L. Vis brevetée de tabouret de musique. Les avantages en résultant sont un jeu constant au moyen d'un double tourillon appuyé sur l'essieu, et une forme très-élégante, on ne voit que la partie unie de l'essieu.

M. Store vénitien, pouvant se hausser et se baisser à n'importe quelle hauteur, et retenu par une roue à bascule et à dents; ce qui épargne la peine d'entrelacer les cordes à des crochets. Plan général.

N. Roulettes à coussinet rond et autres. avec boules vitrifiées brevetées. Elles se recommandent par leur élégance, leur commodité, leur solidité et leur économie.

O. Cette planche fait voir les différentes phases par lesquelles passe un gond breveté en cuivre jusqu'à ce qu'il soit entièrement achevé.

P. Diverses pièces de fer et de cuivre employées dans la construction des pianos.

Q. Pieds en porcelaine avec roulettes à boules vitrifiées, d'une forme légère et élégante.

R. Ancres brevetées de lit. L'application de ce système facilite le rapprochement des lits. Il tient bien et augmente l'embellissement. Le modèle exposé fait voir une colonne et les barres de côté réunies au moyen de l'ancre.

S. Ecrans d'Essex pour foyer ou écrans flottants, pouvant s'attacher à la tablette du manteau de la cheminée ou au côté au moyen de supports mobiles.

FIN.

MAISONS RECOMMANDÉES

ADMINISTRATION CENTRALE
DES
COMPAGNIES ANGLAISES
D'ASSURANCES SUR LA VIE ET CONTRE LES ACCIDENTS

Constatés par acte du Parlement, 7 et 8 vic, chapitres 100-108 et 110.

THE GRESHAM	**THE PROTECTOR**	**THE TRAVELLER**
capital	capital	capital
25 millions.	**25 millions**	**25 millions**

15,

RUE DROUOT,

PARIS.

—

THE GRESHAM
Assurance en cas de décès.

La Compagnie accorde des prêts sur polices, jusqu'à concurrence de la moitié des primes payées, et a pu ainsi venir en aide à ses assurés pour plus de cinq millions pendant les six dernières années.

La Compagnie fait participer ses assurés à 80 0/0 dans ses bénéfices. La balance en bénéfices de son dernier inventaire s'élevait au chiffre imposant de fr. 1,861,925, résultat d'une prospérité sans parallèle.

DOTS DES ENFANTS.

Avec garantie et participation aux 4/5 des bénéfices.

THE PROTECTOR.

Rente viagère immédiate ou placement à fonds perdus.

Le taux de la rente viagère est, à l'âge de 55 ans, 9 0/0 par an ; — à l'âge de 60 ans, 10,35 0/0 par an ; — à l'âge de 65 ans, 12 0/0 par an ; — à l'âge de 70 ans, 14,90 0/0.

Les capitaux versés à la Compagnie lui sont acquis au décès de l'assuré.

THE TRAVELLER.

Assurance contre les accidents.

OSMONT

24, Rue du Faubourg St-Antoine,

GRANDE

FABRIQUE DE MEUBLES

ET TAPISSERIES.

EXPORTATION.

Parmi les fabricants de meubles dont la réputation est, à juste titre, devenue européenne, et chez qui l'étranger vient chaque jour choisir les ameublements du meilleur goût, il faut citer dès l'abord l'importante maison *Osmont*, qui s'est toujours fait distinguer par la beauté vraiment merveilleuse, l'extrême richesse et l'in-

comparable élégance de tout ce qui sort de ses Ateliers.

Tous les meubles les plus recherchés, enfantés par le caprice des différentes époques, se trouvent réunis dans les vastes magasins de ce fabricant; on y rencontre tous les dessins, toutes les formes et tous les styles.

La brillante exposition de M. OSMONT au Palais de l'Industrie, provoque cette année l'admiration de tous les visiteurs accourus au grand concours industriel de toutes les parties du monde. Son exposition ne peut que gagner à la comparaison qu'on peut en faire avec celles des autres maisons de Paris. Lorsqu'on songe qu'au mérite hors ligne de ses produits, M. OSMONT jouit d'une honorabilité commerciale des mieux établis, et qu'il a toujours fait marcher de front une solidité garantie, un goût irréprochable et une incroyable modération de prix ; on ne doit plus s'étonner de l'affluence qui encombre ses riches ateliers et de l'importance sans égale de ses commandes.

La maison OSMONT n'est point une de ces maisons qui ne sont arrivées à la vogue dont elles jouissent que par la réclame ; sa réclame à elle, sa réclame permanente, c'est la probité de son propriétaire, son choix immense de nouveautés, le cachet inhérent à tous les articles qu'elle livre, et le témoignage flatteur de ses nombreux clients.

LEFORESTIER

RUE DE RAMBUTEAU, 61.

BIJOUTERIE.

LEFORESTIER

RUE DE RAMBUTEAU, 61

BIJOUTERIE.

A L'ALLIANCE!... Cette heureuse et expressive légende a-t-elle porté bonheur à la maison LEFO-RESTIER? On le croirait, à voir la foule qui s'empresse dans ses magasins : chaînes léontines, alliances en or et pièces de mariage en argent, bagues et boucles d'oreilles, tous ces gracieux symboles semblent n'attendre que la corbeille de fiancée... Dès la formation de son établissement, M. LEFORES-TIER s'est en effet consacré à cette spécialité, et ses efforts ont été couronnés du succès le plus complet. Quant à ses articles d'horlogerie, montres et pendules à tous systèmes, il suffit de dire qu'il les tient directement de GENÈVE, et qu'il les garantit un an, quel qu'en soit le bon marché.

FABRIQUE DE PARFUMERIE FINE.

MIGNOT

A LA BELLE JARDINIÈRE,

19, RUE VIVIENNE, 19.

La maison **MIGNOT**, en établissant dans sa fabrication les meilleures qualités et apportant dans ses préparations toutes les garanties hygiéniques, a voulu réduire les prix exagérés de la parfumerie ; pour arriver à ce but, elle se renferme exclusivement dans la vente de ses produits qu'elle garantit.

Le consommateur ne sera donc pas étonné, tout en achetant les premières qualités de parfums, de trouver une réduction de prix bien sensible sur celui des autres maisons, qui, à la vérité, ne sont que les intermédiaires de quelques fabricants qui prêtent leur nom pour faire croire au public que la vente de leurs produits se fait directement, tandis qu'ils sont obligés de donner à ces intermédiaires un bénéfice qui ne peut être moindre de 25 ou 30 p. 100, dont l'acheteur peut s'affranchir en s'adressant directement à la maison **MIGNOT**.

SPÉCIALITÉS.

Savon médical aromatique. — Essence de violett pour le mouchoir. — Aspasine, le seul et unique blanc de fard que l'on puisse désormais employer sans danger.

51, RUE NOTRE-DAME-DE-LORETTE, 51.

SEUL DÉPOT DU

ANNIN NEUTRALISE

Tous les matins de sept heures à neuf heures, et les lundi, mercredi, vendredi, de midi à deux heures.

GUÉRISON ASSURÉE

EN TROIS JOURS

ON TRAITE PAR CORRESPONDANCE.

AFFRANCHIR. — EXPORTATION.

Le TANNIN rafraîchit les organes, leur donne de la vitalité, guérit avec sûreté et rapidité les affections les plus invétérées; il a sur tous les autres moyens thérapeutiques généralement employés dans les affections de cette nature, l'immense avantage de ne pas attaquer les sources essentielles de la santé, ce que font presque tous les médicaments employés jusqu'à ce jour.

ÉLECTRO-THÉRAPEUTIE

ou

TRAITEMENT DES MALADIES

PAR L'ÉLECTRICITÉ.

Application spéciale à la guérison des maladies nerveuses et rhumatismales,

PAR J. BERNARD (de Saint-Usage),

Docteur en médecine de la Faculté de Paris, médecin requis à l'hôpital militaire du Roule, ancien chirurgien militaire, pharmacien de l'Ecole supérieure de Paris, ex-élève de l'Ecole pratique, chimiste expert, ex-membre du Jury médical de Seine-et-Oise, membre de plusieurs Sociétés savantes.

L'infaillibilité de l'électricité dans le traitement des maladies nerveuses et rhumatismales est un fait reconnu et proclamé par toutes les écoles de médecine. Les efforts de la [science avaient tendu vainement jusqu'ici vers la solution de ce problème : *Faire affluer directement des doses convenables d'électricité sur un organe ou un système d'organes donnés.* — Malheureusement les moyens employés présentaient de regrettables imperfections.

M. le docteur BERNARD a résolu complétement la question par la création d'un système électrogène, qui s'administre à l'intérieur comme un médicament ordinaire, ou s'adapte à l'extérieur selon l'indication.

Nous recommandons spécialement l'ÉPITHÈME ÉLECTRIQUE, employé à l'extérieur contre les douleurs nerveuses et rhumatismales et les galvanosphères, véritables appareils électro-dynamiques, d'une ingestion facile, à l'aide desquels l'électricité est introduite directement dans l'estomac et les intestins, lorsqu'il faut opérer contre les grandes névroses, telles que l'épilepsie, l'hystérie, les gastralgies, etc. — Nous devons ajouter aussi que, par un procédé analogue, M. le D' BERNARD est parvenu à conduire le fluide électrique dans le poumon à l'aide d'un véhicule gazeux, et à y apporter des modifications inespérées.

Les médicaments électriques se trouvent à la Pharmacie, rue Lepelletier, 9, ou chez le D' BERNARD, rue de Provence, 52. Consultations médicales de 3 à 5 heures, et traitement par correspondance.

BAL

DU CHATEAU-D'EAU

Situé près de la fontaine de ce nom, boulevard Saint-Martin, entrée par la rue de la Douane, 4. Soirées musicales et dansantes, les dimanche, mardi, jeudi, samedi et jours de fête.

Cette salle, la plus vaste et la plus belle de la capitale et qui par son heureuse position attire toute l'année une foule de visiteurs, se recommande à MM. les étrangers.

Excellent orchestre dirigé par Rubner.

Café estaminet. — Rafraîchissements de 1re qualité, salle de billards, — tir au pistolet, — jeux de toute espèce.

Tels sont les agréments offerts au public qui fréquente ce bel établissement.

REBOURG

RUE DU FAUBOURG DU TEMPLE, 44.

Fabricant d'instruments, d'accordéons flutinas, demi-tons et ordinaires perfectionnés, accordéons trembleurs.

Paris, province et exportation.

JAMIN, rue Saint-Martin, 125, à Paris,
OPTICIEN BREVETE.

Le soin tout particulier que M. Jamin apporte à la fabrication de ses produits, les progrès qu'il a imprimés par ses instruments à la science de l'optique et à la photographie, lui ont valu la mention la plus honorable à l'Exposition universelle de Londres. Appareils daguerréotypes objectifs combinés avec coincidence de foyers, donnant tous sur un même plan, d'une netteté parfaite dans toute leur étendue, perfectionnement apporté à la photographie par son nouveau système breveté, objectifs des plus grandes dimensions, tels que 8 pouces et 14 pouces de diamètres pour portraits, opérant avec un seul foyer. Objectifs simples d'un mètre carré de grandeur; le tout à des prix très-modérés. Verres de lunettes travaillés à la main, cristaux de roche, prismes de tous genres. Longue-vues de campagne, de tous diamètres, spécialité de lentilles achromatiques pour microscope.

22, Rue Neuve-des-Capucines, Paris.

CLAGUE RICHARD

PHOTOGRAPHE.

Il est des gens qui s'imaginent qu'en se procurant de bons agents chimiques et des instruments parfaits, le premier désœuvré devient photographe.

La finesse du trait, la souplesse des plis, le modelé, l'expres ion, la distribution de la lumiere, le jeu des ombres, sont et seront toujours inconnus à celui qui devient photographe en achetant un objectif; la lumière peint, elle ne pense pas. C'est donc un devoir pour nous de signaler, parmi tant de manœuvres qui se sont installés dans le domaine de la photographie, les véritables artistes, les hommes de goût. — Nous devons à l'obligeance de M. CLAGUE RICHARD, 22, rue Neuve-des-Capucines, la communication d'épreuves photographiques réellement remarquables; deux portraits de femmes et deux portraits d'hommes nous ont surtout frappés par la facilité de la pose, par l'expression, le modelé, les oppositions de lumière, les effets profondément sentis et vigoureusement accentués, les accessoires disposés avec goût et sentiment, les fonds bien teintés et par une harmonie d'ensemble qui caresse le regard.

Avant de s'adonner à l'art photographique, M. RICHARD CLAGUE était peintre; aussi les retouches sont-elles plus fines et plus intelligentes que celles qui tapissent les milliers de montres échelonnées sur toute la ligne des boulevards.

RICHARD CLAGUE, artiste photographe, 22, rue Neuve-des-Capucines.

F^res WILHELM ET NEMITZ rue des Jeûneurs, 3. Dessinateurs pour impressions, jaconas, mousseline de laine, indiennes et tous genres d'impressions.

LEGRAND

74, Horloger-mécanicien, rue de Bondy, 74,

Fabricant de tabatières à oiseaux chantants, de toutes espèces de pièces mécaniques, d'horlogerie et de physique. Admis à l'Exposition universelle pour deux articles : un fumeur turc d'une grandeur d'environ 45 centimètres, et une marquise apprenant à chanter à un petit oiseau en jouant de la serinette.

Brevet d'invention s. g. d. g. — Citation favorable en 1849. — Médaille de bronze à l'exposition du Louvre.

L. GIRARD rue Fontaine-au-Roi, 56. Paris, inventeur et seul fabricant du Livre couseur (dit Biblorliaptes). Ce livre mécanique a la forme d'un livre ordinaire et peut durer nombre d'années, et sert à faire successivement autant de volumes qu'on le désire : il a le précieux avantage de donner le moyen facile pour classer et relier soi-même subitement, à mesure qu'ils arrivent, tous les papiers de commerce, d'administration, de musique, écrits périodiques, manuscrits, etc. L'emploi de ce système, prompt et facile, réunit en bibliothèque les documents utiles à conserver ; et si l'on inscrit au répertoire les nom et numéro de chaque pièce, un instant suffit pour les consulter, ce qui évite ainsi des pertes de temps considérables, et établit forcément un ordre impossible avec les liasses ordinaires.

On recommence chaque volume au moyen d'une nouvelle couverture intérieure, que l'inventeur fournit toujours conforme au format.

MISSILLIER ET GUILLAUME

5, Rue Neuve-Saint-Augustin, 5. — Fabrique de blondes et dentelles
Paris.

LA MAISON SOULIER fleuriste, rue Beauregard, 11, breveté s. g. d. g. en 1854 et 1855, se recommande par son bon goût et son grand choix de fleurs et fruits de belle nouveauté, et spécialement pour ses crêpes et velours, ainsi que pour les fruits pour lesquels elle est brevetée, réunissant à la richesse du coloris la solidité qu'elle a obtenue en remplaçant le verre soufflé par le caoutchouc.
Commission. — Exportation.

BOGNARD J^ne ET DECHAVANNE rue Saintonge, 10, au Marais. Spécialité d'étiquettes de luxe. Fabrique de gaufrage et fantaisies riches pour étoffes. Commission et exportation.

F. DURAND rue Traversière, 19, fabricant de vis à l'usage des fabricants de meubles.
Médaille de bronze.

CHIAPORI

37, RUE SAINT-GEORGES, 37, PARIS.

PASTEL.

Le Pastel, ce genre si coquet, revient décidément à la mode ; depuis l'artiste qui ne réussit pas dans le genre sérieux, jusqu'aux gens du monde, chacun fait du pastel. Il est des artistes qui excellent dans ce genre, qui font de très belles choses mais qui ont un grand tort, celui de le prendre au sérieux. Certes, pour faire du pastel comme Rosalba, il faut du talent, il faut du génie même ; mais combien après sont venus tel Latour, tel Peronneau, qui, bien que leur genre flatte et allèche, ont faussé la nature. Latour est dénué de souplesse et manque de coloris; ses partisans diront que la couleur est passée: pourquoi donc les pastels de Chardin, qui sont de la même époque, ont-ils conservé toute la vigueur de leur coloris ? Dans les pastels de Péronneau, il y a un peu plus de finesse, un peu plus de la vraie palpitation de la vie, mais il est encore bien loin de la perfection. Au XIXe siècle messieurs les artistes se préoccupent exclusivement de nous montrer des jeunes femmes pleines d'afféteries, effeuillant une marguerite ou becquetant une tourterelle, il n'y a là ni goût dans la pose ni dans l'expression, ni dans l'intention, ni même dans les fonds, dans les draperies, dans les accessoires.

A part Muller et Merle tous les artistes qui font le pastel ont un talent bien ordinaire. Galbrun modèle à peu près en tête, mais il n'a aucune intelligence de l'arrangement ; les attaches sont pitoyables, les draperies ne tombent pas. Brochard, lui, a du goût et la science de l'arrangement, mais quelle monotonie, grand dieu! toujours des odalisques plus ou moins lascives. Nous avons souvent dans l'*Illustration* remarqué de fort belles pages signées Chiapori nous avons été appelé à rendre justice à la reproduction des dessins destinés au service en porcelaine de Sèvres dont Sa Majesté l'Empereur doit faire présent à la ville de Lyon en souvenir de son passage et nous nous sommes étonnés de voir M. Chiapori se livrer au pastel et se montrer peu difficile, peu scrupuleux sur ses endroits d'exposition (ceci soit dit en passant.) M. Chiapori manque d'ampleur mais en revanche ses figures ont des délicatesses charmantes; il possède une grande entente de la pose, du détail, de la distribution de la lumière, il a des contours que l'œil caresse et aime à suivre, des mouvements heureux, des attitudes naturelles, des raccourcis réussis avec le plus rare bonheur. Parmi les compositions qui ont spécialement captivé notre attention nous citerons : L'ÉTOILE DU SOIR; le Myosotis les quatre parties du monde. M. Chiapori a beaucoup de tact, beaucoup de goût, ce n'est pas lui qui s'ingéniera à faire l'apothéose de la chair. M. Chiapori manque d'ampleur, nous l'avons dit; mais entre deux excès il a su choisir le moindre. Encore un léger reproche pour en terminer ses têtes ont trop de ressemblance, elles ont des airs de famille : somme toute, M. Chiapori est un artiste que les éditeurs réclament, un de ces artistes dont le nombre est malheureusement trop restreint.

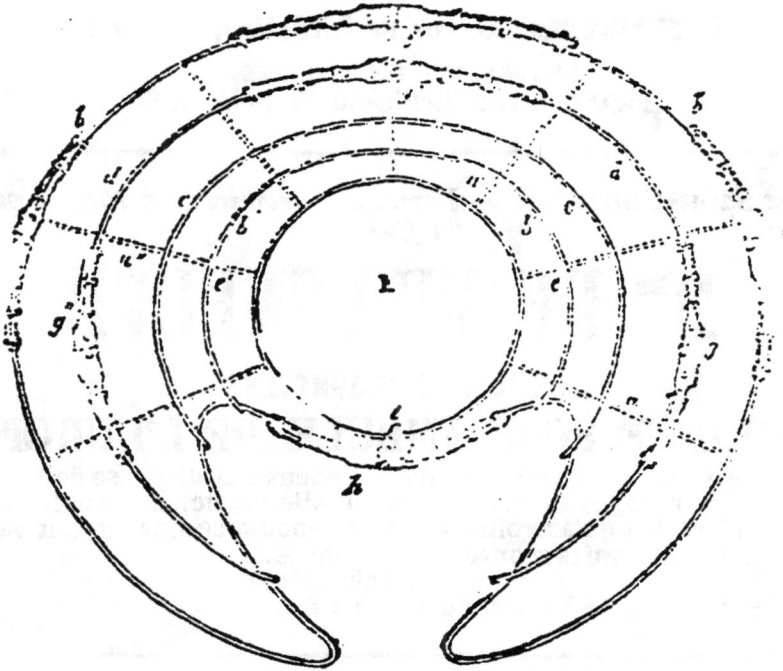

Mme LINDHEIM MARIE-LOUISE

Rue de Paris, 42, à Belleville, près Paris.

CHAPEAU DE DAME, MÉCANIQUE.

Combiner dans des conditions spéciales, un chapeau dont les formes et la matière puissent varier à l'infini, mais qui jouisse de la propriété de se réduire sous un petit volume, sans qu'il en résulte aucune altération dans la fraîcheur des ornements; tel est l'intéressant problème résolu par Mme Lindheim. Grâce au plus ingénieux agencement, le chapeau Lindheim, aussi élégant et aussi varié de forme qu'on puisse le désirer, se place à volonté, au moyen d'articulations, et se réduit au plus petit volume; il reprend ensuite sa forme primitive, en ouvrant et en fixant une articulation mobile qui forme la passe par un arrêt quelconque. Il est inutile de faire ressortir tous les avantages d'une pareille combinaison. — Le commerce d'exportation en a déjà fait son profit; et pour les voyages, pour l'intérieur mêmes des maisons, nos élégantes ne sauraient trop se féliciter de l'invention brevetée de Mme Lindheim.

L. MARCHAND, *rue de Richelieu,* 57, *Paris,*
FABRICANT DE BRONZES.
Fabrique rue Vieille-du-Temple, 106.

254, *Rue Saint-Cenis.* **254.** — *Paris, au premier, en facc le passage du Caire.*

Mme DE VILLENEUVE

LA CÉLÈBRE PROPHÉTESSE,
PREMIÈRE SOMNAMBULE DE L'EUROPE.

L'immense réputation de Mme de Villeneuve la dispense de tout programme. Ses voyages et ses succès en Allemagne, en Angleterre, en Belgique, n'ont fait qu'accroître la haute renommée que lui ont valu en France ses surprenantes séances magnétiques.
Cartomancie scientifique.
Tous les jours de 11 heures du matin à 5 h. du soir.

PRIX FIXE. # DETOUCHE **PRIX FIXE.**
FOURNISSEUR DE SA MAJESTE L'EMPEREUR
228 et 230, rue Saint-Martin.

Grande fabrique et magasins au rez-de-chaussée, au 1er et au second, de bijouterie, joaillerie, orfèvrerie et horlogerie garantie.
RÉCOMPENSES NATIONALES

Pendules électro-magnétiques. — Parures de mariage et autres. — Grand assortiment de pendules et montres de la fabrique de Genève. — Change de monnaies. — Fabrique de régulateurs, chronomètres et horloges publiques, horlogerie de précision, montres de Paris. — Télégraphie électrique. — Spécialité pour les accords. — Location d'argenterie. — Appareils uranographiques.

English spoken.

On trouve dans cette maison un assortiment très-complet et très-varié, depuis les prix les plus modiques jusqu'aux plus élevés. L'importance de ses affaires lui permet de coter ses marchandises au-dessous des prix qui sont journellement annoncés. — Toutes les demandes sont exécutées avec le plus grand soin, et l'on n'est tenu d'en prendre livraison qu'autant qu'elles satisfont entièrement à la demande des personnes. (Écrire par à poste.) On envoie toutes les marchandises que l'on peut désirer.

HOTEL DE FRANCE, TENU PAR BOUCHARD.
22, RUE D'ANTIN, ET DU PORT-MAHON, 5.

FABRIQUE

DE

CADRES ET PASSE-PARTOUT

POUR LA DAGUERRÉOTYPIE ET LA PHOTOGRAPHIE.

V. SOUDROT

10, RUE DES FRANCS-BOURGEOIS (MARAIS).

Laboratoire de chimie, dirigé par M. CLERET, chimiste,

15, rue Montmartre, Paris.

Baguettes blanches et vernies, cadres ovales et coins ronds.

ATELIER DE DORURE.

PASSE-PARTOUT POUR TOUTES LES MESURES DE TOILE ET DE TOUTES FORMES.

Appareils pour portraits et vues de toutes dimensions.

Plaques. — produits chimiques. — Ecrins. — Médaillons. — Broches et tous les accessoires de daguerréotype.

Tous les produits sont de premier choix et à des prix modérés.

FÉVRIER GRÉGOIRE

Fabricant de bronzes, rue Charlot, 50, au Marais. Pendules, candélabres, statuettes et bronzes d'art.

GRIBOUT JULES ET Cⁱᴱ.

PASSEMENTERIES.

Broderies civiles et militaires,

FOURNITURES POUR L'EXPORTATION, ÉTOFFES POUR ORNEMENTS D'ÉGLISE,

Tapisserie riche, bas d'aubes et nappes d'autel,

Rue Rambuteau, 70, à la Chaise-d'Or, ci-devant rue aux Fers, 16.

Maison à Lyon, place des Carmélites, 2.

ROSIER INGÉNIEUR, quai de l'Horloge, 37 bis, fabricant spécial d'instruments de physique, chimie, optique et minéralogie, seul fabricant de pantographes simples.

VERGUET

GRANDS MAGASINS DE PORCELAINES ET CRISTAUX,

72, Rue de Rivoli, au coin de la rue Saint-Denis.

Verreries à l'usage de la chimie, la pharmacie, la physique, l'histoire naturelle, pour les confiseurs, distillateurs, épiciers, limonadiers, etc.
Verroterie, gobeletterie fine et ordinaire pour la France et l'exportation. — Verres de montre.

A L'IMMORTELLE.

BOUCHERON FRÈRES 65, rue de Rivoli, entre les rues de la Monnaie et de l'Arbre-Sec. — Maison spéciale de deuil. — Prix fixe.

HILAIRE 31, boulevard des Capucines, 31. Sellerie française. Seul dépôt des mors régulateurs. Dressage naturel et immédiat du cheval.

Maison CAMBRAY père, **J. AMOUROUX** ingénieur civil, successeur.— Paris, rue Saint-Maur-Popincourt, 131. Cette maison très-ancienne, connue spécialement pour ses machines agricoles, telles que celles à concasser l'orge pour les brasseurs, le blé pour l'amidon, l'avoine, à briser le lin, à broyer la graine de moutarde pour la pharmacie, et ses machines à battre, tarare, tue-teigne et charançon, hache-paille, coupe-racine, rape, blutoir, etc.

41, Rue Fontaine-Molière, 41.

ADMINISTRATION

DU

COURRIER DE L'INDUSTRIE

UNIVERSELLE.

L'administration du journal le COURRIER DE L'INDUSTRIE UNIVERSELLE, se charge gratuitement de représenter ses abonnés dans toutes les assemblées d'actionnaires et convocations de créancier, de les renseigner sur tous les titres qu'ils possèdent ou qu'ils veulent acquérir, de les éclairer sur toutes les opérations financières ou industrielles; elle se charge, en outre, de procurer le placement avantageux des capitaux, de faciliter l'exploitation des inventions utiles, et de faire opérer la négociation de toutes les valeurs cotées à la Bourse par le ministère d'agents de change.

Paris, un an...............................	12 fr.
Province...................................	16
Etranger...................................	20
Colonies...................................	24

Le journal le COURRIER DE L'INDUSTRIE UNIVERSELLE a pour complément un portefeuille tiré à plusieurs milliers d'exemplaires, dont un certain nombre est déposé chez chaque correspondant du journal et dans les principaux hôtels de Paris, de la province et de l'étranger.

Sur les premières pages de ce portefeuille sont inscrits les noms, professions et adresses de nos souscripteurs. Nous les choisissons parmi les meilleures maisons de Paris, et nous en limitons le cadre par spécialité à un nombre qui, bien que restreint, suffira pour laisser à l'acheteur son libre arbitre, en ne lui laissant en même temps aucun doute sur notre manière d'agir. 5 0/0 sont perçus sur toute vente faite par l'entremise du COURRIER DE L'INDUSTRIE UNIVERSELLE.

JULES DURAND

TEINTURIER,

15, *Avenue Saint-Ouen, Batignolles.*

Pâle bleu en poudre, remplaçant avantageusement le bleu liquide employé ordinairement dans les blanchisseries. Ce pâle bleu offrant l'avantage de ne pas laisser de traces sur le linge, lui donne en outre un brillant qu'on ne rencontre pas dans l'emploi du bleu liquide. Cette matière chimique, que j'emploie depuis plusieurs années, offre une économie réelle de plus de 100 pour 100.

HUILE DE FOIE SEULE VÉRITABLE, épurée à froid, (breveté s. g. d. g.) recommandée contre les *maladies de poitrine*, rhumes, *scrofules*, ne se trouve qu'à la PHARMACIE **DE MORUE DE ROYER, r. St-Martin, 22** -).3 l. 11) k. 1 l. 50 c. le fl.

Notre huile de foie de morue est préparée en Islande (île située dans l'Océan atlantique), sur les lieux mêmes de la pêche: exclusivement pour l'usage médical, elle est toujours fraîche, d'une digestion facile, sans odeur ni saveur, n'occasionnant jamais de rapports de l'estomac ni d'excitation au gosier des malades; les bons effets de cette huile ont été constatés par tous les médecins, qui la prescrivent de préférence aux autres huiles, en raison de sa pureté et de ses principes médicamentaux.

Notre système d'épuration a pour effet d'isoler la partie huileuse des parties organiques, hétérogènes qui se trouvent en suspension. Au moyen de notre appareil à pression atmosphérique, l'huile de foie de morue est privée de son âcreté, exempte de dépôt, pure, brillante, sans odeur désagréable conserve toutes ses propriétés et sa nuance naturelle.

D'après le mode de préparation, on obtient de l'huile de foie de morue blanche, blonde et brune; ce sont ces trois variétés d'huile employées pour l'usage médical.

Fabrique spéciale d'huile de ricin de Paris préparée à froid par un procédé nouveau.

Dépôt général à Paris, chez ROYER, pharmacien chimiste de l'école de Paris, successeur de Bouillon-Lagrange et Cheveau, membres de l'académie nationale de médecine.

Rue Saint-Martin, 225, ancien 171, en face la rue Chapon.

MAISON MORIN 24, rue de Rambuteau. Lits en fer, sommiers élastiques, literie en tous genres, ayant obtenu un brevet d'invention et de perfectionnement en 1848, et une mention honorable à l'exposition de 1849. Fabrique et ateliers, 26 et 28, rue Beaubourg. — Magasins de vente, 22, 24, 24 *bis*, 27 et 31, rue Rambuteau. Cette maison a toujours conservé la confiance qu'elle s'est justement acquise, tant par la bonne confection de ses articles que par la modicité de ses prix.

BARON RICHARD

TAILLEUR

3, rue de Normandie, à Paris.

Tout ce que l'aristocratie élégante peut avoir d'exigences et de caprices, trouve à se satisfaire dans les riches magasins de cette maison. Nos intrépides chasseurs, nos gracieuses amazones y voient aussi briller les étoffes les mieux appropriées au genre d'exercice qui leur plaît.

Quant à l'élégance de sa coupe, M. RICHARD n'a pas besoin d'éloges. Les Champs-Elysées dans leurs grands jours d'animation, Chantilly et ses field-sport parlent assez haut pour lui; aussi nous bornons-nous à la simple indication de ses prix, relativement modérés :

Habits, de 70 à 80 fr.; redingotes, de 60 à 80 fr.; Paletots de mode, de 80 à 120 fr.; pantalons, de 25 à 50 fr.; gilets, de 15 à 20 fr., le tout de haute nouveauté de premier choix. Grand assortiment d'étoffes pour vêtements de chasse et d'amazone.

ON ENVOIE EN PROVINCE ET ON FAIT L'EXPORTATION.

Fabrique de caout-gutta et imperméabilisation des étoffes par les procédés Sorel, brevetés dans les pays étrangers et en France, s. g. d. g.

PATE ET SIROP DE NAFÉ D'ARABIE,

Seuls pectoraux approuvés par les professeurs de la faculté de Paris.
Ces préparations sont très-efficaces contre les rhumes, catarrhes, grippe, coqueluche et les irritations de poitrine.

RACAHOUT DES ARABES,

Seul aliment étranger approuvé par l'académie de médecine.
Le racahout convient pour les déjeuners des convalescents, des dames, des enfants et des personnes faibles ou malades de l'estomac ou des intestins.
Le véritable racahout ne se vend qu'en flacons carrés à 4 francs.
Delangrenier, rue Richelieu, 26, à Paris.

EAU DU Dʳ O'MEARA

Contre les maux de dents.

L'eau du docteur O'Méara, ancien médecin de Napoléon à Sainte-Hélène, guérit à l'instant les maux de dents, arrête et détruit la carie.
La *poudre dentifrice* du même docteur blanchit les dents sans altérer leur émail.
Dépôt général rue Richelieu, 44, à Paris.

PURGATIF A LA MAGNÉSIE.

CHOCOLAT Dʳ SBRIÈRE,

Professeur de chimie, pharmacien des hôpitaux, chevalier de la Légion d'honneur. Rue Lepelletier, 9.

Composé de sucre, de cacao, de *magnésie pure*, il a le goût du meilleur chocolat.
Son action sur l'estomac est douce et bienfaisante et produit plus d'*effet purgatif* que les eaux et limonades à base d'acide et de sels magnésiens, qui irritent souvent les estomacs ou les intestins: à petites doses, il est très-utile aux tempéraments échauffés. — Prix : 1 fr. 50 c. la boîte.

POMMADE MELAINOCOME de Mme veuve Cavaillon pour teindre instantanément les cheveux en toutes nuances et les faire croître, sans laisser à craindre les suites dangereuses des cosmétiques acidulés; la seule recommandée par M. Orfila de l'Académie de médecine de Paris, — Rue Richelieu, 41, au premier, ci-devant au Palais-Royal; pots de 5, 10 et 20 francs; pour les chatains 10 et 20 fr. (Affranchir.) Se méfier des contrefaçons.

CAOUTCHOUC PERFECTIONNÉ.

Bretelles, bracelets, jarretières, ceintures en gomme nue et tissu vulcanisé.

Fabrique, boulevard du Combat. Belleville,

F. BOUCHER ET ARDILLY

Breveté s. g. d. g.

MAISON DE VENTE, RUE CHAPON, 7, PARIS.

COMPAGNIE NATIONALE

DU CAOUTCHOUC SOUPLE

HUTCHINSON, HENDERSON ET Cⁱᵉ

Brevet Goodyear

USINE A LANGLÉ, PRÈS MONTARGIS

SIÉGE DE LA SOCIÉTÉ ; A PARIS, 102, RUE RICHELIEU

M. Hutchinson, collaborateur du célèbre Goodhyear, un des fondateurs de l'industrie du caoutchouc en Amérique, a eu l'heureuse idée de s'associer avec M. Henderson, une des premières et plus entreprenantes maisons ne New-York, et de transporter cette précieuse découverte en France, avec ses mille applications ; aussi le succès le plus brillant a couronné pleinement leurs efforts, et dans leur établissement colossal de Langlée, ils produisent aujourd'hui plus de six mille paires de chaussures par jour ; indépendamment d'une fabrication courante d'objets nouveaux ; étoffes, papiers peints indéchirables et inaccessibles a l'humidité, effets d'équipement et de campement militaires, de cuirs artificiels, etc.. etc., ayant la propriété d'une quantité considérable d'autres applications.

La qualité de leurs produits est de beaucoup supérieure à tout ce qui s'est fait jusqu'à présent.

Cette maison, qui expose au Palais de l'Industrie, est aussi bien représentée dans le département Français que dans le département Américain.

MM. Hutchinson, Henderson et Cie ont le privilége exclusif en France de leurs procédés. — Les chaussures qu'ils exposent ont un cachet d'élégance tout particulier, rien de ce genre ne peut être comparé à leurs produits.

Les papiers, ou plutôt l'étoffe pour tentures, sont des inventions toutes nouvelles.

Tout ce que l'esprit a pu imaginer jusqu'à présent comme impression, gaufrage, dorure, velouté, vernis marbre etc., est reproduit avec encore plus d'avantage sur les étoffes.—Elles sont entièrement imperméables à l'humidité et ont l'avantage d'une durée sans limite.

Il serait trop long d'énumérer les applications innombrables du système de cette colossale entreprise, mais cette maison exploite, sans contredit, la plus étonnante industrie de la France.

DEMENNEVAL 16, *rue Neuve-des-Petits Champs*. Paris. Fabriques à Bayeux (Calvados), et au Puy (Haute-Loire). Dentelles noires et blondes hautes nouveautés, spécialité pour modes.

EAU DE FLEURS DE LIS
POUR LE TEINT

Un des produits les plus recherchés pour la toilette est aujourd'hui l'Eau de fleurs de Lis de **Planchais**, *parfumeur, 2, rue Caumartin, à Paris.*

Il est vrai que les vertus de cette eau sont réellement des plus remarquables. Cette eau rend cette souplesse et le velouté qui ne semblaient appartenir qu'aux beaux jours de la jeunesse. Toute dame jalouse de la pureté de son teint aura bientôt recours à l'*Eau de fleurs de Lis*, et c'est à peu près dire que son usage va devenir général.

BREVETÉ S. G. D. G.
Agent principal à Londres.

F. LECOMTE, coiffeur, parfumeur, 257, Régent Street

E. LEPESCHEUR, *rue du faubourg Saint-Antoine*, 88,
Fabricant de meubles, genre Boule et bois de rose.

PHANNER ET PELLOUX, A LYON

Fabrication de vermouth qualité supérieure, curaçao de Hollande, marasquino de Zara pour l'exportation. — Pour renseignements à Paris, s'adresser à M. GAILLARD, quai de Béthune, 24.

H. QUIGNON ET Cie 14, rue de la Douane. Commission, exportation. Fabrique spéciale de bourses, sacs, calottes, etc. Haute nouveauté au crochet.

OFFICE GÉNÉRAL
D'AFFAIRES JUDICIAIRES
ET FINANCIÈRES
DE VENTES ET DE RECOUVREMENTS
DIRIGÉ PAR M. FICHON
JURISCONSULTE, CHEVALIER DE LA LÉGION-D'HONNEUR,
21, *Rue de la Banque.*

Recouvrements de toutes créances et successions (créances nouvelles et anciennes), à tous risques ou à forfait.

Prêts d'argent, placement de capitaux.

Achat de créances, d'héritage, de nu-propriétés.

Ventes, acquisitions ou échanges d'immeubles.

Ventes d'études et clientèles d'usine, hôtels meublés, établissements en tous genres.

Gestion de maisons, recouvrement des loyers.

Recettes ou paiements de tous capitaux, billets, rentes et pensions. — Affaires de successions, liquidations, etc.

Société : actes constitutifs, inventaires, etc.

Faillites : tous les actes qui y ont rapport : poursuites de tous procès, réclamations et recherches près des *ministères* et des *administrations*.

Correspondances avec les départements pour toutes affaires, pour tous actes et renseignements à obtenir. Rédaction de tous actes sous seing-privé.

A. SARRA FILS
RUE DU CHEMIN-VERT, 24. PARIS.

Fabricant de cordes harmoniques; renommée pour la justesse des sons et la qualité supérieure de ses cordes d'instruments, façon Naples et Padoue, blanches et de couleur, sans nœuds, pour tous les instruments de musique, tels que : harpes, guitares, violons altos, basses et contrebasses, cordes à chapellerie et cordes filées sur soie et sur boyaux.

Boyaux soufflés de toutes couleurs pour fleuristes, pharmaciens et parfumeurs; nouvelle découverte de cordes bleu-ciel pour harpes.

Fait la commission et l'exportation.

Mᵐᵉ SITT *Pédicure et manicure* des princes et des princesses. GALERIE DE VALOIS, 156, PALAIS-ROYAL, RUE DE VALOIS, 17.

40, rue de la Harpe. 40,

COMMISSION.   **OUDIN**   EXPORTATION.

ÉBÉNISTERIE SPÉCIALE

POUR

APPAREILS DE PHOTOGRAPHIE

et

DAGUERRÉOTYPE,

Payable à Paris, rigoureusement au comptant.

La question de l'Ébénisterie n'est point, en Photographie, d'une minime importance. Un photographe ne fera rien de bon si la chambre noire laisse la moindre chose à désirer sous le rapport de sa fabrication, si les châssis contenant son papier ou ses plaques péchent en quoi que ce soit; si ses boîtes à brôme et à iode, non hermétiquement fermées, permettent l'évaporation des substances. M. OUDIN, 40, rue de la Harpe, parmi les constructeurs pour daguerréotype, appareils de voyage et accessoires, est celui qui nous paraît jouir de la réputation la plus méritée. Parmi ses innovations, nous avons remarqué un appareil de voyage des plus ingénieux : cet appareil, dit portefeuille, peut tenir dans un étui en cuir n'ayant que 4 centimètres de largeur, avec un tirage d'un mètre, la chambre reployée n'a que six centimètres d'épaisseur, avec un tirage de deux mètres onze centimètres environ. Cet appareil est construit avec la plus grande précision, et la disposition des joints, qui sont à rainures, intercepte le passage à tout rayon de lumière dans la chambre noire, chose à laquelle ne se sont pas assez attachés les ébénistes constructeurs des appareils de voyage que nous avons vus jusqu'ici.

M. OUDIN est également l'inventeur des chambres noires à sac en caoutchouc, dont la commodité, jointe à la modération du prix fait comprendre la vogue qu'elles obtiennent.

COEULTE
ARTISTE PHOTOGRAPHE
Sur papier et sur plaque noir et en couleurs

1, *Boulevard des Filles-du-Calvaire, au coin de la rue du Pont-aux-Choux.*

Portraits coloriés sur papier et encadrés à 15 francs.

Spécialité de beaux rubans.
Maison BANES, successeur Janet WOLMUTH.
Palais-Royal, 5, galerie Montpensier; entrée par la rue Montpensier, 12.

MERCIER HYACINTHE
13, *Rue du Fauconnier, à Paris.*
Cadres plastiques et médaillons.

L'art de modeler en plâtre, semble encore l'un des attributs exclusifs de cette industrie parisienne dont l'essence même est la grâce et la légèreté. La maison Mercier brille au premier rang en ce genre, Depuis l'ovale le plus gracieux jusqu'au carré le plus parfait, ses cadres ont un rare cachet d'élégance, de distinction et d'à-propos: sobre d'ornements pour ceux qu'il destine au genre sérieux, plein du goût le plus exquis au contraire, quand il s'agit de sujets riants, M. Mercier a su faire régner l'harmonie jusque dans les moindres détails. Ses sculptures rivalisent avec celles des maîtres de l'art, ses médaillons et ses articles de sainteté, dont l'exécution demande peut-être plus de finesse d'exécution, passent à juste titre pour ce qu'il y a de mieux en ce genre. En résumé cette fabrique, dont les produits sont parfaitement appréciés, se reconnaissent autant par l'extrême variété de ses articles, par la solidité et l'élégance dont elle sait les douer, que par la modération de ses prix.

PICHOT, rue de Charonne, 40. Médaille à l'exposition de 1849. Fabricant de limes en acier fondu, spécialité pour ateliers de grosses constructions; tous ses produits sont garantis. (Exportations).

JAUJEY, fabricant de coutellerie, boulevard Bonne-Nouvelle, 5, au coin de la rue de Cléry, Paris. — On trouve dans cette maison d'excellents rasoirs Français et Anglais, et tous les articles de coutellerie ordinaire et de luxe, pour service de tables et de dessert.

TRÉBOUL

ingénieur

MANUFACTURIER,

BREVETÉ

s. g. d. g.

Rue de Charonne, 15.

MOULIN TRIPARTIBLE.

Pour la petite industrie et les ménages. Sa tripartibilité consiste, 1º à décortiquer la fève de cacao torréfié ; 2º à moudre et pulvériser le sucre ; 3º à broyer le chocolat.

Ce moulin est aussi employé pour moudre le café, la cannelle, les épices, etc., etc. — Il y en a de simples et de composés ; les uns et les autres occasionnent peu de fatigue pour les tourner, car ils deviennent une récréation pour une femme ou un adolescent.

Les formes de ce moulin sont simples et élégantes, suivant son prix ; il est facilement transportable ; il y en a depuis 0,30 cent. jusqu'à 70 cent. de diamètre. Il a sa place dans la boutique du petit épicier comme dans la pharmacie la plus riche et le café le plus brillant. — Son prix est modéré, il y en a de 50 à 150 francs. La richesse et l'ornementation détermine le prix. — On délivre, avec le moulin, une brochure ayant pour titre : *La Vérité sur le chocolat* et pour épigraphe : Le charlatanisme vient tôt ou tard se briser contre la vérité), approuvée par toutes les sociétés hygiéniques qui ne font pas de charlatanisme, et par les fabricants qui ne font ni fraude, ni falsification, ni de refonte de chocolats vieux fabriqués.

Prix : 1 fr. 50 c. chez l'auteur, et au dépôt, magasin du Fourneau-Parisien, boulevard Beaumarchais, 30.

LOISEAU ingénieur opticien, fabricant d'instruments pour les sciences, quai de l'Horloge. 25, Admis aux expositions de 1839, 1844 et 1849. Quatre médailles de bronze. — Cette maison jouit d'une réputation méritée pour la construction de ses instruments de physique, électro-magnétisme et d'induction. Ses rapports avec l'administration des lignes télégraphiques de France, dont il est l'un des fournisseurs spéciaux, sont une garantie de la bonté de ses appareils concernant la télégraphie électrique.

On trouve dans cette maison seule l'appareil électro-médical Gaiffe, sans pile, remarquable par sa force et son peu de volume, admis à l'Exposition universelle.

M. LOISEAU expose : Un télégraphe monté à mouvement à horlogerie avec modifications importantes : un télégraphe complet à changement de courants et à relai, un nouveau relai adopté par l'administration : un nouvel appareil d'éclairage électrique ; un nouveau paratonnerre pour la télégraphie électrique ; un moteur électrique et divers appareils d'électricité statique et d'induction.

Ancienne maison **PELLENC** (Frédéric), successeur, 10, rue Popincourt, Paris. — Fabrique de rivets, par PETREMONT procédés mécaniques, en fer et en cuivre pour chaudronniers, constructeurs, toliers, serruriers, ferblantiers, fabricants d'étrilles, lits en fer, jouets d'enfants, chapeaux mécaniques, plaques, équipements militaires, pour lampistes, bijoutiers en faux, etc.

PIAT

Cour du Bel-Air, faubourg Saint-Antoine, 56.

Une des fabriques de meubles les plus dignes d'être signalées au public parmi les nombreux ateliers du faubourg Saint-Antoine, est assurément celle de M PIAT. La fabrication des meubles a été si fort compromise auprès des acheteurs, par la concurrence qui fait la pacotille, que c'est presque en tremblant qu'on aborde un magasin nouveau. Cette crainte n'existe pas pour ceux qui connaissent la fabrique de M. PIAT. Nulle maison se saurait offrir des garanties plus complètes que celles que l'on trouve dans l'habileté et la loyauté de cet industriel, qui s'est fait remarquer par divers inventions et plusieurs perfectionnements. Les toilettes à corps mobile et les coulisses de lits, dites chemins de fer, de M. PIAT, sont des spécialités que lui seul a le droit d'exploiter, et qui suffiraient à faire sa réputation, si elle n'était déjà pas parfaitement établie.

RICHOND FILS

FABRICANT DE BRONZE ET D'HORLOGERIES,

52, RUE CHARLOT, 52 A PARIS.

Grande variété de pendules, candélabres. Bronze d'art et de fantaisie, tels que porte-bouquets riches, écritoires, presse-papier, etc.

EXPORTATION.

AU PÈRE BOIVIN. — *Barrière de Clichy.* 6

CHAMBELLAND RESTAURATEUR, fait noces et banquets. — Salons et cabinets de société.

EAUX MINÉRALES NATURELLES.

Ancien grand bureau, rue Jean-Jacques Rousseau, 20,

SOUS LA DIRECTION DE

J. LAFONT ET Cie

On trouve dans cet établissement, le plus ancien de la rue Jean-Jacques-Rousseau, les eaux minérales naturelles de tous les pays, ainsi que les pastilles et le sel de Vichy.

166, RUE SAINT-HONORÉ, 166, PARIS.

A. M. QUINET

Inventeur du Quinetscope, seul instrument qui peut reproduire instantanément les deux images stéréoscopiques de vues, monuments, groupes revues, fêtes publiques.

Fourniture de tout ce qui concerne la photographie et la stéréoscopie

Vente d'épreuves stéréoscopiques (grand assortiment) toutes animée sur verre, plaque et papier.

Vente d'appareils et de produits chimiques.

Collodion instantané.

Cartons pour stéréoscope à dessins géométriques.

Quinetscope, nouveau système, permettant de voir avec leur relief dans toutes les dimensions les images stéréoscopiques, c'est-à-dire san le secours du stéréoscope.

BREVET D'INVENTION.

SOUDAIX ET Cⁱᵉ

2, RUE MAZAGRAN,

Près le boulevard Bonne-Nouvelle.

Entreprise de nettoyage de broderies et passementeries, or et argent — Utile à MM. les fonctionnaires civils et militaires, aux ecclésiastique et aux dames dont les articles de toilette sont garnis de broderies.

Conservation de la nuance des étoffes.

A la même adresse, *Poudre argentine* brevetée pour le nettoyage et l conservation d'orfévrerie, bijouterie et joaillerie, plaqué d'argent et composition.

Exploitation du brevet à céder pour l'étranger.

PINARD 145, rue Ménilmontant, 145 (Paris). Fabrique de papie peint pour cartonnage et parfumeur, fait aussi le pa pier doré tout genre.

(Commission, exportation).

FOUCHENERET, successeur de CHALOPIN.

FOURNISSEUR BREVETÉ DE SA MAJESTÉ LA REINE DES PAYS-BAS.

102, rue Richelieu.

CHAUSSURES POUR DAMES

Fournisseur de plusieurs Cours étrangères et des plus riches famille de Paris et de l'étranger. Ses chaussures se recommandent autant p l'élégance que par la solidité.

JOHN SHERWIN

INGENIEUR ET CONSTRUCTEUR

Rue Cumberland, 5, shoredith Londres.

M. J. SHERWIN est l'inventeur de la presse impériale à imprimer, de celle pour relier et de la presse à vis pour graver.

L'empressement avec lequel le public a accueilli ses presses il y a trente ans, la haute faveur dont elles ont toujours joui depuis cette époque, l'ont engagé à y apporter encore les perfectionnements qu'il avait médités.

La facilité avec laquelle on peut en faire l'exportation, les font rechercher par les négociants, imprimeurs, relieurs, etc.

Voici un aperçu de quelques-uns de ses prix :

Presses à imprimer de	300 à 1,800 fr.
id. pour relieurs	300 à 2,600 fr.
Presses à vis en fer pour graver .	1,050 à 2,500 fr.

M. J. SHERWIN construit aussi toute espèce de machines constituant le matériel des imprimeurs, graveurs, relieurs, etc.

19

FABRIQUE

DE

PRODUITS CHIMIQUES

JOSEPH MULLER

A RUEIL, Seine-et-Oise.

Depuis quelques années, les agriculteurs se préoccupent vivement de la découverte de nouveaux engrais que chaque inventeur annonçait comme remplaçant le fumier ordinaire avec de grands avantages, et devant procurer des récoltes abondantes, tout en garantissant une économie considérable résultant de son emploi; mais, après plusieurs essais qui n'amenaient que des résultats très-incomplets et le plus souvent nuls, ils étaient obligés de recourir à l'emploi de l'engrais ordinaire qui, à cause de sa rareté, était distribué avec parcimonie et n'était qu'un palliatif aux besoins de la culture.

Eclairé sur les défauts de tous les engrais chimiques inventés jusqu'à ce jour, M. Muller a voulu, lui aussi, travailler à la richesse agricole du pays trop souvent négligée en France, et d'où découle pourtant la prospérité d'une nation. A force d'études et d'essais, la plupart infructueux, il est enfin parvenu à composer un nouvel engrais, réunissant tous les avantages de ceux ordinaires et servant à fumer avec économie les terres propres à tous les genres de cultures, prairies, arbres, vignes, etc.

On fait en quinze jours, à l'aide de cet engrais et avec l'addition des végétaux les plus inutiles, des fumiers d'une richesse extraordinaire, et des poudrettes sont obtenues en six à sept jours seulement. Ces poudrettes sont les seules naturelles, non falsifiées et ayant une énergie double de celles obtenues et falsifiées au moyen du desséchement. *Prix de l'engrais, 3 francs l'hectolitre*. Plâtre cuit ou cru, tourteaux, os crus ou calcinés.

Spécialité de produits chimiques pour les arts, les sciences et l'industrie.

Sulfate, carbonate et arséniate de cuivre; acides nitrique, sulfurique et muriatique; sel ammoniac; sels et cristaux de soude et de potasse; eau de Javel, sel frigorifique, rouille, rouge à polir; cyanures de potassium, de cuivre et de zinc; borax raffiné, alun de glace, arcançon, gomme laque et émeri. Couleurs, teintures, vernis en tous genres.

Papier décolorant pour filtrations chimiques, évitant l'emploi ennuyeux du charbon et du noir animal; ce papier produit une filtration plus rapide et plus complète que celle obtenue par le procédé ordinaire; par sa consistance, il permet aux chimistes et aux expérimentateurs de filtrer sans craindre aucune rupture, évitant une perte de temps et procurant une réussite complète.

Sel réfrigérant se reconstituant indéfiniment et servant à la fabrication de la glace artificielle obtenue au moyen d'appareils appelés *glacières parisiennes*, le seul qui, complétement inoffensif, proscrive l'emploi toujours si dangereux des acides.

Chlorure désinfectant employé à l'assainissement des hôpitaux civils et militaires.

Essence et huile essentielle de houille. brai minéral, mastic et bitume pour dallage, etc., huile goudronnée et créosotée pour peintures extérieures, enduit créosoté pour la conservation des bois, plâtres et métaux, vernis noir, mastic marin pour calfatage, huile de résine, noir de fumée léger n°s 1, 2, 3 et 4.

Sels de soude et de potasse, soude et potasse, savon, antimoine d'Auvergne, nitrate de potasse raffiné pour cristallerie.

VÉRY, RESTAURATEUR

Palais-Royal, galerie Beaujolais, 83, 84, 85,

ENTRÉE POUR LES VOITURES, RUE BEAUJOLAIS, 15.

PETITS ET GRANDS SALONS DE SOCIÉTÉ.

Cet établissement, un des plus anciens, est toujours resté au niveau de sa réputation.

MANISSIÉ

RUE DU VERT-BOIS, 32, A PARIS.

Etuis à bascule pour lunettes en tous genres, cabans, nécessaires, étuis de lunettes en tous genres.

GAIDON JEUNE fabricant de pianos en tous genres, rue Paradis-Poissonnière, 52 et 44. Paris. Vu le peu d'espace, ce facteur n'expose que des pianos droits qui se font remarquer par une parfaite exécution et une belle simplicité qui les distinguent. Tous les instruments qui sortent des ateliers de M. GAIDON sont du travail le plus soigné et jouissent d'une grande réputation. Voir les rapports des jurys aux quatre dernières expositions nationales, qui classent les pianos de M. GAIDON au premier rang.

Après les facteurs qui ont reçu la médaille d'or et la croix, il a reçu, lui, quatre médailles à ces expositions, et la première médaille d'argent lui a été décernée à l'exposition de 1849.

AUX DEUX PAGES.

Magasin de Soieries et Confections

FESSART CHARLES

11, Rue Vivienne, 11.

Nous ne saurions passer sous silence le sentiment d'admiration que nous avons éprouvé en visitant les galeries de ce riche magasin; là, tout respire un parfum de luxe éblouissant et possède ce cachet de haute nouveauté et de bon goût qui fait la renommée d'une maison; nous y avons remarqué surtout un assortiment de soieries et de velours de soie d'une grande beauté, ses étoffes unies et façonnées ainsi que ses hautes nouveautés qui font de ce riche magasin l'un des plus recherchés par le monde élégant.

THIRION

INGÉNIEUR HYDRAULIQUE, BREVETÉ s. g. d. g.

45, Rue Notre-Dame-de-Nazareth,

A l'honneur de faire connaître au public que le succès obtenu par ses nombreuses expériences faites jusqu'à ce jour, ne laisse plus de doute sur la supériorité de son appareil aérohydraulique dont le système breveté offre aux étrangers bienvenus et qui ont apporté à l'exposition universelle des choses rares, et toujours nouvelles, une ingénieuse et savante machine qui réunit l'élégance et la beauté grâce à la variation de ses dessins, tels que citadelles, mines, forges, moulins, tables sur lesquelles on aperçoit une rivière limpide, produisant une cristallisation mobile, formant dans son parcours une quantité de perles, lesquelles vues à la lumière sont d'un effet merveilleux, combats, animation des figurines, tableaux, etc., etc.

Son peu de volume permet de le déplacer facilement, et il peut être employé comme ornement, soit dans une chambre à coucher, salle à manger, salon, devanture de café ou autre foyer de théâtre où l'inventeur veut faire une application en grand de son appareil sur une toile de fond.

Le public est aussi prévenu qu'outre ses appareils aérohydrauliques l'on trouve chez lui les presses-papiers, boules et effets de neige, poissons, volatiles, paysages très-variés, en un mot tous objets agréables et utiles en même temps le tout à des prix extrêmement avantageux.

TERRIEN rue Saint-Laurent, 49, à Belleville, horloger mécanicien. Spécialité de rouages de tous genres, horloges, tournebroches, compteurs, feutres de roues et pignons, plans et rédactions de brevets, etc., et tout ce qui comprend la petite mécanique.

HAVERNA

Passage des Panoramas, grande galerie, 28.

SELLERIE ET HARNAIS DE LUXE ET ORDINAIRES.

Fouets, cannes et cravaches en tous genres.
Articles de chasse et de voyage.
Équipements militaires.

385, rue Saint-Denis. **GUÉNOT**, bonneterie de Paris, chemises et gilets de flanelle confectionnés et sur mesure. — Cravates et cols. — Ganterie. — Mercerie. — Passementerie et rubans. — On parle anglais.

DURAND FRÈRES

A BERCY, place Cabanis, 4.

Entrepositaire à Bercy, commissionnaire, marchand de vin et eaux-de-vie. — Vente en gros et en détail pour Paris, et en gros pour toute l'Europe.

APERÇU DES PRIX :

Très-bon vin d'office en cercles et en bouteilles, pour Paris, rendu à domicile, 160 fr. la pièce de 228 litres ; 90 fr. la feuillette de 136 litres. Au détail, 70 centimes le litre.

BREVET D'INVENTION ET DE PERFECTIONNEMENT

s. g. d. g.

CHAUSSURES CHALCOCOMPHE

SOLIDITÉ, ÉCONOMIE

POUR HOMMES, DAMES ET ENFANTS.

Médaille d'argent en 1844.

MARGOTIN

Rue Montmartre, 121.

Bottes, bottines élastiques et à boutons, vernies et en veau, souliers à élastiques, à boutons, à lacets et Molière, escarpins, etc.

On trouve chez M. Margotin l'assortiment le plus complet joint à l'élégance, et les formes les plus recherchées.

Confection solide et de bon goût, bon marché réel et garantie de marchandises par la probité commerciale la mieux établie. Tels sont les avantages qu'offre à sa nombreuse clientèle cet établissement, l'un des plus recommandables de Paris.

M. PUSSET négociant en vins, demeurant boulevard des Batignolles, barrière Clichy (intra-muros), a l'honneur d'informer MM. les étrangers et Français, formant sa nombreuse clientèle, qu'il possède dans ses caves et magasins, un choix de vins des meilleurs goûts et de toutes qualités, comme aussi il leur fait connaître qu'il vient de fonder le café-restaurant fraîchement décoré, situé entre les barrières Rochechouart et Poissonnière, boulevard des Poissonniers, 46 (extra-muros), où ils trouveront des échantillons de ses vins, ainsi qu'une cuisine de très-bon goût et proprement servie, au prix le plus modéré; on y parle anglais.

19.

Mmes FONTAINE

MODES.

Rue Louis-le-Grand, 31.

Nous nous empressons de signaler à l'attention de nos lecteurs la maison de Mesdames Fontaine qui a su s'attirer l'attention du monde élégant, autant par le bon goût de ses produits que par leur cachet de haute nouveauté, et aussi la qualité la plus irréprochable. — Cette maison située dans un des quartiers les plus riches de Paris a vu sa reputation s'accroitre de jour en jour.

Cette reputation si justement acquise par les soins qui sont apportés à la confection de ses produits en dit plus à elle seule que tous les éloges que nous pourrions lui accorder et qui pour tous ceux qui n'ont pas encore visité leur établissement pourrait paraitre trop flatteur.

Mme FOURRIER rue Fontaine-au-Roi, 45, fabricante de tissus pour ameublements de tous genres, tels que rideaux, stores, dessus de lits, dessus d'oreillers et édredons, bras de fauteuils et dossiers, et généralement tout ce qui peut avoir rapport à l'ameublement, soit sur mesure ou autrement. Le nouveau procédé que nous employons nous a fait obtenir un tissu nouveau, plus propre et plus régulier que celui qu'on a obtenu jusqu'à ce jour, ouvrage que l'on ne trouvera que dans notre fabrique, ce qui nous met à même de livrer à nos clients des articles plus beaux et plus avontageux que chez nos confrères et à des prix peu élevés.

SOIERIES		CHALES
lainages	**A LA VILLE DE LONDRES.**	indiennes
CONFECTION.		LINGERIE.

NOUVEAUTÉS

EN TOUS GENRES.

Les produits de cette maison, qui jouissent d'une grande réputation de bon marché, sont également recherchés par leur qualité et leur bon goût irréprochables.

18, rue du Faubourg-Montmartre, en face la rue Grange-Batelière et la rue Geoffroy-Marie.

Rue de l'Échiquier, nº 16 et rue Mazagran, nº 11.

FERDINAND WIENRICH,

Commissionnaire en marchandises. Exportation.

Dépôt des vins d'Espagne de tous les crûs, de la maison SCOTTZ, vin de Malaga et vin du Portugal.

Rue Croix-des-Petits-Champs, 85,

Près la Banque de France.

DEMARNE, CHEMISIER.

Chemises, caleçons, gilets de flanelle, cols, cravates, chaussettes, mouchoir de batiste, etc.

CHEMISE DE FEMME ET TROUSSEAUX.

Chemises de nuit, jupons, camisoles, pantalons, bonnets de nuit.

Marqués en chiffres connus.

Mention honorable à l'Exposition nationale de Londres, Palais-Royal, 180, galerie de Valois. FAYOLLE, auteur du *Traité des ordres de chevalerie*. Fournisseur du Corps-Législatif et du Conseil-d'Etat. — Fabrique spéciale de plaques, croix d'ordres, décorations, médailles et rubans, écharpes, brassarts, drapeaux, bannières, bijoux et cordons de franc-maçonnerie.

Rue de Rivoli, 70.

PLACE DE L'HOTEL DE VILLE.

A L'OLIVIER.

MAISON POPELIN.

HUILE DE FOIE DE MORUE NATURELLE.

SEULE ADMISE A L'EXPOSITION DE 1846

Elle est livrée naturelle, et par cette raison, conserve toutes ses propriétés; de là vient la vogue dont jouit cette maison.

Remise pour 25 flacons.

RUE DU MILIEU, 82,

A MONTREUIL-SOUS-BOIS

PRÈS VINCENNES,

Demeure un homme qui jusqu'à ce jour est resté ignoré, et pourtant combien d'autres prétendant posséder le génie qui fait la gloire artistique, ont acheté une renommée qui doit être accordée à l'artiste de qui nous voulons populariser le nom.

Pendant sa vie calme et retirée, cet homme a consacré tous ses instants à l'accomplissement d'une noble entreprise ; pour y parvenir il lui a fallu créer un véritable chef-d'œuvre d'adresse, de patience et de goût.

Dans un but purement philanthropique, il a créé un musée, consacré à l'Empereur Napoléon Ier, et aux événements accomplis sous son règne ; il est parvenu à y faire figurer tout cela, avec une telle vérité d'exécution, que l'on reste étonné devant les productions d'un génie aussi fertile.

Là, vous voyez pour ainsi dire se dérouler sous vos yeux toutes les péripéties de ce grand drame, qui a pendant quinze ans tenu l'Europe en haleine. Rien n'y a été oublié, nos plus grandes victoires y figurent à côté de nos pénibles revers. Marengo, Austerlitz, Wagram, Waterloo, etc.; véritable suite de triomphes terminée par une glorieuse défaite; sentier aboutissant au rocher africain. Ces véritables merveilles n'ont pas été empruntées à la palette du peintre, mais bien au talent du sculpteur ; n'ayant jamais professé ce grand art, M. Bourillon (tel est le nom de notre artiste), a exécuté avec les instruments les plus simples, ce tour de force vraiment extraordinaire. Son *tombeau de Napoléon, entouré de tous les rois de l'Europe*, son *Musée impérial*, et *le rocher de Sainte-Hélène*, écueil tarpéïen, contre lequel est venue se briser cette vie, si glorieusement remplie, de splendeurs prodigieuses et de poignantes infortunes. Enfin, en voyant toutes ces merveilles rendues au moyen de la sculpture, on se sent transporté au temps où s'accomplissaient de si grandes choses.

Ce sont là les principales parties de ce grand ouvrage, ayant le mérite d'une œuvre de bienfaisance accomplie par tous les visiteurs aimant à faire le bien sans ostentation; l'artiste ne prélevant rien sur les dons volontaires qui lui sont confiés, toute idée de lucre étant repoussée; si le visiteur, ami de tout ce qui est beau et noble, éprouve le désir de faire une œuvre de charité, il peut par ce moyen être sûr que son don parviendra directement et entièrement entre les mains des classes nécessiteuses de Montreuil-sous-Bois, qui attendent, en souffrant, les dons volontaires faits par les appréciateurs des chefs-d'œuvre de M. Bourillon.

V^VE BIDART
Rue du Faubourg-du-Temple, 43 et 45,
A PARIS.
FABRIQUE DE DENTS MINÉRALES.

Dents ordinaires à trois crampons, dents transparentes à trois ou quatre crampons, dents à pointes, à trous sans tubes et à tubes molaires, dents à crampons avec gencives, dents à anneaux et crampons et dents à deux anneaux.

Ces nouvelles dents erfpectionnées, d'une solidité extraordinaire résistent au feu, même après avoir séjourné dans la bouche un assez long laps de temps. Imitation parfaite de la nature.

Toutes les dents Bidart sont garanties et la modicité de leur prix ne s'explique que par l'importance de la vente quotidienne.
Commission et exportation.

L. MÉGI
54, Grande-Rue, à la Chapelle
(Seine.)
ATELIER DE CONSTRUCTION MÉCANIQUE EN INSTRUMENTS DE PESAGE.

Ponts à bascule pour peser les voitures à 2 et à 4 roues et wagons, à romaines et à poids, rapport des leviers de 1 à 100; bascules portatives à romaines et à poids; romaines oscillantes à crochets, balance dite française, breveté s. g. d. g., à plateaux creux et plats, pour détail de café et tabac, d'une extrême sensibilité; elles peuvent être employées à peser l'or et l'argent, et aux essais pour opérations de la chimie, etc.

PAPETERIE.
EDOUARD PIERRE
10, RUE VIVIENNE.
Epreuves photographiques inaltérables de H. BLANQUARD EVRARD.

La Belgique, les Bords du Rhin, les Bords du Nil, Souvenirs de Jersey, Souvenirs des Pyrénées, Souvenirs de Versailles et de Paris. Egypte, Nubie et Palestine, art religieux et art contemporain.

L'on trouve toutes les épreuves ci-dessus, à l'élégante papeterie Edouard Pierre. 10, rue Vivienne.

ALF. HORAY médecin dentiste, 44, *rue Montmartre*. Spécialité reconnue par les dentiers et pièces artificielles. pièces de redressement pour les enfants, garantie de la guérison des dents.

A LA DEESSE DES FLEURS.

Ancien 63, rue de Rivoli 77 nouveau.

LAURENT fabrique de parfumeries perfectionnées. — Commissio , exportation.

PORTRAITS AU DAGUÉRÉOTYPE

De la maison CHABUT, rue Saint-Denis, 17, en face l'église Saint-Leu. Cette maison est toute spéciale pour la perfection du coloris qui donne à ses portraits l'aspect de la miniature. — Prix modérés.

5, rue Saint-Marc, précédemment rue de Hanovre, 5.

Mme TALBERT, somnambule.

Après un séjour de trois années à Londres vient d'ouvrir un nouveau cabinet rue Saint-Marc, n° 5.

Cours de magnétisme en 5 leçons.

Nous recommandons la poudre DESILLE. pour la destruction des puces et punaises, comme étant tout ce qu'il y a de mieux, n'offrant aucun inconvénient, jamais les produits chimiques n'ont obtenu pareil succès, car cette merveilleuse poudre a la propriété de détruire toute espèce d'insectes, tels que poux, pucerons, fourmis, cafard, cloportes, chenilles, papillons, charançons, mouches, mites, vers, bêtes à mille pattes, le tigre des arbres, etc., et peut être employée contre la maladie de la vigne etc.

M. DESILLE ne garantit que les boîtes revêtuee d'une enveloppe et d'un cachet de garantie portant sa signature.

DESILLE,

Coiffeur, parfumeur, rue Poisonnière, n° 8, en face celle des Jeuneurs.

Cette maison est avantageusement connue pour sa parfumerie.

PERRIN CHARLES

FABRICANT D'APPAREILS D'HORLOGERIE,

RUE CHATEAU-LANDON, 17, A PARIS.

Tout le monde connaît les pendules compensateurs formés de barres alternatives en cuivre et en fer; leur prix étant trop élevé pour qu'on puisse les utiliser dans les grandes horlogeries communes, il en résulte que jusqu'à ce jour la compensation n'en a été que très-imparfaite par un autre principe consistant en un levier à équerre repoussé par un boutoir appliqué à une tringle horizontale. M. Perrin voulant, supprimer toutes ces imperfections, a eu l'heureuse idée de construire un pendule d'un système possédant les avantages du premier et lui permettant de le livrer à un prix considérablement réduit. Ce nouveau pendule consiste en l'association de deux métaux très-communs, le fer et le zinc : nous ne décrirons pas son mode de construction, ce qui exigerait plus d'étendue que nous n'en avons réservé aux produits de M. Perrin. Mais nous ne pouvons nous dispenser de donner une description de sa dernière invention qui est une nouvelle pendule de contrôle pour les rondes de nuit. Elle se compose: 1º d'un mouvement de pendule à échappement circulaire et renfermé dans une boîte rectangulaire ou cylindrique; 2º d'un plateau placé au-dessus d'un mouvement et tournant par l'effet de ce mouvement, mais sans lui être uni ou lié par une tige rigide, et recevant simplement le mouvement par l'intermédiaire d'un ressort en spirale: par cette disposition on obtient un effet très-satisfaisant quand il s'agit de réaliser un contrôle quelconque; si l'on fixe le plateau pour l'empêcher de tourner, le mouvement d'horlogerie ne s'arrête pas, mais il bande le ressort en spirale, et le ressort, aussitôt que le plateau deviendra libre, le ramènera en arrière d'un angle égal à celui qu'il aurait parcouru s'il avait été entraîné par le mouvement. Sur ce plateau on fixe un cadran faisant son tour en vingt-quatre heures et au moment de le confier au veilleur, on fait coïncider l'heure actuelle lue sur le cadran, avec un index fixé au plateau, on ferme la boite dont le couvercle est muni d'une fente à travers laquelle on peut lire l'heure.

Dans chacun des lieux où le veilleur doit marquer son passage à une heure déterminée, se trouve un étui dans lequel le veilleur introduit la boite, sur l'étui est installée une tige à bouton portant à son extrémité intérieure un poinçon encré qui s'engage dans la fente de la boîte, et le poinçon imprime sa marque sur le cadran fixé au plateau mobile.

Les marques des poinçons sont différentes pour chaque lieu de passage et de contrôle, et de plus la distance du poinçon au centre de la coulisse doit varier de telle sorte que les marques ne soient pas sur un même cercle concentrique, mais se rapprochant de plus en plus du centre; lorsque le matin le veilleur remettra l'appareil au chef de service, celui-ci en l'ouvrant et vérifiant la position des marques, leur coïncidence avec les différentes heures marquées par le règlement, saura si la ronde a été bien ou mal faite.

Si pour cacher une négligence ou un retard, le veilleur faisait avancer à la main le cadran et le plateau dans chaque lieu de manière que toutes les marques fussent à la place voulue, et si cette opération mauvaise terminée il arrêtait le mouvement du cadran en maintenant en place le dernier poinçon, sa fraude serait immédiatement découverte, car le ressort spirale en se débandant reviendrait à la position qu'il occupait avant l'impression des marques; cet appareil qui a obtenu le plus grand succès, a été adopté par plusieurs grandes administrations. M. Perrin apporte à cet article toutes les modifications particulières exigées par chaque genre de service.

TRAITEMENT MÉTHODIQUE pour la guérison des déplacements des viscères du bas ventre, tels que les hernies abdominales, les descentes de matrices, etc., etc.

Par le docteur **DOZOT** successeur du dr CRESSON-DORVAL*, inventeur breveté des bandages, 1° *à pelotes en caoutchouc remplies d'air*, dont la quantité varie à volonté, d'où souplesse, légèreté, empreinte exacte des parties à chaque mouvement, sans douleur possible; 2° à pelotes également en caoutchouc, mais renfermant une nouvelle composition dont la souplesse est inaltérable, appareils approuvés par l'Académie de médecine.

Auteur du *Guide théorique et pratique pour la guérison des hernies, ou nouveaux moyens de se guérir soi-même*, 1 vol. in 8°. avec planches, 4 francs, et 5 fr. sur la poste.

Seul cabinet ou *des études médicinales, chirurgicales spéciales sur les hernies* (cette partie de la science toujours abandonnée à des mains entièrement étrangères à l'art de guérir), et l'emploi d'un *système métrographique*, 1° indiquant, pour chaque cas particulier, la résistance nécessaire au maintien de la réduction de la hernie. 2° établissant la puissance du ressort au degré voulu pour l'action compressive calculée pondériquement, offrent toutes les garanties désirables pour la contention des hernies les plus rebelles et les remèdes à apporter à leurs accidents.

Emploi et préparation *pour les déplacements des organes génito-urinaires chez les femmes des pessaires en gomme élastique pure* de toutes formes. Ils offrent, comme avantages principaux, ceux de pouvoir être introduits sans douleur, de maintenir les organes déplacés dans leur position normale, pendant même des années entières sans s'altérer, et par conséquent sans avoir besoin d'être enlevés, condition indispensable pour permettre aux ligaments détendus de revenir à leur état normal.

CONSULTATIONS DE MIDI A TROIS HEURES.
Rue de la Banque, à l'entrée de la galerie Vivienne.

CHEVEUX

Mme SIMON, breveté s. g. d. g., perdant chaque jour une partie de ses cheveux, composa une pommade qui réussit parfaitement à en arrêter la chute, et aux places dégarnies, il revint bientôt une multitude de petits cheveux qui forment aujourd'hui son épaisse chevelure ; un succès aussi éclatant eut lieu sur la tête de sa sœur et sur celles de plusieurs de ses voisines. Convaincue alors qu'elle possédait le plus précieux trésor pour la chevelure, Mme SIMON fit de nouveaux essais, et reconnut bientôt que l'emploi de sa pommade arrête spontanément la chute des cheveux, en fortifie la racine, les fait repousser et les empêche de tomber et de blanchir, par son action régénératrice sur les bulbes dont elle réveille la vitalité altérée ou atteinte par l'âge, les maladies, etc. Cette pommade, d'une bonne odeur, n'altère en rien la santé, et donne à la chevelure une grande souplesse et un lustre éclatant. Plusieurs médecins distingués en ont constaté les merveilleux effets, et la société de l'industrie vient de décerner à Mme SIMON une médaille d'honneur pour sa précieuse découverte, dont les succès sont de jour en jour plus nombreux. — Consultations gratuites au magasin de vente, rue Montmartre, 20. — 6 fr. le pot et 3 fr. le demi-pot.

MM. GANIVET, ROY et fils, à Saint-Claude, département du Jura, dépôt à Paris, rue des Gravilliers, ont obtenu une médaille d'argent à l'Exposition générale de New-York, en 1853, pour leur fabrication de tous les articles de tourneurs en tabatières de buis et cornes de buffle fines et ordinaires, peignes en corne, services en buis et buffle, étuis, encriers, robinets, toupies, coquetiers, flageolets, sifflets, tuyaux, pipes, porte-cigares, œufs, boîtes à chapelets, hochets, jeux d'échecs, de dames et de loto, manches, bisaigles, astics, bilboquets, coulants de serviettes et beaucoup d'autres articles en bois, buis, corne, os, coco et corozo.

GOISNARD carrossier, 112, rue de la Pépinière, 112. Assortiment varié de calèches américaines, cabriolets, phaétons, bruk, dog-cart, chars-à-bancs, coupés neufs et d'occasion.

VATINELLE peintre, photographe, miniaturiste, faubourg Montmartre, 33. Pratique et succès constants dans les différents genres de peintures appropriés au portrait et indispensables pour faire valoir les épreuves photographiques. Ressemblance assurée.

WATELIER-CATEAUX

ROUBAIX, rue Pelart, 34.

Cette maison, nouvellement fondée, a pris à tâche de satisfaire aux besoins de cette classe de la population, qui, sans pouvoir mettre un prix élevé, veut néanmoins figurer décemment dans le monde ; elle travaille l'Orléans pour robes, d'après ce principe d'économie, d'exécution, et est arrivée à fournir ce tissu à meilleure condition que personne sur la place. — Ses articles satin-duchesse, bas prix, sont appelés à prendre dans le monde commercial une extension immense.

Outre ces genres de simple exécution, M. WATELIER-PATEAUX travaille la nouveauté pour robes avec ce tact et ce bon goût qui caractérisent si bien la fabrication roubaisienne. Ses articles : valencias, foulards et popeline font marcher cette maison de pair avec les meilleures maisons du pays

SOCIÉTÉ DES FABRIQUES VÉNITIENNES UNIES.

VERROTERIE ET ÉMAIL

*BIGAGLIA et Cie, DALMEDIES frères, DALMISTRO Erera, FLAN-
TINI veuve et fils, COEN frères, LAZZARI ZECCHINI, à
Venise, SAINT-JEAN et SAINT-PAUL. n° 6480,*

*Médailles à Vienne en 1839 et 1845, Médaille de prix à l'Exposition
universelle de Londres.*

VERRERIE IMPÉRIALE. — Perles de toutes sortes, émaux pour mosaïques et cadrans; filigrane et aventurine.
Fabrique de minium et de céruse.
5 Médailles en or, 3 en argent, décernées par S. M. l'Empereur d'Autriche et par l'Institut de Venise.
Cette importante Société offre une réunion de produits qui font le sujet perpétuel de l'admiration de ceux qui visitent leur magnifique établissement. Les intelligents propriétaires ont su grouper avec un rare bonheur tout ce qui fait l'objet de la fabrication des verreries européennes, et sont à même d'offrir le choix le plus varié pour les commandes qui leur sont adressées de l'Italie, de la France et de tous les coins de l'Europe.
Les récompenses si honorables et si flatteuses dont cette société a été l'objet ne sont accordées qu'aux industries les plus sérieuses et les plus nécessaires.

Rue Saint-Sauveur, 47.

POMMADE UNIGÈNE
DE F. WARGNY, CHIMISTE.

Cette pommade à base de sulfate de quinine, essentiellement composée de végétaux, rend les cheveux souples et brillants, en fortifie la racine et en prévient la chute et la décoloration. C'est le seul et véritable antidote de l'alopécie et de la calvitie. Aromatisée avec les meilleurs parfums, elle est, de plus, fort recherchée pour l'usage de la toilette.
(Elle possède seule la précieuse qualité de ne crasser ni les cheveux ni la coiffure.)
Elixir dentifrice perfectionné de F. Wargny pour la conservation et la beauté des dents; composé de substances toniques et aromatiques, il fortifie les gencives et rend l'haleine fraiche et suave.
Une demi-cuillerée à café suffit dans un verre d'eau.
(Chaque flacon doit être revêtu de la signature de M. Wargny, chimiste.)

FOUCHÉ AINÉ

BREVETÉ s, g. d. g.

CONSTRUCTEUR-CHAUDRONNIER

QUAI VALMY, 245,

Et rue des Ecluses–Saint–Martin, 30.

M. FOUCHÉ a obtenu un brevet pour la construction de ses appareils à fondre les suifs en branches, en vase clos, par la vapeur, et à condensation des vapeurs provenant de la fonte des suifs.

Par ce procédé, qui fonctionne avec succès depuis cinq années dans les abattoirs de Paris, il est parvenu 1° à détruire les mauvaises émanations produites par l'ancien système ; 2° à obtenir un rendement plus grand et plus beau. Il existe un avantage très–important résultant de l'emploi de ce système de fonte ; c'est celui d'obtenir plus facilement l'autorisation de fondre dans l'intérieur des villes.

M. FOUCHÉ, initié depuis plus de vingt années dans la fabrication de tous les appareils qui se sont succédé pour améliorer la fonte des suifs, perfectionne également tous les ustensiles employés dans l'ancien système ; fabrique aussi toute grosse chaudronnerie en fer et en cuivre, telle que : chaudières à vapeur, appareils à distiller, dépotoirs pour les eaux-de-vie.

L.-F. BOCK 16, rue de la Muette, faubourg Saint-Antoine. Cette maison s'occupe spécialement de la fabrication des devants de cheminée. Papiers peints et paysages, actualités pour tentures.

V. BOUDET, 5, rue des Jeûneurs,

Dessinateur pour mousseline de laine, jaconat, flanelle, étoffes tissées.

GROUE. passage Vivienne, 68. — *A la Ville de Lyon.* — Paris. — Première et seule maison dans Paris pour la spécialité en cravates et cols-cravates en tous genres. — Cette maison peut, d'après ses forts achats et son grand choix, offrir à ses nombreux acheteurs moins cher que toutes les autres maisons qui ne tiennent que très-peu ces articles.

JEANNET 70, *passage Vivienne, Paris.* — Spécialité. Epilage de cheveux blancs. — Consultations sur les diverses maladies des cheveux. — Conseils pour leur radicale guérison.

Teinture parfaite de toutes nuances.

(Spécialité.)

DARBO. AUX TROIS SINGES VERTS

8, passage Choiseul, à l'entrée du boulevard.

Médaille de l'Exposition de 1849, médaille d'argent de la Société d'encouragement. Exposition universelle de Londres, et de Paris 1855.

BREVET DE 15 ANS, S. G. D. G.

Nouveau clyso-trousse de voyage et de nécessaire, plus petit qu'une lorgnette de poche, ayant plus de force dans le jet continu qu'un instrument dix fois plus volumineux, se plaçant dans une cuvette ordinaire, fonctionnant par la pression d'un seul doigt, pouvant absorber une quantité d'eau illimitée, recommandé pour les grandes injections médicales.

Inventé par l'auteur des biberons Darbo et des bouts de sein pour fermer ou guerir les crevasses, des tire-lait ou téterelles, des pompes jumelles pour irrigations, des bidets de voyages, etc.

M. Darbo surpasse par la supériorité de ses produits tous les contrefacteurs qui ont cherché à l'imiter.

Tous biberons, bouts de sein, mamelons et flacons qui ne porteront pas le nom Darbo, seront des contrefaçons.

Par n'importe quel temps. PORTRAITS DAGUERRIENS, exécutés par **GUEUVIN,** professeur de phothographie. Boulevard des Italiens, 11, maison du Grand-Balcon. Reproduction de tableaux, dessins, gravures, objets d'art. Portraits après décès. Ne pas confondre avec le phothographe d'à côté.

20

GUEST ET CHRIMES

Fonderie de cuivre à Rotherham

MAISON A LONDRES

Rue Southampton, 57, Strand.

Robinets brevetés pour soupapes libres de machines à haute pression. Robinets brevetés pour hydrants et pompes à feu, robinets perfectionnés pour écluses glissant d'elles-mêmes; garde—robes à l'anglaise à tube automoteur; hydraumètres de Sieman; appareils pour empêcher l'épuisement, pour régler l'alimentation d'eau; soupapes automotrices de drainage; robinets d'arrêt, et en général tous les articles nécessaires aux machines hydrauliques.

DÉPOT D'ARTICLES SANITAIRES

Tels que : tubes en gutta-percha, ventilateurs, vases de garde-robes, cuvettes à urine, vases à robinets; assortiment d'articles pour bains, lavoirs, articles hydrauliques et de drainage.

RUE CLÉRY, 84 A PARIS.

DEBEUF

PAILLASSONS

MAISON DU JONC D'ESPAGNE

FOURNISSEUR DES ÉGLISES DE PARIS.

Grand assortiment d'objets de Chine et de l'inde.

STORES ET NATTES.

MAISON de confiance **A. PICARD ET DE GUERNE** médecins dentistes de la Faculté de Paris, rue du 29 juillet, 10, au-dessus du pharmacien. Conservation des dents gâtées, selon les principes de nos grands docteurs. Vente, fabrication de dents et dentiers artificiels en tout genre et à tout prix. Vieil élixir de dix ans de bouteille, pour blanchir les dents, raffermir les gendives et parfumer l'haleine.

DESTRUCTION DES PUNAISES.

PORTE

Au lieu d'un nouveau procédé pour la desruction des punaises, dont l'application a toujonus obtenu le plus grand succès dans la maison des Sourds et muets, le collège de Sainte Barbe, et dans plusieurs pensionnats et hotels garnis de la capitale, et dont il a obtenu, sans aucune difficulté les certificats en bonne iorme.—Se charge de la désinfection de tous les établissements qui pourront lui être confiés en garantissant que le procédé qu'il emploie ne laisse aucune odeur désagréable et n'altére point les meubles des appartements qu'il auroit à nétoyer. — Ecrire *franco* 9, rue Tiquetonne, 9,
A CÉDER, EXPLOITATION DU PROCÉDÉ A L'ETRANGER.

HORLOGERIE PARISIENNE **BORSENDORF** et C\ie 1er, rue de Vannes au 1er Magasin de montres et et pendules à prix de fabrique. Atelier spécial, pour réparation de montres, pendules et pièces de précision. Comission exploitation.

LEPÈRE

L'ANCIEN N. C.

PORTÉ SUR LA LISTE DES NOTABLES COMMERÇANTS DE PARIS,

PHARMACIEN,

Place Maubert, 27, au coin de la rue Maître-Albert,

Auteur d'une notice sur la DYNAMOGÉNÉSIE HUMAINE, art de développer et de rétablir promptement les forces physiques des enfants et des personnes débiles.

La dynamogénésie opère la guérison des enfants qui sont tombés en étisie par suite de certaines maladies, d'une dentition trop pénible ou d'une croissance trop rapide, et des personnes qui sont en *état de langueur* par suite d'une maladie chronique, d'une grossesse, d'une perte considérable ou du retour d'âge. (Pour plus de détails voir les notes insérées dans l'*Almanach Impérial* ou dans les almanachs ou annuaires du commerce pour Paris et les départements.) Les malades de la province et de l'étranger, qui s'adressent à M. Lepère, soit pour avoir des renseignements sur la *Dynamogénésie*, soit pour entrer en traitement, ne reçoivent de réponse que si leur lettre contient un bon sur la poste ou quelque autre valeur pour l'honoraire médical ; ils doivent de plus, s'il y a lieu, donner l'autorisation de faire suivre en remboursement pour l'envoi à faire par la pharmacie de M. Lepère.

Inventeur des Pastilles contre les rhumes et les catarrhes, dites pastilles de Lepère. Ces pastilles *qui ne peuvent jamais nuire même aux personnes les plus délicates*, guérissent très-promptement les *rhumes* et les *catarrhes chroniques*, ainsi que la coqueluche et l'asthme.

Une boîte n$_o$ 1, prix 75 c., peut guérir un rhume ordinaire léger, ou une boîte n° 2, prix 1 fr. 50 c., accompagnée d'une boîte n° 1, (en tout 2 fr. 25 c.), pour guérir un rhume opiniâtre, une coqueluche ou un accès d'asthme.

Quelques boîtes n° 1 et n° 2, puis quelques boîtes n° 3 (prix 1 fr. la boîte), suffisent pour guérir un catarrhe (voir sur l'instruction jointe aux boîtes, le paragraphe : *doses pour les différents âges*).

Pour faciliter aux personnes de la province l'emploi de ses pastilles, M. Lepère fait expédier *franco* par les chemins de fer ou les messageries, pour toute la France, les demandes dont on lui envoie le montant ou un bon de la poste, pourvu que ces demandes soient au moins de 12 francs en totalité.

Il est impossible d'accorder la franchise du port pour les demandes au-dessous de 12 fr., et de satisfaire à celles qui ne sont pas accompagnées de leur montant en un bon sur la poste.

LÉON LÉGER

RUE BASSE-DU-REMPART, 20,

COIFFEUR DU GRAND-OPÉRA

ET FABRICANT DE FLEURS FINES.

PERROT

MÉDECIN DENTISTE

64, Rue du Faubourg-Montmartre, 64,

ENTRÉE PAR LA RUE FLECHIER, N° 4.

JULES DERRIEY

MÉCANICIEN, BREVETÉ s. g. d. g.

Chaussée Clignancourt, 9, à Montmartre, près la barrière Rochechouart.

MACHINE A FABRIQUER LES PASTILLES A L'USAGE DE LA PHARMACIE.

Par l'emploi et suivant la force de cette machine, on peut, avec le concours d'un seul homme, fabriquer de 50 à 200 kilog. de pastilles par jour.

Cette machine lamine la pâte à l'épaisseur voulue, la découpe et la timbre des deux côtés ; la rapidité de la fabrication résultant de son emploi et la modicité de son prix, assurent à ceux qui l'emploieront un avantage considérable sur les procédés ordinaires.

M. DERRIEY est également inventeur de plusieurs autres machines, telles que : machines à raboter opérant sur 1 mètre 50 centimètres à la fois ; machines à percer et à mortaiser, etc.

STATIQUE

POUR NE PLUS BOITER OU REGLER.

Toute marche et démarche, dans l'intérêt de la santé, ouvrage en douze principes raisonnés et six complémentaires, pour ne plus boiter, quand même la jambe serait de 15 à 20 centimètres plus courte que l'autre. Prix : 1 fr. 25 c.

Par LUTTERBACH, 97, rue Saint-Honore.

Leçons. — Chez l'auteur, où l'on trouve aussi science nouvelle pour la beauté du visage — art d'inspirer — pour la chaleur aux pieds — et les moyens pour la marche sans fatigue, et le bien-être par les mouvements physcologiques.

KINDBERG

59, *rue de Chabrol, au coin de la rue Hauteville.*
Fabrique d'orfévrerie plaquée.

REPOSE PLUME FRUNEAU

BREVETÉ s. g. d. g.

Offre à l'écrivain propre et soigneux l'extrème commodité d'abandonner et reprendre sa plume dans des gorges assez larges pour qu'elle aille s'y placer d'elle-même par un mouvement simple et naturel : par cette utile invention, les taches d'encre, l'effroi du bureaucrate sont donc à jamais bannies, et la bouche n'aura plus désormais à se remettre en contact avec le porte plume d'autrui inconvénient peu hygiénique.

Les oreilles verront aussi avec plaisir qu'on les décharge d'un locataire ennuyeux.

Comme ont le voit mon système est appliqué à une cuvette cylindrique à large base et la plus répandue dans les grandes administrations, offrant par son poids l'immuabilité si nécessaire.

J'en fais en fonte émaillée et en porcelaine à des prix modérés.

M. FRUNEAU, rue Bourg l'Abbé 18.

Quartier Saint Martin et Saint Denis.

ENCRE FRUNEAU 1e qualité en cruchons.

Fabrique aussi une encre poudre, pour faire soi-même et à la minute de bonnes encres noires et bleues commodes pour l'exportation, évitant le port des eaux lourdes.

PIANOS DROITS ET A QUEUE

DE

MM. BOISSELOT ET FILS

DE MARSEILLE.

Cette maison, fondée depuis vingt-cinq années, s'est élevée depuis longtemps au premier rang, et lutte aujourd'hui avec succès contre les principaux facteurs de l'Europe, tant par la qualité irréprochable de ses produits, que par la quantité de ses exportations.

La maison BOISSELOT et fils a obtenu deux médailles d'or, la première en 1844 et la seconde en 1849.

MAGNÉTISME.

RUE JEAN-JACQUES-ROUSSEAU, 3.

Mme FOURQUIN

Consulte sur cheveux et autres objets, directement ou indirectement. Se rend près des malades. à Paris et en province.

Spécialité d'articles de bureaux de tabac.

A. DEPRET, rue Neuve-Bourg-l'Abbé, 11. Paris. Pipes vraie écume, de Saxe, de Vienne, Cologne et autres; pipes 2me Masse de Saxe, de Vienne, Cologne et autres; porte-cigares ambre, écume et autres; boites à cigares. Pots à tabac, enseignes, tabatières en buis, buffle de Sarreguemines, etc. Collection de tuyaux. Pipes de terre cuite de toutes les fabriques françaises.

MAISON BEAU

146, Rue Montmartre.

COPISTE ÉLECTRO-CHIMIQUE

Cet appareil servant à copier les lettres et autres écrits sans le secours de la presse cette machine lourde et embarrassante, fonctionne avec beaucoup plus de facilité et de promptitude, et son peu de volume la rend indispensable pour les voyageurs. — Adoptée en France et à l'étranger.

On trouve au même magasin des appareils de galvanoplastie pour toutes les applications industrielles ; leçons pratiques pour les amateurs, et fourniture de tout ce qui concerne cette spécialité.

HENRY aîné (Ch.), artiste peintre et bijoutier en acier, 75, rue Charlot. Breveté s. g. d. g. pour un *nouveau système* de damasquinage et décoration de *tous métaux et toutes matières* à l'aide de l'électricité, des acides et autres substances.

PEINTURES, OBJETS D'ART.

Porte-monnaies, souvenirs, porte-cigares, coffres et coffrets, lettres en acier poli et damasquiné, armoiries, enfin tous les genres de découpages ou de métaux repercés pour appliques et fixés de toute nature. Fantaisies de toute espèce, Etrennes. Exécution sur commande de toute espèce de pièces. Spécialité d'acier découpé.

AGENCE MATRIMONIALE

Pour la Grande-Bretagne et les colonies, autorisée par la loi et fondée en 1867.

Bureaux, à Londres, rue Seymour, 26,

Henry-Charles BUTEER, directeur.

Cet établissement est un intermédiaire indispensable pour tous ceux qui désirent contracter une union convenable ; il met en rapport des personnes tout à fait inconnues les unes aux autres, et les étrangers peuvent y puiser des renseignements utiles sur toutes les classes de la société. L'agence pourrait citer plusieurs centaines de mariages accomplis par son intermédiaire et dans les conditions les plus avantageuses ; quels que soient l'âge, la fortune et la position physique ou sociale des personnes, elle ose avancer qu'il n'est point pour elle d'alliance impossible à réaliser.

Pour plus de détails, s'adresser directement, par la poste, à M. le Directeur, qui, par le retour, envoie son prospectus détaillé.

Pour les renseignements, affranchir et joindre à la lettre un mandat de 8 francs.

LEVADOUR

DENTISTE

BOULEVARD MONTMARTRE, 11

Maison du passage des Panoramas.

DENTS 100 P. 0\0 D'ÉCONOMIE.

VISIBLE DE NEUF HEURES A CINQ HEURES.

M. LEVADOUR, breveté s. g. d. g., honoré de
plusieurs médailles, déjà si connu pour ses dentiers à moitié prix, est le seul, par un procédé
nouveau, dit *Emo-plastic*, dont les dents, garanties
par écrit inaltérables pour 10 ans, et fixées sans crochets ni extraction, joignent à une extrême durée
l'avantage sur les systèmes anciens de ne point blesser les gencives et d'éviter, par leur libre déplacement. toute mauvaise odeur à la bouche.

DELMOND

CHIRURGIEN-DENTISTE

RUE DE RICHELIEU, 31, A PARIS.

L'art du dentiste a, depuis quelques années, fait des progrès réels, et chaque jour nous voyons un nouveau perfectionnement s'opérer, soit dans les moyens à employer, soit pour éviter la terrible maladie des dents, soit pour extirper celles qui sont atteintes, soit enfin dans la fabrication des dents et dentiers artificiels, que quelques-uns exécutent aujourd'hui d'une manière si parfaite.

Parmi ceux dont nous devons citer les heureux efforts, nous ne saurions éviter de recommander spécialement M. DELMOND, dont la nombreuse et riche clientèle vante, avec juste raison, les rapports excellents, la distinction parfaite et la bonté de ses dents et dentiers artificiels, dont le prix juste et raisonnable est basé sur l'honorabilité la plus parfaite.

VAN-BALTHOVEN

TAPISSIER ET FABRICANT DE MEUBLES BREVETÉS

EN TOUS GENRES

Rue du Faubourg-Saint-Antoine, 28 bis et 38.

Médailles d'argent en 1839, 1884 et 1849. — Médaille de prix à Londres en 1851.

Parmi les fabricants de meubles qui se sont le plus avantageusement distingués par la beauté de leurs produits, nous nous empressons de signaler la maison de M. VAN-BALTHOVEN comme réunissant à elle seule tous les avantages si recherchés dans nos meubles de bonne fabrication. En effet, il est impossible de voir quelque chose de plus beau et de plus gracieux que les produits de cet habile ébéniste. Bien peu de maisons pourraient établir avec elle une rivalité qui ne ferait encore que ressortir davantage la supériorité de tout ce qui sort de ses ateliers. Acajou, palissandre, bois d'ébène, bois de rose, etc., tout cela se transforme, à sa volonté, en meubles d'une beauté et d'une richesse merveilleuses : élegance de formes, finesse de sculptures et solidité irréprochable, voilà ce qui distingue la maison VAN-BALTHOVEN et lui permet de défier toute concurrence.

EXPÉDITION EXPORTATION.

AUBRÉE CHIMISTE

20, rue d'Angoulême, à Paris.

Membre de plusieurs sociétés savantes, médailles d'or de la Société d'encouragement.

Il est des chimistes dont les travaux exécutés dans une sphère de théorie extrêmement élevée et en dehors de toute application immédiate, n'attirent que faiblement l'attention du public; d'autres au contraire exclusivement adonnés aux combinaisons pratiques, contribuent chaque jour aux progrès des arts et de l'industrie, et voient leurs noms en très-peu de temps devenir célèbres ; parmi ces derniers M. *Aubrée* est l'un des mieux connus. Entre toutes les découvertes qui lui ont valu outre la médaille d'or, les éloges et les remercîments d'un grand nombre de sociétés savantes et de l'Académie des sciences, nous citerons les procédés nouveaux dont il a enrichi l'art photographique, et surtout son procédé ammoniacal trouvé en collaboration avec M. *Humbert de Molard.*

Mais aujourd'hui encore M. *Aubrée* vient de faire une découverte chimique, plus précieuse que toutes celles ensemble inventées par lui jusqu'à ce jour, et d'une importance incalculable pour le commerce et l'industrie; cette découverte est celle du *papier de sûreté.*

Depuis 1839, le gouvernement français offrait une somme de trente-six mille francs de récompense, à quiconque trouverait un papier blanc duquel, *bien qu'imprimé ou écrit à l'encre ordinaire,* on ne saurait enlever on altérer l'écriture en quoi que ce soit sans que la fraude fût évidente.

D'innombrables essais furent tentés, les plus savants chimistes mirent la main à l'œuvre et ne reculèrent ni devant les plus longues veilles ni devant les plus pénibles études. S'ils n'obtinrent pas des résultats négatifs, ceux qu'ils présentèrent laissaient beaucoup à désirer; et chaque rapport de l'Académie tendant, dès qu'on constatait un imperceptible progrès, à stimuler un zèle impuissant, jetait un mot d'encouragement, mais déclarait invariablement que *le papier présenté laissait beaucoup à désirer.*

Beaucoup de chercheurs se découragèrent, les efforts se ralentirent: si quelques-uns continuèrent ils travaillèrent dans l'ombre. M. Aubrée, lui, ne désespéra pas, il avait entrevu le succès, il l'a poursuivi à travers mille essais infructueux. Enfin, après des expériences coûteuses, il a pu remettre à l'Académie des sciences un papier réunissant toutes les qualités exigées, et avant peu de jours, lorsque ce corps savant aura prononcé, le nom de M. Aubrée sera attaché à l'une des plus utiles découvertes que ce siècle ait vu naître.

Lorsque plusieurs organes de la presse parisienne enregistrèrent la naissance de ce nouveau papier, nous restâmes incrédules, nous habitués aux déceptions, mais notre incrédulité nous a valu d'assister à une expérience que M. Aubrée a bien voulu faire devant nous.

Il nous a été mis en main plusieurs feuilles du papier composé par lui, et nous avons fait nous-même l'application de tous les réactifs connus comme agissant énergiquement sur les papiers employés jusqu'à ce jour dans le commerce, et qui ne laissait aucune trace évidente de fraude; ces réactifs appliqués par nous au pinceau, loin d'enlever un seul mot n'ont formé qu'une large tache noire qu'aucun agent chimique ne peut enlever. Ainsi, non-seulement celui qui essaiera d'altérer un chiffre du papier de M. Aubrée, n'a aucune chance de réussir, mais il perdra le billet ou autre papier important sur le quel il aura voulu exercer une fraude.

L'utilité d'une pareille découverte n'a pas besoin d'être commentée. Enregistrer purement les faits, constater le succès, c'est faire l'éloge le plus complet du talent du chimiste, de l'habileté et de la persévérance de l'auteur.

La composition chimique de ce papier garantit M. Aubrée contre toute contrefaçon.

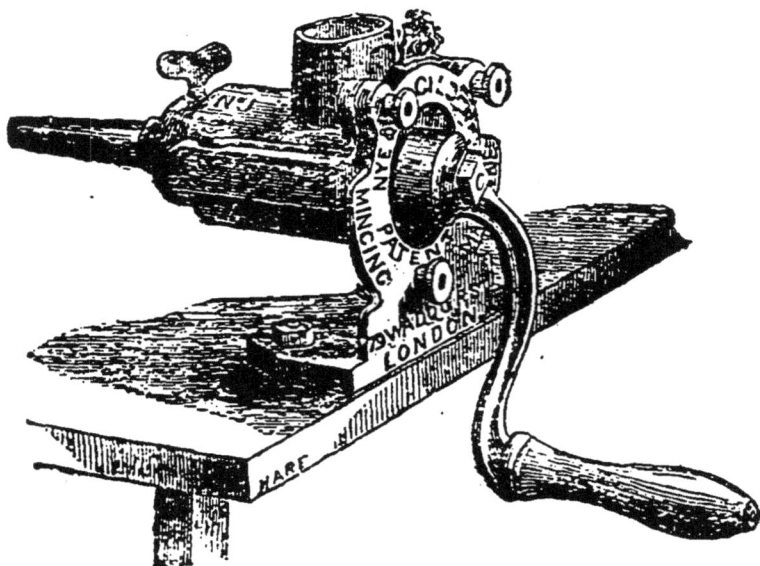

SALLE D'ARMES DE M. LARRIBEAU

Passage Verdeau, 13 bis,

FAISANT SUITE AU PASSAGE JOUFFROY.

La salle d'armes de M. LARRIBEAU est la seule à Paris ou on y professe tous les exercices qui réunissent l'utile à l'agréable. L'épée, le sabre, la canne, le grand bâton, la boxe française et le pistolet y sont démontrés d'après les règles et d'une expérience de plus de 35 années de théorie et de pratique du professeur LARRIBEAU. — On connaît la réputation de M. LARRIBEAU comme professeur d'escrime ; on sait aussi avec quel rare talent il démontre le jeu de canne.

Par une heureuse combinaison, M. LARRIBEAU a rendu cette arme si terrible et si facile à comprendre, qu'il prend l'engagement de former un élève en dix leçons, et le mettre à même de défier l'agresseur le plur redoutable.

Des prix consciencieux et le choix d'une bonne société sont la base de son établissement. — Leçons à domicile.

38, *Rue Basse-du-Temple*, 3?.

4, passage du Jeu-de-Boules, 4.

TABLE D'HOTE DE 4 A 6 HEURES.

MAGNÉTISME.

MARCILLET, 11, rue Geoffroy-Marie, faubourg Montmartre.
PARIS.

DR HÉNOQUE   DENTISTE
361, Rue St Honoré, Paris.

DROINET, INGÉNIEUR

Passage Saulnier, 13. — Vélocimètre.

L'instrument breveté en France et à l'étranger, au profit de M. Droinet, et auquel il a donné le nom de vélocimètre, sert à mesurer le sillage des navires et à déterminer la vitesse du courant d'eau et d'air.

Son principe repose sur la théorie de la contraction de la veine fluide: principe dont l'effet, constaté, il y a un siècle, par Daniel Bernouilli, a été développé depuis par Venturi, qui a donné son nom au tube à double cône dont l'application constitue le brevet de M. Droinet.

Ce tube, de la longueur d'environ 30 centimètres, est attaché au navire dont il est appelé à mesurer le sillage, sa section représente deux cônes tronqués à hauteurs différentes, joints par le sommet; au point d'intersection des deux cônes on a percé un petit trou surmonté d'un tuyau dans lequel se produit, dès que le navire s'avance, une aspiration qui s'accroît proportionnellement au sillage.

L'inventeur a tiré parti de cette aspiration en la faisant agir sur un monomètre quelconque, soit sur une colonne de mercure garnie d'une échelle graduée, soit sur un mécanisme construit avec la boîte de M. Vidi, soit sur l'indicateur du vide de M. E. Bourdon, etc. etc. — Dans le premier cas, le mercure s'élève ou s'abaisse selon la marche du navire, dans les deux autres cas, c'est une aiguille qui indique sur un cadran les vitesses obtenues.

Pour déterminer la vitesse des courants, dans un fleuve ou une rivière, il suffit de plonger le tube dans l'eau, et à l'instant même l'aiguille du cadran indique cette vitesse, qu'on peut ainsi obtenir à toutes profondeurs.

On mesure les courants d'air de la même manière, mais pour cela le tube doit avoir de plus grands dimensions et être disposé de manière à présenter toujours au vent la base du plus petit cône.

On peut obtenir à volonté avec ce même tube, augmenté dans ses dimensions, une ventilation très puissante et qui serait d'une grande utilité pour renouveler l'air toujours vicié dans les parties inférieures des navires; dans ce cas, pendant que le navire est en marche, on jette le tube à l'eau, toujours la base du plus petit cône en avant, et l'on fait plonger dans l'espace dont on veut extraire l'air vicié un tuyau mis en communication avec le tube immergé.

Enfin, selon les dimensions de ce tube, et au moyen de dispositions particulières qu'il serait trop long d'énumérer ici, on peut mesurer avec la plus grande précision la quantité d'eau qui s'écoule d'un orifice quelconque et quelle que soit la pression à laquelle le liquide est soumis.

Ainsi l'application du tube Venturi qui fait l'objet essentiel des brevets, patentes ou priviléges de M. Droinet, est appelée à rendre de très-grands services à la marine, au génie, à la science et à l'industrie.

DEVOUGE

42, RUE SAINTE-ANNE, 42,

CHIRURGIEN DENTISTE.

Dentiers confortables, ne blessant jamais. — Procédé applicable à tous les systèmes.

Gymnase de la Parole, 8, rue de Valois.

Dirigé par M. **DUQUESNOIS,** professeur d'éloquence parlée, enseignement de la prononciation française et de la lecture à haute voix. — Cours gratuit les mardis et jeudis à huit heures et les dimanches à une heure. Cours payant, 15 fr. par mois.

DENTISTE POUR DAMES.

Mme **DORNIER** dentiste, sous la direction du docteur DORNIER, son mari, visible de dix heures à quatre heures, rue de la Tabletterie, 2, au coin de la rue Saint-Denis, en face Pygmalion, donnant sur la rue de Rivoli. Consultations du docteur DORNIER, maladies des femmes, dartres, scrofules, maladies des voies urinaires par un dépuratif neutralisateur ; 30 ans de succès. —Adresses et heures ci-dessus.

LACHAISNÈS 156, Palais-Royal, galerie de Valois, peintre en miniature. Spécialité de peinture résistant à l'eau de mer.

TELLIEZ-HUBERT 44, rue de Montmorency, 44, fabricant de chaussures clouées en tous genres. Cette maison se recommande par la qualité et la supériorité incontestable de ses produits. — La fabrication, basée sur des idées les plus nouvelles et sur des découvertes récentes, donne au chef de l'établissement le moyen de vendre au même prix que ses concurrents des marchandises supérieures.

M. TELLIEZ, contre-maître et fondateur de la maison LATOUR frères, connu par les services qu'il a rendus dans son industrie, fait un appel à toute personne qui a besoin de ses produits.

GUÉRISON en trois jours, des MALADIES CONTAGIEUSES les plus rebelles. Prix : 5 fr. **ADOLPHE BERNARD**, médecin, rue Constantine, 34, au 2e étage. Consultations de midi à quatre heures.

F. MILLET-DESFORGES 18, rue Bourbon-Villeneuve. CHAPEAUX DE PAILLE. Les modèles variés et gracieux de cette maison sont tellement estimés et courus par les dames de la capitale, que nous nous faisons un devoir de la recommander tout particulièrement aux dames de la province et de l'étranger.

Cette maison, tout à fait hors ligne en son genre, ne doit sa réputation justement méritée qu'au fini et au cachet de ses produits, qui surprennent par la modération de leurs prix.

MONGEON

Rue Montmartre, 108, et rue de Cléry, 1, Paris.

NOUVEAUTÉS.

La maison Mongeon, l'une des plus accréditées de Paris, doit la juste réputation dont elle jouit, tant au nombreux assortiment d'étoffes de tout nature dont ses vastes magasins sont encombrés, qu'à la manière toute exceptionnelle dont depuis si longtemps elle sait opérer avec la foule des acheteurs qui viennent la visiter.

En effet, outre que cette maison réunit dans ses comptoirs tous les produits de nos fabriques les plus renommées, outre qu'elle peut offrir, à chaque renouvellement de saison, les nouveautés les plus en vogue, elle peut encore présenter à son innombrable et élégante clientèle les avantages du bon marché, du choix des dessins, de la finesse des tissus joints à la solidité des nuances, et un goût irréprochable.

A côté des plus fraîches fantaisies qu'enfante chaque jour le caprice de la mode, on trouve chez M. Mongeon des étoffes de tous genres, dont le bon usage satisfait les goûts et les fortunes modestes, sans être pour cela dénuées de ce cachet de distinction inhérent à tous les articles que cette maison met en vente

---

GAMBETTE fils aîné. 303, rue Saint-Denis, Paris. — *Spécialité d'ornements pour appartements.*

Quoique ne figurant pas à l'exposition de 1855, cette maison n'en est pas moins digne de fixer l'attention des amateurs de tout ce qui est élégant et gracieux.

Le bon goût que cette maison ne cesse d'apporter dans la fabrication de ses produits, la pureté de leur exécution, et le choix des styles de différentes époques, l'ont fait rechercher par les personnes désireuses de posséder dans leur ameublement un ensemble irréprochable. Tous les dessins exécutés par M. Gambette ont l'avantage de s'écarter de la routine commerciale ordinaire.

On trouve dans cette maison tous les articles d'ornementation tels que bâtons, anneaux, etc., en bois des îles sculptés et dorés. Les bronzes d'ameublement pour patères, glands. etc., revêtus d'une distinction de goût toute spéciale, et réunissant l'avantage d'une modicité de prix extraordinaire.

ANTOINE COLVILLE 34, rue des Vinaigriers, 34. Peintre et chimiste en couleurs véritables. — Palettes pour toutes les porcelaines et les émaux ; inventeur des beaux bleus de mouffles pour peindre et pour fonds. — Médailles d'argent en 1824, 29, 44, 49, et à Londres en 1851.

LE MEILLEUR DENTISTE

Est celui qui pose les dents artificielles sans extraction, sans que, dans aucun temps, elles causent la moindre douleur, de manière à remplir les fonctions de la mastication et de la parole, sans gêne, tout en trompant l'œil le plus exercé par la beauté et le naturel des dents. Il doit aussi poser les dents isolées sans accrocher celles restantes.

DIX-HUIT ANNÉES D'EXPÉRIENCE ET DE SUCCÈS

Ont prouvé que ces qualités, réunies à la durée et à la MODICITÉ DU PRIX, *ont été obtenues par l'inventeur* DES DENTS OSANORES INDESTRUCTIBLES POSÉES SANS CROCHETS NI LIGATURE.

Wᴹ ROGERS

270, rue Saint-Honoré, 270.

Auteur du DICTIONNAIRE des SCIENCES DENTAIRES, prix 10 fr.; de l'ENCYCLOPÉDIE du DENTISTE, 7 fr. 50, reçue par la FACULTÉ DE MÉDECINE; du MANUEL de L'HYGIÈNE DENTAIRE, 3 fr., etc., etc., etc., etc., et de LA BUCCOMANCIE, ou l'art de deviner le Passé, le Présent et l'Avenir d'une personne d'après l'inspection de sa bouche. — Prix : 5 francs.

Inventeur des procédés suivants, qui font que tout le monde peut se passer de Dentiste.

EAU ANTI-SCORBUTIQUE pour l'entretien des dents et des gencives; prix du flacon : 5 francs.

CIMENT ROGERS ou émail inaltérable pour plomber soi-même ses dents: un flacon pour plomber six dents : 3 francs.

EAU ROGERS, n° 1, pour embaumer les dents cariées et les guérir sans retour : prix du flacon : 3 francs

EAU ROGERS, n° 2, pour raffermir les dents ébranlées par l'âge ou la maladie, guérison certaine en huit jours : prix : 10 francs.

POUDRE DENTIFRICE ROGERS pour préserver l'émail et conserver la beauté des dents: prix : 3 francs.

HOCHET DE DENTITION contre les convulsions et les accidents résultant de la première dentition: prix : 2 francs.

BREVETÉ s. g. d. g.

Pour prévenir toute contrefaçon, chaque article doit être revêtu de la signature de l'auteur.

Observer le n° 270, rue Saint-Honoré.

Mme CHAPPE

SOMNAMBULE

4, Rue du Bouloi

REPUTEE LA PLUS LUCIDE

Consultations tous les jours, de 10 à 4 heures

(AFFRANCHIR.)

THIER

INGÉNIEUR MÉCANICIEN BREVETÉ S. G. D. G.

39, PASSAGE CHOISEUL, A PARIS

APPAREILS d'allaitement, d'hygiène de la SANTÉ

Ou puissants auxiliaires de la science médicale.

TABLE

PAR CATÉGORIES D'INDUSTRIES.

———◦———

boutons.

Bagriot, Auguste.	94	8161	Moos.	169
Charlet.	168		Plançon, Jules.	133
Letourneau et Cie.	174	8175		

bijouterie, orfévrerie.

Aucoc aîné.	68	8820	Gombaut.	224	
Benjaminsohn, Mayer.	175		Hayet, Henri.	170	
Bouillette et Hyvelin.	168	5071	Jarry aîné.	162	5094
Caussin et Lauranson.	197	5075	Lambert.	58	
Dafrique.	246	5081	Lejeune, Alexis.	116	198
Delaforge.	43		Mignot, E.	158	
Durafour.	100	5121	Ray,	200	5110
Dutertre, Auguste.	101	197	Rossel Bautte.	30	
Elkington, Mason et Comp.	151	1147	Rudolphi.	224	5042
			Rouvenat, Léon.	205	5112
Florange, Eugène.	221		Schüz, Marie.	69	1529
Fromont.	193		Wiese, Jules.	70	5116

broderies, passementeries et dentelles.

Aujard, Marie.	79	7676	Maillot et Oldknow.	217	
Brunot, (Mlle.)	232		Malezieux fils et Comp.	76	7641
Caen frères.	139	7687	Marius-Vidal.	106	7722
Frochard et Thorain.	111		Petit–Pierre (Mlle).	116	372
Guibout et Comp.	190	7667	Rosey.	184	
Janner et Schiefs.	93		Sorré-Delisle.	185	7126
Kirchhofer.	113		Spiquel, Michel.	125	7672
Koch et Comp.	177		Vaugeois et Truchy.	147	7673
Leseure, Nicolas.	155	7719	Victor, Constance.	91	
Livio, Marie.	213	8649			

bronzes.

Boyer, Victor.	86	5155	Popon,	191	
Delessalle et Comp.	203	5164	Rollin.	120	5221
Duchateau et Comp.	234	5172	Saint-Denis.	254	5222
Fétu, Jacques.	95		Susse frères.	16	5228
Gagneau frères.	91	5177	Vauvray frères.	99	5232
Laurau, L.	70	5193			

caoutchouc.

Goodyear.	239	2587	Hutchinson et Henderson.	36	2589
Guibal et Comp..	52	2588	Larcher.	255	

compagnie des Indes. 10

chaussures.

Dupuis, Silvain.	104 8349	Sceurat et Cébert.	204
Hoffmann.	34 8373	Siguy,	92 8430
Lescoche.	122	Tonnerieux.	29 8431
Pierron, Eugène.	263 8411	Viault–Esté.	34 8437

chimie (produits chimiques).

Déguilles et Comp.	158 2354	Laurent.	255
Denfert frères.	131	L'homme–Lefort.	161 617
Dolfus et Nifenecker.	253 2967	Mangeruva.	96
Dosnon.	82	Michel.	186 3126
Fauvel, François.	110	Muller, Joseph.	241
Fontrobert.	248 2977	Pommier ainé.	119
Fugère, Mathieu.	133	Roubien, L.	68
Imhoff, Louis.	101	Serpette Lourmand.	270 2556
Jaillon, Moinier et Comp.	268 2498	Sussex et Comp.	92 3413
Johnson. *	177		

chimie agricole.

Derrien.	199 305	Sussex et Comp.	92 314

cuirs à rasoirs.

Brunel.	165	Martin (Mlle Cpy).	66 4559
Hamon fils.	132 4543	Sollier, Hippolyte.	64 4579

dentistes, dents minérales.

Becquet.	53	Darboville.	261
Bidard (veuve).	237 3979	L'Hopital, Charles.	164 4017

distillation

Brunier Lenormand.	78	Favrot et Comp.	105 2475
Cester	29	Hoffmann-Forty.	83 3782
Farina (Jean–Marie).	246		

dessinateurs pour tissus.

Captier.	190	Meynier frères.	262 9010
Carnet.	94 8964	Pauliei, Léon.	119
Gattiker.	160 8982	Petard fils.	83
Hartwech, Ed.	88 8993		

ébénisterie, meubles de fantaisie et de luxe.

Cosson (veuve).	177	7906	Osmont, Louis-Philippe.	266	
Faure.	150		Osmont (veuve).	22	8029
Gélot.	224		Patureau.	96	
Hippel frères.	218		Petit.	256	
Jackson et Graham.	134	1684	Piat.	96	7945
Lemonnier, Huardeau.	243		Tahan.	217	8843
Liebmann.	255		Van Balthoven.	31	7958
Marchal.	109				

éclairage.

Bosselut, Noël.	255	2182	Mousseron.	231	
Coulon.	80		Pochet, Etienne.	118	2245
Fontaine, C.-F.	81	2208	Troupeau.	124	2262
Gagneau frères	91	5177	Neuburger.	74	
Monselet.	167	2238			

électricité médicale.

Pulvermacher.	245	2278	Sennequer.	210	7956

filatures, matières textiles.

Arpin et fils.	73	5611	Günther, Georges.	140	1250
Beckemback, Jean.	146	974	Hetzel et Compagnie.	210	251
Caudron, Julien.	161	7236	Méjean fils.	85	6752
Causse et Gariot.	46	6683	Mervissen.	252	995
Courrière, Charles.	41	5689	Tampied.	277	
Dupont-Poulet.	57	5733	Ullathorne.	137	1475

fonte appliquée à l'ornementation.

Béchu, fils.	227	826	Lanfrey et Baud.	59	4856
Brochon.	234	4729	Metz et Compagnie.	264	16

fumisterie.

Silacci.	162	2119

géographie.

Chatelain.	172	1974	Thury.	85	1988
Grosselin, A. et Comp.	162	1977			

graveurs.

Boulay.	128		Crousse, Victor.	238	9082

Dubois, A.	89	413	Herard, L.	144	9107
Erhard-Schieble.	492		Kundert, Fritz.	458	418
Gillot.	90	9095	Patton.	106	411

horlogerie.

Blin.	459	1704	Jacob, Alexandre.	171	
Boss, Christian.	45	34	Jacot. Henri-Louis.	260	60
Bovet frères	230	35	Japy frères.	250	4843
Breguet et Comp.	481	1716	Juvet et Leuba.	420	71
Carl, Berg.	260	30	Kramer, Auguste.	111	66
Chermette-Dumaz et fils			Legrand.	165	
ainé.	46	803	Martin, Eugène.	30	
Courvoisier, Henri.	90	38	Nicole et Capt.	134	
Détouche.	56	1742	Patek, Philippe et Comp.	133	85
Droz, Jeannot et fils.	251	44	Petitpierre, D.-L.	219	487
Favre-Heinrich.	66		Piguet, Emmanuel.	86	94
Favre, Henri-Auguste.	437	46	Richard, Louis.	201	94
Fraigneau et fils.	84	4797	Robert, Gustave.	217	
Giroud, Louis.	412	48	Roch, Georges.	420	95
Grand-Jean, Henri.	47	52	Rouillon et Langry.	72	
Grandperrin, Ferdinand.	425		Sandoz Ph. et fils.	65	97
Gros-Claude, C.-Henri.	55	54	Wurtel et Piefort.	108	1864
Guye, Charles-Edouard.	121	56			

horlogerie, fournitures et détail.

Dalphon-Favre.	121	183	Lutz-Celanis.	258	73
Droz, Benoît.	46	1745	Melliard, Jean-Henri.	89	
Fourcy, Henri.	261	47	Mentha et Mellon.	260	77
Jean-Renaud, Gustave.	236	62	Thomann.	66	4670

horticulture.

Croux.	71	Frémont fils.	264

imprimerie, lithographie, librairie, dessins divers, etc.

Badoureau.	220	Jardeau-Ray et Leroy	58
Colnaghi et Cie.	451	Lavalle S.	59
Durand Michel.	402	Marc-Aurel.	117
Froyer.	94	Tarlier.	226

machines à vapeur.

Béchu fils.	227	826	Mélinand.	70	
Gache ainé.	37	854	Rognon.	471	1574
Isoard (M.-Fr.) et Cie.	277	863	Rouffet ainé (Achille).	139	883
Lecouteux.	210	868	Siemons W.	453	131

mécaniques pour filature et tissage.

Achard, Auguste.	157	1558	Martinet et Lacaze.	191	1595
Aubertin.	33		Matignon et Cie.	263	1514
Buxtorf, Emmanuel.	249	1538	Mouraux.	183	1552
Coint-Bavarot.	47	1482	Peugeot et Cie.	62	1523
Dobson et Barlow.	271	319	Sallier.	115	
Evan-Leigh.	148	319	Schüz, Marie.	69	1529
Fion.	50	1630	Triquet, Charles.	135	1605
Foxwell, Daniel.	262	310	Vieux aîné.	137	1607
Lemesre frères.	60	1508	Villard et L. Gigodot.	218	1608

mécanique et matériel des ateliers industriels.

Beduwé, Joseph.	253	228	L'Hoest.	212	9199
Bon.	232		Lotz, fils aîné.	244	1318
Bracard.	238	1246	Mage aîné, Antoine.	125	4881
Brulé, Laurent.	117	1369	Malbec.	222	
Callebaut.	206	8281	Mareschal.	198	
Chêne père et fils.	167	2088	Mathelin frères.	65	
Colladon.	236	13	Mauvielle (veuve) et Ro-		
Crochu dit Allain.	240		ckembach	227	1325
Darier frères.	109		Merville.	170	181
Deponthieu et Cie.	176		Moussard.	220	879
Derriey Jules.	274	1197	Muir et Cie.	202	246
Egrot.	139		Muller.	122	22
Enaux aîné.	188	4797	Nye et Cie.	149	
Enfer.	258		Pareau et Cie.	63	491
Freitel,	144		Pennequin, Ch.-Joseph	68	682
Frey, fils.	265	853	Pougeois.	111	
George, Joseph.	80		Ravetier.	145	1433
George Lloyd.	142		Richer et Cie.	148	
Grasset, Jean-Daniel.	114		Roy et Cie.	129	
Gueyton, Alexandre.	147		St-Paul et Roswag.	65	4954
Haffner.	200	4832	Saum	76	
Lavoisy, Amédée.	201	393	Scariano, Basile.	229	
Lecoq.	263	1402	Tourasse.	273	1109
Legal.	167	2166	Truchelut.	197	9186
Lessertois jeune.	51		Voruz aîné.	222	

mécaniciens pour dentistes.

Foubert	196

mécanique agricole.

Gardissal.	35	1286	Terrolle.	174	136
Paris.	66 et 183		Thyry jeune.	67	
Sebire, Alexandre.	267		Whitehead, John.	268	254

mécanique chirurgicale.

Bechard.	184	4976	Gros.	51	4009
Biondetti, Henri.	73	3982	Naudinat.	182	
Breton (Mme)	172		Pièce, Louise.	126	
Burat et Cie.	251	3989	Robert.	226	4029
Darbo.	88	3887	Silvan, Simon.	64	4033
Desjardins de Morinville.	102	5337	Thier.	76	
Flamet.	142	4003	Wickham et Hart.	189	4040
Fouchet.	67	4005			

métallurgie.

Besqueut.	24	43	Magnin père et fils.	231	84
Burdin fils aîné.	41	4732	Sutton et Orsh.	154	
Chapuis frères.	97	4747			

modes et confections.

Bisson, Vouzelle et Comp.	7	8273	Gringoire, (Mme.)	198	
Botty fils, L.	58	8480	Hayem, S.	213	8211
Claraz, Ambroise.	262	386	Levillayer, Henri.	164	
Coesnon jeune.	223	8490	Macé.	225	
Geresme, Ad.	137	8204	Rocquemont (Mlle).	172	6488
Gillan.	97				

mosaïque et peinture sur émail

Boch frères et Comp.	56	14	Glardon, Leubel,	55
Charlot fils.	43			

musique (instruments de.)

Alexandre père et fils.	176	9421	Huni et Hubert.	173	427
Bachmann.	150	9480	Kelsen.	166	9436
Batta de Lorenzi.	26		Kriegelstein.	213	9538
Beaubœuf, Oscar.	94	9406	Laborde.	144	9539
Boisselot et fils.	150	9488	Lapaix.	54	9463
Breton.	172	9392	Leterme.	107	9437
Clair, Godefroy aîné.	171	9395	Mangeant:	51	
Florence.	128	692	Martin, Alexandre.	113	9440
Franche.	104	9515	Mustel.	130	9444
Frey, Adolphe.	112	426	Nisard.	35	9445
Hoyoux.	100	9605	Piattet.	80	9418

Pupunat.	125	424	Thibaut.	98 9573
Sarra fils.	138	9605	Van Overberg.	186 9575
Scholtus.	149	9369		

navigation et appareils de sauvetage

Guibert.	25	4098	Sénéchaud, Louis.	90 168
Heinke et Comp.	154	806	Siebe, A.	241 809
Picot.	252	4096		

optique, précision.

Beranger et Comp.	42	772	Guillemot, Charles.	97
Bodeur.	166	1940	Jamin.	82 1896
Burgers et Comp.	235	293	Jundzill, Adam.	225 103
Charles, Louis.	223	1875	Lefort.	95 1904
Derogy.	164		Leydecker.	81 1961
Drier.	261		Schroedter, Emile,	140 284
Droinet Overduyn et Cie	277	1664		

ornements d'églises.

Van Halle.	205

papeterie, articles de bureau.

Acker.	79	Guesnier et Vingler	124
Bacqueville.	208	Limage.	78
Gasté, Louis.	182	Plancher.	160
Giard A.	230	Susse frère.	16 5223

papiers peints, étoffes de tenture et d'ameublement.

Arnaud.	252	Jacquemin-Gaudard.	108 6311
Beau.	253	Kayser-Renouard.	133
Holderegger et Zelle-weger.	180	Lasserand.	71
Jaccoux.	115	Williams-Cooper et Cᵉ.	146 1713

parapluies, cannes, fouets et cravaches.

Ellam.	179 167	Martin, Henri.	103
Lavaissière-Buisneau.	52 8681	Swaine et Adenay.	153 183

poudre de tabac.

Vela (Mme).	87

parures et fantaisies.

Baptiste B.	249		Mac-Kehan..	136 1818
Beaufour Lemonnier.	170 8555		Pierson fils	219 8889
Bizouard.	179 8553		Standhaft, Henri.	122
Chagot, Marin.	83 8562		Testard (Mlle).	163
Charles et Werling.	230 19		Tihy, Henri.	107 8845
Gaissad.	231 8579		Tilman.	219
Herpin-Leroy.	189 8587		Topart frères.	198 8621
Lefort ainé, Jarey et Cie.	40 8594		Truchy, E.	143 8622
Lefort aîné.	250 8594			

peinture.

Campan.	192		Moritz, William.	62	
Chiapori.	277		Séguin.	72	
Duval, Etienne.	233	252	Van Schendel.	271	44
Foulley.	35				

pharmacie.

Asselin-Guillouet.	88		Finaz.	127 164
Brosson.	105 3914		Mesnier, J.-J.	60 3962
Danduran.	46		Royer.	138
Denaud.	146		Steiner, César Henri.	91

photographie.

Boitouzet.	208 9136		Millet, Désiré-François.	274
Fixon.	160 9149		Thompson-Warren.	161 9168
John Lane.	135 1927		Truchelut et Comp.	197 9186
Laisné, Victor.	229		Vaillat.	196 9187
Lamiche.	216 9660		Wulff et Comp.	144 9189

pierres naturelles et chimiques.

Anciaux-Robert.	216		Jean, Eugène.	53	
Barthélemy.	203		Malbec, Aldophe.	64	177
Brocard-Populus.	58	148	Martot.	59	180
Cloquet-Norbert	182	38	Merville.	170	181
Dégardin.	248	157	Serph et Comp.	211	

sculpture, moulage, ornementation.

Delmas, A.	228		Roy et Comp.	175
Gueret frères.	145		Seegers.	214 8101
Hodin.	189 9103		Thoumin, Adolphe.	87 5230
Huber frères.	221 9211		Vogelsang, Jos.	269
Laurent François.	127		Wirth frères.	138 7997
Massard, S.	278 8025			

serrurerie, quincaillerie, métaux d'un travail ordinaire.

Bonnet et Cie.	74		Landenwetsch.	30	
Boobbyer J.-M.	155	1081	Lecerf.	80	4869
Brugnon.	29	4606	Letrange-David et Cie.	250	4877
Brunier S.	165		Mignard-Billinge.	160	4896
Cope et Collinson.	276		Numa-Louvet.	164	4642
Desolle fils aîné.	159	8055	Peigné.	247	4410
Duré, Ch.	175		Peuchant.	176	4411
Faure.	249	4621	Vautier.	112	
Froely.	52	4622			

substances alimentaires.

Auger.	73	3234	Mercier.	169	
Bertrand et Cie.	166	3242	Moreau-Millet.	61	3719
Caillau père et fils.	78	3446	Mourgues.	109	3720
Chevalier-Appert.	184	3551	Nêle.	254	3633
Chocquart.	82	3678	Pelletier, L.-E., et Ce.	209	3724
Durand et Cie.	103	3260	Peneau, Joseph.	61	
Durand.	162	3690	Philippe et Canaud.	115	
Jolibeois.	97		Suchard, T.-H.-S.	181	163
Kohler, André.	58		Trablit.	275	3746

tabletterie.

Saillard aîné et Monnin fils.	75	8795	Guilbert.	235	8758

tannerie, corroicrie, maroquinerie.

Berthault, Aladenise.	174		Manufacture des cuirs de la Terrassière.	188	185
Charles et Werling.	230	19	Moisy.	175	
Christian Buhler et Epprecht.	169	128	Pichon, Auguste.	110	2785
Gaudard, A.	51	8365	Poullain-Beurier.	172	2793
Girard.	194		Suser.	178	2830
Giton, Rouillard, Damourette aîné et Compagnie.	53	2709	Vincent.	251	2843
			J. Wouters et R. Stauthamer.	84	257
John N. Deed.	136	595	Walter.	111	137

toiles cirées.

Jorez, Louis.	38	229	Lecrosnier, M.-L.	159	2507

tapis.

Braquenié.	41	7514	Réquillart, Roussel et Chocquel.	156	7529
Jackson et Graham.	134	1684			
Jorez, Louis.	38	229			

terres cuites.

Alaboissette et Comp.	214	Gaillard et Comp.	40 5388
Chaudet et fils.	156 4268	Nicaise, Nicolas, et	
Fox, J.-F.	50	frères.	121

tissus, nouveautés et bonneterie.

Amsler, Arnold.	95 257	Lingenbrinok et Venne-	
Banziger et Comp.	190 216	mann.	254 948
Bernard, Salle et Brieus-		Maillot.	115
sel.	233	Meyer et Comp.	232
Bornefeld, Guillaume.	244 740	Milon aîné.	60 7592
Bornefeld et Knopges.	247 792	Musy et Galtier.	60 7081
Bornefeld, G. et Comp.	245 741	Neumann frères.	107 279
Camphausen, T.-H. et		Opigez-Gagelin et Comp.	118 8294
Cuppers.	252 779	Overbeck et Loding.	243 870
Casse, Jean.	47	Pfermendges frères.	246 751
Croon frères.	244 742	Poivret, Jules.	248 5797
Dekeyser, Michel.	119 471	Ponson C.	96 7089
Deplasse, Baptiste.	260	Poullier-Delerme.	211 6451
Diergardt.	277	Preiswerk, Dietrich et	
Evrard, E.	42	Comp.	232 332
Fichter et fils.	89 323	Ramsauer-Acbly.	89 220
Fontaine, Felix.	75	Reynier, Cousins et Dre-	
Gantillon, D.	85 2985	vet.	62 7102
Geffrier, Walmez et De-		Rotteinschweiller, H.	270 284
lisle frères.	201 7759	Roux.	258
Hunziker et Comp.	199 227	Rutschi et Comp.	169 286
Holderegger et Zellewe-		Schlapfer, J. N.	236 364
ger.	180 219	Simon frères et Guillet-	
Isaac.	32	Berthier.	62
Joh Conr Egli.	173 265	Sorré Delisle et Limousin.	185 7126
Lambert, Guillaume.	265	Stehelin et Schœnauer.	138 6525
Lambertz, Antoine.	259 747	Wirz et Comp.	157 307
Leroy-Notta (Mme).	195	Wolff et Shlafhorst.	243 760
		Ziegler et Comp.	203

ustensiles de ménage, appareils à eau de seltz.

Affre fils.	150 2123	Mondollot frères.	98 3918
Fouju, Paul.	186	Morel.	187
Gaillard et Dubois.	235	Shakespere, et Clarck.	152

verreries, porcelaines et cristaux.

Billaz et Maumenée.	45 5325	Cabrit, André.	181 201
Boyer.	147 5494	Dotin. (Charles).	195 5084

Foiret.	32	1887	Société des fabriques Vé-		
Gosse.	191	5509	nitiennes.	212	
Lahoche-Pannier.	77		Sussex et Comp.	92	2413
Latoix et Bastard.	179	202	Templier,	171	
Lerosey.	81	5528			

végétaux en cire, naturalistes.

Humbert de Molard.	256	9158	Vasseur.	110 4049

vitraux, lettres en verre.

Evaldre, H.	47		Martel, Auguste.	64
Marquis.	72		Perrot.	90

voitures, sellerie, harnais.

Becker, Barthélemy.	259		Felber.	126	
Chaufour, M. et Comp.	70	802	Hess, R. H.	276	
Davies, David et fils.	140	200	Pauwels, François.	120	145
Dunlop, James.	266	166	Thorn, Wahl et F.	124	211
Faurax.	40				

zinc ornementé.

Hardy, J. E. V.	272		

FIN DE LA TABLE PAR INDUSTRIE.

TABLE

PAR ORDRE ALPHABÉTIQUE.

———

D'Eguilles, L., Couillard, V. et Comp.	158	**F.**	
Dekeyser, Michel.	119	Farina, Jean-Marie.	246
Delaforge.	43	Faurax.	40
Dclessalle et Comp.	203	Faure.	249
Delmas, A.	228	Faure.	150
Denaud.	146	Fauvel Henri et Comp.	193
D'Enfert frères.	131	Fauvel, François.	110
Deplasse, Baptiste.	260	Favre Heinrich.	66
Derogy.	164	Favre, Henri-Joseph.	137
Derrien, Edouard.	199	Favrot et Comp.	105
Derriey, Jules.	274	Felber.	126
Desjardins.	102	Fétu, Jacques.	95
Desolle fils aîné.	159	Fichter et fils.	89
Détouche, C.	56	Finaz.	127
Diergardt.	277	Fion.	51
Dolfus et Nifenecker.	253	Fxion, E.	160
Dobson et Barlow.	271	Flamet.	142
Dosnon aîné.	82	Florange, Eugène.	221
Dotin, Charles.	195	Florence.	128
Drier, Ferdinand.	261	Foirət.	32
Droinet, Overduyn et Comp.	277	Foulley.	35
Droz-Benoit.	46	Fouju, Paul.	186
Droz, Jeannot et fils.	251	Fontaine, Claude-François.	81
Dubois, Adolphe.	89	Fontaine, Félix.	75
Duchateau et Comp.	234	Fontrobert, S.	248
Duchesne.	204	Foubert.	196
Dupont-Poulet.	57	Fouchet.	67
Dupuis, Sylvain.	104	Fourcy, Henry.	261
Dunlop, James.	266	Fox, J.-F.	50
Durafour.	100	Foxwell, Daniel.	262
Durand.	162	Freitel aîné.	144
Durand, Michel.	102	Fraigneau, Théodore.	84
Durand et Comp.	103	Franche, C.	104
Duré, Charles.	175	Fremont fils.	264
Dutertre, Auguste.	101	Frey, Adolphe.	112
Duval, Etienne.	233	Frey fils.	265
		Frochard et Thorain.	111
E.		Fromont, H.	193
		Froyer.	94
Egrot fils.	139	Fugère cadet, Matthieu.	133
Elkington, Mason et Comp.	151	**G.**	
Ellam, B.	179		
Enaux aîné.	188	Gache aîné.	37
Enfer.	258	Gagneau frères, M.-M.	91
Erhard Schieble.	192	Gaillard et Dubois.	235
Evaldre, H.	47	Gaillard et Comp.	40
Evan Leigh, Plutt, frères et C.	148	Gaissad.	231
Evrard, E.	42	Gantillon, D.	85

FIN DE LA TABLE ALPHABÉTIQUE.

www.ingramcontent.com/pod-product-compliance
Lightning Source LLC
Chambersburg PA
CBHW061105220326
41599CB00024B/3921